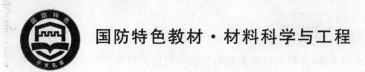

国防特色教材·材料科学与工程

材料表面现代防护
理论与技术

主编　朱立群

编者　朱立群　李卫平　刘道新

　　　刘慧丛　张晓化

西北工业大学出版社

北京航空航天大学出版社　北京理工大学出版社
哈尔滨工业大学出版社　哈尔滨工程大学出版社

内容简介

本书从材料表面防护技术与防护理论的角度，介绍了材料表面防护技术与防护理论在国民经济发展和人们的日常生活中的重要性。本书以金属材料（包括结构部件）有可能发生的环境腐蚀老化失效、摩擦磨损失效和疲劳断裂失效的理论作为基础，除了介绍现代的材料表面防护新技术，如特种电沉积技术、热能改性（热喷涂、热扩渗）表面技术、三束表面改性技术、气相沉积技术、金属表面转化膜技术等，还介绍了材料表面的涂、镀层界面结合理论，材料涂、镀层的防护理论，结构零部件表面防护涂、镀层设计等内容。

本书可以作为高等学校材料科学与工程专业的本科生和研究生的教材或者教学参考书，也可以供公司、工厂、研究单位从事材料腐蚀与防护技术、表面工程技术的人员参考使用。

图书在版编目(CIP)数据

材料表面现代防护理论与技术/朱立群主编．—西安：西北工业大学出版社，2012.4
国防特色教材·材料科学与工程
ISBN 978 - 7 - 5612 - 3345 - 0

Ⅰ.①材⋯　Ⅱ.①朱⋯　Ⅲ.①材料—防腐—高等学校—教材　Ⅳ.①TB304

中国版本图书馆 CIP 数据核字(2012)第 075890 号

材料表面现代防护理论与技术

朱立群　主编

责任编辑　孙倩

＊

西北工业大学出版社出版发行

西安市友谊西路 127 号(710072)　市场部电话:029 - 88493844　传真:029 - 88491147
http://www.nwpup.com　E-mail:fxb@nwpup.com
陕西向阳印务有限公司印装　各地书店经销

＊

开本:787×1 092　1/16　印张:20.75　字数:507 千字
2012 年 4 月第 1 版　2012 年 4 月第 1 次印刷　印数:2 000 册
ISBN 978 - 7 - 5612 - 3345 - 0　定价:45.00 元

前　言

　　人们在日常工作生活中要使用各种不同材料制成的产品,在使用中经常发现,一些产品部件随不同的使用环境,或者环境条件发生变化时,表面很快会发生腐蚀、氧化、摩擦、磨损、老化、疲劳断裂等失效破坏现象,使产品的使用功能或使用价值受到影响,严重时甚至导致产品或部件的报废。因此,在产品的生产过程中需要有针对性地对产品部件表面涂覆不同的防护膜层,以达到在不同使用环境中能够长期使用的目的。

　　实现产品零部件材料表面的功能化,就需要对这些部件进行表面防护或表面改性。因此,先进的材料表面防护技术就成了当代材料科学技术与其他高新科学技术的重要交叉领域和发展前沿。先进的材料表面防护技术和高性能涂、镀层的应用,已成为现代高新技术领域和先进制造业的重要方向之一。实践表明,产品部件表面的功能涂、镀层和薄膜技术(与电子、信息技术等行业密切关联)的迅速发展,促使材料表面涂、镀层技术走向多功能化,也推动了材料表面防护理论的深入研究。

　　近代材料表面防护技术从传统的表面防护膜层已发展成为各种功能膜层,从单纯的材料表面防护技术发展到新型材料和薄膜器件的制备技术和方法,如电铸器件成型技术、气相沉积特种材料(热解石墨、六方氮化硼、碳化硅)、喷射成型等技术,还有薄膜和微制造加工技术等,使薄膜技术的特征尺寸不断向更低数值扩展。可以说,微小特征尺度的先进材料表面防护技术正逐步发展成为微/纳米制造技术的重要组成部分,而且先进的材料表面防护技术和表面膜层的功能化已在世界范围内为高科技和国民经济发展做出了重要贡献。

　　与其他材料表面工程技术书籍不同,本书是从材料表面防护技术与防护理论的角度,全面介绍了材料表面防护技术与防护理论在人们的日常生活和国民经济发展中的重要性,并从金属材料有可能发生的腐蚀老化失效、摩擦磨损失效和疲劳断裂失效的理论基础,介绍了多种现代常见的材料表面防护新技术,如特种电沉积技术、热能改性(热喷涂、热扩渗)表面技术、三束表面改性技术、气相沉积技术、金属表面转化膜技术等。同时,对于材料表面的涂、镀层界面结合理论,材料涂、镀层的防护理论,零部件表面防护涂、镀层设计等内容进行了专门的介绍。

　　本书由朱立群完成第1章、第2章、第4章、第6章、第8章、第10章的编写;李卫平完成第3章、第5章的编写;刘道新、张晓化完成第7章的编写;刘慧丛完成

第9章的编写。全书由朱立群统稿。本书由装甲兵工程学院张平教授审稿并提出非常好的修改建议,在此表示衷心感谢。

在本书编写过程中尽可能突出"新、成熟、理论与实践结合"等特点,力求让读者全面了解针对材料的表面腐蚀、摩擦磨损、断裂失效等所要采用的表面防护或者改性技术方法,充分理解材料表面防护的理论知识。

国内外已经出版了很多关于材料表面工程技术及材料表面改性技术的教材、参考书和著作,也有大量的研究文章发表。在本书编写过程中也参考、引用了有关书籍和研究论文的内容,除了书中标明之外,还有一些没有标出。在此,对所有参考了的书籍和论文的作者、专家,表示衷心的感谢。

本书属于原国防科学技术工业委员会"十一五"国防特色学科专业教材编写规划项目,得到了北京航空航天大学研究生院、教务处,西北工业大学出版社的大力支持和帮助,在此一并感谢。

由于材料表面防护技术和防护理论的发展日新月异,加上水平有限,书中还存在不足,希望读者和专家批评指正。

编 者

2011 年 6 月

目　录

第1章 绪 论

人们在日常的工作生活中不可避免地都要使用各种不同材料制成的部件或产品,而使用这些部件或产品其目的是不同的,有的是为了工作(如电脑、机床、仪器设备等),有的是为了日常生活(如家用电器、生活用品等)。在使用这些不同材料制成的产品时,人们经常会发现,一些产品部件在不同的使用环境中,或者在环境条件发生变化时,表面很快会发生腐蚀、氧化、摩擦、磨损、老化等失效破坏现象,使产品的使用功能或使用价值受到影响,严重时甚至导致产品或部件的报废。因此,需要有针对性地对产品部件涂覆不同的防护膜层,以达到在不同使用环境中能够长期使用的目的。但是,现代科学技术的进步和产品所处环境的复杂性(温度、湿度、气氛、压力、辐射等),要求产品部件的涂覆膜层不再是简单的表面防护作用(耐腐蚀、耐磨),而是需要具有多种功能,如耐高温、抗氧化、抗老化,满足光、电、磁等功能要求,甚至要求与产品部件的结构功能一体化。因此,对产品部件表面进行防护或表面处理,关系到产品部件的应用寿命和功能化。实际上,对产品部件表面涂覆功能性膜层是进一步发挥部件材料潜力的体现,也是现代社会提倡的节约原料资源、节约能源的一项重要措施。

实现零部件材料表面的功能化,就需要对这些部件进行表面防护或表面改性。因此,先进的材料表面防护技术就成了当代材料科学技术与其他高新科学技术的重要交叉领域和发展前沿。先进的材料表面防护技术和高性能涂、镀层的应用,已成为现代高新技术领域和先进制造业的重要方向之一。实践表明,产品部件表面的功能涂、镀层和薄膜技术(与电子、IT等行业密切关联)的迅速发展,促使材料表面涂、镀层技术走向多功能化,也推动了材料表面防护理论的深入研究。

从表面防护技术的发展过程可以看出,除了从传统的表面防护膜层逐步发展成为多种功能膜层外,材料表面防护技术也加入到新型材料和薄膜器件的制备技术和方法中,如作为本体材料的电铸器件成型技术、气相沉积特种材料(热解石墨、六方氮化硼、碳化硅)、喷射成型等技术,还有薄膜和微制造加工技术等,使薄膜技术的特征尺寸不断向更低数值扩展。可以说微小特征尺度的先进材料表面防护技术正逐步发展成为微/纳米制造技术的重要组成部分,而且先进的材料表面防护技术和表面膜层的功能化已在世界范围内为高科技和国民经济发展做出了重要贡献。

另外,一些输送管道、一些仪器设备的零部件因环境作用发生结构或者材料的失效破坏,多起源于零件的表面;不同形式的载荷(接触疲劳、咬卡、胶合、滚动、滑动、摩擦磨损、疲劳磨损、腐蚀磨损、冲蚀磨损、扭转、弯曲等)往往使零件材料表面处于最危险的状态;还有不同的服役环境介质(大气、天然水、海水、石油以及各种化学物质等)都会与材料表面直接发生接触,从而使零件表面产生不同的物理、化学以及机械作用,导致材料发生腐蚀、氧化以及失效老化等现象。

所有这一切均从零件的表面开始发生,因此,材料表面的防护和表面功能的提高是阻止零件或者构件发生腐蚀、氧化、摩擦磨损等破坏失效的第一道防线。据2004年出版的《中国腐蚀调查报告》报道,我国因材料磨损或腐蚀而造成的直接和间接经济损失,每年都不会少于几千亿元人民币,可见采取材料表面防护技术对于减少材料的腐蚀等失效是多么重要。

零件表面防护技术既可以使材料表面获得多种功能(如机械、物理、化学、光、热、电磁以及防老化、耐腐蚀、装饰等),又可以对废旧机械零件进行修复再利用(再制造技术),如采用热喷涂或电刷镀修复磨损或腐蚀的零件表面技术,为节约资源、能源开辟了一条新的途径。

从学科发展角度来讲,现代材料表面防护技术与物理、化学、机械、力学、材料等学科结下了不解之缘,它是多个行业(机械、建筑、石油化工、电子、轻工、船舶、车辆、航空、航天、原子能等)的通用共性技术,表现在各种边缘学科、新科技成果开发向传统表面处理技术渗透,使传统表面处理技术萌发出新的生命力,从而开发出更多新的表面处理工艺、方法和设备。

随着科学技术的快速发展和社会的进步,人们越来越希望产品零件轻量化、集成化、微小化及多功能化,同时,产品的服役使用环境的复杂性和严酷性(高低温、高压、高速、高自动化、复杂环境等),则更需要通过零件材料表面改性或防护处理,来满足产品的高性能(重载、耐磨、耐腐蚀性、焊接性、磁性、装饰性等)要求。

因此,利用各种物理、化学、物理化学、电化学、冶金以及机械的方法和工艺技术,使零件表面达到人们所期望的成分、组织结构和性能,并且具有绚丽多彩的外观以及各种特殊的表面功能,同时还要实现零件表面膜层与基体材料达到良好结合和性能的匹配。

另外,通过材料表面防护技术,还可以实现在廉价的基体材料上通过表面改性或膜层技术得到防护性、功能性膜层,从而提高材料表面的耐腐蚀、耐磨、抗疲劳、耐辐射、抗氧化性以及光、热、磁、电等特殊功能和表面装饰性能等。由于这些表面涂、镀层或改性层较薄(从纳微米级到毫米级),仅占工件整体厚度的几百分之一到几分之一,可以节约大量稀缺、贵重金属元素资源。在资源非常重要和可持续发展的现代社会,表面防护技术真正可以实现用少量材料实现大量昂贵整体材料才能起到的效果和作用。

总之,材料表面改性或表面防护技术是一门内涵深、外延广、渗透力强、影响面宽、综合性和通用性强的工程技术。相信伴随着时代的进步和其他学科的发展,材料表面防护技术将会因其实用性、功能性而展现出更好的发展应用前景。

1.1　材料表面防护技术和表面功能膜层的分类

到目前为止,还没有一种万能通用的材料,也没有一种表面防护技术可以适应千差万别的服役环境。只能根据零件不同的用途、零件材料成分、使用环境条件,采取相应的表面改性或表面防护处理技术与处理方法。

目前还没有统一的材料表面防护技术分类方法。这一方面是由于表面技术是采用不同的特殊工艺方法直接改变部件原来表面的组织成分,在部件表面形成了具有特殊性能的表面膜层(如非晶态镀层可以用电沉积、化学沉积、激光、化学气相沉积的方法获得);另一方面是由于表面防护或改性技术间的互相渗透、交叉复合(如先电镀后再热处理扩散,先喷涂再激光熔覆等),零部件表面改性和表面防护技术范围得到了很大扩展,因此材料表面防护技术的分类也更加难以统一。

当然,从实际应用方面来看,材料表面防护技术也可以有以下分类。

1.1.1　根据零件表面获得膜层的原理分类

1. 原子沉积

原子沉积是指在零部件表面通过形成原子分散状态的物质来沉积获得所需表面膜层或薄膜的技术，包括液相沉积和气相沉积两类。液相沉积包括电镀、化学镀、电泳、溶胶-凝胶等技术。气相沉积包括物理气相沉积（PVD）、化学气相沉积（CVD）、分子束外延（MBE）等。其中PVD又分为蒸发、溅射和离子镀等；CVD又包括不同压力的CVD、金属有机化合物化学气相沉积（MOCVD）和等离子体增强CVD（PECVD）等。这些方法与技术都是可以在零部件表面获得薄层微细组织与结构（微纳米、非晶态）的重要方法。

2. 颗粒沉积

颗粒沉积是指利用宏观颗粒（包括固体颗粒、纤维、液体微胶囊等）状态的物质，在零部件表面复合获得所需膜层的技术，如热喷涂、冷喷涂、静电喷涂等。还可将一些固体颗粒加入到镀液中，使固体颗粒参与金属离子的沉积过程，在零件表面获得所需功能（根据微粒的特性）的复合电镀（包括化学镀）层。

3. 整体覆盖

整体覆盖是指利用连续介质状态的物质，在零部件表面形成所需薄膜的方法，如包镀、热浸、表面烧结、贴金或镏金等。在高速公路护栏、桥架等结构部件表面多是采用热浸锌等防护层实现整体覆盖；还有一些庙宇的神像等采用贴金或镏金处理也是整体覆盖的一种形式。

4. 表面改性

表面改性是指通过对零部件基体表面施加力学、物理和化学的作用，直接在表面形成所需功能的膜层，如在零部件表面进行的研磨、抛光、粗化、喷丸、滚花、化学刻蚀、载能束表面刻蚀、晶粒细化（纳米化）、化学转化膜层、离子渗氮（碳、碳氮）、渗铝和硅铝共渗、阳极氧化、磷化、硫化、化学氧化（发兰）、表面辐照、离子注入等。通过这些表面改性方法和技术可以在零部件表面获得不同的表面特性，目前这些改性技术在机械、电子、航空、航天、汽车等行业应用非常广泛。

1.1.2　根据材料表面改性膜层的结合特点分类

1. 涂层表面冶金化

这种方式通过熔烧、堆焊、热喷涂、喷熔、高能（电子束、激光束）热源处理等方式在零部件表面获得冶金改性，其特点是在处理时零部件的温度等于或低于基体材料的熔点温度，而且零部件表面获得的改性层厚度可以从几微米到几毫米，从而实现零部件所需的表面功能。

2. 薄膜表面冶金化

这种方式包括真空蒸发沉积(气相沉积、反应性气相沉积、电场沉积、反应性电场沉积)、离子涂覆(低压离子涂覆、反应性离子涂覆、真空阴极溅射等),其特点是用等离子体对零部件材料表面进行处理,处理时对零部件基体的温度影响在低温范围内,在表面获得所需要的功能,而且改性膜层的厚度在 $0.1\mu m$ 到几十微米范围。

3. 离子表面冶金化

离子表面冶金包括在零部件表面采用的离子注入法、离子混合法、离子扩散法等处理方式,其特点是处理时对零部件基体材料的温度造成影响(处理时基体材料是在室温条件下进行),而且表面改性的范围是在 10 到几百原子层厚,因此不会对零部件的几何尺寸和形状造成影响。

4. 复合处理改性冶金化

复合处理改性技术是近年来人们将几种表面工艺技术复合交叉在零部件表面进行的改性技术,工艺相对复杂一些,但能在零部件表面获得好的综合改性处理效果。如对零部件表面进行渗硼处理,然后再对渗硼层进行激光微熔处理,能细化硼化物,获得细小的共晶组织结构,从而使材料表层致密细致,大幅度提高零部件的韧性和表面耐磨等性能。

1.1.3　根据材料表面防护技术的工艺特征和用途分类

第一类表面处理技术是在对零部件表面提供表面防护(耐腐蚀)、装饰的同时,增强零部件的其他表面特性,如提高零部件表面的耐磨、减摩、导电、光学、催化等性能。这类技术包括电镀、化学镀及化学转化膜、表面着色技术等。随着现代科学技术的进步,传统的一些表面处理技术也向高新技术方面发展,尤其是与其他现代科学技术的结合,实现了传统技术向新的功能发展的局面,如高性能合金电镀、激光电镀、电子电镀、纳米层电镀、复合电镀、非晶态电镀、电刷镀、塑料及其他非金属上的电镀等;高性能化学镀技术;化学转化膜技术(如钢铁氧化、磷化,铝、镁、钛及其合金的化学转化等);金属表面功能装饰新技术等。这类表面防护技术得到的膜层在实际工作生活中是较常见的。

第二类是材料表面的涂层涂装技术,它包含传统的涂漆及新型功能性涂层技术,如具有不同功能的有机涂料、无机涂料涂装等。近年来,人们在功能涂层方面取得了很大的进展,如达克罗涂层、抗多种辐射高性能等涂层和电泳、静电喷涂等涂装技术为产品部件的表面防护、表面功能化起到了重要的作用。

第三类是材料表面热扩散、热渗镀技术,它包括在零部件表面热浸锌、热浸锌铝、渗硼、渗碳、渗氮、渗层与激光复合处理及其他表面热扩渗处理技术(如渗锌、渗铝、铝硅共渗)等。这类技术促使一些机械零件、发动机零件的表面耐磨、抗腐蚀、抗氧化等性能得到大幅度提高。

第四类是零部件表面的热喷涂覆盖技术,包含有火焰(丝材、粉末)热喷涂、电弧喷涂、等离子喷涂、超音速喷涂、爆炸喷涂等方式。这类技术是通过获得的不同金属膜层或陶瓷涂层对零部件表面进行保护,且可在大的工程结构上应用。

近年来快速发展的冷喷涂技术也受到了人们的广泛关注,冷喷涂技术常用于基体材料易受热变形及需要保持涂层材料优良性能的场合,这是热喷涂技术所无法涉足的。一般来说,冷喷涂过程中粒子的温度较低(100~600℃),粉末粒子是在高速气流的携带下以超高速(500~1 000 m/s)撞击在零件基体表面,在整个过程中粒子没有熔化,保持固体状态,通过粒子发生纯塑性变形聚合形成涂层。冷喷涂技术是将高压气流分为两部分,一部分经电阻加热后进入喷管,另一部分加热后携带固体颗粒进入喷管,在喷管中定位并加速后喷向零件,在零件表面上堆积而形成所需要的涂层。

第五类是其他新型表面改性防护技术,包含有物理气相沉积、化学气相沉积、激光表面强化、离子注入技术、电火花技术、电子束表面改性技术等。这些新型的高能束流可以使材料获得其他表面处理方法所达不到的特殊防护效果。

1.1.4 根据材料表面膜层的改性特点和厚度分类

另外,还有一些学者把上述所涉及的材料表面防护技术分成了表面改性技术、表面薄膜技术和涂、镀层技术三大类。

1. 表面改性技术

材料表面改性技术包括:

表面强化技术,如喷丸强化、辊压强化、挤压强化等;

化学/电化学转化膜技术,如电化学氧化(如在铝、镁、钛表面进行电化学氧化形成防护性氧化膜)、微弧氧化(铝、镁、钛合金表面陶瓷膜层制备技术)、化学氧化、铬酸盐或无铬钝化(在铜、锌、铝、镁、钛上形成钝化膜)、磷酸盐处理(在铝、镁、锌上形成磷化膜层)、草酸盐处理等;

表面合金化技术,如化学热处理(渗铝、铬、铝铬、铬硅、硼、硅、渗碳、氮、碳氮共渗等)、激光表面合金化等;

化学气相沉积(CVD)技术,如常压 CVD,低压 CVD 及金属等离子体 CVD、激光 CVD、金属有机化合物 CVD,物理气相沉积(PVD)技术等;

离子束处理技术,如离子注入(IP)、离子束沉积(注入 Cr^-,P^-,B^- 等金属、非金属元素形成离子注入层或离子沉积层)、离子束增强沉积(IBED)等;

激光束处理技术,如激光表面相变硬化、激光表面重熔-激光处理(改变表面组织结构提高耐磨性和平整度)、激光涂覆层技术等;

材料电子束处理技术等。

2. 表面薄膜技术

这类技术主要应用于电子、半导体等行业,常用的薄膜技术如下:

光学薄膜,反射膜(Al_2O_3,SiO_2,TiO_2,Cr_2O_3,Ta_2O_3,NiAl,金刚石和类金刚石薄膜),增透膜,选择性反射膜,窗口薄膜等;

电子学薄膜,电极(In_2O_3,SnO_2,Al_2O_3,Ta_2O_3,Fe_2O_3,Sb_2O_3,SiO_2,TiO_2,ZnO,AlN,TaN,Si_3N_4,SiC,YB_2CuO),绝缘膜,电阻膜,电容器,电感器,传感器,记忆元件(铁电性记忆、铁磁性记忆),超导元件,微波声学器件(声波导、耦合器、卷积器、滤波器、延迟线等),薄膜晶体

管,集成电路基片等;

光电子学薄膜,探测器(PbO,TiO_3,$LiTaO_3$),光敏电阻等;

集成光学薄膜,利用薄膜实现光波导(Al_2O_5,Nb_2O_3,$LiNbO_3$,$LiTaO_3$,$LiTaO_3$,$BaTiO_3$),光开关,光调制(调相、调幅、调能),光偏转,二次谐波发生等功能;

防护用薄膜,其性能是耐磨(TiN,TaN,TiC,TaC,SiC,BN,金刚石和类金刚石薄膜),耐腐蚀,耐冲刷,抗高温氧化,防潮隔热,高强度,高硬度,装饰等。

3. 涂、镀层技术

涂、镀层技术是机械、化工、汽车、日用五金、舰船、建材、航空、航天等行业应用最多的一类。

电镀技术(含化学镀、电刷镀技术)可以在零件表面获得防腐蚀(Zn,Cd,Cu,Ni,Ag,Au,Pt,Rt,Pd,$Cu/Ni/Cr$,$SiC-Ni$,$Ni-P$等),抗氧化,耐磨,减摩,防黏结,导电,装饰防护,功能复合镀层等。

有机涂层及涂装技术,是通过零件表面的涂层实现耐曝晒、抗老化(聚氯化烯烃、氧化橡胶等)、耐海水、防污、绝缘、导电、防水、感光、防射线、抗静电、耐酸雨、防雷达波、防红外、隐身、迷彩、耐热、烧蚀等功能;作为获得涂层的涂料来说,有环氧树脂、聚氨酯树脂、丙烯酸树脂、氨基烤漆、有机硅树脂、纳米复合涂料、达克罗锌铬涂料等。

热喷涂技术,包括塑料喷涂(氧-乙炔焰喷涂聚氨酯等塑料粉末喷涂层,又叫喷塑),电弧喷涂,火焰喷涂,等离子喷涂(常压等离子喷涂、低压等离子喷涂),爆炸喷涂,超音速连续喷涂等。

物理气相沉积(PVD)和化学气相沉积(CVD)技术,其中 PVD 包括蒸镀沉积(电阻加热、电子束加热、激光加热),离子镀沉积(空心阴极 IVD、多弧 IVD),溅射沉积(多级溅射沉积、磁控阴极溅射沉积、射频磁控溅射沉积)等;而根据对气体物源加热激励方式的不同,CVD 可分为热丝法、微波法和射频法等沉积方法。

还有把改善零部件表面的金相显微组织,使表层组织强化的表面防护技术归为一类,包括感应加热淬火,氧-乙炔火焰加热淬火,电子束、激光等高能量密度的表面改性技术等。而把改变零件表面合金成分,使其表面合金化归为另一类,如通过热扩渗、镀渗等技术,使零件表面与芯部形成相当于两种不同成分的复合材料的效果。

而喷丸、滚压、冷压、冷轧技术等,是把冷状态加工与表面状态改变进行有机结合的表面防护技术,这是一类把整体强化和局部表面强化结合起来的复合强化技术。通常的整体强化,往往会使零部件材料的缺口敏感性提高但有可能导致疲劳极限下降,甚至发生零部件脆性断裂。为此,在零部件材料缺口或薄弱区域施以局部滚压强化造成局部压应力,可显著降低零部件材料的缺口敏感性。如对 3Cr2W8V 钢制造的热压模零件进行喷丸强化,既减少和消除了这种脆性材料对应力集中的敏感性,又可产生由表面应力诱发的相变和晶粒细化效应,可以使零部件的服役寿命显著提高。

把喷涂、涂镀、电镀、粉末熔射、电火花喷射等表面处理技术归为另一类表面覆盖膜层的技术。还有一些零部件表面氧化、磷化及着色技术等,它既可起到表面改性作用,又可起到表面防护和装饰作用。

实际上,材料表面防护技术的分类方式有很多,上述这些分类并没有统一,只是在实用中被部分采用。读者只要了解不同的表面防护技术的特点或者膜层的特点以及通俗的分类叫法就可以了。

1.2 材料表面防护技术在国民经济中的地位

1.2.1 材料表面防护技术的历史地位

在零部件表面进行涂层防护技术的历史比较悠久。从中国古代的贴金或鎏金技术、淬火技术、桐油漆防腐蚀技术到各种现代表面工程防护新技术的成果(如高性能电子电镀、热喷涂、PVD、CVD、激光处理、等离子体处理等),通过每个不同历史阶段的材料表面防护技术的进步,人们的工作和生活水平不断提高。这无不体现出材料表面工程与防护技术在国民经济发展中的重要性和历史地位。

以常见的材料表面电镀技术为例。该技术在我国具有悠久的历史,电镀开始的时间可以从江南制造局的刻书中查得早期出版的三本电镀著作有《镀金》《电气镀金略法》和《电气镀镍》。这些书的出版时间为清朝光绪七年(1881 年)至光绪十二年(1886 年)。《电气镀金略法》是我国最早出版的电镀著作。根据该书序言,我国电镀开始的时间可推到 1865—1880 年,而且这种电镀实践活动当时就发展到了相当的规模。《电气镀金》是译自英国亚历山大·瓦特著的《实用电气冶金学》。这是一本既有理论又注重实际操作的专业电镀书,书中介绍的电镀种类涉及镀铜、银、金、黄铜、铂、钯、铅、镍、铁、锑、铋、锡、镉、锌、银合金等,除镀铬外,几乎包括了现代人们常用的所有镀种工艺,当然这些电镀技术的工艺水平用现代的眼光看还是落后的。

随着近代科技进步和发展,电镀技术在现代工业中也发挥了重要作用,如超大规模集成电路铜互连电镀工艺、电子元器件电镀、电子封装中的电镀技术、纳米电镀技术等对电子和 IT 产业的进步都做出了重要贡献,同时也反映出电镀这个传统技术在现代工业发展中所占有的历史地位和作用。除了电镀技术之外,还有很多先进的材料表面防护技术(纳米改性、三束强化、高性能防护涂层等)在国民经济发展中的地位也是越来越重要。

1.2.2 材料表面防护技术的学科地位

从学科特点上讲,表面防护技术具有学科的综合性、方法的多样性、功能的宽域性、潜在的创新性、环境的保护性和强大的实用性,从而受到国民经济各行各业的重视和应用。材料表面防护技术是对零部件表面进行改性,使材料表面具有多种功能(如防腐、耐磨、耐热、耐高温、耐疲劳、耐辐射、抗氧化以及光、热、磁、电等特殊功能),其实施方法可以是在零部件表面进行涂、镀、渗、覆等。

材料表面防护技术作为一个新型学科,它涉及材料学、冶金学、化学、物理学、机械学、摩擦学、腐蚀失效与防护学、热处理、表面物理与化学、焊接学、电化学、等离子体化学等多个学科。作为学科学术知识的交流,材料表面防护技术是在材料表面物理、表面化学理论的基础上,融汇了现代材料学、现代信息技术、现代工程物理、现代制造技术等学科知识,显现出边缘学科的强大生命力,而且材料表面防护技术将更深地融入高新技术的各个领域,如现代高速发展的

IT产业等。材料表面防护技术作为微电子与信息技术发展的重要支柱,它遍及集成电路、光盘读写、显示器、存储器、光缆、卫星以及信息网络的各个角落。生物材料、生物医学也是材料表面防护技术研究最活跃的领域之一,在基因图谱识别与地址图谱编制中,识别和分辨率的高低在很大程度上取决于传感器的表面膜层材料。从航空、航天等高新技术领域来看,一些特殊的材料表面防护技术为人类探索宇宙空间、开采海底资源提供了更好更有利的手段。

在表面防护技术领域引进新的技术(如激光、真空、离子、电子束等),就是通过其他学科的技术进步来促进材料表面新技术、新工艺的开展。例如,化学和力、电和化学、物理和化学作用、纳米与表面化学沉积等新的表面改性技术。还有新的表面功能覆层技术,包括低温化学表面涂层技术及超深层表面改性技术,它就是运用物理、化学或物理化学等技术手段来改变"材料及其零部件表面的成分和组织结构",既保持了零部件基体材料固有的特征,又赋予了材料表面所要求的各种性能,从而适应各种服役环境条件下对零部件材料的特殊要求,因而成为制造学科和材料学科最为活跃的技术之一,同时也是涉及材料表面处理与涂层技术的交叉学科。因为材料表面防护技术的最大优势在于能以极少的材料和能源消耗制备出基体材料难以甚至无法获得的性能优异的表面薄层,从而获得最大的经济效益,这也是当今社会鼓励节能减排应用的技术之一。

如新型低温化学气相沉积技术就是引入了等离子体增强技术,使材料在处理过程中的温度降至600℃以下,从而在零部件表面获得硬质耐磨涂层新工艺,经过处理的零部件,可以在高速、重负荷、难加工领域中有其特殊的功能。

还有,从学术和创新研究的角度来讲,开展新的材料表面防护技术研究更有利于学科交叉、知识交融、方法互用,而且成果实在,因为任何一个新的学科都是在传统或者其他新型学科的基础上发展起来的,通过不同学科知识的引入、借鉴,促进创新成果的涌现,实际上近年来国内外大量的创新成果就表明了材料表面防护技术作为学科的地位是很重要的。

1.2.3　材料表面防护技术在国民经济发展中的地位

现代社会和工业的需求成了材料表面防护技术迅速发展的动力。现代工业的发展对机电产品、高科技产品等提出了更高的要求,产品体积要小巧,外形要美观,而且能在不同的环境(高温、高速、重载以及腐蚀介质等)下可靠持续地工作。如航空、航天工业的需求促进了能够制备耐热、隔热涂层的等离子喷涂等技术的发展;海上钻井平台的需求促进了钢结构表面防腐蚀技术的发展;汽车工业的技术与艺术完善结合的追求促进了涂料涂装技术的发展;电子信息技术的需求促进了功能薄膜技术的发展等。

国际化的进程和环境保护的紧迫性是促进表面工程迅速发展的时代要求。表面工程能大量节约能源、节省资源、保护和优化环境。其最大的优势是能够以多种方法制备出优于基材性能的表面功能薄层。该薄层厚度一般从几十微米到几毫米,仅占工件厚度的几百分之一到几十分之一,却使工件具有了比基材更高的耐磨性、抗腐蚀性和耐高温性能。在热工设备及高温环境下,用表面处理技术在设备、管道及部件上涂覆隔热涂层,可以减少设备的热损失,如在高、中温炉内壁涂以远红外辐射涂层可节电约30%。用表面镀铬层的塑料部件替代汽车上某些金属部件如隔板等,可减小汽车的质量,增加单位燃料的平均行驶里程,可以起到节能减排的效果。为了改善人工植入材料与肌体的生物相容性,在植入材料制成的器件表面上沉积第三种材料的薄膜。广泛应用的一些有毒的电镀工艺（如含氰、含铬），正逐渐被环保型的清洁生产电镀工艺技术所代替，无铬、无铅的化学镀技术、环保型转化膜层技术、物理气相沉积技术、热喷涂技术等正朝着有利于环境保护、低碳和可持续发展的方向努力。

再有，现代科技成果和高新技术为材料表面防护技术的迅速发展提供了支撑。如计算机的广泛应用和推广，提高了材料表面防护技术设备的自动化程度，改善了表面涂、镀层的制备效率和质量，使得材料表面防护技术设计、加工等用数值模拟方法来实现。

新能源和新材料技术的发展，同时也加速了材料表面防护技术的发展。如离子束、电子束、激光束这三种高能束流技术的应用，使得具有高效率和高质量的高密度能源的表面涂覆和强化技术的成本越来越低。利用纳米材料和纳米技术在材料表面改性方面也取得了很大进步，如纳米材料减摩技术和纳米涂料修复零件表面缺陷技术就成为了修复损伤零件的重要手段。用电刷镀制备含纳米金刚石粉末镀层的方法可以用来修复模具，延长其使用寿命，是模具等部件修复的一项突破。将陶瓷、非晶态、高分子等材料应用于材料表面防护中，凸现了新材料对零部件表面改性的贡献，而通过表面电镀、化学镀等技术得到的大面积非晶态镀膜、特殊的金属间化合物镀膜等，又凸现出材料表面防护技术对于研发新材料的贡献。

随着国民经济的高速发展，先进的表面防护技术对不同产品部件的表面质量、装饰、提高价值、拓宽市场等都有着重要的作用。因为产品的更新换代和功能的新要求，既要求产品价廉物美，绚丽多彩，还要求延长各种产品部件、仪器、设备的寿命，尤其是要满足在严酷环境条件下（高低温、复杂腐蚀气氛、高压、高速、核辐射等）的使用功能和寿命要求，只有通过对这些产品部件表面进行功能化改性或者膜层处理才能部分或全部满足这些要求。

实际上，传统的表面处理技术也可以满足零件一定的使用要求，但是要使零部件表面镀（涂）层的质量和性能有所突破，就需要新的表面处理技术。例如人们对于部件表面外观（表）的要求，从单一色泽到绚丽多彩、五光十色、图纹生辉等，传统的表面处理技术，工艺、配方、材料、自动控制以及相应的分析、检测、环保等环节都会遇到新的挑战。当然，人们的要求提高对于促进新型表面技术的发展也是很有帮助的，如镀（喷、涂、渗、黏、覆）层材料，表面处理溶液介质、新型添加剂以及非金属材料（如陶瓷、高分子材料和复合材料）的应用等，为高科技、尖端技术提供了特殊性能的材料，如非晶、超导、固体润滑材料、太阳能转换材料、金刚石薄膜等都可以说明新型表面处理技术的重要性。

非金属材料的金属化、金属材料的非金属化，都可以使各类产品获得新颖美观的外表，而且在耐用和价格低廉的基础上获得了新的功能（非金属的导电、耐磨等，金属材料的绝缘、耐热等），这就要求各种新材料和传统材料的重新组合，相互交融，交叉渗透。

超深层表面改性技术可应用于绝大多数热处理件和表面处理件，可替代高频淬火、碳氮共渗、离子渗氮等工艺，得到更深的渗层、更高的耐磨性，产品寿命剧增，可产生突破性的功能变化。

通过材料表面的镀覆、表面改性或表面复合处理等，改变固态物体表面的化学成分、组织结构、形态和应力状态，防止或者延缓材料表面腐蚀、摩擦磨损、疲劳断裂等失效损伤是材料表面防护技术的重要部分。

根据计算，我国支柱产业部门每年因机器磨损失效所造成的损失在 400 亿元人民币以上。而通过材料表面防护技术，改善润滑、降低摩擦磨损带来的经济效益约占国民经济总值的 2%以上。如三峡工程大坝全长 2 309.47m，其中钢铁结构闸门占全长的 72%。其他所有机械设备、金属结构、水工闸门以及隧洞、桥梁、公路、码头、储运设备都离不开材料表面防护技术,从材料表面防护技术和涂覆材料的选择、喷涂工艺的制定到结构的电化学保护等,都在三峡工程中占有重要地位。

1.2.4　材料表面防护技术在循环经济和可持续发展中的作用

人们的日常工作和生活都离不开材料,也离不开能源和各种资源等。人们通过冶金、机械、化工等方法制造出不同的产品,再通过各种表面防护技术给这些产品部件进行防腐蚀处理。这些生产和加工过程都需要使用资源和能源,同时还会产生不同的废弃污染物(三废)影响环境。因此,从资源、能源的节约、保护生态环境和可持续发展的角度来看,清洁生产型的材料表面防护技术在资源和环境方面的表现对于国家的循环经济和可持续发展是非常重要的。

除了要求重视各种材料表面处理技术在消耗原料、能源使用过程中所带来的废水、废气、固体废弃物等影响环境的问题,还要注意生产过程中的资源节约(原材料、水等)和减少能源的消耗。在开展新的表面处理技术研究和应用的过程中,要关注到表面新技术是否符合节能、减排、低碳的原则,这关系到材料表面防护技术的发展潜力,关系到国家节能减排所倡导方针和法规的落实。材料表面防护技术今后发展的重要方向之一就是要在资源节约、环境保护、循环经济和可持续发展方面做出贡献。

实际上材料表面防护技术的应用,可以带来材料的节约和优化利用,减少设备零部件的腐蚀、摩擦磨损和断裂失效等,这些都是为节约资源、保护环境做出的贡献。材料表面防护技术的应用对提高产品的性能、节约资源、节能减排等的作用是非常明显的,因此,得到了人们的广泛重视并迅速发展。

总之,材料表面防护技术涉及面广,信息量大,是多种学科相互交叉、渗透与融合形成的一种通用性和特殊性的工程技术。它利用物理的、化学的、物理化学的、电化学的、冶金的以及机械的方法和技术,使材料表面得到人们所期望的成分、组织结构和性能或绚丽多彩的外观。其实质就是要在零部件上得到一种特殊的表面功能,并使表面和基体性能达到最佳的配合。因此,表面防护技术作为材料科学与工程的前沿,是高尖技术发展的基本条件。同时材料表面防护技术创造和开发出的各种新型复合型材料,发展成了知识密集、技术密集的新兴产业。因此,现代材料表面防护技术在国民经济建设中起着不可估量的作用。

1.3　材料表面防护技术与功能膜层的发展趋势及应用

如前所述,材料表面防护技术是多种学科相互交叉、渗透与融合形成的一种技术。它的发展与其他学科的发展是一种相互影响、相互促进的关系。例如,随着集成电路的特征尺寸接近和进入纳米范围,气相沉积、等离子体刻蚀、载能束刻蚀等"干法表面技术"逐渐地变成了微细加工技术的主流工艺。同时,作为整个信息技术领域需要的配套,发展了一大批高性能、高效率、低成本的微纳米加工技术。因此,先进的材料表面工程技术的内涵与需求是在不断演变中的,也是材料表面防护技术旺盛生命力的源泉和基础。

1.3.1 材料表面防护技术与功能膜层的发展趋势

随着国民经济的高速发展和高新科学技术的不断进步,一些特殊的设备、产品遇到的使用环境条件也非常严酷复杂(高温、高湿、高压、污染的气氛、核辐射、电磁、大载荷等),一些表面防护技术遇到的环境保护法规越来越严,因此一些传统的甚至没有应用几年的表面处理技术就不能满足使用要求了。

因此,研究和开发适合现代科技发展要求的新型表面防护技术将成为一个永远关注的话题。

1. 表面防护膜层与表面防护技术工艺的设计

对于结构零部件来说,除了满足必需的结构强度安全、寿命设计的要求外,还需要在零部件设计中充分考虑这些产品的加工条件和使用环境条件,综合分析结构零部件在使用过程中可能发生的失效形式(腐蚀、老化、磨损、疲劳断裂等)与材料表面防护技术的工艺水平,正确选择合适的表面新技术或多种表面防护技术的复合,合理地确定零部件表面涂层材料及工艺实施方法,预测零部件使用材料与表面涂层的寿命,评估其技术水平与经济的合理性等。

在正确地选择材料表面防护涂层和表面防护技术的设计中,还包括选材、选择合适的表面防护工艺及涂层指标评估系统、测试方法等,必要时要进行环境模拟综合实验(如加速腐蚀、老化失效等),编写出易于操作的产品零部件表面防护技术工艺的说明书等。

随着计算机技术、仿真技术、虚拟技术的发展,一些有特色的新老材料的表面防护技术和膜层体系的设计正逐渐实现计算机化,表面涂层和腐蚀老化的专家系统和计算软件、评价软件逐渐得到了人们的重视与开发,通过计算机模拟,材料表面防护技术和防护涂层体系的设计更加完美合理。根据产品零部件的使用要求,对材料表面膜层进行设计、对表面涂层性能参数进行评价,从而实现对材料表面膜层性能和寿命的预测。如针对化学气相沉积的过程进行模拟,就是采用了宏观和微观多层次模型,对化学气相沉积工艺、获得膜层的性能以及与基材的结合力进行模拟和预测。对渗碳、渗氮零件的渗层性能、应力等进行计算机模拟等,可以更好地控制和优化表面防护技术的工艺过程等。

2. 材料表面新型防护膜层的开发与功能膜层的应用

在一些工程结构的零部件表面实施防护的目的是要延缓材料的腐蚀老化、减少材料的摩擦磨损、延长材料的疲劳寿命等。除此之外,随着现代社会的发展和使用环境条件的变化,许多结构部件需要特殊的表面功能,也就需要借助表面防护工艺技术来实现。如舰船甲板需要的防滑涂层,除了防止海洋环境下的腐蚀之外,还增加了防滑的要求;现代装备(如飞机等)需要有隐身功能涂层,部队官兵需要防激光致盲的眼镜,其中就需要专门的膜层进行防护;太阳能取暖和发电设备中需要高效的吸热涂层和光电转换涂层;计算机等设备中需要的磁记录膜层;化工容器以及人们生活中的不黏锅需要的氟树脂涂层;建筑业中的玻璃幕墙需要有阳光控制膜层;航天飞行器部件表面的防原子氧辐射的膜层、核电站设备需要的防核辐射的涂层等。此外,隔热涂层、导电涂层、减振涂层、降噪涂层、催化涂层、重防腐蚀涂层、金属染色技术等也有着广泛的应用前景。这里有国防、高新技术的需要,但更多的是人们日常工作、生活进步的需要。

在零部件表面实现功能性膜层的基础是需要一些传统的或者新的表面工艺技术,同样也会产生一些新的膜层及膜层材料,更多的是需要其他行业的支持与配合,如高分子树脂合成可以提供的新的涂层材料,纳米材料、无机化合物等材料的制备同样为零部件表面防护技术解决工程问题提供了功能膜层需要的物质基础。当然一些功能膜层新材料,有些是单独配制、合成或熔炼而成的,有些则是在表面防护技术实施过程中形成的,这一类膜层材料的诞生,进一步显示了材料表面防护技术的特殊功能和价值。

在汽车零部件表面涂装技术中,经常使用的阴极电泳涂料,就需要电泳涂料的泳透力高,电泳获得的涂层性能好,同时可以降低或消除有害的成分以减轻对环境的污染。

还有近年来被广为推荐的达克罗涂层,具有非常高的耐腐蚀性能和其他优越的特性(耐高温、低氢脆性等),但是由于这类涂料含有铬的成分而影响其推广应用。因此,实现不含铬成分的新型达克罗防护涂料是一个新的发展方向。

在解决航空、航天等高科技领域所处的特殊工况条件下的机械磨损、润滑、黏着冷焊等摩擦学问题中,固体润滑膜层就发挥了重要的作用。这里既有涂层材料(MoS_2、柔性石墨、氟材料等)的贡献,也有表面防护技术(喷涂、沉积等)的贡献。

通过等离子喷涂技术在零部件表面获得的 B_4C 涂层,具有高的硬度和优异的抗辐射性能,就可以作为比较理想的核反应堆壁面材料。

Fe_3Al 金属间化合物是一种抗高温冲蚀的优异材料,且成本低,被誉为"穷人用的不锈钢",过去只能用铸造的方法来获取,而现在可以采用高速电弧喷涂的方法制备出 Fe_3Al 涂层,再以 Fe_3Al 为基础与多种硬质粉末相复合,还可以制备出抗高温氧化、抗硫化及抗冲蚀磨损的涂层,在兵器装备和电站锅炉管道上有着广阔的应用前景。

在利用表面防护技术制备膜层材料方面,经常有多种工艺技术可供选择,而各种表面防护技术的特点不同,所制备的材料的性价比也不同。众所周知,雷达吸波涂层材料是一种能够吸收电磁波、降低目标雷达特征信号使其难以被发现和识别的功能材料。获得高性能吸波涂层材料的关键在于吸收剂。大量研究表明,片形或针形颗粒构成的吸波材料具有优异的吸波性能,而制备片状吸收剂的方法有化学气相沉积、磁控溅射等表面技术。真空沉积技术制备的成本较高,并且吸收剂的形状难以控制。虽然化学气相沉积技术制备成本相对较低,但制备温度较高,对基材有特殊要求,同时对吸收剂的磁性能会产生较大影响;而磁控溅射技术制备的吸收剂性能优越,但其成本高。电镀技术具有设备简单、生产效率高、成本低等优点,美国专利曾报道利用电镀制备的片状铁吸收剂,用于特种涂料和磁性器件中,其电磁参数测试和反射率计算表明,其性能优于常用的羰基铁粉吸收剂。

陶瓷镀膜和涂层技术可实施在传统材料如纤维、塑料、钢铁、有色金属、玻璃等基体表面上。陶瓷改性镀膜和涂层技术,能提高这些材料表面的机械、物理和化学等性能,并在一定条件下产生新的力学、光学、电磁学和热学等新的功能,以达到表面改性和功能化的目的。陶瓷材料表面的功能镀膜和涂层包括增强表面强度和抗划痕涂层、防水涂层、保洁净涂层、导电涂层、导热涂层、隔热涂层、可焊接涂层、模片键合式涂层和线式结合涂层、绝缘涂层等。例如,Ag/Pd,Au 上的陶瓷涂层可用于压力感应器的电极和微电子基片(纳米陶瓷的涂层可广泛用于集成线路、微电子芯片的生产制造中);玻璃上的涂层可用于压力感应器的绝缘转换器;环氧树脂上的涂层可用于黏结和密封陶瓷等。

3. 复合表面防护技术的开发

工程塑料或者非金属材料是现代社会常用的材料,用这种材料制备的产品、零件随处可见。然而,由于这类材料本身不导电,其应用受到一定程度的限制,而采用传统的化学镀和电镀技术,则可以实现塑料部件的表面金属化或其他功能。

在零部件表面进行单一的表面防护技术进行改性或获得的膜层往往无法满足使用要求(功能或者环境条件),也就是说,单一的表面涂层技术不能满足苛刻的环境条件。综合运用两种或多种表面防护技术,利用不同涂层材料的性能优点,通过协同效应使部件材料表面膜层体系在技术指标、可靠性、寿命、质量和经济性等方面获得最佳的效果,这样既可克服单一表面防护技术存在的局限性,还能解决一些关键技术和特殊技术问题。因此,多种材料表面防护技术的复合应用,是材料表面技术的重要特色之一。

在零部件表面形成多元多层复合涂层(含渐变梯度层)具有重要意义。单层纳米涂层,层数在 100 层以上的多元多层复合技术,制备的表面膜层具有高的耐腐性、韧性和强度等,和基体材料的结合强度也高,表面粗糙度也非常低,对直精高速切削加工十分有利。还有利用复合表面防护技术所获得的膜层的抗磨损、抗高温氧化、耐腐蚀等功能,可以进一步扩大加工产品的使用范围,延长产品、部件的使用寿命。

一些重要的产品结构部件采用复合材料表面防护技术实现了高功能化,如热喷涂技术和激光重熔技术的复合、热喷涂技术与刷镀技术的复合、电镀技术与化学热处理的复合、材料表面涂覆强化与喷丸强化的复合、表面强化与固体润滑层的复合、多层薄膜技术和多层涂层技术的复合、电镀与化学镀技术的复合、镀锌或磷化与有机漆膜的复合、轻合金材料的阳极氧化与阴极电泳涂层的复合、物理和化学气相沉积同时进行并且与离子注入等技术的复合等等。在这同时,成分梯度的涂层技术就是适应不同涂覆层之间的性能过渡而发挥了很好的作用。今后会有越来越多的产品需要进一步综合研究运用各种材料表面防护技术的组合,以解决工程应用中的难题,达到最佳的表面膜层的应用效果。

通过铸渗工艺可以在钢锭模具上形成 0.2~0.6mm 的铝合金化抗热氧化涂层,模具的高温抗磨损能力提高了 7%~20%;在球铁铸件上铸渗钒钛合金,采用稀土元素作催渗剂,可以使铸渗件表面的渗层厚度增加,合金碳化物数量增多,组织细化,从而提高铸件的耐磨性能,这就是利用了金属铸渗的复合技术。

4. 材料表面防护技术的基础理论和测试技术

在不同的部件材料表面通过不同的表面处理技术获得不同功能的膜层,如前所述,涉及多个学科的理论知识,如何建立材料表面防护技术的基础理论是一个重要问题。由于表面处理技术多是基于产品部件在使用过程中发生摩擦磨损、腐蚀老化、疲劳断裂等起源于材料表面这一特定条件的,因而关于材料表面防护技术的理论基础与材料学、摩擦学、腐蚀防护学、冶金学、电化学、力学、机械、物理、化学、表面科学等学科的基础理论是分不开的。也可以说,材料学、摩擦学、腐蚀防护学、力学等,其中的一些知识就是材料表面防护技术的理论基础。

材料表面防护技术学者结合摩擦学基础理论,针对具体的产品摩擦的工程问题,在摩擦副失效点判定磨损失效的主要模式、磨损失效原因分析及措施对策等方面提出了很多重要的学术观点。随着摩擦学研究的测试手段越来越先进,以及大量的模拟各种摩擦环境条件进行的试验研究,为表面防护技术从防摩擦磨损的理论与评价等方面提出了有力的科学论证。

同样结合材料腐蚀学的研究,针对产品部件材料在大气、海洋、化工等环境中的腐蚀、高温环境中的腐蚀、地下长输管线的土壤腐蚀、热交换设备的腐蚀、建筑物中的钢筋水泥腐蚀等实际情况,应用各种现代表面防护技术进行的腐蚀机理和防护效果的评价研究,提出了材料表面防护技术等基本理论。

从材料表面技术获得的不同功能膜层来看,无论用什么类型的表面防护技术在零部件表面上涂覆膜层,必须要掌握的都是所涂覆的膜层与基体材料的结合强度、涂覆膜层的内应力等性能指标,这是表面防护技术设计的核心参数之一,也是研究材料表面防护技术的重要理论基础,因为没有良好的界面结合和高的膜层与基体结合强度,再优良的功能膜层也不能实现它的效能,所以研究表面膜层与基体材料的结合理论也是材料表面防护技术的一个重要方面。

实际上在很多情况下,在产品部件表面处理改性过程中用到了如激光强化或熔覆,离子注入、电子束改性等其他学科的技术与基础理论,通过这些高能束流的处理,在材料表面获得高性能的膜层,其表面成膜理论的研究与产生优异综合性能的规律等都是深入研究的重要方向。

研究材料表面防护技术与功能膜层的另外一个重要的学术方面是材料表面覆盖膜层的性能评价和测试。采用划痕法、X射线衍射法、纳米压入法、基片弯曲法、扫描电镜、电子探针、能谱分析等方法手段对零部件表面膜层性能以及膜层的环境失效行为进行表征、评价等,是材料表面防护技术需要重点关注的基础问题。

5. 扩展表面防护技术的应用范围

随着社会的进步和高科技的快速发展,表面防护技术及表面功能膜层的应用范围也越来越宽。当然,前提是表面防护技术和功能膜层一定要满足相关行业的需求。如电子信息产业的轻、薄、短、小及多功能化的需求,就需要应用表面防护技术中的微孔金属化来连接导电层,使微孔填孔电镀铜技术得到了快速发展,而高密度内连接有许多的通孔同样要用电镀铜技术来填充,一些填孔镀铜工艺技术可以用一种溶液同时填上微孔和通孔。手机、笔记本电脑、摄相机和多媒体影像设备的高速发展,带动了集成电路的电镀、化学镀技术的发展,并将逐步取代昂贵且产能低的干法镀膜技术(PVD,CVD)。

虽然材料表面防护技术在机械、化工、信息、家电、汽车、航空、航天等行业中获得了富有成效的应用,但是材料表面防护技术的优越性和潜在效益仍未得到很好的发挥,还需要从事表面防护技术的学者以大量的实例开展表面防护技术重要性的宣传与推广工作。

表面防护技术在一些新型高技术行业的应用更应当引起人们的重视,其应用前景亦十分广阔。例如生物医学中,髋关节材料的表面修补就用到了材料表面处理技术,在超高密度高分子聚乙烯材料上再镀上一层钴铬合金膜层,可以使其寿命达15～25年。近些年发展的羟基磷灰石(HAP)材料,是一种重要的生物活性材料,与骨骼、牙齿的无机成分极为相似,具有良好的生物相容性,埋入人体后易与新生骨结合。但是HAP这种材料的脆性大,通过电镀技术使溶液中的HAP粒子与金属离子共沉积在不锈钢等基体材料上,可实现HAP材料与基体金属的牢固结合。

备受家用电器厂家欢迎的预涂型彩色钢板和不沾手纹的表面防护膜层处理,就是在金属材料表面涂上一层有机或者无机膜层材料,它既具有有机材料的表面耐腐蚀、色彩鲜艳、耐污等特点,同时又具有金属材料的强度高、可成型等特点,只须对其作适当的剪切、弯曲、冲压和连接即可制成多种产品外壳,不仅简化了产品加工工序,也减少了家用电器厂家加工设备的投资,是制作家用电器外壳的好材料。

汽车制造业中表面处理技术占的比重较大,其发展趋势在于如何在表面加工过程中应用节能环保的工艺技术,如简化除油、除锈工序,降低能耗,同时将有污染的工艺改成环保清洁生产型的工艺技术等。

总之,随着现代高新技术和国民经济的快速发展,材料表面防护技术及表面功能膜层的应用会越来越广,而且材料表面防护技术本身和功能膜层在满足不同行业需求的同时也会得到快速发展。

1.3.2 材料表面防护技术与功能膜层的应用

实际上,材料表面防护技术与功能膜层的应用随处可见,尤其是新的产业和新的产品,采用表面处理技术获得这些新产品表面的功能性膜层,进一步提高了这些新产品的性能、安全可靠性和使用寿命等。人们也在应用这些产品的同时,相当重视一些产品的表面膜层性能和质量,反过来促进了材料表面防护技术在人们日常工作和生活中所使用产品的应用范围。

1. 材料表面防护技术在结构材料上的应用

结构材料是工程结构、机械装备中的零部件以及工具、模具等广泛应用的材料,在性能上以力学性能为主,同时在许多场合又要求兼有良好的耐腐蚀性和装饰性。通过在结构材料制备的部件表面进行表面处理,得到起着防腐蚀、耐磨、强化、修复、装饰等重要作用的膜层。

在承载部件表面涂覆防护膜层,可以有效防止材料在服役环境中的化学腐蚀和电化学腐蚀等。腐蚀问题是普遍存在的,给人们的生产和生活带来严重危害。解决结构材料腐蚀的有效方法就是用材料表面防护技术施加覆盖层或改变材料表面的成分、结构,从而显著提高材料或部件的防护能力。使用表面防护技术防止腐蚀是现代防腐的主要和根本方法。

众所周知,所有的重大基础设施通常都是钢筋混凝土构筑的,社会发展越快,交通、桥梁、电厂等大的工程采用钢筋混凝土结构就越多。通常这种结构要长期使用,而建筑结构的破坏失效多半是由钢筋的腐蚀引起的,因此采用涂层对钢筋进行防腐蚀处理是非常有效的一种方式。利用钢筋表面涂层的隔离作用,使钢筋不与周围的腐蚀介质直接接触,从而避免或者减轻钢筋材料的腐蚀。实际工程中采用的涂层防护主要有热浸镀锌钢筋和环氧涂层钢筋两类。当然,其他如聚氨酯树脂、丙烯酸树脂、氯化橡胶等也作为钢筋混凝土结构中的钢筋防护涂层应用。

一些结构部件处于运动状态,在一定摩擦条件下发生表面磨损,因此,通过材料表面防护技术来提高材料或部件的耐磨性能也是工程结构材料的一个重要环节。采用耐磨涂层、减摩涂层或表面强化处理是提高结构材料耐磨性能的有效方法。

当然,对承载结构部件表面进行强化处理,提高材料表面抵御除腐蚀和磨损之外的环境作用的能力也是应当重视的问题。如疲劳破坏也往往是从部件材料表面开始的,可以通过一些表面防护技术显著提高材料的疲劳强度,降低部件服役过程中的疲劳损伤。

通过合理的选材和对部件表面进行强化处理,还可以满足许多部件的表面强度和硬度、芯部韧性等要求,提高部件服役过程中的使用性能及寿命目标。

在实际某些工程装备结构部件上，因表面强度、硬度、耐磨性等不足或者环境的影响，会逐渐产生磨损、剥落、锈蚀、形变以致强度降低等故障，最后导致部件的功能失效。因此，一些具有修复功能的表面防护技术如堆焊、电刷镀、热喷涂、电镀、黏结等，不仅可修复部件损伤（磨损、腐蚀等）造成的尺寸差异，而且还可提高其表面性能，延长这些部件的使用寿命。

结构零部件除了一些表面的防腐蚀、硬度等性能外，还可起到表面装饰的作用，如光亮（镜面、全光亮、亚光、缎面等）、色泽（各种颜色和多彩等）、花纹（各种花纹、刻花和浮雕等）、仿照（仿贵金属、仿大理石、仿花岗石等）等装饰方面的功能。可以说，用适当的表面防护技术对一些零部件进行表面装饰，不仅方便、高效，而且美观、经济。

2. 表面防护技术与膜层在功能材料和元器件上的应用

功能材料由于具有优良的物理、化学和生物等功能及其相互转化的功能，常用来制造一些产品中的具有独特功能的核心部件。与结构材料相比，除了性能上的差异和用途不同之外，另一个重要特点就是材料与元器件功能"一体化"，即功能材料常以元器件形式对其性能进行评价。

材料的许多性质和功能与表面组织结构密切相关，因而可以通过一些表面防护技术制备或改进某些功能材料及其元器件。通过表面防护技术控制需要改性材料的表面成分和结构，同时又能进行高精度的微细加工，因而许多电子元器件不仅可以越做越小，同时还大大缩小器件产品的体积，如精密器件（微细波纹管）的电铸生产加工，使得制造的器件具有高的可重复性、尺寸稳定性和产品的可靠性。

使用表面防护技术可制备具有光学特性的功能材料及其元器件。如具有光反射性的反射镜，具有光防反射性的防炫零件，具有光增透性的激光材料增透膜，具有光选择通过的反射红外线、透过可见光的透明隔热膜，具有分光性的用多层介质膜组成的分光镜，具有光选择吸收的太阳能选择吸收膜，具有偏光性的起偏器，能发光的光致发光材料，具有光记忆薄膜的材料，等等。

使用表面防护技术还可制备具有电、磁、声、光、热学特性的功能材料及其元器件，如导电玻璃、超导 Nb-Sn 线材、膜电阻材料、半导体材料（膜）、波导管、低接触电阻开关等；具有磁特性的存储记忆的磁泡材料、磁记录介质材料、电磁屏蔽材料等；具有声学特性的声反射和声吸收的吸声涂层、声表面波器件等；具有热学特性的导热性散热材料、热反射镀膜玻璃、耐热性和蓄热性的集热板、热膨胀性的双金属温度计；具有保温性和绝缘性的保温材料、耐热涂层、吸热材料等；具有光电转换特性的薄膜太阳能电池、电光转换的电致发光器件、热电转换的电阻式温度传感器、电热转换的薄膜加热器、光热转换的选择性涂层、力热转换的减振膜、力电转换的电容式压力传感器、磁光转换的磁光存储器、光磁转换的光磁记录材料；等等。

另外，应用表面防护技术制备出具有化学特性的功能材料及其元器件，如分离膜材料、耐腐蚀性防护涂层、防沾污性涂层、杀菌镀层、生物活性涂层等。

3. 在保护和优化环境等方面的应用

应用表面防护技术在保护和优化环境方面有着一系列重要应用，如用涂覆和气相沉积等技术制造的催化剂载体是净化大气环境的重要材料，可用来有效地处理空气中的 CO_2，NO_2，SO_2 等有害气体。还有用表面防护技术制备的膜材料可以净化水质和处理污水，也可以用来进行化学提纯、水质软化、海水淡化等工作。TiO_2光催化剂具有净化环境的功能,可以将一些污染的物质分解。人们将 Ag,Pt,Cu,Zn 等元素用来增强 TiO_2 的光催化作用,强化抗菌和灭菌效果。

远红外线具有活化空气和水的功能,而活化的空气和水有利于人体健康。在水净化器中加上能活化水的远红外陶瓷涂层装置,就可以取得更好的效果。用表面化学原理制成的特定组合电极,可用来除去发电厂沉淀池、热交换器、管道等内部的藻类污垢。

近年来,生物医学材料受到了人们的高度重视,因为这种材料具有一定的理化性质和生物相容性。通过表面防护技术在其上涂覆医学涂层,既可以保持这种材料的基本特性,又可以增进这种材料表面的生物学特性,同时膜层还可以阻隔基材材料离子向周围组织溶出扩散,并提高基体材料表面的耐磨性、绝缘性等性能。另外,在金属材料表面上涂以生物陶瓷膜层,可用做人造骨、人造牙、植入装置导线的绝缘层等。

金属材料或者非金属材料上,用表面防护技术制成磁性涂层或铜、银等镀层,敷裹在人体的相关穴位,可以产生治疗疼痛、消炎、降血压等功效。

推广和大量应用绿色能源是时代的要求,太阳能电池、磁流体发电、海浪发电、风能发电、燃料电池、锂离子电池等环保型能源的应用对保护环境是非常重要的。人们通过表面防护技术可以制造许多绿色能源装置应用的电极材料、器件等关键部件,如太阳能电池的电极材料、燃料电池的电极材料、太阳能集热管、半导体制冷器等。

可以说,表面防护技术将在人类控制自然、优化环境和保护环境中起着很大的作用,如采用涂覆或镀膜等表面防护技术,制造出能调光、调温的"智慧窗",使窗户按人的意愿来调节光的透过率和光照温度,以达到节约电能的目的。

4. 在研发新材料方面的应用

新型先进材料是现代科学技术发展的必要物质基础。通过表面防护技术制备新的先进高性能材料也是一个重要的应用方面。超导膜、金刚石膜、纳米多层膜、纳米粉、纳米晶体材料、非晶态膜层、多孔硅等一系列先进材料都可以采用表面防护技术获得。

利用化学气相沉积技术,在低压或常压条件下就可制得性能优异的金刚石薄膜新材料(过去制备金刚石材料在高温高压下进行),而且这种材料具有好的绝缘性和化学稳定性,有比 Si,GaAs 等半导体材料更宽的禁带宽度。因此,这种材料在微电子技术、超大规模集成电路、光学、光电子等领域有着良好的应用前景,也可能是 Ge,Si,GaAs 以后的新一代半导体材料。

同样,利用化学气相沉积技术获得的类金刚石碳膜新材料,是一种具有非晶和微晶结构的含氢碳化膜,一些性能接近金刚石膜,如高硬度、高热导率、高绝缘性、良好的化学稳定性、从红外到紫外的高光学透过率等,可用做光学器件上保护膜以及一些工具上的耐磨涂层、真空润滑层等。用气相沉积技术制备的立方氮化硼薄膜材料为立方结构,硬度仅次于金刚石,而抗氧化性、耐热性和化学稳定性优于金刚石,还具有高的电阻率、高热导率,如果掺入某些杂质可成为半导体材料,可用于电路基板、光电开关及耐磨、耐热、耐腐蚀膜层等。

利用物理气相沉积技术制备的超导薄膜材料为非晶态,经高温氧化处理后转变为具有较高转变温度的晶态薄膜,可望制成超高灵敏度的电磁场探测器件、超高速开关存储器件等。

表面防护技术制备的有机高分子材料和有机物构成的分子薄膜,在分子聚合、光合作用、微电子、光电器件、激光、红外检测、光学等领域有着广泛的应用空间。

　　用表面防护技术制备的超微颗粒新材料,通过其表面效应和量子效应等,在光、热、电、磁、力、化学等方面有着许多奇异的特性,如提高颗粒材料的活性和催化率,增大磁性颗粒的磁记录密度,提高化学电池、燃料电池和光化学电池的效率,增强对不同波段电磁波的吸收能力等。

　　利用表面防护技术制成的纳米金属、纳米陶瓷、纳米复合材料和纳米半导体等材料,由于其优良的特性而具有很好的应用前景。例如,纳米陶瓷有一定的塑性,可进行挤压和轧制,然后退火使晶粒尺寸长大到微米量级,变成普通陶瓷。另外,纳米陶瓷有优良的导热性,纳米金属陶瓷有更高的强度等。

　　利用表面防护技术制备的梯度功能新材料,是连续、平稳变化的非均质材料,其组织连续变化,材料的功能随之变化,用于航空、航天、核工业、生物、传感器、发动机等许多领域,可有效地解决材料的热应力缓和与匹配问题,实现耐热性与力学强度都优异的新功能。

　　实际上,利用表面防护技术本身的改性或功能化处理优势,已经在不同的产品和部件表面得到了广泛应用,而通过不同的表面防护技术制备出各种新材料更是层出不穷。因为随着科学技术的发展和人类社会的进步,新的材料、新的产品装备在不断地涌现,而这些材料或产品的表面改性或者赋予其表面特殊的功能膜层,就需要材料的表面防护新技术来实现,所以,材料防护新技术的研究任重而道远。

习题与思考题

1. 表面防护技术的主要目的是什么? 有哪些分类方法?
2. 涂层表面冶金、薄膜表面冶金和离子表面冶金的主要差异在哪?
3. 根据材料膜层的改性特点和厚度分类可将表面改性分为哪些类型? 各有什么特点?
4. 请结合实例谈一谈表面防护技术的发展趋势。
5. 举例说明材料表面防护技术和功能膜层的应用。

第2章 结构材料的表面失效基础

设备或产品的结构零部件在实际使用过程中,随使用时间的延长和服役环境的作用,在载荷、温湿度、环境介质等影响下,会引起结构材料的物理、化学性能变化,从而出现老化、失效破坏的现象。老化失效包括腐蚀氧化、摩擦磨损、断裂(疲劳、应力腐蚀、氢脆)等,这些老化失效往往从结构材料的表面开始,然后逐渐扩展到材料的内部,最后导致整个零部件结构的失效破坏,甚至引发重大的安全事故。因此,探讨结构材料表面的失效过程、规律和机理对于延长其使用寿命、提高产品的安全可靠性是非常重要的。

2.1 材料表面的基本特征与表面现象

人们通常将固相和气相、固相和液相的分界面称为表面,把固相之间的分界面称为界面。由于材料成分的不同,内部的组织结构也不同,故而其表面特性也不同;还由于零部件表面加工等带来的缺陷存在差异,在设备构件的服役过程中,受环境条件影响就容易在其表面引发腐蚀、磨损或者断裂失效等破坏。

2.1.1 材料表面的基本特征

在通常情况下,材料需要经过不同的加工才能形成产品零部件,而不同的加工过程会形成不同的表面功能。另外,加工好的零部件在不同的环境中存放或者使用,其表面也会发生一些物理、化学、力学的变化,导致其表面结构、状态与特性发生变化。

如图 2.1 所示为实际金属材料表面构成示意图。人们将零部件材料的实际表面分为内表面层(包括基材和加工硬化层)和外表面层(包括环境作用导致的吸附、氧化层等)。可见,实际零件表面的组成及各层厚度与制备过程、所处环境(介质)以及材料本身的性质有关,因此,零部件表面的结构及性质是复杂的。

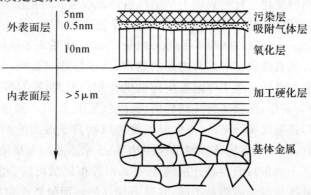

图 2.1 实际金属材料表面构成示意图

随着对产品具有高性能、高载荷、复杂环境的要求,对产品零部件使用功能的要求也越来越高,人们往往采用一些不同的表面处理技术(如电镀、化学镀、转化膜处理、热扩散、气相沉积、喷涂、高能束流表面改性等)来赋予零部件表面新的功能或达到某些使用要求(如实现高耐磨、高耐腐蚀等)。这些表面膜层或表面改性区域就会与基材之间构成界面,而界面的结合就有可能会影响零部件表面的性质,如材料表面的物理与化学特性变化。因此,对于零部件要重点考虑其表面特性,而对于经过表面处理的零部件,既要关注这些零部件表面处理后的表面特性,还要关注表面处理获得膜层与基材的界面特征。因为没有好的界面结合,材料表面的涂镀膜层与改性处理就有可能出现脱落或不完整,反而加剧材料的腐蚀、摩擦磨损、疲劳断裂等失效破坏。

实际应用的材料表面类型主要包括:

(1)洁净表面

尽管材料表层原子结构的周期性不同于体内,但如果其化学成分仍与体内相同,这种表面就称为洁净表面,它是相对于理想表面和受环境气氛污染的实际表面而言的。洁净表面允许有吸附物,但其覆盖的几率应非常低。洁净表面可以用真空热处理、离子轰击加热退火、真空沉积、蒸发等方式获得。例如,把材料表面在真空中作热处理,使温度高到足以蒸发掉表面的污染物;或者采用离子多次轰击,把材料表面在真空中循环地用惰性气体离子轰击和退火(经过一次轰击之后,在晶体体内的杂质还可以从体内分离到表面上来,因此必须进行多次的反复轰击和退火)。这些对于获得清洁表面的多数材料来说都是有效的。

一些微电子工业中的气相沉积技术和微细加工技术等都需要从中获得洁净的基体表面甚至超洁净表面之后才能进行气相沉积或进行微加工处理。

(2)清洁表面

清洁表面与洁净表面相对应,一般指零件经过清洗(化学脱脂、活化等)后获得的材料表面,显然,清洁表面更适合一般的电镀、涂装、热喷涂等表面处理工艺。

为了在材料表面获得防护性涂、镀膜层,首先要保证涂、镀膜层与基材间的界面结合良好,就需要采取一些表面预处理技术使材料表面处于清洁的状态。实际上用高效洗涤剂等化学成分清洗材料的表面,有时候就能获得清洁的表面。

经过铸造、锻压、冷扎、车、铣、磨、刨等机械加工的零部件表面不可能绝对平整光滑,而是由微观不规则的峰谷构成的。因此评价加工零件表面微观形貌,一般从垂直于表面的二维截面上测量、分析其轮廓的变化。材料表面不平整性包括波纹度和粗糙度,前者是指在一段距离内出现一个峰和谷的周期,是在一段距离内只出现一个波峰和波谷;粗糙度(又称光洁度)是指在较短距离内($2\sim800\mu m$)出现的凹凸不平($0.03\sim400\mu m$),如图 2.2 所示。

实践表明,零部件的表面状态对基材内部的物理、力学特性有影响,而表面状态又与零件的加工方法有关,尤其是最后一道工序起着决定性的作用。另外,在对零部件进行磨削、抛光等机械加工的金属材料表面,形成了特殊结构的表面层(见图 2.3)。如金属零件在研磨时,由于表面的微观不平整,接触处实际上是"点",其温度可以远高于表面的平均温度,再由于作用时间短,金属导热性好,因而摩擦后该区域迅速冷却,原子来不及回到平衡位置,造成一定程度的晶格畸变(深度达几十微米),而在最外层约 $5\sim10nm$ 厚度区域可能会形成一种晶粒微小的微晶层(贝尔比层),其性质与体内明显不同,并具有较高的表面耐磨性和耐腐蚀性。

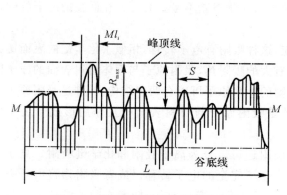

图 2.2　材料表面粗糙度轮廓示意图

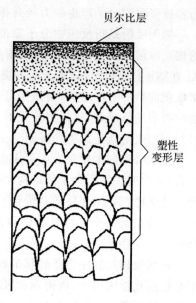

图 2.3　磨削作用下金属表层组织示意图

但贝尔比层也有不足,如在硅片上进行外延、氧化和扩散前,因为它会产生位错、层错等缺陷而严重影响器件的性能,所以要腐蚀去除掉表面的贝尔比层。另外金属在切割、研磨和抛光后,除了在表面产生贝尔比层外,还存在着各种残余应力,同样对材料的性能发生影响,如残余应力造成和加速材料的腐蚀、断裂失效等。在贝尔比层下面为塑性变形层,该层塑性变形程度与深度有关,一般随深度增加,开始阶段塑变量急剧减小,到一定深度,塑变量变化开始变得不明显,直至趋向零。塑性变形层一般达 $1\sim10\mu m$。

固体表面需要进行某种镀、涂等表面防护处理时,其几何特性对表面膜层的结合强度也会有一定的影响。因此,关注产品零部件表面的洁净、清洁和微观粗糙度、表面外层的组织结构变化等基本特征是非常重要的。

2.1.2　固体材料表面现象

1. 吸附现象

实际上零部件材料表面的一些化学特性与基材表面涂覆层的类型,与使用环境条件也有很大关系。当材料表面涂覆层中含有一些元素时,它可以在很大程度上改变零部件表面特性。如经常会出现的一种表面吸附现象:有的是固体表面与被吸附分子之间的吸附(物理吸附);有的则产生电子交换,形成表面层分子的重新排列(化学吸附)。在发生化学吸附后可以进一步产生化学反应,如钢铁材料表面吸附了空气中的氧,氧原子就很容易与铁原子发生化学反应,在表面生成铁的氧化物(出现锈蚀),继而形成一种由几种不同的氧化物组成的氧化膜(FeO,Fe_2O_3,Fe_3O_4),含氧量高的在最表层,含氧量少的在最里层。

固体材料表面的重要特征之一是存在吸附现象,吸附是"由于物理或化学的作用力,使某种物质分子能够附着或结合在两相界面上的浓度与两相本体不同的现象"。当金属表面的力场和被吸附的分子产生的力场有相互作用时,就将产生表面吸附。

物理吸附是指反应物分子靠范德华力吸附在固、气界面上,吸附原子与固体材料底表面间的相互作用主要是范德华力,吸附热约为 4.18kJ/mol,很多惰性气体在金属表面上的吸附(如 Ar 在 Nb 上的吸附)都属于这一类。这种吸附对环境温度很敏感,低温下在表面上吸附形成密堆积的单层有序结构,类似于蒸气的凝结和气体的液化。由于范德华力的作用较弱,因而被物理吸附的分子,在结构上变化不大,与分子本来的状态差不多。大部分在低温情况下的固体材料表面吸附就是以物理吸附为主的。

化学吸附的本质是发生了表面化学反应,这种吸附有电子转移,相似于化学键的表面键力结合,并改变了吸附分子的结构。化学吸附有大的吸附热,吸附原子与固体材料表面的原子间形成化学键(离子、金属或共价键)。化学吸附的外来原子可以有两种结构:一种是吸附原子形成周期的黏附层叠在材料表面顶部;另一种是吸附原子与材料表面相互作用形成合金型的结构。

按照吸附过程中电子转移的程度,化学吸附还可以分为离子吸附和化学键吸附。离子吸附是指在化学吸附中,吸附剂和吸附物之间发生了完全的电子转移。或者吸附物将电子失去而交给吸附剂;或者相反,吸附剂和吸附物的原子或分子变成离子,两者之间的结合是纯离子键,结合力是正、负离子之间的静电库仑力。

化学键吸附是指在化学吸附中,吸附剂和吸附物之间的电子转移不完全,即两者之一或双方提供电子作为两者的共有化电子,形成局部价键(共价键、离子键或配位键),同时,两者之间的共有化电子不是等同的。在化学键吸附中的结合力,主要是共有化电子与离子之间的库仑力。

实际情况下的化学吸附除上述两种情况外,也有两者兼有的情况。

物理吸附和化学吸附都是在材料表面发生的吸附,两者既有区别,又有联系。物理吸附和化学吸附之间的区别如下:

(1)两者的热效应不同

在一般情况下,物理吸附热 Q_p 要小于化学吸附热。吸附本身是一个放热过程。可以利用有关自由能、焓及熵变化的热力学方程计算:

$$\Delta G = \Delta H - T\Delta S$$

如果吸附是自动发生的,则过程中的自由能必定降低,于是 ΔG 为负值。在化学吸附中,吸附热($-\Delta H$)与化学反应热同数量级,一般为 4.18×10^4 kJ/mol 左右。而物理吸附的吸附热与液化相似,一般比化学吸附小 3 ~ 5 个数量级。另外,物理吸附的脱附温度一般在气体的沸点附近,而化学吸附的脱附温度要比同种气体物理吸附脱附温度高。

(2)吸附和脱附的速率不同

物理吸附类似凝聚现象,一般不需要活化能,因而吸附速度很快。化学吸附类似化学反应,也是一个活化过程,需要一定的活化能,因而吸附速度比物理吸附慢。物理吸附往往很容易脱附,而大部分化学吸附则很难脱附,即前者是可逆的,后者是不可逆的。

(3)化学吸附具有选择性

化学吸附具有高度选择性,实验表明,特定的吸附质在吸附剂表面上产生的化学吸附随吸附剂的不同而异,且与特定金属的不同晶面有关系。一种固体表面只能吸附某些气体,而不吸附另一些气体。例如,氢会被钨和镍化学吸附,而不能为铝化学吸附。

物理吸附无选择性。任何气体在任何表面上,在气体的沸点附近都可以进行物理吸附,吸附的量取决于气体的凝结性。

(4)吸附层的厚度不同

化学吸附是单层吸附。对一个清洁金属表面,化学吸附是连续进行直到饱和的过程,即由局部覆盖金属表面直至整个表面完全被单分子层覆盖的过程。一旦整个表面被单分子覆盖,化学吸附就达到了饱和,化学吸附终止。而在物理吸附中,吸附层在低压下是单层的,在较高的相对压强下会变成多层的。

(5)吸附态的光谱不同

物理吸附只能使原吸附分子的特征吸收峰发生某些位移,或使原子吸收峰强度有所改变。而化学吸附会在紫外、红外或可见光的光谱区产生新的吸收峰。

物理吸附和化学吸附毕竟是人们按照化学作用和物理作用的概念将它们分开的。但是,由于吸附的特殊性,两者又有一定的联系,可从以下几个方面表现出来:

①在某些情况下,发生物理吸附后,吸附物和吸附剂之间的相互作用力会起到拉长某些化学键的作用,甚至使分子的化学性质改变,这样就很难断言是何种吸附。

②有些化学吸附可以直接在吸附物与吸附剂之间进行,而相当多的化学吸附必须先经过物理吸附,然后再进行化学吸附。

③物理吸附和化学吸附可以在一定条件下转化,如在铜材料上,氢分子的物理吸附是经活化而进一步与铜催化表面接近,就可以转化为氢化学吸附的。

因此,人们在研究产品零部件表面的吸附现象时,尤其是在涂覆膜层时,一定要根据其所处环境条件,讨论其发生化学吸附、物理吸附或者两者吸附兼有的情况可能对涂、镀层性能带来的影响。

2. 润湿及黏着现象

润湿是液体介质与固体表面接触时产生的一种表面现象。液体对固体表面的润湿程度可以用液滴在固体表面上的散开程度来说明。水滴在清洁的玻璃表面上可以迅速散开,但水滴在石蜡表面上却不易散开而趋于球状(见图 2.4),说明水对玻璃是润湿的,对石蜡是不润湿的。

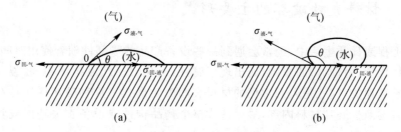

图 2.4　固体的润湿性与接触角

(a)玻璃;(b)石蜡

物质的润湿程度常用接触角(θ)来度量。接触角是指在平衡时三相接触点上(见图 2.4 的 O 点),沿液-气表面的切线与固-液界面所夹的角。接触角的大小与三相界面张力有关。凡是能引起任何界面张力变化的因素都能影响固体表面的润湿性。若 θ 较小或接近于零,这样就具有亲水性;反之,θ 较大,则具有疏水(憎水或斥水)性。但亲水性和疏水性没有明确的界限,只是一个相对的概念,人们习惯上把 $\theta>90°$ 叫做不润湿或者憎水,把 $\theta<90°$ 叫做润湿。自然界中不存在绝对不润湿的物质,因而 $\theta=180°$ 的情况也是没有的。

润湿现象对于表面防护技术非常重要,如在给零部件金属表面涂覆膜层时,材料表面的润湿程度对覆层与基体的结合非常重要,直接影响到镀层的结合强度。另外,在液体介质化学热处理中,熔盐对金属表面的润湿性也将影响传热、传质过程,同样影响材料表面处理的质量。

3. 金属表面反应

金属表面反应是金属表面防护技术中的一个重要过程,是一种多相反应。其特点是反应在界面上进行,或反应物质通过界面进入到相内进行。因此,多相反应除与单相反应一样受环境温度、介质浓度、压力等的影响外,还与表面状态(钝化及活化)和金属的表面催化作用等密切相关。

按反应物的聚集状态,金属表面的多相反应可分为:

①气-固反应,如气相沉积、金属在大气环境中的腐蚀、钢的渗碳、脱碳等;

②液-固反应,如金属在溶液中的溶解、化学或者电化学反应等;

③固-固反应,在高温下石墨与钢直接接触会发生渗碳反应,还有一些固体粉末包裹进行的热扩散渗层处理等固-固反应;

④离子-固反应,如离子氮化、离子镀渗等。

实际上,多相反应一般经过以下过程,这种多步骤对于材料表面的膜层性能将会有很大影响。

①反应分子(或原子)扩散到界面上;

②分子(或原子)在界面上发生吸附作用;

③产生界面反应;

④反应产物从界面脱附;

⑤反应产物离开界面向体相内扩散;

⑥实现表面膜层或表面改性处理。

2.1.3　材料失效破坏的主要形式

在实际工程或日常生活中,经常会遇到一些设备产品的零部件随着使用时间延长,并且受环境条件(力、化学、物理等)的影响,而出现了腐蚀(氧化)失效、摩擦磨损、断裂(疲劳、应力腐蚀、氢脆)等破坏现象,这就是人们常见的材料表面失效形式。这种破坏往往是在构件材料的表面发生而后逐渐扩展到材料内部,最后造成整个产品构件或设备丧失功能或者不能达到原来的设计功能。

产品零部件材料的表面失效形式包括腐蚀(氧化)失效、摩擦磨损失效、受载荷作用的断裂(疲劳、应力腐蚀、氢脆)等失效。需要说明的是,一些产品零部件由于使用环境和受力复杂,其失效形式可以既有腐蚀(氧化)同时也有断裂失效,如腐蚀疲劳等。

一般的磨损和腐蚀失效都发生在构件材料的表面,而断裂往往是由表面产生微裂纹而逐渐扩展导致零件整体的损坏。因此产品零部件材料的摩擦磨损、腐蚀和断裂失效必然与零部件材料表面的物理、机械和化学特性有关,也与零部件所处的环境,零部件表面间的接触、摩擦磨损特性以及耐腐蚀性能等有着密切的关系。

因此,只有了解这些基本失效特性与失效规律,了解其基本理论,才能弄清楚零部件材料发生摩擦磨损、腐蚀(氧化)或断裂的失效原因和规律,从而选择出合适的零部件使用材料,或者在零部件表面采取适当的防护处理技术,防止产品零部件在严酷复杂环境下发生摩擦磨损、腐蚀和断裂等失效。

2.2　材料的摩擦磨损失效

2.2.1　摩擦磨损的基本原理

物体之间的摩擦是日常生活中常见的现象。摩擦的定义是"抵抗两物体接触表面切向相对运动的现象"。摩擦的大小一般用摩擦因数 μ 来表示,其值等于摩擦力 F(切向力)与法向力 N(载荷)的比值,即

$$\mu = F/N \tag{2-1}$$

针对摩擦现象,人们通常按摩擦副的运动状态将摩擦分为:

①静摩擦:两物体接触面受切向外力作用产生预位移但尚未产生相对运动时的摩擦。

②动摩擦:相对运动两表面之间的摩擦。人们可以按摩擦副的运动形式将动摩擦又分为:

滑动摩擦——一个固体在另一固体表面滑动或有滑动趋势时,在两物体接触面上产生的摩擦;

滚动摩擦——物体在另一物体上滚动或有滚动趋势时,在两物体接触面上产生的摩擦;

自旋摩擦——两接触物体环绕其接触表面的法线相对旋转时产生的摩擦。

摩擦还可以按摩擦副表面的润滑状况进行分类:

①干摩擦:指在两物体的接触表面间名义上无任何形式的润滑剂存在的摩擦。严格地说,这种摩擦是指在接触表面上无任何其他介质(如自然污染膜、湿气及润滑膜)时的摩擦。

②边界摩擦:指具有无体积特性的流体层隔开的两固体相对运动时的摩擦,即边界润滑状态的摩擦。在边界润滑状态,两接触表面被一层很薄的油膜隔开(可从一个分子层到 $0.1\mu m$),这样可使摩擦力降低 2~10 倍,并使表面磨损显著减少。但由于面膜很薄,局部也会发生两表面微凸体之间的直接接触。

③流体润滑摩擦:两固体表面之间有润滑剂存在的摩擦。此时摩擦表面完全被油膜隔开,靠油膜的压力来平衡外载荷,油膜厚度越大,固体表面对远离它的油分子的影响越小。在流体润滑时,摩擦阻力取决于润滑油的内摩擦(黏度)。在这种摩擦条件下摩擦因数最小,对节能、减少磨损和延长零件使用寿命都是最理想的条件。这里有两种建立油膜压力的方法:一种是靠油泵供给静压,称为流体静压润滑;另一种是依靠摩擦副运动中自身形成的压力,称为流体动压润滑,摩擦副之间的楔形间隙是形成流体动压的必要条件。

④混合摩擦:指在摩擦表面上同时存在着流体摩擦、边界摩擦和干摩擦的混合状态下的摩擦,一般以半干摩擦或流体润滑摩擦形式出现。

⑤半干摩擦:指同时存在干摩擦和边界摩擦状况。

⑥半流体摩擦:指同时存在边界摩擦和流体摩擦的状况。

按照实际工况条件的差别,人们还将摩擦分为干摩擦、边界润滑摩擦、流体润滑摩擦和滚动摩擦。

①干摩擦(无润滑摩擦)经常发生于制动器、摩擦传动和纺织、食品、化工机械和在高温条件下工作的零部件中。在这种工况条件下,无论是从污染和实际工作需要(如传动过程)考虑,都不允许使用润滑剂,因此容易发生干摩擦。

②边界润滑摩擦指两接触表面被一层很薄的油膜隔开,该边界层或边界膜可使摩擦力降低。几乎所有的润滑油都能在金属表面形成小于 $0.1\mu m$ 厚、与表面有一定结合强度的准晶态边界膜,但吸附膜的强度决定于其中是否存在活性分子及其数量和特性。

③流体润滑摩擦通常是由于润滑油的存在,对摩表面完全被油膜隔开,摩擦阻力决定于润滑油的内摩擦因数(黏度),是理想的减摩条件,摩擦力大小与材料的接触表面状况无关。

④滚动摩擦是滚动条件下的摩擦,其摩擦因数大大低于滑动条件下的摩擦因数。

由于摩擦磨损是零件材料的主要失效形式之一,造成的损失也非常大,因此,人们对材料的摩擦磨损特性、摩擦工况条件、环境的影响等进行了比较深入的研究,并提出了不同类型的材料摩擦磨损机理。

不管是什么情况,材料的摩擦磨损都始于表面,因此,表面的性能是决定材料耐磨性的关键,而摩擦磨损失效过程和方式的不同,对材料表面性能的要求也相差很大。

摩擦通常由相互接触的物体相对运动时产生的阻力来表示,常存在于固体、气体和液体之间。磨损则是指相对运动的物质在摩擦过程中不断产生损失或残余变形的现象。显然,材料的摩擦与磨损是因果关系。

很早以前,人们就提出了摩擦"三定律",即:

①摩擦力与两接触体之间的表观接触面积无关(第一定律);

②摩擦力与两接触体之间的法向载荷成正比(第二定律);

③两个相对运动物体表面的界面滑动摩擦阻力与滑动速度无关(第三定律)。

材料的耐磨性能可以用摩擦因数来表征,按照"三定律"的说法,摩擦因数 μ 应属于材料常数之一。研究发现,当摩擦的润滑条件、固体材料、环境介质、工作参数等发生变化时,摩擦因数也会发生很大变化。因此,"三定律"对解决一般机械工程中的实际问题只是大致适合,在一些场合还必须加以修正。另外,由于摩擦学"三定律"的经验性或不严格性,人们有时也认为"摩擦学中无定律"。

一方面,金属在互相摩擦过程中,由于产生变形特别是塑性变形,将消耗很大的能量,这些能量至少有 90% 以上转变成热。如果这些热量保留在金属表层,则产生瞬时可达到相当高的温度,称为摩擦过程的温度效应。接触表面摩擦温度的变化,与磨损现象的发展和转化特别是黏着磨损的形成是有联系的。

另一方面,摩擦引起的温度效应还会影响材料表面层的组织结构及性能。如果温度高于相变点,则会引起表层组织的相变。一般的钢铁材料,在磨损表面形成的"白层"组织就是这种相变的产物。即使在温度不太高(低于相变)的情况下,也会引起回火软化、回复或再结晶等,使材料性能发生变化。在摩擦过程中引起的塑性变形区中,通常靠近表面的是一个高度变形区,其显微组织会强烈细化,取向性显著提高。在经过长距离的滑动摩擦后,表面变形层会达到稳定状态(即高度变形层的厚度趋于稳定)。分析塑性变形层的微观晶体结构发现,其表层不同深处的位错结构会发生剧烈变化,这些区域在循环载荷作用下可能产生微裂纹,成为疲劳磨损的根源。

还有,滑动摩擦引起表层形成"白层"组织的特征是摩擦过程引起的冶金效应。这个白层具有相当高的硬度(可达 HV700～1 200)和耐腐蚀性,其厚度根据摩擦条件不同可以从几微米到 $100\mu m$ 不等。白层结构主要由极细的马氏体＋奥氏体＋碳化物三者的混合物所组成,但整个白层不一定是一层均匀的组织,还可能出现层状结构,这取决于相变完成的程度,也与摩擦条件密切相关。

除此之外,在摩擦过程中,还由于金属与气体、或金属与金属、或金属与润滑剂之间的相互作用,产生吸附或化学反应,也可能发生金属元素和组织的转移和表面元素的偏析。这些效应都会引起接触表层参数一系列的变化,并必然引起摩擦磨损过程的变化。

2.2.2　摩擦磨损的主要形式

实际上,一种摩擦方式常常包含几种磨损机理。人们按照磨损机理的不同将磨损又分为黏着磨损、磨粒磨损、疲劳磨损、腐蚀磨损、微动磨损、冲蚀(包括气蚀)磨损和高温磨损七类。最基本的就是黏着磨损、磨粒磨损、疲劳磨损和腐蚀磨损,一些复杂的材料磨损现象不外乎是这些基本机理单独或综合的表现。如滑动干摩擦过程,依据不同相对运动的材料,可能会发生黏着磨损、磨粒磨损或两者兼而有之。在滚动摩擦过程中不仅可能产生疲劳磨损、黏着磨损,有可能在一定环境介质作用下还会发生腐蚀磨损或冲蚀磨损等。

1. 黏着磨损

黏着磨损又称咬合磨损,它是指滑动摩擦中摩擦副接触面局部发生金属黏着,在随后相对滑动中黏着处被破坏,有金属屑粒从零件表面被拉拽下来或零件表面被擦伤的一种磨损形式。它是最常见的材料磨损形式之一,其发生与发展十分迅速,容易使零件或机器发生突然事故,造成巨大损失。在发生磨损失效的各类零件中,起因于黏着磨损的大约占 15%。如一些机械加工过程中的刀具、模具、量具、齿轮、蜗轮、凸轮、各种轴承等材料的磨损都有可能与黏着磨损有关。

机械加工过的零件表面都存在一定的粗糙度,并在金属表面随机分布着大小不等的微凸体。当润滑油膜不能完全覆盖这些微凸体时,接触将在微凸体之间发生,如图 2.5 所示。这样会导致接触应力产生调幅分布,即一个较大范围的应力场,变成了很多分散的微观应力场,每一个应力峰对应一个微凸体的接触点(见图 2.6)。由于实际接触面积远小于名义接触面积,每一个微凸体上将承受更大载荷。因此,Bowden 和 Tabor 正是在这个基础上提出了焊合剪切及犁削理论。

Bowden 和 Tabor 等人认为,当接触表面相互压紧时,由于微凸体间的接触面积小,承受的压力很高,足以引起材料的塑性变形和"冷焊"现象。这样形成的焊合点因表面的相对滑动而被剪断,相应的力构成摩擦力的黏着分量。此外,较硬的材料表面微凸体对较软材料表面会造成犁削作用,从而构成摩擦力的犁削分量。但是一般后者相比前者小(可忽略),因此,摩擦力可近似表示为

$$F_r = A\tau_b \tag{2-2}$$

式中，A 为参与剪切的微凸体总面积；τ_b 为焊合点的平均抗剪强度。

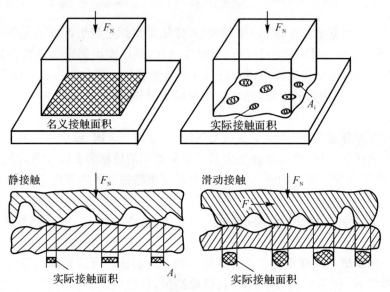

图 2.5　摩擦面的名义接触面积与实际接触面积

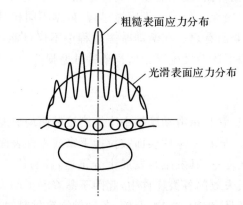

图 2.6　相互接触的粗糙表面微凸体之间的应力调幅分布

由于材料的正压力可表示为 $F_N = A\sigma_s$，σ_s 为材料的屈服点，则摩擦因数 μ 为

$$\mu = \frac{F_r}{F_N} = \frac{A\tau_b}{A\sigma_s} = \frac{\tau_b}{\sigma_s} \tag{2-3}$$

式（2-3）说明，材料的摩擦因数主要决定于摩擦副的抗剪强度 τ_b 和屈服点 σ_s 的比值，即摩擦学三个基本定律的基础。需要注意的是，它是在大量简化条件下获得的。

如果从微凸体群中抽出单个微凸体，同时将对摩材料表面微凸体简化为平面，则根据材料磨损体系的特征和式（2-2），对可能发生黏着磨损的典型情况作如下分析：

（1）硬金属和软金属摩擦副

硬金属表面的微凸体将压入软金属表面（见图 2.7(a)），剪切断裂发生在软金属一侧。虽然焊合点的平均抗剪强度较低，但由于压入后接触面积较大，摩擦力亦较大。

（2）硬金属与硬金属摩擦副

　　两者有较小的接触表面。剪切断裂发生在两种材料的界面附近区域。这种硬碰硬的磨损状态,虽然接触面积小,但抗剪强度很高,因此摩擦力也很大,如图 2.7(b)所示。

　　(3)润滑条件下的摩擦副

　　根据式(2-2),合适的耐磨材料体系应该同时具有高的硬度和低的抗剪强度。这对一般材料来说是不易达到的,可以在两种材料之间加入一层润滑油膜,则两个固体材料之间的剪切就可转变成油膜内部的"内摩擦"。当摩擦副表面的微凸体完全被油膜隔开,即处于流体润滑状态时(见图 2.7(c)),摩擦因数则主要决定于润滑油的黏度。这种状态可以大幅度减少磨损,延长零部件的使用寿命。

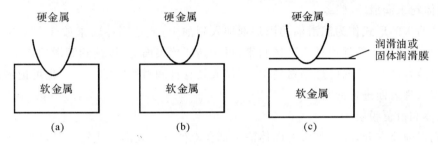

图 2.7　不同金属构成的摩擦副示意图

　　如果油膜润滑零件承受的压力太大,零件运行速度太低,或表面粗糙度太高,将会发生油膜刺穿现象,即发生微凸体之间的接触而导致磨损的增加。此时的磨损状态称为边界润滑。

　　图 2.8 与图 2.9 表示了不同润滑状态下磨损速率和摩擦因数的变化,可见边界润滑的摩擦因数虽然比流体润滑高,但仍比无润滑状态低得多。从边界润滑过渡到无润滑状态,磨损速率会发生突变,因此机械零件不能在无润滑条件下正常工作。

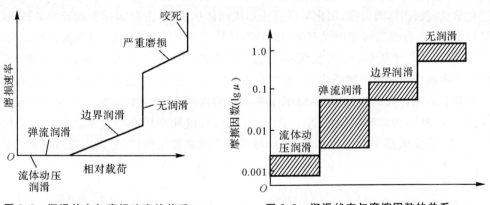

图 2.8　润滑状态与磨损速率的关系　　　　图 2.9　润滑状态与摩擦因数的关系

　　随着航空、航天等高科技产业的快速发展,许多零部件要求在高温、高负荷、超低温、超高真空、强氧化、强辐射等严酷复杂的环境条件下工作,一般的流体润滑(如润滑油)已无法满足使用要求。因此,人们不得不寻找新的润滑材料和方法,固体润滑就应运而生。它是利用剪切力低的固体材料来减少接触表面之间摩擦与磨损的一种润滑方式。

　　现在,固体润滑技术除了在国防军事领域应用之外,已进入民用工业领域,应用于有油润滑的场合,即形成流体与固体的混合润滑。因为机械设备的载荷、速度、温度等参数提高,摩擦副往往在极限条件下工作,即在接触区不能保证全油膜润滑,而是处于边界润滑状态,大部分载荷要由固体表面来承担。在这种情况下,采用厚度较大、性能优良的固体润滑涂层来承担载荷更能有效地降低摩擦和提高零件的耐磨性能。实际上,大量的滑动轴承、滚动轴承、齿轮、缸套、活塞环、凸轮挺杆、滑动密封以及工模具等零件,通过合理利用固体润滑涂层,在降低摩擦、节约能源、延长寿命、提高可靠性等方面获得了成效。如仪器仪表中的触点材料是金-镍合金,使用寿命不过 3 万次,改用自润滑触点材料后其寿命提高到 10 万次,还简化了制造工艺,节约了贵金属材料。

实现固体润滑的方法大致可分为使用固体粉末、固体覆膜层和自润滑复合材料等。

(1)固体粉末润滑

以固体粉末的形式作为润滑油的添加剂加入到油中;或把固体粉末放在需要润滑的零部件密封箱中,利用转动部件使粉末飞扬起来,再落到摩擦表面上,以达到润滑的效果;或用酒精等制成悬浮液,浸渍在多孔的烧结材料中,制作成具有自润滑性能的零件。也可把悬浮液喷涂或刷抹在零部件表面进行润滑。

(2)固体润滑覆膜层

固体润滑薄膜在摩擦时,其中的固体润滑剂在对偶材料表面形成转移膜,使摩擦发生在润滑剂内部,从而减少摩擦,降低磨损。润滑膜一方面可以防止对偶材料表面直接接触,另一方面可以减小接触薄层的剪切强度,从而显著减小摩擦因数。

固体润滑材料可分为层状物、聚合物、软金属和无机化合物 4 类。层状物(硫化亚铁、二硫化钼、石墨、二硫化钨)固体润滑薄膜是常用的固体润滑材料,具有好的摩擦学性能。

获得固体润滑覆膜有以下三类方法:

①黏结固体润滑膜(干膜),是将固体润滑剂与黏结剂(可用树脂、无机物、金属或陶瓷)混合,用溶剂溶解,搅拌均匀,用喷枪喷涂或涂抹在零件表面,待干燥后即成干膜。

②化学反应法固体润滑膜,用化学反应法形成固体润滑膜,主要包括表面硫化处理、磷化处理和氧化处理等。处理后可在钢铁表面形成具有低抗剪强度的硫化铁膜、磷酸盐膜和氧化膜等。

③电镀(包括化学镀等)和气相沉积方法形成固体润滑膜。如复合镀就是将 MoS_2 或者 PTFE 等固体润滑微粒置于镀液中,在搅拌条件下采用电镀、化学镀或者刷镀等方式在零部件表面获得具有减摩特性的镀层,从而降低了零部件表面的摩擦因数。

如图 2.10 所示为含硫化钨的 Ni-Fe 合金镀层与镀硬铬层的磨损率曲线。可以明显看出,在 Ni-Fe 合金镀层中含有硫化钨成分,与常用的硬铬镀层相比,可以大幅度降低磨损率。

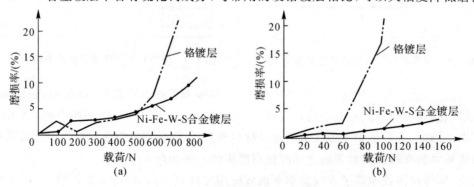

图 2.10　Ni-Fe 硫化钨合金镀层与镀铬层的磨损率曲线

(a)油润滑;(b)无润滑

（3）自润滑复合材料

自润滑复合材料包括：

①金属基复合材料：将固体润滑剂粉末与金属粉相混合，经压制、烧结而成。

②塑料基复合材料：由不同的塑料与固体润滑剂按比例组合，构成塑料复合材料。

③碳基复合材料：用焦炭、石墨、碳墨为原料，混以沥青焦油、合成树脂等黏结剂，经挤压成形后烧结，形成多孔复合材料。

几种典型固体润滑材料的摩擦因数和工作温度范围见表 2.1，可以通过固体润滑材料的添加大幅度地降低材料的摩擦因数。

表 2.1　钢铁零件中几种典型固体润滑材料的摩擦因数

材　　料	稳定温度（大气环境）/℃	稳定温度（真空环境）/℃	摩擦因数
Pb			0.12
Ag			0.14
In			0.10
石　墨	350	不稳定	0.20
MoS_2	350	1 350	0.18
WS_2	440	1 350	0.17
NbN_2	350	1 350	0.08
Cu－Pb			0.10
聚四氟乙烯			0.08～0.20

注：固体润滑的摩擦因数与工作环境有关。

2. 磨粒磨损

磨粒磨损是由外界硬质颗粒或硬表面的微峰在摩擦副对偶表面相对运动过程中引起表面擦伤与表面材料脱落的现象，其特征是在摩擦副对偶表面沿滑动方向形成划痕。

（1）磨粒磨损过程中材料的去除

因磨粒磨损失效而导致零件失效的比例很大，如果将被磨损材料简化为一种不产生任何塑性变形的绝对刚体，再将硬质磨粒简化为一个三角锥体，将磨损过程视为简单的滑动过程（见图 2.11(a)）。

在该锥体作用下，滑动一定距离所磨损掉的材料体积与所施加载荷 p、被磨材料的硬度 H 及滑动距离 L 的关系为

$$V = KpH^{-1}L \tag{2-4}$$

式中，K 为比例系数，与磨粒的形状系数、冲击角、摩擦因数和材料的性能（如弹性模量、流动极限和表面硬度）及接触条件有关。

实际上，可根据材料的塑性或脆性的大小，探讨磨粒磨损过程中存在的塑性变形和断裂这两种机理。当磨粒与塑性材料表面接触时，主要发生的是显微切削、显微犁沟两种塑性变形的磨损方式，如图 2.11(a)、(b) 所示，材料的磨损体积 V 用式（2-4）表示。

当磨粒和脆性材料表面（如玻璃、陶瓷和碳化物等）接触时，主要以表面断裂破坏为主，如图 2.11(c)、(d) 所示。此时材料去除体积的表达式为

$$V = Kp^{5/4}d^{1/2}K_{IC}^{-3/4}H^{-1/2}L \tag{2-5}$$

式中，K_{IC} 是材料的断裂韧度；K 是与磨粒形状及其分布状态有关的函数。施加载荷越大、磨粒越尖锐以及材料的断裂韧度与硬度的比值越低，材料越趋向于压痕断裂。

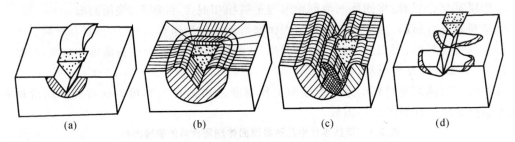

图 2.11　材料磨粒磨损过程示意图
(a)显微切削；(b)显微犁沟；(c)显微疲劳；(d)显微裂纹

在实际磨粒磨损过程中，断裂机理比塑性变形机理所造成的材料损失要大得多。

然而，无论是塑性材料或者脆性材料，塑性变形和断裂两种方式都有可能发生。只是由于磨损环境条件和材料特性不同，某一种机理会占主导地位。同时，环境的变化也可能会引起一种磨损机理向另一种磨损机理的转换。

（2）影响磨粒磨损过程的因素

①磨粒特性的影响。磨粒特性包括磨粒的硬度、形状和粒度，这些都对磨损过程产生影响。

磨粒硬度对材料磨损率的影响明显，其影响程度以磨粒硬度和材料硬度的比值来标志。提高材料磨粒磨损性能的首要条件就是尽量使零部件耐磨表面的硬度大于磨粒硬度。

磨粒粒度的影响，当磨粒在某一临界尺寸以下时，材料的体积磨损率随磨粒尺寸的增加而按比例急剧增加；当超过这一尺寸时，磨损增大的幅度显著降低。不同材料的临界尺寸也略有差别。

磨粒的形状对磨粒磨损过程也有明显影响，尖锐磨粒的磨损速率最大，多角形次之，而圆形磨粒的磨损最小。

②材料力学性能与微观组织的影响。材料耐磨粒磨损性能主要决定于其硬度，尤其是磨损后材料的表面硬度，而与其他力学性能无必然关系。但耐磨性与硬度之间没有单值对应关系。在同样的硬度条件下，奥氏体、贝氏体的耐磨性优于珠光体和马氏体。各种类型的钢在不同含碳量和热处理条件下，由于获得的组织类型和含量不同，耐磨性有相当大的变化。材料中的夹杂物和内部缺陷会使磨损过程中更易产生剥落、开裂，这些也会大大降低材料的耐磨性。

③工况和环境条件的影响。工况与环境条件的影响主要指磨损速度、载荷、磨损距离、磨粒冲击角，以及环境湿度、温度和腐蚀介质等。在一般情况下，湿磨损由于能起到润滑和冷却的作用，磨损率稍有下降。但在腐蚀介质及高温条件下的磨粒磨损过程会产生很大的变化，磨损速率会大幅度增加。

3. 疲劳磨损

疲劳磨损是指相对滚动或滑动的摩擦副，在接触区的循环应力超过材料的疲劳强度时，在表面层或亚表层引发裂纹并逐步扩展，最后导致裂纹以上的材料断裂并剥落下来的磨损过程。疲劳磨损与材料的疲劳破坏不同，虽然两者都多是从表面开始，但疲劳磨损有明显的疲劳极限。

疲劳磨损一般出现在滚动接触的机械零件表面,如滚动轴承、齿轮、车轮和轧辊等。疲劳磨损除了循环应力作用外还与一系列的摩擦条件和材料表层的特性及环境条件有关。影响疲劳磨损过程的主要因素有材料生产过程(主要是夹杂物的存在方式与数量)、材料组织结构与硬度、表面粗糙度、润滑状态和零件工作环境等。因此,对于一些要求疲劳磨损寿命较高的零件,应采用高纯度的钢材,降低表面粗糙度,尽量使零件在良好的润滑条件下工作。同时,还要注意分清接触疲劳的失效形式,以便调整材料的硬度。点蚀和剥落是机器零件表面接触疲劳损伤的典型特征,点蚀大多属于应力疲劳。裂纹的萌生为磨损的主导过程,此时材料硬度越高,裂纹越难于萌生,接触疲劳寿命就越长;在摩擦因数很低时,裂纹的萌生与扩展主要取决于应力的大小,塑性变形很少发展。而剥落现象一般都属于应变疲劳,大都发生在滑动接触中并在接触表面形成较大切应力的情况下。裂纹的萌生主要由塑性变形引起,在剥层表面下可以发现明显的塑性流动。

除了材料特性、表面粗糙度、润滑条件等对疲劳磨损有较大影响外,环境条件对它也有很重要的影响。例如,润滑油中含有水分,表面吸附氢原子以及温度条件都会使裂纹加速扩展,造成早期疲劳磨损及零件的损坏等。

4. 腐蚀磨损

一些机械设备中的零件,不仅会受到严重的磨粒磨损或冲蚀磨损,还要受到环境介质的强烈腐蚀破坏。因此,材料受腐蚀和磨损综合作用就形成了一种复杂的磨损过程——腐蚀磨损,它是指化学或电化学反应在摩擦副材料流失中起重要作用的磨损。在探讨这种磨损形式时,既要考虑材料受腐蚀和磨损的单独影响,更要注意它们的相互影响和交互作用。

通常根据腐蚀介质的性质将腐蚀磨损分为两大类:

①化学腐蚀磨损——金属材料在气体介质或非电介质溶液中的磨损。

②电化学腐蚀磨损——金属材料在导电性电解质溶液中的磨损。

在气体介质中的腐蚀磨损实际上以氧化磨损为主,其过程主要是金属表面与气体介质发生氧化反应,在表面生成氧化膜,随后在磨料或硬凸体作用下被去除的过程。电化学腐蚀磨损涉及因素较多,是一个比氧化磨损更为复杂的过程。影响腐蚀磨损的因素很多,其中包括腐蚀介质和环境条件的影响(介质 pH 值、介质成分、浓度和温度以及有无缓蚀剂)、机械因素(砂浆速度、冲击角、载荷大小及作用频率)等。

实际上,腐蚀磨损可以从腐蚀对磨损的影响和磨损对腐蚀的影响两方面考虑。

一方面,由于腐蚀介质的作用,在材料表面生成腐蚀产物,随后在磨粒的作用下很容易破碎去除,导致材料磨损的增加;另一方面,磨损过程可对腐蚀的阳极过程和阴极过程产生影响,腐蚀速度增加。大多数耐腐蚀金属都是因为在表面形成可阻止腐蚀进一步发展的表面钝化膜。但在腐蚀磨损过程中,钝化膜将受到破坏,破坏程度与作用力大小、磨粒形状等有关。材料裸露出的新鲜表面直接与环境介质发生电化学反应,发生腐蚀磨损损伤。但如果表面钝化膜具有较强的自愈合能力,则磨损作用的影响会削弱。

另外,材料腐蚀磨损速率取决于介质的腐蚀特性和磨损过程的特点,并且它们还会互相影响,如钢铁材料在静态条件下的腐蚀随 pH 值增加而减小,而 45 钢在腐蚀性较强的 H_2SO_4 和 HCl 组成的砂浆条件下,腐蚀磨损量是在碱性介质 NaOH 中的 14～16 倍,在 NaCl 溶液和自来水中,其腐蚀磨损量也为 NaOH 溶液中的 3.6~6 倍。还有腐蚀介质浓度与温度对材料腐蚀磨损速率的影响也很大。在腐蚀磨损控制方面,可以通过加入缓蚀剂抑制材料的腐蚀,抑制磨损对腐蚀的促进作用。

5. 冲蚀、空蚀磨损

冲蚀磨损是指液滴、固体颗粒或多元流体(即流体中含有固体粒子或液滴)和固体作相对运动时,对固体表面产生的磨损。而气蚀则为当气蚀气泡在固体表面上或附近不断形成和溃灭时,因溃灭瞬间产生的高冲击压力对表面的破坏。

冲蚀磨损是粒子冲击材料表面造成的破坏,比较典型的例子是各种水库的水轮机叶片,因常年受到夹杂有沙石的流水冲击而在表面形成大的冲蚀坑。

一般认为,冲蚀过程中存在着脆性和延性两种磨损机制。脆性材料(玻璃、陶瓷、石墨和某些塑性很低的合金)受到粒子的冲击作用时,将不会发生塑性变形而出现裂纹并很快脆断。研究表明,脆性冲蚀时的磨损体积 V 与材料的断裂韧度 K_{IC}、硬度 H、入射粒子的速度 v_0、粒度 r 及密度 ρ 有关:

$$V = v_0^{3.2} r^{3.7} \rho^{1.58} K_{IC} H^{-0.25} \tag{2-6}$$

式(2-6)说明,冲蚀体积的大小与入射粒子的速度、粒度和密度密切相关。究竟是不是越硬的材料耐冲蚀性能越好,这一点在选材或进行表面工程设计时必须充分注意。延性冲蚀与脆性冲蚀相反,当撞击角为 90° 时冲蚀很小,撞击角为 20° 时冲蚀最大,这时相当于一种切削过程(也称切削磨损)。

冲蚀的一种特殊形式是空泡腐蚀,又称为空化腐蚀或空蚀。在船舶推进器和鱼雷的后缘、泵的转子及管道弯头等有高速流体作用并有压力变化的一些部位,通常都容易发生空泡腐蚀。原因是流体以高速运动时产生湍流、气泡或空腔,它们高速形成、长大、消失和破灭,如此循环往复。空泡的形成和长大对材料腐蚀的影响不大,但在其破灭的瞬间却产生极大的压力,一般可达到几千个标准大气压,这样大的压力不但可使金属表面的氧化膜破坏,甚至足以将金属粒子撕离金属表面,使零件受到损伤破坏。

空蚀破坏的表面具有以下两个特征:

① 空蚀内出现大量的球形凹坑,这些凹坑的直径大小不等,呈蜂窝状点坑。

② 材料表面产生塑性变形及脆性断裂或疲劳破坏。气蚀破坏一般发生在水力机械中,如阀门、泵体和叶轮以及水轮机叶片等。这些受到气蚀破坏的部件都是高速液流经过的部位,且出现在流速增高及因局部紊流造成流体压力波动的部位。

2.2.3 摩擦磨损失效的主要研究方法

为了准确和熟练地分析零部件表面摩擦磨损失效的原因,需要掌握研究表面摩擦磨损失效的各种基本方法。这些都是为了选用适当的抗磨材料和表面技术的基础。

1. 摩擦磨损问题的系统分析

由于零部件的实际摩擦磨损工况复杂,又往往是多种因素的交叉结合,磨损破坏机理也是多种磨损类型的综合结果,因而系统分析用于分析和解决材料的摩擦磨损问题就有一定的实际意义。

图 2.12 表示了一个磨损系统的损耗输出特征。根据一个给定的机械系统,磨损损耗输出 (Z) 可以看成是输入工作变量(X) 对系统结构(S) 的输入作用的结果,即

$$Z = f(X, S) \tag{2-7}$$

$$S = \{A, P, R\} \tag{2-8}$$

式中,A 为系统组元;P 为它们的相关特性;R 为组元之间的相互作用。

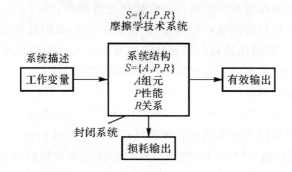

图 2.12　一个摩擦磨损系统的损耗输出特征

实际上磨损问题的解决必须根据多方面的因素来决定。在大多数情形下,需要确定在摩擦磨损过程中四个基本组元的情况以及它们之间的相互作用(见图 2.13)。

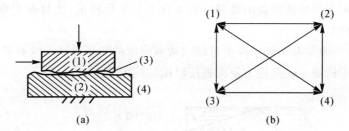

图 2.13　摩擦学系统示意图

(a) 摩擦学系统组元;(b) 基本组元之间的相互作用

摩擦学系统的组元 A 包括四个方面(见图 2.13(a)):

摩擦学组元(1)—— 运动物体;

摩擦学组元(2)—— 静止物体;

界面介质(3)—— 润滑剂、磨料、脏物等;

环境气氛(4)—— 空气、温度、湿度等。

系统组元的相关特性 P 包括材料类型(固、液、气)、几何形状、体积性能(化学成分、结构等)和表面特性(粗糙度、表层成分等)。

系统组元之间的相互作用包括接触类型(相容性、变形方式、不平度等)、摩擦特性、润滑方式、磨损机理(黏着、磨料、疲劳、腐蚀等)。

根据摩擦学系统分析原理可以把表面摩擦磨损问题分析并编制成统一的系统分析数据表,以作为解决实际摩擦磨损问题的依据。至少它对分析和考虑摩擦磨损问题能起到一定的指导作用。

2. 摩擦磨损表面的失效分析

选择耐磨材料和表面技术的依据通常来自于对摩擦学系统的系统分析,以及对摩擦磨损机理与类型的分析和了解。这种分析和了解多是通过对实际工况的调查,以及对机器零件损坏残体的检查和失效分析,可以说是凭借实验结果和经验进行的。这种损坏残体的分析除了对整体破坏原因以及对零件原始采用的材料、工艺及机械性能作必要的分析和检查外,其中很重要的内容就是对失效零件表面摩擦磨损的特性进行观察和分析。

第一步是对破坏宏观形貌的观察和测量,包括肉眼观察和用低倍放大镜及实体显微镜的观察,特别要注意的是磨损损伤部位的形貌特征以及磨损尺寸变化的测量。在一般情形下,宏观检查即能直观地看到磨损表面的基本特征(如划伤条痕、点蚀坑、严重塑性变形和断裂等),建议在观察中及时记录并摄影拍照。

第二步是微观分析和其他检查项目的分析,是为了进一步弄清摩擦磨损表面破坏的原因和规律。这时可将磨损部位用金相切片或线切割截取适合于在扫描电镜等微观分析仪器观察的样品(见图 2.14),用扫描电镜可以形象地观察到磨损表面形貌的细节(如犁沟、凹坑和微裂纹等),还可以借助于 X 射线能谱和衍射查明磨损材料相组织的结构、成分和分布。对磨损表面截取的金相试样经研磨、抛光和腐蚀后可观察到材料和表层的组织。利用表面轮廓仪可以直接测量出磨损表面的轮廓和表面形貌。另外,随着现代表面分析仪器和先进表面分析技术的进步,诸如放射性示踪原子分析、高压高分辨率的电子显微镜、图像分析、谱图分析、俄歇能谱等都可向人们揭示出固体表面的微观结构及发生的变化特征,使材料磨损表面的失效分析工作获得更多的信息。

另外,测定磨损表层及次表层深度范围内微观硬度的变化也是非常有意义的,它可以判断材料在磨损过程中的加工硬化能力及次表层组织结构的变化。

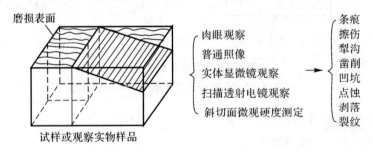

图 2.14　对磨损表面取样观测的示意图

3. 对磨损过程产物——磨屑——的分析

磨损产物是材料磨损过程的最终结果,它综合地反映了材料在磨损过程中机械、物理和化学作用的影响,实际上它比磨损表面能更直接地反映磨损失效的原因和机理。随着磨损颗粒测定和分析技术以及仪器的发展,使得对磨损过程的产物——磨屑——进行定性和定量分析成为可能。当然,并不是所有的磨损过程都能很容易收集到磨损的产物。但是对于许多油润滑的精密机械,可以从油槽等容器中收集到所需的磨损产物。进行磨屑颗粒分析的方法各有其特点和适用性。放射性示踪法适用于测量摩擦系统中单个表面的磨损速率,但它不能区分磨屑的大小。光谱法可以测量磨损表面产生的某种元素总的浓度,但不能区分出每种表面元素的含量和颗粒的大小。过滤法能方便地从油样中分离出颗粒,但不能区分出金属与非金属颗粒。近些年来发展的铁谱(Ferrography)技术可用于对机器运转状态进行监控。对于磨料磨损,可采用一种"气动铁谱仪"来代替人工磁铁及油谱方法对干磨料磨损条件下磨屑形态及磨损机理进行研究。

失效分析的最终目的是要提出防止失效的措施,因此对磨损零件失效分析的最后阶段就是要综合考虑解决磨损失效问题的途径。表 2.2 介绍了根据使用条件、磨损表面特征以及磨屑形貌来判断磨损类型并提出一般的抗磨措施的简单方法。

表 2.2 根据磨损失效分析方法判断磨损类型及抗磨措施

序　号	磨损类型	基本特点	磨损表面特征	磨屑的基本特征	选择抗磨表面的技术要求
1	磨料磨损	相对运动表面具有硬突出物,或环境条件和工作对象有非金属磨料存在	条痕、沟槽、犁沟、凹坑	切屑型条状磨屑;二次变形块状磨屑或脆断碎屑	提高材料表面的硬度,防止磨料进入
2	黏着磨损	高应力作用下润滑不良的配合件	在配合表面上出现严重撕裂或黏附转移层凹坑麻点	不规则形状的碎屑、块状居多、鳞片状	改进润滑条件及表面膜保护,改善加工条件,降低微区应力,选择合适的配对表面材料
3	疲劳磨损	高低周交变应力接触条件下的摩擦副	点蚀剥落;宏观表面粗糙,次表层下有微裂纹	片状或球状磨屑	设计上增加接触面积,增加表面光洁度,改善润滑条件,降低接触应力,选择高疲劳强度的表面材料
4	冲蚀磨损	高速粒子流或液流(包含固体质点)对零件工作表面冲击时经常产生的磨损形式	鱼鳞状规则小凹坑,变形层有微小裂纹	小碎片	选用硬质和韧性好的表面材料,适当改变液流冲击角及固体粒子组成
5	腐蚀磨损	在腐蚀气氛或介质及高温条件下工作又产生相对运动的零件	腐蚀点坑、龟裂纹、表面有氧化物腐蚀层	氧化物碎屑、球状磨屑	改善介质条件,采用既耐腐蚀又抗磨损的材料及表面保护层

4. 磨损试验

对磨损零部件进行失效分析,是为了弄清产生磨损的原因和应当采取的耐磨措施。为证实采取防护措施的正确性和可能性,从而优选出更加有效的方案,必须通过适当的磨损试验来提供这方面的信息,因此,磨损试验也是一个解决磨损失效问题的重要方法。在一般情况下,磨损试验分为实际使用运转试验和实验室磨损试验。在实际工况条件下的磨损试验真实性和可信性最强,但它的试验周期长,消耗人力、财力大,使用参数不易控制,因此这种试验方法受到一定的限制。实验室磨损试验是指在实验室条件下模拟实际使用运转条件的一种试验,它的试验周期短,影响因素容易控制,消耗人力、物力也较少,因此这些年来室内磨损试验及研究方法已经得到很大的发展。应该说没有一种万能试验机和通用试验方法可以完全替代所有的实际工况条件,但通常认为实验室的模拟试验应与模拟的实际使用条件下零件产生的磨损特性和磨损机理比较一致。

上述研究方法适用于整体材料及采用表面防护层的复合材料,但应分别对表面防护层以及它们相结合的基体在摩擦磨损过程中的表现和它们相互影响产生的作用进行分析。如有的表面防护层非常耐磨和坚韧,但是由于它与基体结合不好,或者在摩擦磨损过程中由于双相层的物理、化学特性不同而产生微裂纹和开裂,导致表面防护层的脱落,造成零件的破坏和失效。

因此,对于表面有防护层的零件,不仅要考虑表面防护的耐磨特性,同时还要考虑基体材料的各种特性以及与防护层的结合强度。这样,解决表面防护层的摩擦磨损失效问题似乎更复杂,这应该引起材料失效分析人员的特别注意。

2.3　材料的腐蚀失效

2.3.1　材料腐蚀的基本原理

"金属腐蚀"通常认为是金属材料在环境中由于产生的化学或电化学反应,或者由于溶解作用而引起的损坏或变质;或者是指环境中的金属表面或界面上进行的化学或电化学多相反应,使金属转变为氧化(离子)状态。一般来说,材料的腐蚀是一种自发现象。从广义来讲,金属腐蚀的过程是金属材料被氧化的过程。

因此,可以说腐蚀是材料与环境介质作用而引起的变质或破坏。腐蚀对材料表面的损害不仅导致资源与能源的浪费,带来巨大的经济损失,而且容易造成污染与事故,严重影响人民生活,甚至危及生命安全。与摩擦磨损失效相似,所有的腐蚀失效破坏都是从损坏材料的表面开始的。为了提高材料表面的耐腐蚀能力,同样要先对材料(本书主要指金属)的腐蚀原理与主要防护方式有一个基本了解。

1.材料腐蚀类型与腐蚀基本理论

(1)腐蚀的分类

腐蚀的分类方法很多,按照材料腐蚀原理的不同,可分为化学腐蚀和电化学腐蚀。单纯由化学作用而引起的腐蚀为化学腐蚀。化学腐蚀多发生在非电解质溶液中或干燥气体中,腐蚀过程中无电流产生,腐蚀产物直接生成在腐蚀性介质接触的金属表面。金属在干燥气体或无导电性的非水溶液中的腐蚀,都属于化学腐蚀。化学腐蚀时,被氧化的金属和环境中被还原的物质之间的电子交换是直接进行的,氧化与还原是不可分割的。

电化学腐蚀是指金属在导电的液态介质中因电化学作用导致的腐蚀,在腐蚀过程中有电流产生。电化学腐蚀的特点是形成腐蚀电池。在腐蚀电池中,负极上进行氧化过程,正极上进行还原过程,腐蚀电池又分为宏观电池和微观电池。宏观电池有独立的两极,可用肉眼分辨出来。如相互接触的两种不同的金属(如铝板上铆铜钉),都会形成宏观腐蚀电池,作为阳极铝很快就遭到腐蚀。微观腐蚀电池中无明显分立的两极,肉眼不易分辨,工业上含杂质的金属材料发生的腐蚀就是这类电池的典型例了。

大气腐蚀、海水腐蚀、土壤腐蚀等都属于电化学腐蚀。根据热力学第二定律,产生金属腐蚀的驱动力是腐蚀过程中金属与环境介质组成系统总自由能的降低。

另外,人们按材料所处环境的不同,将材料的腐蚀分成水溶液(海水、地热水、盐水等)腐蚀、大气腐蚀、土壤腐蚀、化学品腐蚀、高温氧化、硫腐蚀、氢腐蚀、液态金属腐蚀、熔盐腐蚀、微生物腐蚀等。

还可以按结构材料的腐蚀形态不同,将材料的腐蚀分为全面腐蚀、局部腐蚀和力作用下的腐蚀三大类。腐蚀分布在整个金属表面上(包括较均匀的和不均匀的)称为全面腐蚀;腐蚀局限在金属的某一部位则称为局部腐蚀。在全面腐蚀过程中,进行金属溶解反应和物质还原反应的区域都非常小,甚至是超显微的,阴、阳极区域的位置在腐蚀过程中随机变化,使腐蚀分布相对均匀,危害也相对小些。而在局部腐蚀过程中,腐蚀集中在局部位置上,而金属的其余部分几乎没有发生腐蚀。力作用下的腐蚀包括应力腐蚀断裂、腐蚀疲劳、磨损腐蚀等。

(2)化学腐蚀的基本原理

当金属表面与干燥的空气(含氧、高温等)接触时,将在表面形成氧分子的物理吸附层,并迅速转化为一层较为稳定的化学吸附膜。随着氧化过程的继续进行,反应物质必须先通过膜层然后再与基体起反应,氧化速度往往由传质过程所控制。在低温和常温时热扩散不能发生,只可能发生离子电迁移,此时膜的生长速率较慢。在较高温度时膜的增长主要依靠热扩散,生成了比较完整致密的氧化膜,从而对金属表面产生一定的保护作用。

依照表面反应速度及氧化膜的致密程度不同,金属氧化的动力学过程有三种典型情况:

①直线生长规律。材料表面形成的氧化膜是多孔的或破裂的,对金属基体没有保护作用。环境中的氧气可以通过氧化膜中的孔隙或微裂纹直接与金属接触,氧化速度取决于金属表面化学反应的速度,为一个常数。氧化膜随时间的延长而成比例地增厚,即服从直线规律。氧化速度与温度有关,温度越高,氧化速度越大。

② 氧化膜的抛物线生长规律。在高温环境中,金属能够形成完整的保护膜,膜的生长速度与膜的增厚或质量变化成反比。厚度 y 与时间 t 的关系为一个典型的抛物线方程:

$$y^2 = kt + B \tag{2-9}$$

式中,k 为与温度有关的常数;B 为积分常数。在一定温度下,许多金属和合金的氧化都遵循这一规律。

③ 氧化膜的对数生长规律。有些金属在氧化过程中(如 Cr 及 Zn 在 $25 \sim 225℃$ 范围内,Ni 在 $650℃$ 以下,Fe 在 $375℃$ 以下),由于膜生长时弹性应力增大,膜的外层变得更加致密,膜的厚度 y 与时间 t 的关系服从对数规律:

$$y = \ln(kt) \tag{2-10}$$

因此,提高材料的抗氧化能力的重要途径就是改变材料的表面成分,使其氧化动力学曲线呈对数变化,得到的氧化膜更加致密。

(3)电化学腐蚀的基本原理

金属材料与电解质接触,将发生电化学反应,在界面处形成双电层,人们把这种金属电极与溶液界面之间存在的电位差叫做金属的电极电位。实际上通常所说的电极电位是指标准电极电位。当电极上氧化还原反应为可逆反应时的电极称为可逆电极。在没有电流通过时,可逆电极所具有的电位称为平衡电位。平衡电位除了与该电极的标准电极电位大小有关外,还与电解质溶液的温度、有效浓度(即活度)等因素有关。这一关系可用能斯特方程进行计算:

$$\Phi_{\Psi} = \Phi^0 + \frac{RT}{ZF}\ln a \qquad (2-11)$$

式中，Φ_{Ψ} 为平衡电极电位；Φ^0 为标准电极电位；R 为气体常数，$R = 8.315J/(mol \cdot K)$；T 为电解质温度，单位为 K；Z 为参加反应的电子数；F 为法拉第参数；a 为金属离子的平均活度。

式(2-11)说明材料的种类、组织结构、表面状态，介质的成分、浓度、温度的差别，都会对材料在溶液中的电极电位产生影响，造成不同的电位值。将各种金属的标准电极电位按其代数值增大顺序排列，称为标准电位序。由于金属的标准电位序随外部条件的变化而变化，常用腐蚀电位序（即各种金属在某种介质中的稳定电位值按其代数值大小排列的顺序）来判断金属腐蚀的热力学可能性，电位值越负的金属材料越容易腐蚀。

由电化学过程看，电流大小反映了腐蚀速度的大小。而每一个步骤的电位降，反映着这一步骤阻滞作用的大小。根据各个步骤电压降的大小及其在总电位差中所占的份额，可判定腐蚀过程中哪个步骤对抑止腐蚀起重要作用，即为腐蚀的控制步骤。控制步骤不仅对过程的速度起着主要作用，而且在一定程度上反映腐蚀过程的实质。要减少腐蚀程度，最有效的方法就是设法影响其控制因素。

金属作为阳极发生腐蚀时，失去的电子数越多，即流出的电量越大，金属溶解或腐蚀程度就越大。金属溶解量或腐蚀量与电量之间的关系服从法拉第定律：

$$W = \frac{QA}{Fn} = \frac{JAt}{Fn} \qquad (2-12)$$

式中，W 为金属腐蚀量；Q 为流过的电量；F 为法拉第常数；n 为金属的价数；A 为金属的相对原子质量；J 为电流密度；t 为时间。腐蚀速率 K 指金属在单位时间、单位面积上所损失的质量，若单位为 g/(m² · h)，则

$$K = \frac{W}{St} = \frac{3\,600JA}{SFn} \qquad (2-13)$$

式中，S 为腐蚀面积。

腐蚀速率另一种表示方式是采用单位时间的腐蚀深度来表示，通常所用的单位为 mm/a，并根据腐蚀速度的高低将其分为10个级别。此外，还可以用腐蚀电流密度 J_c 的大小来表示腐蚀速率。

电化学腐蚀的一个显著特点是阳极过程与阴极过程同时发生，而且可以在不同区域进行。电流流过阳极、阴极时，可以产生极化作用以增加阳极、阴极间过程进行的阻力，但是还有另一原因，即存在消除或削弱极化现象的去极化作用，它有助于电池两极反应不断进行下去。去极化作用与极化作用相反，消除或削弱极化现象的作用称为去极化作用，参与这种作用的反应物质就称为去极化剂。阴极极化的本质是：从阴极输来的电子，在阴极区不能被去极化剂及时地吸收，阴极上出现了电子积累，因而阴极电位变得更负。由此可见，凡是能在阴极上吸收电子的过程即在阴极上进行还原的反应，都能起到去极化作用。

从腐蚀电池角度，人们根据在阴极上获得电子的物质的不同，把电化学腐蚀又分为析氢腐蚀和吸氧腐蚀。腐蚀过程中的阴极上有氢气析出的叫析氢腐蚀，如金属在非氧化性酸溶液（如盐酸、稀硫酸、稀硝酸等）中作为阳极不断溶解，而阴极不断产生氢气并逸出，这种阳极发生腐蚀的情况称为析氢腐蚀，这时其阴极部分就成为氢电极。当金属电极电位比氢的平衡电位稍正时，H_2 转变为氢离子。相反，当金属电极电位比氢的平衡电位稍负时，即发生氢离子放电，逸出氢气。可见只有在电极电位比氢的平衡电位更负的情况下才可能逸出氢气。

吸氧腐蚀是金属在腐蚀过程中溶解于水膜中的氧气在阴极上得到电子被还原成 OH⁻ 的腐蚀。钢铁等金属材料在大气中的主要腐蚀形式就是吸氧腐蚀。

氧的去极化(吸氧腐蚀)是最普遍的金属材料腐蚀形式之一,即在阴极进行的氧去极化反应促进了阳极金属的腐蚀,又叫做氧的去极化腐蚀。金属在碱、盐溶液中,在海水、大气和土壤中,都会发生吸氧腐蚀,甚至在酸性介质中,除氢去极化外,氧去极化反应也参与了腐蚀的作用。氢析出的实际电极电位与氢平衡电位之差就称为氢的超电压。氢超电压愈大,阴极电位愈向负值移动,意味着腐蚀过程阻力愈大,因而阳极腐蚀过程愈慢。例如锅炉、铁制水管等系统常含有大量的溶解氧,故常发生严重的吸氧腐蚀。

将吸氧腐蚀和析氢腐蚀进行的条件加以比较得到,氧的平衡电极电位较氢的平衡电极电位更正,发生吸氧腐蚀的可能性要比析氢腐蚀大得多。在有氧存在的溶液中首先发生的是吸氧腐蚀,与析氢腐蚀相比,吸氧腐蚀是一种更普遍和更重要的材料腐蚀类型。

2. 金属表面的钝化与活化现象

从热力学上讲,绝大多数金属在一般环境下都会自发地发生腐蚀,可是在某些介质环境条件下金属表面会发生一种阳极反应受阻的现象。这种由于金属表面状态的改变引起金属表面活性的突然变化,使表面反应(如金属在酸中的溶解或在空气中的腐蚀)速度急剧降低的现象称为钝化。钝化大大降低了金属的腐蚀速度,增加了金属的耐蚀性。

金属的钝化往往与氧化有关,如含有强氧化性物质(硝酸、硝酸银、氯酸、重铬酸钾、高锰酸钾和氧)的介质都能使金属钝化,它们统称为钝化剂。金属与钝化剂间的自然作用而产生的钝化现象,称为自然钝化或化学钝化。如铬、铝、钛等金属在空气中与氧作用而形成钝态。如果在金属表面上沉积出盐层时,将对进一步的表面反应产生机械阻隔作用,使表面反应速度降低,这一现象被称为机械钝化。被过分抛光的金属表面也可产生钝化现象,而且被抛光的金属表面具有较好的抗腐蚀性能。

导致金属发生钝化有两种理论:一种是成相膜理论,另一种是吸附理论。成相膜理论认为,处于介质中的金属表面能生成一层致密的、覆盖良好的保护膜。该保护膜作为一个独立相存在,把金属与介质隔开,使表面反应速度明显下降,金属表面转为钝态。吸附理论则认为,不一定要形成完整的钝化膜才会引起金属表面钝化,只要在金属的部分表面上形成氧原子的吸附层,就能产生钝化。吸附层可以是单分子层或离子层。氧原子与金属表面因化学吸附而结合,使金属表面的自由键能趋于饱和,改变了金属与介质界面的结构及能量状态,降低了金属与介质间的反应速度,从而产生钝化作用。

成相膜理论与吸附理论的主要区别在于:成相膜理论强调了钝化层的机械隔离作用,而吸附理论认为主要是吸附层改变了金属表面的能量状态,使不饱和键趋于饱和,降低了金属表面的化学活性,造成钝化。事实上,金属的实际钝化过程比上述两种理论模型要复杂得多,它与材料的表面成分、组织结构、能量状态等多种因素的变化有关,不会是某一单一因素造成的。

虽然金属表面的钝化可以减缓材料表面的氧化或腐蚀过程,但钝化膜的存在却是实施许多表面工程技术的障碍,使得表面涂、镀层与金属基体的结合力大幅度降低。为此,大部分表面工程技术在实施之前都要进行适当的表面预处理,使基体表面处于活化状态,并且处于清洁或者洁净表面状态。

金属表面活化过程是钝化的相反过程,能消除金属表面钝化状态的因素都有活化作用。

①金属表面净化。用氢气还原、机械抛光、喷砂处理、酸洗等方法去除金属表面氧化膜,可消除金属表面的钝态。用加热或抽真空的方法减少金属表面的吸附,可进一步提高金属表面的化学活性。

②增加金属表面的化学活性区。用机械的方法(如喷砂等)使金属表面上的各种晶体缺陷增加,化学活性区增多,能有效地使金属表面活化,如经喷砂的钢表面更容易渗氮。用离子轰击的方法可使金属表面净化并增加化学活性区,有更好的表面活化效果,并可提高表面覆层与基体的结合强度。

使金属表面钝化是提高金属耐腐蚀能力的主要方法,如不锈钢、铝、镀铬层表面的自然钝化层,使它们具有良好的耐大气腐蚀的性能。在化学热处理中为进行局部防渗,常采用局部钝化的方法,如为防止局部渗碳可采用镀铜或涂防渗剂进行局部钝化处理。但对于要进行强化的金属表面必须进行活化处理,以便加速表面反应过程,缩短工艺时间,提高工作效率。

2.3.2　材料腐蚀失效的主要形式

由于产品构件的服役环境条件不同,材料的耐腐蚀性能的差别就很大,有的材料在这种环境中很耐腐蚀,但换一种环境就不耐腐蚀了,因而环境条件对于材料的耐腐蚀性能非常重要。

金属材料的腐蚀形式主要有三大类,即全面腐蚀、局部腐蚀和在力(载荷)作用下的腐蚀(见图 2.15)。

按其腐蚀形态可分为全面(或均匀)腐蚀或局部腐蚀,局部腐蚀是材料腐蚀失效最常见的形式。

对于发生全面腐蚀的材料,由于腐蚀过程是比较均匀分布的,腐蚀速度相同,因此,相对来说这类腐蚀的破坏性要小。

1. 局部腐蚀失效

局部腐蚀通常又分为点(孔)腐蚀、缝隙腐蚀、电偶(接触)腐蚀、晶间腐蚀、选择性腐蚀、剥蚀、微生物(细菌)腐蚀等。

孔腐蚀是在金属表面出现的腐蚀坑(点)现象,是一种腐蚀集中于金属表面的很小范围内,并深入到金属内部的一种腐蚀形态。其腐蚀形貌有窄深型、宽浅型、有蚀坑小而深型等(见图 2.16)。分布有的分散,有的密集。蚀坑口多数有腐蚀产物覆盖,少数呈开放式。其腐蚀特征:多发生于表面生成钝化膜的金属材料上,或表面有阴极性镀层的金属上;含特殊离子的介质(氯化物环境);在点蚀电位以上,电流密度突然增大,点蚀发生。如不锈钢等材料(表面易形成氧化膜)在含有氯离子的环境中就容易发生这类腐蚀失效。点腐蚀也容易引发其他类型的腐蚀,如晶间腐蚀、腐蚀疲劳等。

在设备零件之间的连接中,不可避免有缝隙的存在(如螺栓、铆钉、不完全焊接等)。当缝隙在 $0.025\sim0.1$ mm 时(若缝隙大于 0.1mm,则流体就不会受阻),由于缝内氧的浓度低,则为腐蚀电池的阳极,缝外则由于氧的浓度高而为阴极(电位正),这样就形成了大阴极小阳极,从而使缝隙腐蚀速度增大。实际上缝隙腐蚀机理是氧的浓差电池与闭塞电池自催化效应共同作用的结果。其腐蚀特征是缝隙内腐蚀重,缝外腐蚀轻。通常一些自钝化能力强的金属,发生缝隙腐蚀的敏感性高(如钛、铝,因为钝化膜破坏,则易受环境介质的侵蚀),自钝化能力弱的金属,则敏感性低。通常缝隙腐蚀的介质为中性、酸性环境的液体,含氯离子的腐蚀环境则更严重。

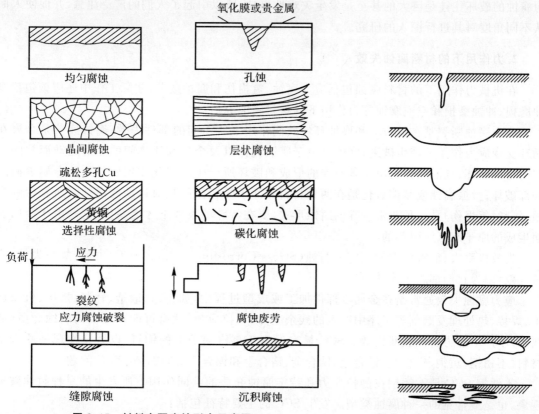

图 2.15　材料主要腐蚀形态示意图　　　　　　　图 2.16　点腐蚀坑底形貌示意图

如图 2.16 所示为材料发生点腐蚀的坑底部的形貌示意图,从图中可以看出,一些发生点腐蚀的材料,表面看起来可能都是腐蚀坑点,实际上坑的底部有很大差异,因此其腐蚀损伤程度和造成的破坏危害程度就有很大的差异,对于底部为尖锐性的点腐蚀扩展形式必须给予足够的重视。

电偶腐蚀是指两种或两种以上具有不同电位的金属接触时形成的腐蚀,又称不同金属的接触腐蚀。耐蚀性较差的金属(电位较低)接触后成为阳极,腐蚀加速;耐蚀性较高的金属(电位较高)则变成阴极受到保护,腐蚀减轻或甚至停止。这种腐蚀失效的特征表现在腐蚀主要发生在两种不同金属或金属与非金属导体的相互接触的边界附近,而在远离边缘的区域,腐蚀程度较轻。这种腐蚀失效的条件为:同时存在两种不同电位的金属或非金属导体;有电解质溶液存在;两种金属通过导线连接或直接接触。

晶间腐蚀是一种由微电池作用而引起的局部破坏现象,是金属材料在特定的腐蚀介质中沿着材料的晶界产生的腐蚀。其特征是在表面还看不出破坏时,晶粒之间已丧失了结合力、失去金属声音,严重时只要轻轻一敲打就可破碎,甚至形成粉末状。发生晶间腐蚀的条件有:金属或合金中含有杂质或第二相等沿晶界析出;材料内部晶界与晶内的化学成分差异,并且在特定的环境介质中形成腐蚀电池,这时晶界为阳极,晶粒为阴极,晶界产生选择性溶解。

剥蚀是沿材料表面平行的晶界扩展,腐蚀产物使体积膨胀,层与层剥离。

在一般情况下,局部腐蚀看起来腐蚀面积有限,但比全面腐蚀的危险性要大得多,这是因为腐蚀的破坏往往是巨大的甚至是发生灾难性事故,所以引起了人们的广泛注意,并促使人们从不同角度对其进行深入的研究。

2. 力作用下的材料腐蚀失效

在机械力作用下的材料腐蚀包括应力腐蚀、氢损伤和腐蚀疲劳,实际工作中还应该包括腐蚀磨损、冲蚀磨损和空泡腐蚀等力作用下的材料腐蚀等。

应力腐蚀断裂是在拉应力和腐蚀环境共同作用下所引起的部件失效;腐蚀疲劳是金属在循环交变应力作用下产生破裂;磨蚀是由于腐蚀流体以及金属和流体间的相对运动而共同引起的金属破坏;气泡腐蚀是由于真空泡的形成和破坏所产生的气化作用所导致的金属表面的局部破坏;微振腐蚀或摩擦氧化是在两种材料界面承受轻微的相对运动或滑动时所发生的腐蚀;氢脆(氢损伤)是一种非常特殊的腐蚀形式,要在特殊的条件下才能发生,它是由于金属表面生成的原子态氢所引起的。

失效概率大、危害性大的是应力腐蚀(Stress Corrosion Craking,SCC)失效、氢脆失效、疲劳失效,因为它们都属于脆性破坏。

应力腐蚀失效通常是在金属零部件加工或成型过程中,如铸造、锻造、轧制、挤压、机械加工、焊接、热处理及磨削等工序中产生的残余应力,如拉应力,就有可能在适当的腐蚀介质(氯离子)中产生应力腐蚀破断失效。SCC最先发现于蒸汽锅炉上的铆钉,以后又发现一些合金材料(不锈钢、黄铜、铝合金、镁合金、钛合金、锆合金和镍合金等)均存在SCC问题。

不锈钢SCC是不锈钢在静拉应力和特定腐蚀介质的共同作用下所发生的一种脆性破裂现象,也是最常见的一种腐蚀类型。发生SCC的主要特征包括:

(1)不锈钢破裂的部位所受的应力必须是拉应力

通常,拉应力必须足够大,即达到或超过某临界拉应力值时,才发生SCC。临界应力值可能很低。有时材料所受的拉应力远小于材料的拉伸强度极限,但在一定的介质条件下也会发生SCC。随着拉应力的增大,其破裂时间变短。

(2)腐蚀介质是特定的

环境介质中须含有特定介质或离子,如Cl^-,O_2,OH^-等。因此避免应力腐蚀断裂的措施之一就是控制构件环境的这些特定离子。

(3)应力腐蚀破裂属于脆性断裂

不锈钢,即使是具有高塑性的奥氏体不锈钢,在发生SCC时,也不产生明显的塑性变形,这与同一钢种在仅有静拉应力而没有腐蚀性介质作用时所产生的韧性断裂现象有明显的不同。发生SCC的速率一般远大于没有拉应力时的腐蚀速率,而小于没有腐蚀性介质时的纯力学拉伸破坏速率。由此可见,它并不是单纯腐蚀和单纯应力破坏的简单叠加。

SCC一般出现在设备或部件的局部区域,而不是发生在部件与腐蚀性介质相接触的整个界面上。破裂件断口显微分析表明,显微裂纹一般呈穿晶、晶间或两者混合的形貌;裂纹常为树枝状,其主干延伸方向与所受最大拉应力方向垂直。

总之,不锈钢在拉伸应力和特定的腐蚀性介质作用下,反复出现滑移—溶解—撕裂……的过程。最后,由于裂纹不断地深入而使不锈钢材料受到破坏。尽管SCC的影响是严重的,但可以通过研制新的抗应力腐蚀断裂的合金材料或者控制材料的使用环境等多种措施,来减少或避免应力腐蚀断裂破坏。

判断材料发生应力腐蚀破断失效的主要方法有:

①存在有应力(主要是拉应力)和敏感的腐蚀介质下工作的条件。

②宏观断口由应力腐蚀破裂区和瞬断区两部分组成。应力腐蚀破裂区(源区和应力腐蚀裂纹扩展区)一般呈暗灰色,断口组织粗糙,伴有腐蚀产物覆盖;断裂区新鲜断口呈纤维状并伴有辐射棱线(有时由于环境污染呈腐蚀性灰色)及剪切唇。

③应力腐蚀裂缝形貌呈树枝状,分叉裂缝系腐蚀产物体积效应造成的结果。

④微观断口形貌有腐蚀产物,能谱分析可显示出腐蚀产物的元素成分。若属沿晶应力腐蚀破断,微观晶粒外形轮廓因腐蚀而模糊不清,晶界加宽,晶界面上常有细小的腐蚀坑或核桃纹;若属穿晶应力腐蚀破断,微观断口形貌多呈解理河流花样。

⑤微观断口有泥纹花样。

但是,由于实际工作条件的复杂性和多种因素对零部件腐蚀失效行为的影响,因而一般具有以上①③或④等条件即可判断金属零部件为应力腐蚀破断失效。

另外,由于环境中氢的作用,使金属材料或零部件在低于材料屈服极限的静应力作用下,导致破断失效的情况,称为氢致破坏失效,俗称氢脆破断(氢脆)。如高强度钢在雨水、海水中的 SCC 以及钛合金在海水中的 SCC,已普遍认为是氢脆所致。

氢脆是一种延迟性破断失效,即使在低于材料屈服强度的应力作用下,经过一段时间后仍会发生零部件的突然失效,因此它是一种危险的失效。此外,在发生应力腐蚀的环境下,应力腐蚀的裂纹尖端阳极溶解,其阴极过程放出的氢原子或环境中的氢原子进入金属基体就会造成金属性能的下降。因此氢也可以导致材料其他形式的破坏,如氢鼓泡、氢腐蚀等。因此,凡由氢造成的破坏,统称为氢损伤。

氢的来源包括:原材料内含氢或有氢的化合物,如氢在金属材料中的溶解度就是随着温度而变化的。当温度降低或组织转变,氢的溶解度由大变小时,氢便从固溶体中析出,而由于凝固或冷却速度较快,氢跑不出去,就残留在金属材料基体内;在热处理过程中接触了含氢和水蒸气的介质;在焊接过程中有氢渗入;在酸洗过程中渗入的氢;在电镀过程中,金属零部件作为阴极而发生的阴极反应吸附的氢,在宏观阴极或微观阴极上可以放出氢,并有一些渗入基体金属材料;在金属零部件的工作(或存放)环境存在着含氢或水介质而渗入了氢;金属零部件处于应力腐蚀状态下而发生氢致破断失效。

实践表明:材料中的氢大都是在酸洗、电镀过程中或使用环境中渗入的。

根据氢的来源不同(金属内部原有的和环境渗入的),可分为内部氢脆和环境氢脆;根据应变速度与氢脆敏感性的关系,可分为第一类氢脆(随着应变速度增加,氢脆敏感性增加)和第二类氢脆(随着应变速度增加,氢脆敏感性降低);而根据经低速度变形,去除载荷,静止一段时间再进行高速变形时,其塑性能否恢复,又可分为可逆性氢脆和不可逆性氢脆等。

失效判别是典型金属的氢致破断,其判别方法有:

①宏观断口表面洁净,氢脆断裂区呈结晶颗粒状,亮灰色。

②显微裂缝呈断续而弯曲的锯齿状。

③微观断口沿晶界分离,晶粒轮廓鲜明,晶界面上伴有变形线(发纹线或鸡爪痕)。

④失效部位应力集中严重,氢致破断源位于表面;应力集中小,氢致破断源位于次表面(渗

碳等表面强化制件多源于次表面）。

⑤失效件存在工作应力主要是静拉应力，特别是三向静拉应力。

⑥氢脆破断临界应力极限 σ 随着材料强度的升高而急剧下降。一般硬度低于 HRC22 时不发生氢脆破裂而产生鼓泡。

⑦一般钢中的含氢量在 $(5\sim10)\times10^{-6}$ 以上时就会产生氢致裂缝。但对高强度钢，即使钢中含氢量 $<10^{-6}$，由于应力的作用，处在点阵间隙中的氢原子通过扩散集中在缺口处，氢原子与位错的交互作用，使位错被钉扎住，不能再自由活动，从而使高强度钢基体变脆。

此外，由于其他局部腐蚀如晶间腐蚀、点腐蚀、缝隙腐蚀等引起的材料腐蚀失效，这些都有可能与其他因素共同作用引起材料的腐蚀失效，如腐蚀疲劳失效、蠕变—腐蚀—疲劳失效等，也是材料失效的重要形式，这些都是不能忽视的。

2.3.3　材料腐蚀失效的防护措施

1.防止材料腐蚀失效的防护措施

为了避免或者减轻材料发生腐蚀失效造成的破坏，对于不同的腐蚀失效类型，由于其腐蚀机制的不同，应当采取不同的防护措施。

全面腐蚀造成金属大量损失，但这种腐蚀危险性较小。可采取的防护措施有：工程设计时考虑合理的腐蚀裕度；合理选材；表面涂覆保护层（如阳极性防护镀层）；在服役环境介质中添加缓蚀剂；采用阴极保护防护措施等。

电偶腐蚀是指两种或两种以上具有不同电位的金属接触时形成的腐蚀。根据腐蚀主要发生在两种不同金属或金属与非金属导体的相互接触的边线附近，而在远离边缘的区域，腐蚀程度轻的特点，可以采取的防护控制措施有：在选材设计时，尽量避免异种材料或合金相互接触，尽量选用电偶序的材料；选用容易更换的阳极部件，或加厚以延寿；避免大阴极、小阳极面积比的接触组合；在异种材料连接处或接触面采用绝缘措施；表面采取涂、镀层保护，如不同基体的零件，表面都采用同一种镀层防护；在设备产品服役环境中添加缓蚀剂等。

缝隙腐蚀是氧的浓差电池与闭塞电池自催化效应共同作用的结果。因此，可以采取的防护控制措施有：根据零部件的使用特点，进行合理的设计、加工和装配，尽可能避免缝隙和死角的存在；正确选材，避免选用对缝隙腐蚀敏感的材料；采用电化学保护或者涂、镀层防护；采用缓蚀剂进行防护等。

点腐蚀是一种腐蚀集中于金属表面的很小范围内，并深入到金属内部的一种腐蚀形态。它具有多发于表面易生成钝化膜的金属材料上，或表面有阴极性镀层的金属材料上，以及使用环境中含特殊离子的介质等特点。可以采取的防护控制措施有：选择适当的耐蚀合金；改善使用介质环境条件；采取电化学保护或者涂、镀层防护；应用合适的缓蚀剂等。

晶间腐蚀的特征是在表面还看不出破坏时，晶粒之间就已丧失了结合力，失去金属声音，严重时只要轻轻一敲打就可破碎，甚至形成粉状。这种腐蚀失效的危害是非常可怕的，必须给予高度关注。可以采取的防护控制措施有：降低使用钢铁材料中的含碳量；加入固定碳的合金元素；采用适当的热处理工艺；采用合适的涂、镀层防护等。

还有一些不同的腐蚀类型，如力作用下腐蚀失效的防护措施，主要是根据其发生腐蚀失效特点和条件,采取相应的防护措施,如针对应力腐蚀断裂类型的破坏,就可以采取降低零部件应力载荷和应力集中,或者对于服役环境采用缓蚀剂,零部件材料表面采用涂、镀层防护处理等措施。关于高强度钢等材料的氢损伤,可以通过除氢措施消除氢脆的危险。

2. 全面腐蚀和局部腐蚀失效的评定与测量

材料腐蚀是其受其周围环境介质的化学、电化学和物理作用而引起失效破坏的现象,是金属和它所处的环境介质之间发生化学或电化学作用而引起的变质和破坏,可以说金属和合金遭受腐蚀后又恢复到了矿石的化合状态,金属腐蚀也可以说是冶炼过程的逆过程。"生锈"专指钢铁和铁基合金腐蚀而言,有色金属及其合金可以发生腐蚀但并不"生锈",而是形成与铁锈相似的腐蚀产物,如铜和铜合金表面的"铜绿"$CuSO_4 \cdot 3Cu(OH)_2$ 等。由于每种材料腐蚀失效破坏的特点不同,发生腐蚀的环境条件也不同,因而其采用的判别方法也不同。从发生全面腐蚀和局部腐蚀失效来说,判别方法如下:

(1)表观检查

这是一种定性检查方法,有宏观检查和显微检查两种方式。宏观检查是用肉眼或低倍放大镜对金属材料在腐蚀前后及去除腐蚀产物前后的形态进行仔细观察和检查,初步确定材料的腐蚀形态、类型、程度和部位等信息。显微检查是通过对腐蚀试样进行金相检查或断口分析,或用扫描电镜、透射电镜、电子探针、俄歇谱仪等作微观组织结构和相成分分析,据此可研究材料发生腐蚀失效的微观特征和腐蚀过程动力学等。

(2)质量法

这是一种最基本的材料腐蚀定量评定方法,是以单位时间内、单位面积上由腐蚀而引起的材料质量变化来评价腐蚀。

质量增加法适用于腐蚀物全部牢固地附着在金属上的情况,适用于研究腐蚀随时间的变化规律。该方法可用于评定全面腐蚀和晶间腐蚀,不适用于评定其他类型的局部腐蚀。其数据具有间接性,需要根据腐蚀产物的化学组成进行换算。

质量损失法是一种简单而直接的腐蚀测量方法,要求在腐蚀试验且采用适当的溶液全部清除腐蚀产物后再称量样品的终态质量,根据试验前后样品质量计算得到的质量损失直接表示了由于腐蚀而损失的金属量。该方法得到的是材料的平均腐蚀速度,而不是瞬时腐蚀速度。这种方法适用于全面均匀腐蚀的评价,对于选择性腐蚀或者局部腐蚀则不适用。

(3)失厚测量与点(坑)蚀深度测量

对于设备和大型构件等不便于使用质量法或者为了了解局部腐蚀的情况,可以测量试件的腐蚀失厚或坑蚀深度。单位时间内的腐蚀失厚即为腐蚀率(mm/a),可直接测量,也可用无损测厚方法,如涡流法、超声波法、射线照相法和电阻法等。

常用测量坑蚀深度的方法有金相法、机械切削法和显微镜法等。经常测量面积为 $1dm^2$ 的试样上蚀坑深度最大的 10 个坑,并根据最大蚀坑深度和平均蚀坑深度来表征坑蚀的严重程度。

(4)气体容量法

容量法是对材料发生析氢或吸氧(耗氧)腐蚀过程的一种测量方法,通过测量一定时间内的析氢量或耗氧量来计算金属的腐蚀速度。该方法测量装置简单,灵敏度较质量法高,但要求析氢或吸氧量与金属溶解的量之间存在确定的化学计量比关系。

（5）电阻法

这是一种电学的方法,用来测定金属材料的腐蚀速度。它是根据腐蚀使金属试样横截面积减小,从而导致电阻增大的原理,通过测量腐蚀过程中金属电阻的变化而求出其腐蚀量和腐蚀速度。这种方法可用于晶间腐蚀或氢腐蚀损伤的连续检测等。

还可以采用电化学测试技术和方法,如测量不同材料中不同腐蚀介质环境中的腐蚀破裂电位、腐蚀电流（可由腐蚀电流计算腐蚀速度等）以及交流阻抗等多个腐蚀特征信息。

2.4　材料的疲劳断裂失效

一般说金属材料具有比较高的机械强度,可以广泛用做一些机械结构部件,在工业领域发挥了巨大作用。但是在使用中人们也发现在各种外力的反复作用下,材料可以产生疲劳状态,而且一旦产生疲劳就会因不能得到恢复而造成十分严重的后果。实践证明,金属材料疲劳已经是十分普遍的现象。据多年来的统计,金属部件中有 80% 以上的损坏是由于疲劳而引起的。人们在日常生活中也会见到金属疲劳带来的危害,如一辆正在马路上行走的自行车突然前叉折断,炒菜时金属铲子折断,挖地时铁锨断裂等现象。

金属疲劳破坏是因为金属内部结构不均匀等原因而造成受力传递不平衡,有的地方会成为应力集中区,另外,材料内部的缺陷甚至存在的一些微小裂纹,在受力持续作用下,内部或者表面的裂纹会越来越大,材料中能够传递应力的部分越来越少,直至剩余部分不能继续传递负载时,金属构件就会断裂破坏。

因此,金属材料疲劳是一种重要的材料表面失效形式,必须给以高度的重视。

2.4.1　疲劳断裂的基本概念

在循环负载或交变应力作用下引起的金属断裂为疲劳断裂。疲劳断裂通常从材料的表面开始,是表面失效的重要组成部分。在一般情况下,人们根据零部件的服役工况把疲劳断裂分为三类:机械疲劳、腐蚀疲劳和热疲劳。疲劳断裂主要决定于载荷或应力的性质,后两类不仅与应力性质有关,还与服役环境条件有关。出现比较多的是机械疲劳类的各种疲劳现象。

机械疲劳是金属机件在机械交变应力（简称交变应力）作用下引起的破断。

机械疲劳按载荷性质可分为拉-压、振动、接触、弯曲、交变扭转疲劳与复合应力疲劳等。

还可以按应力交变周次或频率的高低,将机械疲劳分为高周低应力疲劳和低周高应力疲劳等。高周低应力疲劳是机件所受应力远低于材料的屈服极限（$\sigma_{0.2}$）,甚至低到只有屈服应力的 1/3,断裂前的应力交变周次（f_N）较高（$f_N > 10^4 \sim 10^7$ 次）,在长时间承载发生的低应力疲劳断裂。低周高应力疲劳断裂是零部件承受了高应力,通常接近或超过屈服极限,断裂前应力交变周次较低,一般 $f_N < 10^5$ 次,每一应力循环中零部件除弹性变形外,还产生微量的塑性变形。

金属材料的抗疲劳性能一般用疲劳极限或疲劳强度来表示。疲劳极限规定为交变应力周次 $N = (0.5 \sim 1) \times 10^7$ 的应力循环不发生断裂时所能承受的最大应力。对于钢铁材料,如果应力循环次数达到 $10^6 \sim 10^7$ 次仍未发生疲劳断裂,则可认为随循环次数的增加,将不再发生疲劳断裂。

疲劳强度是金属材料在交变应力作用下,循环一定周次 N 后断裂时能承受的最大应力,用符号 σ_N 表示,单位是 N/mm^2。不少材料没有明显的疲劳极限,常采用疲劳强度来表示。

影响金属材料疲劳强度及导致疲劳断裂的因素很多,主要与零部件设计、材料表面状态、加工装配、原材料缺陷和服役使用等有关,在许多情况下疲劳强度是由多个因素共同作用的结果。

在很多情况下,材料疲劳断裂常起源于表面,表面粗糙度对疲劳极限的影响很大。如铣削工件的疲劳极限仅为抛光工件的 35%,表明表面粗糙度越小,材料的疲劳极限也越高。另外,合金组织稳定性和均匀性越好,材料的疲劳强度越高。合金组织中的疏松、发裂(白点)、偏析、非金属夹杂物等,显微组织中的铁素体条带状组织、游离铁素体、游离的石墨、碳化物的偏析、网状碳化物、粗晶粒、过烧、脱碳、大量的残余奥氏体、魏氏组织等低倍和高倍的组织缺陷,均可降低金属材料的疲劳强度。

2.4.2　疲劳断裂过程

人们通常将疲劳断裂过程分为三个阶段:疲劳裂纹的产生即疲劳断裂的成核阶段,疲劳裂纹扩展阶段即疲劳裂纹的亚稳扩展,最终断裂或瞬断阶段即疲劳裂纹的失稳扩展。

1. 疲劳裂纹的产生

金属材料由于受到交变载荷的作用,引起材料表层的局部滑移,形成挤出与挤入(在材料表面形成挤出峰与挤入槽),这就是疲劳裂纹的裂纹源。在循环载荷继续作用时,滑移形成的裂纹源扩展成为显微裂纹;裂纹从表面向内部扩展,与拉伸轴成约 45°角,这时裂纹的扩展主要是由于切应力的作用(见图 2.17)。

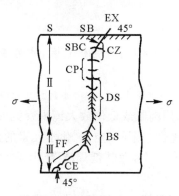

图 2.17　疲劳裂纹扩展模型

SBC—滑移带裂纹;EX—挤出峰;CZ—复合区;
CP—解理面;DS—韧性辉纹;BS—脆性辉纹;
FF—最终断裂口;S—表面;σ—拉应力;SB—滑移带

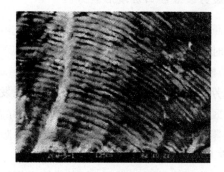

图 2.18　疲劳辉纹

在疲劳断裂的第 I 阶段中,显微裂纹深度很浅,约在 2~5 个晶粒之内。这些晶粒断面都是沿不同的结晶学平面延伸(与解理面不同)。第 I 阶段的特征决定于材料并受环境介质及应力水平等因素的影响。如镍基合金疲劳断裂第 I 阶段非常明显,而低碳钢只有在高应力疲劳断裂中才能表现出这种微裂纹。

疲劳的第Ⅰ阶段产生裂纹的循环次数通称为孕育期,它表示疲劳裂纹源形成时所需的循环次数。在一般情况下,高应力低周疲劳的孕育期较小,低应力高周疲劳的孕育期则较大。

2.裂纹亚稳扩展

疲劳裂纹扩展的亚稳扩展阶段即疲劳断裂的第Ⅱ阶段,是疲劳断口分析的主要对象。疲劳断裂从第Ⅰ阶段转变到第Ⅱ阶段,其主要断裂面的特征发生了变化,从原来的与拉伸轴成45°角的滑移面,发展到与拉伸轴成90°角的凹凸不平的断裂面。

疲劳断裂第Ⅱ阶段中最突出的显微特征是存在着大量的相互平行的显微条纹,称辉纹(见图2.18)。

在一定的条件下,辉纹间距的大小与疲劳裂纹扩展宏观幅宽相近。这些条纹通常只有在高倍显微镜下才能观察到。疲劳裂纹的扩展,只能在拉应力区内进行,决不能在压应力区内扩展。疲劳裂纹扩展的初期,速率很小,因而断口形貌比较平坦。随着裂纹的扩展,速率加快,断口形貌越来越不平坦。

3.最终断裂

在载荷作用下进行最后一次循环,产生瞬时断裂,形成疲劳断裂的第Ⅲ阶段。这是由于过载引起的断裂,也是由亚稳裂纹扩展转变为失稳裂纹扩展的过程。由第Ⅱ阶段转变为第Ⅲ阶段,其断裂面由原来的与拉伸成90°角,转变为45°角的方向。疲劳断裂的第Ⅲ阶段的断口形貌,呈现为被拉长的韧窝花样或准解理的显微特征。

2.4.3 疲劳裂纹断口的宏观形貌特征

1.疲劳裂纹断口宏观形貌分区

按照断裂过程,典型的疲劳断口宏观上可有三个不同的区域:疲劳核心区、疲劳裂纹扩展区和瞬时断裂区(瞬断区)。

(1)疲劳核心区

疲劳核心是疲劳破坏的起点,一般总是发生在表面,用肉眼或低倍放大镜观察就可判断疲劳核心区的大致位置。但如果零部件内部存在缺陷,如脆性夹杂物、空洞、化学元素的偏析等,也可在零件表层下或内部发生。疲劳核心数目有时不止一个,尤其低周疲劳,其应变幅值较大,常有几个位于不同位置的疲劳核心。

仔细分析疲劳断口发现,在疲劳核心周围存在着以疲劳核心为焦点的非常光滑、贝纹线不明显的狭小区域,这是由于疲劳裂纹在该区扩展速度很慢以及裂纹反复张开与闭合而使断口面磨光的缘故。实际上这一区域本质上应属于疲劳裂纹扩展区,但大多习惯于称为"疲劳源区"——裂纹源宏观位置。疲劳破坏好像以疲劳源区为中心,向外发射海滩状的贝纹线。图2.19为航空发动机连杆销孔处发生疲劳断裂的断口照片。可以看出以疲劳核心区为中心,向四周辐射放射台阶或线痕,并可延伸到很远的地方。这也说明疲劳裂纹不是简单的一个宏观平面,而是沿着一系列具有高度差的宏观平面向周围扩展;这时,疲劳核心往往是一条锯齿状的微裂纹,或者在核心区同时存在着若干疲劳核心。

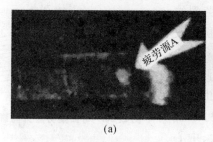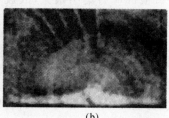

(a)　　　　　　　　　　(b)

图 2.19　航空发动机主连杆销孔处发生的疲劳断口形貌（40CrNiMoA）

(a)疲劳断裂断口全貌；(b)疲劳源附近的断口细貌较光滑，并有放射线痕(疲劳源为焦点)

（2）疲劳裂纹扩展区

疲劳裂纹扩展区是疲劳断口上最重要的特征区。常见的有贝纹状、年轮状或海滩波纹状等，贝纹状的推进线是机器开动或停止时，疲劳裂纹扩展过程中所留下的痕迹，常见于低应力高周波疲劳断口。裂纹扩展因受阻而暂时停歇，或在使用过程中应力变化等也会在断口上留下这种贝纹状推进线。贝纹状推进线一般是从裂纹核心或裂纹核心区开始的，向四周推进呈弧形线条并和裂纹扩展方向相垂直。

在疲劳裂纹扩展区，除贝纹线外，有时也可看到二次台阶（与疲劳源的一次台阶不同）和线痕，而在疲劳裂纹扩展的后期，由于零部件的有效截面积在不断减少，而有效应力不断增加，裂纹扩展速度不断提高，出现了疲劳加速扩展区。该区域的断口平面往往不与疲劳应力轴呈90°交角。断口也比较粗糙、不规则，并伴有因材料撕裂而造成的台阶、小丘等，有时还可看到比贝纹线间距宽得多的弧形条带，这一弧形条带的区域，也有人把它称作"第二疲劳区"。一般来说，第二疲劳区疲劳裂纹的扩展速度较快，同时包括静载和疲劳两种破断方式。其中灰色的弧形区域表示静载破断，使裂纹前端区域加工硬化，稍稍提高了该区域的疲劳极限。在该区又进行疲劳裂纹的扩展，一直达到新的不稳定的状态时，又是一次快速的静载破断，如此交替进行，直至最终一次瞬时断裂。

（3）瞬断区

瞬断区（瞬时破断区或最终破断区、过载破断区）是疲劳裂纹达到临界尺寸后发生的一次快速断裂。其特征与静载拉伸断口中快速破坏的放射区及剪切唇相同。但有时仅出现剪切唇而无放射区。对于极脆的材料，其瞬断区为结晶状的脆性断口。

疲劳断口按承受载荷类型可分为弯曲疲劳断口、轴向（拉-拉、拉-压或脉动）疲劳断口、扭转疲劳断口与复合疲劳断口。其中以弯曲疲劳断口最多见，纯轴向疲劳断裂较少。

2. 典型零件疲劳断口特征

（1）弯曲疲劳断口

机件承受弯曲疲劳载荷时，其表面应力最大，中心区应力最小，因此疲劳核心是在表面形成的，然后沿着与最大正应力相垂直的方向扩展，当裂纹达到临界尺寸时，机件迅速断裂。疲劳应力分布及裂纹扩展方向示意于图 2.20。

弯曲疲劳又可分为单向弯曲疲劳、双向弯曲疲劳和旋转弯曲疲劳三种。

单向弯曲疲劳断裂的疲劳核心发生在受弯曲拉应力一侧的表面上，如没有应力集中，则裂纹由核心向四周扩展的速度基本相同，形成贝纹线，最终破断区在疲劳核心的对侧。若存在尖缺口,则由于缺口根部应力集中很大,故疲劳裂纹在两侧边的扩展速度较快,其瞬断区所占面积也变得较大。

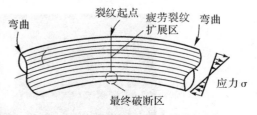

图 2.20　弯曲疲劳应力与裂纹的扩展

双向弯曲疲劳的疲劳核心发生在断口两侧。对于尖缺口或轴截面突然发生变化的尖角处,由于应力集中的作用,疲劳裂纹在缺口根部发展较快。

旋转弯曲疲劳时,其应力分布是外层大、中心小,故疲劳核心在外侧的裂纹扩展速度较快,中心较慢,贝纹线比较扁平(曲率半径大)。瞬断区在疲劳核心的对面侧,但总是相对于旋转方向逆偏转一个角度,这种现象称为偏转现象。因此,从疲劳核心与瞬断区的相对位置便可推断轴的旋转方向。

有圆轴向缺口(有应力集中)与无轴向缺口的轴,其终断区(即瞬断区)的位置是不同的。

应力集中较大时,沿圆轴向缺口将同时产生几个疲劳核心,因而终断区的位置将在轴的内部。当缺口较钝,应力集中较小时,疲劳核心仅在一处发生,终断区将在与疲劳核心相对应的另一侧。此外,终断区的位置还受作用在轴上的应力影响。如不考虑应力集中,则名义应力越大,终断区越向轴心移动,根据上述关系,由终断区的位置和大小,可推知所受载荷与名义应力的大小。

(2)轴向疲劳断口

轴向应力分布均匀的拉-拉或拉-压疲劳,其断口形貌与试样有无缺口有关。但无论有无缺口,疲劳核心一般都在表面形成。如若内部有缺陷,则可在缺陷处形成。

(3)扭转疲劳断口

讨论弯曲或轴向疲劳时已明确,疲劳核心一旦形成,裂纹一般便沿着与最大拉伸正应力相垂直的方向扩展。但是对于扭转疲劳,除与上述情况相同的类型外,还存在着另一类断口,即沿最大切应力方向扩展的疲劳断口。

按扭转疲劳断裂情况,常把扭转疲劳断口分为两类,一类称正断型,另一类称切断型。脆性材料常按正断型方式断裂,而延性材料则常呈切断型。但还有复合型,例如开始为切断型,以后变为正断型。

对于正断型扭转疲劳,常见的有锯齿状断口及星形断口。

当轴处在反复扭转应力作用下时,轴颈尖角处将产生很多的疲劳核心。这些裂纹将同时向与最大拉伸正应力相垂直的方向,即与轴线呈 45°交角的方向扩展,结果,当这些裂纹相交时,便形成锯齿状断口。

实际机件在服役条件下发生的疲劳破断要复杂得多。但上述这些基本特征对于疲劳断裂的失效分析是很有用的。

2.4.4　疲劳断裂的影响因素

(1)晶界的影响

晶界对疲劳裂纹扩展起着重要的作用。在晶界附近,裂纹尖端受阻碍,当裂纹由一个晶粒扩展到另一个晶粒时,裂纹扩展方向发生变化。裂纹的扩展主要是由于位错交叉滑移的结果,而在晶内交叉滑移要比晶界容易得多,因此疲劳裂纹容易在晶内扩展。疲劳裂纹大多数都是穿晶断裂,而沿晶疲劳断裂也可能发生,但是比较少见,或者是以两者混合的形态出现的。

(2) 夹杂物或第二相粒子的影响

夹杂物或第二相粒子在疲劳裂纹扩展时,可能形成“轮胎压痕”花样。另外,它们均起到阻止疲劳裂纹扩展的作用。疲劳辉纹受到夹杂物或第二相粒子的阻碍,在较大粒子周围的辉纹将发生弯曲并且形成台阶。

(3) 环境介质的影响

疲劳裂纹在真空中扩展将不产生疲劳辉纹,而只在一定条件下才产生疲劳辉纹。如果疲劳断裂在腐蚀环境中发生,这就是腐蚀疲劳。腐蚀疲劳多半起源于材料表面上的腐蚀坑或表面缺陷的部位。在通常情况下,疲劳裂纹为多源疲劳。由于环境介质的影响,疲劳断口的显微形貌出现较多的二次裂纹、腐蚀坑、腐蚀锈斑等特征。最明显的是疲劳辉纹在介质作用下,发生腐蚀溶解,往往呈现较模糊的疲劳辉纹或脆性辉纹等特征。

2.4.5　疲劳断裂的危害与防护措施

1. 疲劳断裂失效的危害

法国《科学与生活》杂志上曾报道一架英国制的喷气式飞机,名叫“慧星 1 号”。当它由罗马起飞后半小时,飞行到厄尔巴岛和蒙特・克里斯脱岛之间时,这架正在 1 万米高空飞行的飞机,突然发出了“轰”的一声巨响,接着机身裂成碎片,坠入大海,全部旅客和机务人员都不幸罹难。人们从大海中打捞出来的机身碎片上,经过研究后发现,事故的引起并不是由于飞机设计与对金属材料极限强度计算的错误,而是由于金属的“疲劳”造成的。

实际上人工作久了也会感到疲劳,同样金属材料工作久了也会产生疲劳。一个机械零部件或结构件,如飞机、汽车、拖拉机、桥梁的某一构件,只要反复承受交互力,就会在金属表面特别是尖角、孔洞等应力集中点首先产生微小裂纹;而且随着承受力的反复作用,微小裂纹逐渐扩展、变大,到一定程度就突然断裂。通常人们生活中就有这样的经验,当一下子折不断一根铁丝时,只要反复折几次,铁丝就断了,这就是铁丝已疲劳的缘故。

经不完全统计,第二次世界大战以来,世界上已有几千艘船舶、几十座桥梁建筑毁于疲劳破坏,几百起因铁轨或机车车轮、车轴疲劳引起的列车翻车事故,几千起因汽车车轴、车架疲劳破坏使司机、乘客惨死的记录,几万名拖拉机手因前梁、车架、操纵杆疲劳破坏而伤身。人类把人造卫星送上天的历史并不长,但也已经出现过由于金属疲劳引起的卫星坠毁事件了。

早在 100 多年前,人们就发现了疲劳是破坏金属机件长期稳定工作的大敌,但那时没有仪器能够查明疲劳破坏的原因。显微镜的出现,使人类第一次对金属进行了细微的“检查”,揭开了金属疲劳的秘密,而且也有了一套妙法来对付这个“大敌”。

金属疲劳所产生的裂纹会给人类带来灾难。但是也有另外的一些用处,如利用金属疲劳断裂特性制造的应力断料机,可以对各种性能的金属和非金属在某一切口产生疲劳断裂来进行加工,这个过程只需要 1～2s 的时间,而且越是难以切削的材料,越容易通过这种加工来满足人们的需要。

2. 防止疲劳断裂的措施

虽然国内外对防止疲劳断裂做了大量工作,但仍然需要对疲劳失效的预防技术及零件寿命管理,需要在完善抗疲劳设计技术与方法体系、抗疲劳材料选择与应用体系、抗疲劳制造加工工艺技术体系、零件的使用维护与修理等整体管理流程与使用寿命管理体系等方面开展大量的研究工作。

预防疲劳断裂失效的措施主要有:

(1)合理的结构设计

对零部件进行设计时,应该加强对疲劳结构的细节设计,采用合理的结构形状和适当的过渡区域,来保证零件关键部位所受应力低于疲劳抗力,并给予一定的安全设计系数来考虑疲劳失效的概率性。在设计阶段不仅应注意构件局部的应力集中,更应注意构件所采用的材料特性,因为材料不同,其疲劳的应力集中敏感性也相差很大。

也可以采用复式结构来延长构件材料的使用寿命。当一结构部件发生破坏时,另一结构尚能维持正常使用。对要承受多次反复变动的力或处于不易检查维修的部位,人们可以采用一种疲劳安全寿命设计法,增加其保险系数,延长使用寿命。

在金属构件上尽量减少薄弱环节,如开孔、开口、切口、尖口、小圆角半径和截面形状的突然变化,以避免引起应力集中。还可以采用各种防护涂、镀层工艺,保护不受腐蚀以及腐蚀疲劳断裂之害。

(2)合适的材料选择

零部件的形状尺寸相同,采用不同的材料来加工制造,其疲劳性能将截然不同。典型的例子是飞机起落架,虽然形状相同,但采用强度不同的材料来进行加工制造,其飞行寿命相差很远。对不同使用条件下使用的零件应选择性能相适应的材料,在室温下选择晶粒细小、强度高和韧性好的结构材料比较耐疲劳;而在高温下选择晶粒适当粗大、组织稳定、强韧性配合较好的结构材料对于提高疲劳寿命是有效的。合适的材料是制造长寿命抗疲劳零部件的基础。

另外,受人服用各种维生素可增强身体抵抗力的启迪,冶金专家发现在金属材料中加入少量的稀土元素,可使其抗疲劳延长使用寿命。也就是说,在金属材料中添加各种"维生素"是增强金属抗疲劳的有效办法,如含有锆和稀土金属的镁合金,不但抗疲劳性能好,而且在高温下仍有很高的强度,质量也只有铝合金的3/4。在钢铁和有色金属材料里,加进万分之几的稀土元素,就可以大大提高这些金属抗疲劳的能力,延长其使用寿命。

(3)适宜的热处理制度

选定合适的材料,对材料进行适宜的热处理就显得非常关键。相同的材料,热处理制度不同,疲劳性能也就完全不同。热处理不仅需要关注材料热处理后的组织与性能,更需要保证热处理制度的稳定性、可靠性,应避免在工件表面形成脱碳、过热、硬脆相等变质层,以确保材料表面层的疲劳抗力。

(4)可靠的零部件加工工艺

零部件的加工质量对其使用寿命的影响很大,相同的材料即使采用相同的热处理制度,但如果选用不同的加工方式进行制造,其疲劳性能也相差很大,尤其是对于高强度结构材料。可靠稳定的零件加工制造工艺是零件表层质量的保证,没有好的零件加工工艺就得不到好的表面质量,也谈不上高的疲劳性能。零件加工时要杜绝烧伤、吃刀等工艺所产生的缺陷,并尽量减小加工过程中产生的残余拉应力数值。

（5）适当的表面强化处理

表面强化工艺技术虽然起源于结构的维护修理，但近年已被设计单位和工厂作为一种设计技术和制造技术，用于零件的加工、制造与维护等过程。零部件的设计是基础和依据，零部件的材料选择是关键的性能支撑，制造工艺是实现加工的手段和可靠性的根本保证，表面强化则是零部件表层性能的守护神。采用合适的表面强化工艺技术处理零件，可使零件不在表面发生疲劳断裂失效，而在表层下的基体处萌生疲劳裂纹，这将充分发挥材料的强度潜力，节省材料的消耗和资源节约。

表面强化技术主要应用于航空、机械、机车、交通、建筑和石油化工等工业，以提高关键零部件的抗疲劳特性，典型的零件如齿轮传动件、紧固件等。在结构材料表面涂覆镀层或喷涂，可以降低疲劳断裂的敏感性。采用氧化物保护层对提高材料的腐蚀疲劳抗力也是有利的。还有一种"免疫疗法"技术，即引入残余压应力，如喷丸、表面冷滚压、干涉配合、机械超载、预应力涂层以及应力挤压等，以预先增强对疲劳破坏的"抵抗力"。表面强化如喷丸、感应加热淬火、氮化等方法，对提高腐蚀疲劳强度也是有效的。

表面形变强化的机理主要包括：组织结构的细化与强化；表面形变所产生的加工硬化；残余压应力场的引入；表面缺陷的弥合消失与减少或减小；表面粗糙度与形貌的改善。

表面强化效果常采用疲劳性能来进行评价，在相同的应力水平下，对比不同表面处理状态下试样的疲劳寿命，或进行疲劳强度极限对比，以考核表面强化的效果，并对表面改性工艺参数进行优化。

喷丸所产生的表面完整性变化如图 2.21 所示。大量的试验结果与理论研究分析表明，采用表面强化可使疲劳强度/极限提高 30% 以上，且疲劳裂纹出现在表面强化层下的残余拉应力区域（见图 2.22）。有文献指出，当疲劳裂纹萌生在距离表面 10 个晶粒尺寸以下的区域时，认为其表面强化效果最好，而且对于某一材料而言，此时的疲劳强度/极限为材料的特征参数是一个常数。

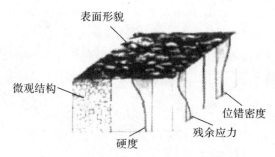

图 2.21　喷丸技术产生的材料表面变化

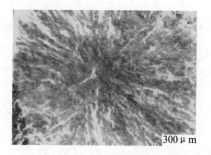

图 2.22　喷丸处理后的疲劳裂纹

习题与思考题

1. 结构材料表面失效的主要形式包括哪些？其主要特点是什么？
2. 何谓"洁净表面"？何谓"清洁表面"？实际金属材料表面又具有哪些特征？
3. 材料的摩擦磨损失效的基本原理是什么？其主要形式包括哪些？

4.“犁削理论”的基本含义是什么？何谓“边界润滑”？

5.材料的腐蚀失效的主要形式包括哪些？试比较全面腐蚀和局部腐蚀的主要特点。

6.针对腐蚀失效的类型举例说明可采用的防护措施。

7.疲劳断裂包括哪些主要类型？导致疲劳断裂的因素包括哪些方面？

8.请简述疲劳断裂的基本过程。

9.典型的疲劳断口宏观上可分为哪三个区域？各有什么主要特点？

10.防止疲劳断裂的措施主要有哪些？

第3章 材料表面涂、镀层界面结合理论

3.1 典型涂、镀层与基材界面结合的特点

在材料表面改性及表面处理领域,表面的防护及功能涂、镀层占有较大比例,而零件表面的涂、镀层的界面结合直接影响涂、镀层的使用性能。因此,研究基体材料表面与各种镀、涂层的界面结合特点、结合机理是优化表面涂、镀层性能的基础。

表面涂、镀层与基体材料界面结合的最大特点是其复杂性,主要体现在零件表面制备涂、镀层过程中,由于制备工艺的不同,对零件施加的能量也不同,所得到的表面膜层与基体的结合特点差别很大。从结合原理来看,涂、镀层与基体材料之间的结合界面包括以下几种主要类型。

(1)冶金结合界面

当表面膜层与零件基体材料之间的界面结合是通过处于熔融状态的涂覆层材料沿处于半熔化状态下的加热基材表面向外凝固结晶而形成时,这种结合就是冶金结合。显然,冶金结合的实质是金属键的结合,因此膜层与基体材料的结合强度很高,可以承受较大的外力或外载荷,不易在服役使用过程中发生膜层的剥落。激光熔覆技术、堆焊与喷焊技术等就可以获得这种结合的涂覆层和改性防护层。

(2)扩散结合界面

将固体粉体涂覆或者包埋在金属零件表面,然后通过抽真空、加热等界面扩散和反应途径形成的扩散层,其结合界面就是扩散结合界面。扩散结合的特点是扩散层与基材之间呈成分梯度变化,并形成原子级别的混合或合金化,因此,这种结合也具有较高的结合强度。获得扩散结合界面的表面防护技术主要包括热扩散(渗镀)工艺、离子注入工艺等。

(3)外延生长界面

膜层的生长是沿原来的结晶轴向生成一层晶格完整的新晶体层的过程,外延生长形成的界面为外延生长界面。外延生长主要有气相外延(如化学气相沉积技术)和液相外延(如电镀)。膜层外延生长的程度取决于基体材料与外延层的晶格类型和常数。如在同种金属上镀同种或晶格常数相差不大的金属镀层时,就可能出现外延生长,处于外延生长膜层厚度可达 $0.1 \sim 400\mathrm{nm}$。由于外延生长界面在镀层与基材之间的晶体取向一致,因此这种界面结合原则上具有较好的结合强度。

(4)化学键结合界面

化学键结合界面是膜层材料与基材之间发生化学反应,形成成分固定的化合物时的界面。如钛合金表面气相沉积 TiN 或 TiC 薄膜时,TiN 和 TiC 中的部分氮、碳原子可与基体金属中的 Ti 原子作用,形成 Ti-N,Ti-C 化学键结合。可以获得化学键结合的表面技术主要包括物理和化学气相沉积、离子注入、热扩渗、化学转化膜技术等。化学键结合的优点是结合强度

较高;缺点是界面的韧性较差,在冲击载荷或热冲击作用下,容易发生脆性断裂或剥落。

(5)分子键结合界面

分子键结合界面是指涂、镀层与基材表面以范德华力结合的界面,其特征是膜层与基材之间未发生扩散或化学作用。部分物理气相沉积层、有机涂装、黏结涂层等结合界面均属于典型的分子键结合界面。

(6)机械(镶嵌)结合界面

当膜层与基体不能进行有效的化学反应时,为了提高膜层与基体材料的结合,可以采用将基体材料表面机械粗化、拉毛等方式,再进行包镀或者喷涂处理,可使表面膜层与基材相互镶嵌,形成机械式连接的界面结合。

在大多数情况下,膜层与基体的实际界面结合并不是单一的界面结合形式,而是几种情况的综合,这更增加了膜层界面结合的复杂性和研究膜层与基体材料的界面结合机理的难度。

3.2 典型涂、镀层与基体界面结合类型

关于零件表面涂、镀层与基体材料的界面结合的类型,有不同的分类方法,包括结合原理、制备工艺、表面性能、所用能源等方法。很多表面改性技术的界面结合都涉及两种或多种结合原理,获得的表面膜层的功能性也是受界面结合的影响。还有一些更复杂的情况,如先电镀获得表面镀层,然后进行激光熔覆处理,这样获得的镀层界面结合就更复杂了。

按照界面结合原理并结合制备工艺,对典型涂、镀层的界面结合进行了如下分类。

3.2.1 涂覆层的冶金结合

1.熔化冶金结合

将膜层材料(覆材)和基体材料表面加热至熔化状态,通过液-固相作用,在零件表面冷却结晶而形成表面涂覆层为熔化冶金结合。电弧堆焊、埋弧自动堆焊、二氧化碳保护堆焊、等离子堆焊、激光合金化、激光熔覆、电火花涂覆等是制备熔化冶金结合的工艺代表。

堆焊时堆焊材料与基体材料受电弧加热进行熔池冶炼,电弧移开后,熔池冷却结晶形成堆焊层。这种涂覆层冶金结合,其本质是靠形成金属键的价键力而结合,具有很高的结合强度。

激光合金化是用高能激光束使基材表面和涂覆层合金熔化,凝固后形成新的合金表层。激光熔覆的特点是能将基材熔到刚刚足以确保涂覆层能很好地结合即可,也就是说,激光束使工件上非常薄的表层熔化,该薄液层与液态熔覆合金相混合,借助扩散作用凝固形成合金涂覆层。

电火花涂覆是利用电极与工件之间的电火花放电,使电极和工件材料局部产生熔化,并相互作用而形成合金涂覆层。

由此可见,尽管采用的热源和工艺方法有所不同,基材表面的熔化程度和范围也有较大差别,但这类表面涂覆层与基体的结合都属于冶金结合,都遵循覆材与基材受热熔化与冷却结晶的规律。另外,由于表面改性的能量对基材的熔化是局部的,因而合金涂覆层与基材之间都存

在一定的半熔化(过渡)区和热影响区,可能会带来腐蚀(如应力腐蚀等)的加速。这种熔化冶金结合的优点是,可以通过加大熔体的冷却速度,细化膜层晶粒,形成特殊结构的硬化层(类似于玻璃结构的非晶态硬化层)。例如,用激光束使金属表层快速熔化,造成足够大的温度梯度,可促使形成超细晶体结构或非晶态金属玻璃结构。

2. 扩散冶金结合

当膜层材料发生熔化(熔融),而零件材料不熔化时,形成涂覆层与基体间的液-固相作用,在成膜过程中发生了界面间的冶金凝固与原子扩散,从而形成扩散冶金界面结合。

在氧-乙炔火焰喷熔和真空熔结等技术中,熔融的合金膜层材料与零件表面经历了相互溶解与扩散,形成金属键合的涂覆层。

热喷涂膜层是以高速气流将涂层材料雾化后喷到工件表面并迅速冷凝而成的,所形成的热喷涂层结合强度要比堆焊、熔焊涂层低一个数量级。如 Ni/Al 合金熔滴到达基材表面后,放热反应还可持续数微秒,可得到一定程度的扩散冶金结合,但多数涂层是以机械结合为主的。

3.2.2　水溶液沉积镀层或转化膜层的结合

从水溶液中进行电化学沉积(电镀)、电刷镀、特种电镀、化学镀制备的镀层,是利用电极反应或化学物质的相互作用,在零件表面沉积而成的。其中电镀、电刷镀、特种电镀(如复合电镀等)是当外电流通过电解液时,溶液中的离子得电子在零件(阴极)上沉积金属(镀层)的过程;而化学镀则是在含有欲镀金属离子的溶液中,利用还原剂的作用,在具有催化作用的基材表面上进行化学反应沉积成膜。

另外一种膜层也是在水溶液中获得的,但它不是一个在零件表面覆盖沉积的过程,而是利用化学反应(氧化)在零件表面获得转化膜层的过程,又可分为电化学转化和化学转化处理。电化学转化处理,是当电流通过电解液时,在零件(作为阳极)表面形成氧化膜的过程,如铝及铝合金、镁及镁合金的阳极氧化;而化学转化处理是在无电流通过的情况下,利用基材表面原子与溶液中阴离子反应,在基材表面形成化合物膜的过程,如氧化膜、磷酸盐膜、铬酸盐膜等。

在水溶液中沉积镀层的过程,也遵循形核和晶体长大的规律。与常规冷却结晶不同的是,该过程不是以过冷度,而是以阴极极化、过电位等作为形核动力学条件。一定沉积条件下的镀层不仅可以和基材金属形成金属键连接,而且可以顺着基材金属的晶粒外延生长,构成联生结晶。因此,理想沉积镀层可具有较高结合强度,前提是保证被镀零件表面的洁净(干净、活化)。

3.2.3　气相沉积膜层的结合

气相沉积包括物理气相沉积(PVD)和化学气相沉积(CVD)。

物理气相沉积(PVD)又包括真空蒸镀、溅射镀和离子镀三种基本方法,它们都是在真空条件下制备薄膜的技术。真空蒸镀是将膜材加热蒸发成气体,在基材表面沉积成膜;溅射镀是利用荷能粒子轰击靶材表面,使溅射出来的粒子在基材上沉积成膜;离子镀则是在气体离子或蒸发物离子的轰击作用下进行蒸发镀膜的。真空蒸镀沉积粒子的能量仅为 0.1eV 左右,其沉积的薄膜结合力一般。而溅射镀和离子镀,借助电磁场的作用,在气体放电形成的等离子体环境中激活沉积粒子,使其以几至几百电子伏的能量轰击基体,所形成的薄膜结合性能得到了明显的提高。PVD技术的处理温度较低,基体一般无受热变形或材料变质问题。

化学气相沉积(CVD)是一种化学气相生长法,其反应有热分解、还原、置换等类型,因为存在着反应气体、反应产物和基体的相互扩散,CVD镀膜可以获得好的附着强度。但由于反应温度高达1 000℃左右,许多基材难以承受,因而其应用大受限制。近年来发展起来的等离子体增强化学气相沉积(PECVD)借助气体辉光放电,产生低温等离子体增强反应物质的活性,促进气体间的化学反应,在相对较低温度下也能沉积出具有较好结合性能的均匀致密薄膜。

3.2.4　化学黏结涂层的结合

将胶黏剂直接涂覆于零件表面上,使其具有所需功能的一种表面强化技术,称为黏结(胶结)技术。胶黏剂由黏料、固化剂等多组分组成。合成高分子化合物是用量最多、性能最好的黏料。固化剂用于使胶黏剂固化,并可改变黏料的自身结构。黏结层是通过高分子材料的固化反应而形成的。黏结过程是一个复杂的物理化学过程。目前,有关胶黏剂与被黏物界面产生胶黏力的理论,有机械结合、吸附、化学键、扩散等理论。胶黏涂层与基体的结合强度与热喷涂层的结合强度大致相近,其抗拉强度一般为30~80MPa。

3.3　典型涂、镀层与基体材料的界面结合理论

3.3.1　界面结合力及其影响因素

在材料表面改性和涂覆技术中,膜层材料与基材通过一定的物理化学作用结合在一起,存在于两者界面上的结合力随涂覆类型的不同有着较大的差异。这些力既可以是主价键力,也可以是次价键力。主价键力又称化学键力,存在于原子(或离子)之间,包括离子键力、共价键力及金属键力。次价键力又称分子间的作用力,包括取向力、诱导力、色散力,合称为范德华力。有些还存在有氢键力、界面静电引力及机械作用力。当两种物质的分子或原子充分靠近,即它们的距离处于引力场范围内时,由于主价键力或次价键力的作用,便使它们产生吸附引力。主价键力形成化学吸附,次价键力形成物理吸附。次价键力的作用范围一般不超过1nm;主价键力的作用距离更小,大约为0.1~0.3nm。

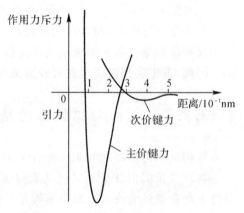

价键力与作用距离的关系如图3.1所示。主价键具有较高的键能,涂覆层界面引入主价键连接会

图3.1　价键力与作用距离的关系

得到较高的结合强度。分子间的相互吸引势能与分子距离的六次方成正比,各种次价键能远比主价键能小,氢键的键能介于两者之间,原子或分子间各种作用能见表 3.1。

表 3.1　原子或分子间的作用能

作用类型	作用力种类	作用能/$(kJ \cdot mol^{-1})$
主价健 (化学键)	离子键	600～1000
	共价键	60～700
	金属键	110～350
氢　键	氢　键	＜50
次价键 (范德华力)	取向力	＜20
	诱导力	＜2
	色散力	＜40

在膜层材料与基材之间普遍存在的是分子间的作用力——范德华力。在极性分子间同时存在有取向力、诱导力和色散力;在极性分子与非极性分子间主要存在色散力。要想使膜层与基体产生化学键结合,一方面需要使分子具备足够的能量,即能越过一定的能量势垒,接近到主价键的作用距离,同时元素间还应具有相应的化学活性。

在不同的涂覆技术中,通过相应能源提供的能量,使膜层材料与基材的分子(原子)接近到一定距离而获得价键力。堆焊是将覆材与基材的接触面加热至熔化状态,使其接近到原子间的作用距离而形成金属键的。喷熔或真空熔炼时,虽然基体表面并未熔化,但熔融的覆材与基材界面间有足够的时间和能量进行相互扩散,可形成以化学键为主的冶金结合带。在喷涂过程中,由于覆材的熔滴喷到基体表面后很快凝固,在界面间没有充分的时间进行扩散并形成化合物,因而即使形成化学键,也不占主要成分。化学溶液沉积过程中,通过溶液中的金属离子与金属基体表面进行的电化学或化学反应,可形成金属键,获得较高的结合强度。在气相沉积技术中,真空蒸镀所涉及的多为物理吸附,其他 PVD 方法引入了化学反应、离子轰击、伪扩散、基材表面渗杂质等作用,而 CVD 方法由于气-固相界面上的某些化学反应、高温下的元素扩散等作用,可使膜基界面产生不同程度的化学吸附。不少 PVD,CVD 方法还可进行某些晶体的外延生长。虽然黏结涂层中胶黏剂与被黏表面之间能形成部分化学键,但普遍认为黏附强度主要来自分子间的作用力。

涂覆层的实际结合力(或结合强度)是由实验测定的,它与理论值之间存在较大差别。这是因为实际结合力大小往往取决于材料的每一个局部性质,而不等于分子(原子)作用力的总和。实际上涂覆层与基体难以做到完全接触,界面缺陷、应力集中等都会削弱涂覆层的结合力,因而理论计算值只是理想情况下的极限值。影响涂覆层结合力的因素在不同的涂覆技术中不完全一样,其主要影响因素包括材料的润湿性能、界面元素的扩散情况、基体表面的状态以及涂覆层应力状态等方面。

1. 材料的润湿性能

几乎所有表面涂覆技术都以膜层材料在基材表面上的润湿为其结合的前提条件。各种液态物质,如液态金属、熔融涂料、镀液和胶黏剂等,首先需要在固态基体上润湿,才能实现与基体的结合。润湿自发过程必须满足液体与固体接触后体系的自由能降低这一热力学条件,即当液体-固体之间分子间吸引力大于液体本身分子间吸引力时便会产生润湿。润湿的程度可用接触角 θ 的大小来表征, $\theta<90°$ 表明液体对固体有润湿性, $\theta=0$ 为完全润湿。要改善膜层对基材的润湿性能,应正确进行两者间的匹配,并彻底清洁基体表面。对不同工艺方法,可借助一些适宜的活性物质来改善液-固界面的润湿性。

2.界面元素的扩散特性

元素的扩散是存在于膜层与基材界面的一种普遍运动形式。在膜层与基材间因浓度不平衡,在受热条件下可同时进行多种元素的扩散。扩散主要发生在界面两侧较窄的区域,可形成固溶体、低熔点共晶或金属间化合物。元素扩散与扩散系统的本性(元素的种类、溶剂或接受扩散金属的种类、晶格结构)、温度和时间有关,调整这些参数可改变扩散的进行程度。其中温度的高低反映供给扩散系统能量的大小,温度越高则元素进行扩散的概率越大。此外,第三元素的存在经常对另外两个组元的扩散速度发生显著影响。在氧-乙炔火焰喷熔和真空熔结中,主要依靠元素扩散在界面形成合金薄层而得到较高的结合强度;CVD 中反应气体、反应产物和基材的相互扩散,离子镀中离子轰击产生的增强扩散作用,对膜层-基材结合力的提高也有着重要贡献。

3.基体材料表面的状态

金属表面上一般存在着污染吸附层(即吸附大气中的 O_2、N_2 等气体、水分及油脂等)、氧化膜层(几至几十纳米)、加工时生成的塑性变形层(或待修复件的腐蚀、疲劳等缺陷层)。对于所有表面涂覆技术,在涂覆前必须有效地清除掉表面上的污染物、疏松层等有害物质,否则难以得到应有的结合强度。有些表面涂覆技术对基体表面粗糙度还有相应的要求,如热喷涂及黏涂前的表面糙化处理可在涂覆层与基体间引入机械连接(抛锚或嵌接)作用,这对于提高结合强度是必不可少的。适宜的表面预处理方法既可改善表面的湿润性和粗糙度,又能得到内聚力强的高能表面层,增加涂覆层的结合力。

4.涂覆层的应力状态

涂覆层的应力是影响涂覆层结合强度的重要因素。无论是拉应力作用,还是压应力作用,都会在界面上产生剪应力。而当剪应力大到高于涂覆层与基体界面间的结合力时,涂覆层就会开裂、翘曲或脱落。因此,应合理地匹配覆材与基材,正确地制定成膜工艺,尽量减小涂覆层内应力。

此外,涂覆的工艺参数、覆材粒子与基体表面的活化状态、涂覆层结晶质量等因素对涂覆层的结合性能也有不同程度的影响。

3.3.2　冶金结合理论

1.热熔融涂层的结合原理

(1)热熔融涂层的结合特点

　　热熔融涂层是由熔融态的涂料在固态基材表面上凝固并与之结合而获得的涂层。热熔融涂覆工艺主要有等离子喷涂、氧乙炔喷涂和电弧喷涂等。在这些工艺中,利用等离子体、氧乙炔焰或电弧的热能将固态的待熔覆材料加热至熔融状态,再通过高速流动的气体将液滴雾化并使其加速,以一定的速度撞击到基材表面。运动中的熔滴受到基材的反冲作用,迅速铺展开来,冷却结晶而形成涂层(见图 3.2(a)(b))。随后而来的液滴又在已结晶的涂层表面上形成第二层(见图 3.2(c)),涂层以这种方式不断增厚。

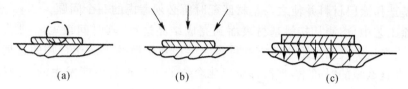

(a)　　　　　　　　　　(b)　　　　　　　　　　(c)

图 3.2　热熔融涂层的形成过程

　　热熔融涂层的种类很多。从成分上看,有纯金属、合金、陶瓷、复合材料和高分子材料等。从材料的供应形态来看,又可分为丝材、粉末等。由于这些材料的成分覆盖面极大,因而它们与基材结合形式的差别极大。从结合力的类型看,可归纳为冶金结合、物理化学结合和机械嵌合等。热熔融材料与基材的匹配不同,这几种结合形式在结合中所占的比例亦不同。

　1)冶金结合

　　冶金结合可以是涂层材料与基材在界面形成共同晶粒(联生结晶),或者在界面只是晶粒相接触并存在晶粒界限(不形成共同晶粒),也可以相互间发生反应生成金属间化合物。形成共同晶粒的情况,可称为"晶内结合",不形成共同晶粒而只是相互接触的情况称为"晶间结合"。

　　一般来说,热喷涂工艺中的涂层材料与基体的结合很少见到晶内结合的情况。也就是说,涂层材料在基体表面上的结晶过程,主要不是对基体晶格的外延。分析其原因可能包括以下两方面:首先是材料的差异,例如在钢基体上喷涂铝、陶瓷材料或 Ni 基、Co 基合金时,基体与涂层的晶格类型、晶格常数均极不匹配,这使得在基体上外延结晶比较困难;更为重要的是基体温度太低,在正常的热喷涂过程中,基体的温度不高于 200~300℃,这可以减小基体的热变形,并确保熔覆层的化学成分不至于在喷涂过程中发生较大的偏离。而在这样低的基体温度下,熔融金属所具有的能量(包括热能和动能)还不足以克服原子间的势垒,达到形成晶内结合的程度。但由于某些涂层材料自身的放热作用,也可能在某些显微点上出现局部熔化,导致该局部区域形成晶内结合。

　　晶间结合是热融涂层与基体最重要的结合形式。高速运动的熔融液滴撞击到基体表面后迅速推开呈薄片状。冷的基体表面不仅为熔滴的结晶提供了所需的过冷度,而且还为其提供了现成的固态表面。于是在基体表面上迅速发生了形核和长大的结晶过程。涂层与基体之间有一条明显的晶粒界限,相互不能外延。由于这种结合的性质决定了结合强度不可能太高。而且由于晶间结合是热熔融涂层与基体最主要的结合方式,因此造成了热熔融涂层与基体的结合强度比较低,其数值只是晶内结合的几十分之一。

　　冶金结合的另外一种方式是涂层与基材反应而生成金属间化合物。这种反应的先决条件是必须有扩散过程。低真空熔结工艺为扩散过程提供了条件。在熔结工艺的加热阶段,待熔覆合金粉末(或用合金粉末制成的预制块)被加热到液固两相区并保温一定时间。可以认为,在加热和保温阶段中,涂层与基材有足够的时间和能量相互扩散。金相分析的结果表明,在基材与涂层之间,常常可以看到一条亮带,宽度约几十微米。这条亮带的金相结构既不同于基材,又有别于涂层,是加热后扩散反应的结果。例如在钢表面上熔结含有大量钼颗粒的合金时,就会在界面上产生 Fe_3Mo_2 或 Fe_7Mo_6 之类的金属间化合物,从而使结合强度上升。一般认为,基材与涂层间的扩散所生成的化合物有利于提高结合强度,但是它对界面的综合力学性能却可能产生负面的影响,因为有些金属间化合物的硬度极高,韧性欠佳。当涂层受到冲击载荷时,会首先在金属间化合物处萌生裂纹,进而导致涂层剥落。因此,促进或避免某种金属间化合物的形成是选择涂层材料并使之与基材匹配时所必须考虑的一个问题。

在热喷涂工艺中,熔滴从接触基材表面到完成结晶过程,其时间很短,一般不大于 0.1s。因此,一般认为在这类表面技术中没有基材与涂层相互扩散并生成化合物的过程。但也有观点认为,即便在这么短的时间里,扩散并生成化合物的过程也是可能发生的。例如,热喷涂常用的打底材料镍包铝粉末,在 660～680℃ 会发生剧烈的放热反应,熔滴到达基材表面之后,放热反应还要持续若干微秒,有充分的热量促成与基材的反应,因此有可能形成某种形式的冶金结合。

2)机械嵌合

机械嵌合指具有一定动能的熔滴碰撞到经过粗糙处理的基材表面后与表面上的凸起和凹陷处形成的机械咬合。涂层的微粒与表面、微粒与微粒之间靠相互镶嵌而连在一起。在粗糙度较大的表面(如经过粗粒喷砂、机制沟槽或螺纹的表面)上热喷涂时,机械嵌合具有重要作用。

3)物理-化学结合

所谓物理结合是指借助于分子(原子)之间的范德华力将喷涂层与基材结合在一起。在熔滴飞行速度高、撞击基材表面后变形充分的情况下,涂层的原子或分子与基材表层原子之间的距离接近晶格的尺寸,就进入了范德华力的作用范围。范德华力虽然不大,但在涂层与基材的结合中是一种不可忽视的作用因素。

(2)影响热熔融涂层结合强度的主要因素

1)润湿性

如前所述,液态的涂层材料在基材表面上的润湿是形成可靠结合的先决条件。如果它们之间不能润湿也就谈不上结合。反之,润湿性越好则结合性能越好。将一液滴置于固体表面上,若液-固-气系统中通过液-固界面的变化可使系统的自由能降低,则液滴就会沿固态表面自动铺开。润湿程度可用液体在光滑固态表面上润湿角的大小来衡量。

如果用 σ_{SL},σ_{LG} 和 σ_{GS} 分别表示固-液、液-气和气-固界面间的界面张力,则在平衡状态下液-固-气三相交点处的力应该达到平衡:

$$\sigma_{SL} = \sigma_{LG} + \sigma_{GS}\cos\theta \qquad (3-1)$$

或者

$$\cos\theta = (\sigma_{GS} - \sigma_{SL})/\sigma_{LG}$$

可以看出,润湿角 θ 与各界面张力的相对数值有关。σ_{GS} 和 σ_{SL} 的相对大小将决定 $\cos\theta$ 的正负,从而决定 θ 角是否大于 90°,若 0°＜θ＜90°,即为有润湿性;若 90°＜θ＜180°,即为润湿性不好。

正确地选择涂层材料,使之与基材相匹配是获得良好润湿性的首要问题。例如,喷涂中常用的 Ni-Cr-B-Si 系列合金可以在低中碳钢表面上润湿,却不能很好地在钢的渗碳层表面上润湿,这类问题在选择涂层材料时就应予以考虑。属于润湿不良的金属匹配有 Fe‐Ag,Fe‐Pb,Fe‐Cd,Fe‐Bi,Cu‐Bi,Cu‐Pb,Cu‐Mo,Cu‐W,Cr‐Bi,Cd‐Al,Pb‐A1,NiCrBSi‐渗碳层,NiCrBSi‐镀 Cr 层等。

2)孔隙

受热喷涂条件的影响,在热喷涂涂层形成过程中,有时会产生孔隙。当熔滴平行地喷向基材表面时,冷却结晶所形成的小薄片不能完全重叠,会形成如图 3.3(a)(b)所示的孔隙;在基材表面上的凹陷处若含有空气或其他气体,也会形成孔隙并发生涂层结合不良的现象(见图3.3(c))。

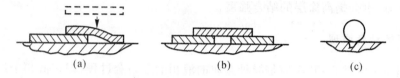

$$\text{(a)}\qquad\qquad\text{(b)}\qquad\qquad\text{(c)}$$

图 3.3　热喷涂涂层孔隙的形成

形成孔隙的原因与液体金属的流动性以及液态金属与基材的润湿性有关。当熔滴的温度偏低时,液态金属的流动性差,不易将已凝固的涂层颗粒之间的空隙填满。经验证明,若是喷涂粉末在飞行过程中未完全熔化,则涂层的孔隙率会大幅度增加。在熔滴充分熔化且流动性好的情况下,熔滴与固态金属(包括已凝固的熔滴颗粒和基体表面)的润湿性则起着决定性的作用。如果润湿性良好,液体金属便可借助自身的动量和毛细现象的共同作用充满颗粒间的孔隙和凹陷。尽管液态金属与已凝固的颗粒是同质的,从理论上讲应该可以完全润湿,但实际上由于氧化的作用,在熔滴表面和颗粒表面可能存在着局部甚至是完整的氧化膜,使熔滴与固态金属的润湿性降低。即使熔滴的流动性和润湿性均好,熔滴在凝固之前是否有足够的时间流动并填充空隙和凹陷仍是一个问题。如果基材的温度偏低,熔滴撞击表面后的冷却过于迅速,也同样会造成涂层孔隙率的上升。

涂层中出现微裂纹或裂隙,也是影响涂层结合强度的因素之一。在热应力的作用下,凝固后的涂层常会产生裂纹。孔隙或裂隙的存在,降低了涂层的有效承载面积,破坏了涂层的连续性,从而损害了涂层的结合强度。孔隙不但能降低结合强度,还能降低涂层本身的强度。例如,钢丝的拉伸强度为 1 000MPa 左右,而同质材料热喷涂涂层的拉伸强度则在 300MPa以下。

3)氧化作用

在基材表面、已凝固颗粒表面和熔滴表面的氧化物会改变润湿性,增加形成孔隙的可能性。不仅如此,某些金属氧化物的质地疏松,会直接危害涂层的强度。即使颗粒间的空隙被填满,金属氧化物的存在也使涂层的自身强度和结合强度大打折扣。在热应力的作用下涂层形成裂纹时,其发生位置多在颗粒与颗粒之间,这与氧化物的存在不无关系。

熔滴的大小对氧化的敏感程度不一。小熔滴比大熔滴更容易氧化。一方面,小熔滴的比表面积大,表面活性强,容易氧化;另一方面,小熔滴的质量小,更容易在气流的作用下飞向焰流的外围,失去了原有的保护,与外界空气接触氧化,导致结合性能差。

4)基材表面状态

基材的表面状态包括表面的清洁程度和表面粗糙度。当表面上有油污、铁锈和氧化物时,就会大大降低喷涂质量,妨碍熔滴与基体的润湿。粗糙化后的表面上存在着大量的沟槽和凸凹,这有利于在结合强度中增加机械嵌合。同时,表面上大量的沟槽有利于熔滴在表面上的铺展,因为毛细现象会将液态金属沿着沟槽在表面上展开。

喷丸处理是一种常用的材料表面清理方法。它能将基材表面的各种杂质清除,露出新鲜的基材表面,并且能使表面粗糙化。有资料表明,喷丸处理可以将表面积增加 10 倍以上,也就是说使熔滴接触的实际面积增加。

基材表面的温度也可归在表面状态的范围之内。当基材温度过冷时会影响熔滴在表面上的流动性,降低结合强度。因此,喷涂前对基材进行整体预热或用喷枪火焰对基体表面加热,使表面温度上升,也会提高涂层的结合强度。

2. 堆焊层的结合原理

堆焊层属于冶金结合,其实质是异种金属的液相冶金结合过程,即在液相条件下促使构成金属键而形成堆焊层。从理论上讲,两固体金属表面原子只有接近到有效作用距离(约为 0.1～0.3nm)时,相互间才可进行扩散及再结晶等物理化学过程,形成金属键,实现冶金结合。但事实上,即使经过精细加工的表面,也会存在凹凸不平之处,还会有氧化膜等脏污层,从而妨碍金属表面接触和实现冶金结合。

异种金属间能否真正实现冶金结合取决于两者间的冶金学上的相容性。在液态下互不相容的两种金属或合金,是不可能实现熔焊连接的,即不能实现冶金结合。在液态与固态都具有良好互溶性的异种金属,利用熔焊可实现冶金结合。晶格类型相近,晶格常数及原子半径也相近的异种金属,具有良好的冶金结合性能。良好的冶金结合还应以不产生脆性的中间相(金属间化合物)为前提。具有有限溶解度的异种金属也可能实现冶金结合,但是否形成优质堆焊层则取决于固溶体在随后冷却过程中的晶内偏析程度及相变情况。

堆焊时,由熔融的堆焊材料和表层熔化的基材相混合而形成所谓"熔池",凝固后成为"堆焊层"或"涂覆层"。熔池边界是固液相的相界面,而这一相界面上部分熔化的基材晶粒表面应最有利于成为新相晶核的"基底"。实验证明,焊接熔池的结晶过程正是从熔池边界开始的,是一种非均匀成核,涂覆层金属呈柱状晶形式与基材相联系,好似基材的晶粒外延生长。这种依附于基材晶粒现成表面而形成共同晶粒的结晶方式,称为"外延结晶"或"联生结晶"。涂覆层与基材的边界线,称为"熔合线"。

堆焊属于外延结晶,如图 3.4 所示为外延结晶的示意图。开始外延结晶后,晶体呈柱状晶形式继续向涂覆层金属内部成长,其实质是原子由液相向固相不断地转移,晶核通过二维成核方式长大。但外延结晶后的柱状晶成长,并非边界上的晶粒"齐步前进",长大的趋势是各不相同的。有的长大得很显著,可以一直向内部发展;有的则只能长大到很短距离就被抑制而停止成长,甚至有的刚起步就停止了。如图 3.4 所示,最有利晶体成长的结晶位向为<001>,整个结晶过程结束,就完成了堆焊冶金结合过程。

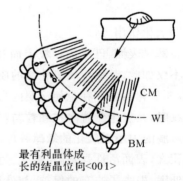

图 3.4　堆焊外延结晶示意图

BM—基材;　CM—涂覆层;　WI—熔合线

3.3.3　电沉积镀层的结合理论

1. 镀层结合的特点

利用湿法电镀在金属基体上获得电镀层,其结合特性主要取决于金属基体晶体结构的热力学和电沉积动力学。就热力学而言,金属原子结构的外层电子少,空间临位原子间能形成强的化学键,故在热力学平衡条件下,金属原子能凝固为具有最低能量状态的金属晶体。这种最低能量状态体现为金属原子的密堆形式、晶格的特征类型和特征参数,是晶格点阵群间平均金属键力最大的状态,即金属内聚力最大的状态。但实际获得的金属材料,难达理想平衡态,总是在一定动力学制备条件下,获得的一种较低能量状态。电镀是一种偏离热平衡态较远的动力学过程,镀层的生长沉积过程也只能是趋向于处于尽可能低的界面和镀层体相内能量状态,使镀层获得与金属基体表面层和镀层内聚力相适应的结合力。这种结合力主要取决于结合面点阵原子间的结合模式和电镀工艺的影响。

依据金属的晶体学特性和电镀的工艺特性,镀层金属结合的主要特点如下:

①镀层的结合薄层为与基体晶格匹配或外延生长的紧密结合层。在晶体学上属晶间、晶内或它们的混合结合形式。

②结合力的物理化学本质是结合界面点阵群间的金属键力,因而理想结合强度高,与金属的内聚力强度具有相同的数量级。

③绝大多数电镀金属基体是多晶体,获得的大多数金属镀层是细晶体结构,因而金属结合的宏观结合强度一般是晶内和晶间结合的综合表现。

④金属结合界面不可避免地存在电镀形成的缺陷和内应力环境,因而镀层的实际结合强度不易达到与内聚力相同的理想结合强度,且一般低于冶金涂覆层的结合强度。

2. 镀层的结合原理

镀层金属与金属基体的结合,宏观上是镀层在基体金属表面上实现的镶嵌结构,微观上是双方金属原子在结合界面薄层区域的点阵结构关系。无论是金属离子沉积过程,还是随后可能的人工时效或自然时效作用,这种点阵结构总是存在有利于体系能量降低的某种结构形式,它可使镀层获得比机械结合力强得多的金属键合力。

由于镀种金属和镀层生长条件的不同,两结合金属的晶体结构和晶格常数可能不同。镀层获得良好结合的点阵结构表现为不同的结合模式和匹配关系。结合模式中简单的形式是镀层沉积在相同金属的基体上,在适宜的条件下,镀层金属的晶格点阵延伸到基体金属内。在这种情况下,结合力就是金属的内聚力,镀层能获得理想的结合强度。

实际镀层结合双方大多是不同的金属,甚至有的是合金,晶体结构和晶格常数都有差异。为了达到牢固的结合,必须要求结合双方金属的晶体结构相同,晶格常数相近。即使它们的晶体结构和晶格常数不同,如果其差额不超过 15%,也可以达到像同种金属一样的牢固结合。这种结合关系,可用如图 3.5 所示的结合模式图表示。

若镀层金属和基体金属的晶格类型相同(或相似),晶格参数相近,其结合一般具有如图3.5(a)或(b)所示的结合模式。此时,根据金属结合层形成条件的不同,镀层金属会暂时地按照基体金属的晶格常数进行伸展或收缩生长,然后通过位错调整就可逐渐过渡到镀层金属所固有的晶格常数。对于这种初始金属镀层适应基体金属晶格畸变的情况,在一定工艺条件下,同样也会导致金属结合面基体金属晶格对镀层晶格的过渡性应变适应。例如,铜和镍都是相同的面心立方晶格类型,晶格常数分别为 0.361nm 与 0.352nm,晶格常数相差 2.5%,差异很小,能够达到紧密结合,是常用的组合镀层;铁和铬也都是相同的体心立方晶格,晶格常数分别为 0.287nm 和 0.288nm,几乎相等,即使两者都是硬金属,也能保证有良好的结合。

当金属结合形成的金属晶格类型不同,或它们的晶格参数相差较大时,会产生新的晶体(晶核),其晶体结构将根据电镀条件和被镀金属固有结晶的不同而异,并将延基体金属的结晶方向而成长,形成初期结合层,如图 3.5(c)所示。

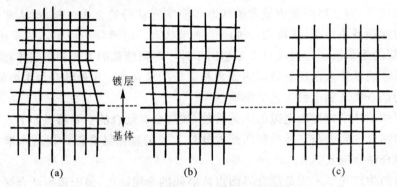

图 3.5　电镀层结合模式示意图

许多镀层金属与基体的晶体结构(包括晶格类型和晶格参数)不同,甚至差别很大(超过16%),同样也能获得满足一定使用要求的良好结合。金属结合的晶体学研究表明,如果基体是晶体,只要镀层结构不是金属间化合物,那么在基体金属晶格上获得的镀层,至少初期结合层也是晶体,且全部匹配生长。匹配的方式与蒸镀等方法大致相同,初始镀层表现出与基体金属晶面晶粒相匹配的生长方向。

对于晶体结构基本相同的 Ni//Cu,Au//Cu 等镀层体系,表现为如图 3.5 所示简单结构模式的互相匹配生长,镀层结构可出现由里向外晶粒的细化过渡。对于晶体结构不同的,这种匹配关系就复杂了。例如在基体 Fe(bcc)上镀 Au(fcc),位错呈直角方向,匹配关系为{001}Au//{001}Fe,〈100〉Au//〈110〉Fe。由于晶格常数不同,要通过重新排列(微细孪晶)来调整其不匹配状态。例如铁基上镀镍,微细孪晶的产生调整了原子排列所引起的位错,其匹配关系为(001)Fe//(10$\overline{1}$)Ni,[110]Fe//[111]Ni,孪晶面取{111}Ni 面。在(fcc)铜基体上镀(bcc)铬,匹配关系则是(110)Cr//(001)Cu,[112]Cr//[220]Cu 或[112]Cr//[220]Cu,孪晶面为{110}Cr 面。

关于镀层结合的机理,可用金属的刚性能带理论描述。在镀层结合界面点阵延伸的薄层区域内,因组织结构和晶格参数的过渡改变,能态结构和能量将出现弯曲,分别过渡到两体相内部能带结构。这种结合模式及匹配关系,都是镀层界面的一种有利于电镀实现的最低能量状态,可以最大限度地获得与镀层金属结合的两体相内聚力相当的良好结合力。但是,与金属的实际强度因缺陷而远低于理论计算强度的情形相似,在实际多晶表面上获得的镀层,因工艺条件不同,只是在不同程度上实现了上述有利的结合机理。越来越多的关于在多晶面上初期沉积(包括电镀和化学镀)的精细观察和研究表明,在电流密度不太高时,金属原子总是优先在基体晶界和部分有利晶面上生长；在对金属单晶晶面初期镀层晶粒的观察中，也观察到了相匹配的晶面取向。

对于镀层结合界面这种延续双方应变的过渡及消失，并使镀层获得良好结合的薄层区域，被称之为紧密结合层。显然它包括了可能存在的基体金属在结合面的应变区域与镀层外延生长区域，以及可能的匹配生长区域和因结合界面原子互相扩散形成的合金化区域等。原则上讲，只要结合界面双方点阵能达到原子间的距离，发生金属键合作用，这种紧密结合层就存在。只有紧密层达到一定的宏观厚度（如 100nm 以上）和表面覆盖率，才表现出对良好结合的贡献。许多实际镀层即便未能观察到明显的紧密结合层特征，也可获得满意的结合强度，这可能是由于双方晶粒晶面的紧密包覆，尽管有较大的位错密度削弱或减少了部分点阵原子间的金属键力，但总的结合力仍然是强的金属键力。

对于合金镀层，其晶体结构取决于组成元素的原子结构和镀层形成工艺。两种以上的原子共沉积为合金镀层时，一般同种原子间内聚力更大时，将形成共晶型合金镀层；若异种原子间作用力更大时，将形成混合型（固溶体）合金镀层。获得的合金镀层可为微晶或非晶态结构，若将其加热晶化，则析出金属间化合物成为共晶型合金镀层。在合金镀层的金属结合中，也可能存在因基体金属表面和合金镀层的互相连续应变而形成的紧密结合层。在对合金镀层生长初期的研究过程中，就观察到了某些合金组分的优先沉积现象。可见，镀层合金化有利于改变晶体结构和晶格参数，并调整位错的不匹配关系，使镀层和基体实现良好结合。

3. 影响镀层结合的因素

一般而言，在裸露的基体金属表面上，可用电镀的方法获得结合良好的镀层。但在实际零件的电镀过程中，工艺因素和环境条件都会对镀层的结合产生重要影响。

（1）基体表面污染物和氧化膜

金属基体表面上没有表面污染物和氧化膜是形成良好结合的首要条件。它们夹杂在镀层结合面，将阻隔点阵间金属键的形成，造成低的结合强度。如果氧化膜不太厚，且在阴极能溶解或还原，仍可获得令人满意的结合力。表面吸附的油脂类、胶体物质和浮尘，以及浸蚀造成的挂灰（如碳、碳化物和其他水解产物）都必须除净。另外，镀液表面活性剂选用不当或浓度过高，也易在电镀初期优先形成强吸附阻隔层，而降低结合力。

（2）基体的弱表面层

零件表面与体相结构不一致的弱表面层，易使镀层剥落，而不是沿结合的界面破坏。有时肉眼就可见剥落镀层上的基体金属薄层。这种弱表面层可能是未除净的氧化皮、钝化膜或零件入镀槽前于空气中暴露时间过长而新生的氧化膜，也可能是材料固有的或过腐蚀形成的多孔表面，还可能是零件表面机加工或冷加工时压入的机械杂质，或此类工艺通常导致形成的强度比本体材料低的畸变表面层。出现这种情况，不能通过改善电镀的工艺参数等因素来提高结合强度，只能通过预先采取措施，避免或除去弱表面层。对于多孔材料的压铸件，还须制备细密表面层以形成相对良好结合的紧密层。

（3）有缺陷的沉积起始层

镀层不产生有缺陷的弱起始层是形成良好紧密结合层的重要条件。镀层形成一种有缺陷的起始层会导致不良的结合，此时造成镀层剥离的基体金属表面往往黏附有薄镀层的痕迹。这类弱起始层有初镀时形成的疏松置换层，有零件表面未洗净的处理液直接电镀、杂质夹带、起镀时产生烧焦或过冷件直接入槽等不适工艺形成的疏松结合层。选择的电镀工艺参数不合适,镀液严重污染等原因造成的金属镀层本身脆化、强度较低或组织不致密等都会影响膜层的结合力。

(4)紧密结合层的应力

镀层结合的好坏,还与结合界面紧密结合层的合金化及应力状态有关。结合界面杂质富集或原子互相扩散而合金化,若合金化结果使金属结合界面薄层明显硬化而失去应变和吸收应力的能力,将造成软镀层的脆性结合。因基体金属晶格与镀层金属晶格之间可存在内应力,特别是它们的组织结构差别较大,晶格畸变突出时,增大的内应力将使结合界面耐蚀性差,并将削弱强金属键力形成的结合强度。当这种内应力接近或超过镀层和基体的结合强度或它们本身的强度极限值时,将使零件变形,甚至使镀层起皮,产生裂纹或剥落。

应力状态包括外界内应力和固有内应力。外界内应力是不同种金属结合时,晶格参数不同使晶格错配所致。例如对 $Cu(a=0.360\ 8nm)//Ni(a=0.351\ 7nm)$ 的金属结合,若铜镀在镍试片上时为压应力(铜镀层附着在变形试片的月牙外表),若镍镀在铜试片上则为拉应力(镍镀层附着在月牙状变形试片的内表面)。显然外界的内应力依附基体金属而产生,因镀层剥离而消失。

镀层及基体金属材质的固有内应力往往对镀层使用中的结合有更大的影响,特别是镀层在工艺上未达到较高结合强度时,内应力很易造成对金属结合的破坏。如基体金属渗氢或与氢的合金共沉积是结合不良的重要内应力源。氢在铬、铁族(Fe,Ni,Co)、锌晶格中的固溶量逐渐减少,有不同程度的危害;吸氢使晶格膨胀,对基体产生压应力,扩散逸氢使晶格收缩产生拉应力;吸氢对镀层结合的危害直接表现为氢脆,使镀层脱落,使基材产生裂纹源。氢的局部聚积、反应使镀层鼓泡(如生成 H_2,H_2O,CH_4 后产生高压)。另外,电镀所涉及的工艺条件、电解质溶液、添加剂及表面活性剂等也将导致镀层产生不同于基体金属的特征内应力,统称为电沉积应力。它既是镀层的电镀强化之因,也是影响电镀结合的重要因素。

(5)预处理与预镀工艺的作用

预处理与预镀工艺的采用,对镀层结合质量影响极为显著。必须针对具体的基体金属,制定具体的预处理及预镀工艺。预处理要考虑基体金属的化学性质和表面状态,预镀则要考虑基体金属表面和镀层的电化学性质。预处理包括机械处理、化学除油及电化学处理等。预镀是专门的预镀液在预处理好的工件上镀覆形成有利金属结合良好的过渡或阻挡结合层,其主要目的是避免在正式电镀时生成弱的电镀起始结合层。对指定的电镀溶液,当镀种金属的平衡电位高于基体金属的平衡电位时(即基体金属更活泼时),易发生置换反应,在电镀初期可能形成疏松置换层,造成镀层结合不良。

对有的镀层体系,可使工件带电入槽电镀,或先大电流冲镀(闪镀)后调为正常电镀参数,均可以快于置换反应的速度,形成连续的、紧密的电镀覆盖薄层而获得良好的结合力。例如表面为活化态镍层的工件就可带电入槽,直接进行酸性镀铜。但有的金属结合体系,如钢铁表面上直接镀正电位的 Au,Ag,Cu 等时,将出现结合不良的现象。因此必须选用合适的镀液体系,利用中间电位金属,电镀能与双方结合良好的过渡薄层金属(约 $0.01\sim1\mu m$ 即可),即是预镀金属层。预镀金属的选择有时还须考虑晶格类型和参数的互相匹配问题,它们均为用配合剂和pH值调整了平衡电位和极化电位的同种金属或异类金属及其合金镀液的预镀,预镀的时间一般很短,可用1s内或数秒内的大电流冲镀或闪镀,或在十余分钟的常规电流密度下预镀来保证镀层的结合。

3.3.4　气相沉积层的结合理论

1.气相沉积层的结合特点

在气相沉积中,蒸发或溅射的物质沉积在基体(衬底、基片)表面形成镀膜,是从气态向固态进行状态转化的结果,这一过程可称之为"气相凝结"。在此过程中,蒸发或溅射的气体物质与固体的衬底间的相互结合,主要是通过物理吸附和化学吸附来实现的。

(1)物理吸附

用化学反应中键的观点来考虑,物理吸附是因为表面上的原子键处于饱和状态,表面变得不活泼,表面上只是由于范德华力(即分子力,包括取向力、诱导力、色散力)等静电的相互作用,原子和分子间产生吸附作用而结合的。

物理吸附的分子力 f 常用半经验公式表示:

$$f = \frac{\lambda}{r^s} - \frac{\mu}{r^t} \quad (s > t) \tag{3-2}$$

式中,r 为两分子中心间的距离;λ, μ, s, t 都是正数,由实验确定。λ/r^2 是正的,代表斥力;$-\mu/r^2$ 是负的,代表引力。f 的变化曲线如图 3.6(a) 所示。

在 $r = r_p$ 处,斥力与引力相互抵消,$f = 0$,一般为 $0.3 \sim 0.4$ nm。当 $r > r_p$ 时,$f < 0$,引力使分子接近;当 $r < r_p$ 时,$f > 0$,斥力使分子离开。r_p 是平衡位置,分子力的有效作用距离很小,在 1 nm 以内。

分子间的相互作用常用如图 3.6(b) 所示的位能曲线来表示。由式(3-2)可推出分子位能 E_p 的公式:

$$E_p = \frac{\lambda'}{r^{s'}} - \frac{\mu'}{r^{t'}} \tag{3-3}$$

可见 E_p 与 f 公式的形式相似,两者曲线的形状也类似。

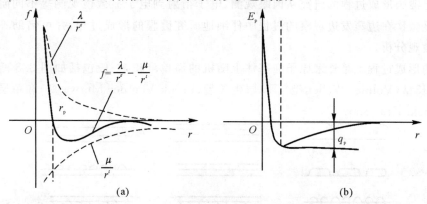

图 3.6　物理吸附的分子力及分子位能曲线
(a)分子力曲线;(b)分子位能曲线

(2)化学吸附

化学吸附的力是主价键力,包括离子键力、共价键力和金属键力。固体表面分子有剩余空悬键存在,当气相分子进入剩余键力的作用距离(约 $0.1 \sim 0.3\,\text{nm}$),且该力尚未饱和时,气相分子就会被吸附在固体表面上。

化学吸附的位能曲线如图 3.7 所示,在曲线的 $r > r_a$ 范围与图 3.6(b)相同,说明靠近表面的分子首先进行物理吸附。这是因为物理吸附发生在任何分子之间,且其作用距离较价键力大。当气体分子的初始动能使其与固体表面分子接近到主价键力作用距离,从而越过位垒 E_a(即 $r < r_a$)时,即引起化学吸附,最终放出大量的热能。显然,分子距离为 r_c 时处于最稳定的化学吸附状态。而分子(原子)间的距离从 r_p 减小到 r_c 时,势能共减少了 $E_d = q_c + E_a$。其中 E_d 为化学吸附的解吸激活能,简称脱附能;q_c 为化学吸附热,其值与化学反应的生成热相近似。由于化学吸附位能曲线的凹坑比物理吸附的凹坑深,因而化学吸附更稳定。

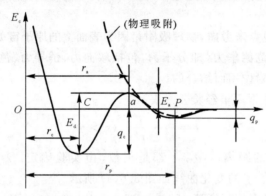

图 3.7　化学吸附的位能曲线

在真空镀膜中,气相分子必须获得位能 E_a 被激活才能产生化学吸附(E_a 为化学激活能)。创造金属蒸气分子和基片分子主价键力发生作用的条件,以便形成牢固的化学吸附,是增强膜-基界面间附着强度的重要手段。

2. 气体沉积层的结合原理

对真空镀膜形成过程的研究从肉眼观测、电子衍射到电子显微镜观测等不同阶段。目前可用电子显微镜在边蒸发边观察的过程中仔细地研究镀膜的形成过程,并可借助不同的现代仪器进行微观分析。

薄膜的形成过程不是外来原子在基体上随机的简单堆积,一般包括如图 3.8 所示的三种类型:核生长型(Volmer-Weber 型)、单层生长型(Frank-Van der Merwe 型)和单层上的核生长型(Stranski-Krastanov 型)。

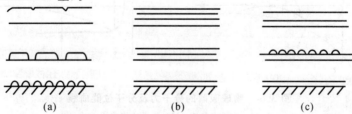

(a)　　　　　　　　　　(b)　　　　　　　　　　(c)

图 3.8　薄膜生长的三种类型

(a) Volmer-Weber 型;(b) Frank-Van der Merwe 型;(c) Stranski-Krastanov 型

（1）核生长型（Volmer-Weber 型）

核生长型是在基体表面上沉积的，过程包括形核、核生长、合并，进而形成薄膜，沉积膜中大多数属于这种类型。如图 3.9 所示为核生长型薄膜的形成过程，具体包括以下步骤：

①从蒸发源蒸发出的原子和基体碰撞，部分被反射，多数被吸收。

②吸收的原子在基体表面上发生表面扩散，沉积原子之间产生二维碰撞，形成簇团，或许停留一段时间发生再蒸发。

③簇团和表面扩散原子相碰撞，或吸附单原子，或放出单原子。此过程反复进行到原子数超过某一临界值时即变为稳定核。

④稳定核通过捕获表面扩散原子或靠入射原子的直接碰撞而长大。

⑤继续生长的稳定核和邻近的稳定核合并，进而变成连续膜。

由电镜可以看到约 1nm 的小岛和岛的成长与兼并过程。岛进一步生长，形成网状膜，膜上有形状不规则的开口。当膜的平均厚度进一步增加时便形成了连续膜。这时入射膜材的原子即开始撞击同类原子，其结合能即可提高，反射或解吸现象便明显减少。

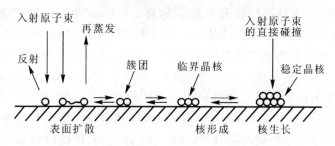

图 3.9　基体表面上的形核与生长示意图

（2）单层生长型（Frank – Van der Merwe 型）

单层生长型是沉积原子在基体表面上均匀地覆盖，以单原子层的形式逐次形成的。当沉积原子与基体原子间的相互作用较强并大于沉积原子间的凝聚力时，就可能形成层状生长。理想的外延生长就应该是这种类型的生长。在 PbSe/PbS，Au/Pd，Fe/Cu 等系统中可以见到单层生长。

（3）单层上的核生长型（Stranski – Krastanov 型）

这种生长是在最初 1～2 层的单原子层沉积之后，再以形核长大的方式进行的。当沉积原子与基体表面原子的相互作用强，且沉积原子的凝聚能很大时，会发生这种面层上的核生长。产生这种生长的材料与基体的组合比较少。一般在清洁的金属表面上沉积金属时容易产生，如 Cd/W，Cd/Co 等属于这种生长模式。

薄膜以哪种形式生长是由薄膜物质的凝聚力与薄膜−基体间吸附力的相对大小、基体温度等多种因素决定的。根据形成条件不同，可以生长成非晶态、多晶及单晶的薄膜。薄膜生长过程是通过上述岛状结构中的"岛"渐渐生长而成的。由于岛长到一定大小时将形成各种各样的界面，因而在一般情况下得到的是多晶体薄膜，即由多数微小的结晶集合在一起形成的薄膜。制成多晶薄膜是方便的，而制成单晶薄膜和非晶态薄膜则需要有一定的条件。

单晶薄膜的形成。所谓单晶就是材料的所有部分任一晶轴的取向完全相同，其所有的原子或分子均以正确的规则排列。由于岛状生长的薄膜必然是许多晶粒的集合，因而实际上被称为单晶膜的物质是取向大致相同的晶粒集合体,其相邻晶粒的晶轴稍有差异。在真空镀膜中,制成单晶薄膜的技术统称为外延技术。概括地说,外延技术就是在某一单晶基体上(或核心上)低速率地严格按一定取向生长薄膜的方法。

用真空镀膜技术制备单晶时,需要控制很多因素,其中最主要的是基体取向和处延温度。为了得到单晶膜常用单晶基体,这是因为在单晶基体上生成单晶膜时应力较小。在实用上,基体与薄膜采用同种物质,例如在 n 型硅单晶的(111)面上生长 p 型硅单晶薄膜,称为同质外延。基体物质与薄膜物质不同时,也可以生长成单晶膜,这称为异质外延。在实际操作中保持解理面的新鲜是很重要的,经常采用的办法是在真空环境中就地劈开解理面,在不受环境污染的条件下制膜。制备单晶膜时必须使基体保持在某一临界温度以上,一般把这个临界温度称作外延温度。外延温度随物质组合的不同有较大的改变,与蒸发速率也有一定的关系。

非晶态薄膜的形成。非晶态材料具有一系列特殊优异的物理性能。近年来,非晶态的耐磨、抗蚀、耐热材料及非晶态的磁性、半导体、超导、光电转换等材料的研究和应用愈来愈受到重视。制作非晶态材料的常规方法是液态急冷法,它要使材料在高温液态下以 $10 \sim 10 K/s$ 以上的冷却速度急剧冷却,使结晶过程无法进行,这样才可能得到非晶态。急冷是制成非晶态的必要条件之一,但并不是充分条件。结晶学上的因素晶体结构、缺陷的数量和形式、材料的晶态转变温度、材料沉积的机构及工艺参数等都是制成非晶态材料的重要因素。

蒸镀、溅射镀膜、等离子体增强化学气相沉积、离子束混合技术、电镀、化学镀等技术是制备非晶态膜层的常用方法。目前已能得到非晶态的物质有 Be,Y,Ti,V,Nb,Ta,Cr,W,Mn,Re,Ni,Co,Pd,Ga,C,Si,Ge,Sb,Bi,As,Se,Te 以及一些合金。按现有经验归纳起来:具有面心立方晶格和六角密集晶格结构的物质,难以成为非晶态;共价键的物质容易形成非晶态;过渡金属容易形成非晶态。

在实际装置中,基体温度必须低于某一临界温度才能制作非晶态薄膜。为消除非晶态薄膜的缺陷须进行退火处理,退火温度应在晶化温度之下进行。

3. 影响气相沉积层结合的因素

影响气体沉积薄膜结合力的因素很多,首先,薄膜与基体结合界面的形态对薄膜的附着性能有着重要影响。具体包括以下几种情况:

(1)机械界面

当基体表面粗糙,沉积原子有足够大的迁移率时,膜材原子会进入基体的小孔和缝隙中,形成机械镶嵌的界面,因此,基体表面的粗糙度对薄膜的结合力有显著影响。

(2)突变界面

当基体结构致密,表面光滑,且薄膜与基体间无扩散与化学反应时,可形成清晰的突变界面。这种单分子层之间的简单附着,其牢固程度取决于材料的表面能与界面能。具有高表面能的同种或能互溶材料相互附着牢固,表面能低的异种或不互溶材料相互附着性差。受污染的材料表面,因表面能降低而附着不良。总体而言,相同材料附着好;能互相形成固溶体材料次之;具有不同键型的材料则难以得到良好结合力,如金属与塑料。

(3)化合物界面

其特点是在薄膜与基体之间发生化学反应而形成成分固定的化合物,包括金属化合物、其他化合物和氧化物。

（4）扩散界面

其特点是薄膜与基体之间的成分发生逐渐的变化。当薄膜与基体具有互溶性或部分互溶性时，若给界面层的原子 $1\sim10\,\mathrm{eV}$ 能量，则可使原子通过界面进行互相扩散。这种扩散形成的界面层有利于薄膜与基体间形成牢固结合，可降低薄膜与基体材料因热膨胀系数不同而引起的热应力。通过在镀膜时给基体加热、电场吸引荷能粒子、镀后处理等措施能促使扩散的发生。

（5）伪扩散界面

其特点是界面上出现成分上的坡度。当具有很大能量的粒子轰击基体时会形成这种界面，它不需要互溶和热动力学上的扩散活性能量。这种界面同样有利于薄膜与基体的牢固附着。不同的沉积原子能量会改变界面的性质。例如沉积在不互溶的金属基体上的金属薄膜会出现突变界面，而在高能级下溅射的同一薄膜，则会出现伪扩散界面。

一般来说，易氧化元素的薄膜，结合力较大。如当 Ti 和 Cr 蒸发到含氧的底材，如玻璃或陶瓷上时，会形成结合力良好的薄膜，而惰性的金沉积在玻璃上则附着强度就很弱（只有 $0.1\sim1\,\mathrm{MPa}$）。当薄膜与基体的结合为弱吸附时，可在其间沉积一层易氧化的中间层来提高其结合力。如在玻璃上镀金时，可先镀一层铬再镀金，以使之附着牢固。当在两个分开的沉积周期中沉积多层膜时，薄膜在工序间会受大气污染，这时往往要沉积一层和氧起作用的金属做中间层，以改善层间的结合性能。

薄膜与基体的结合力，还涉及表面材料、表面状态、工艺方法和工艺参数，以及由此而决定的界面形成过程等诸多问题。主要有以下几点：

（1）沉积温度

在很多情况下，对被沉积表面加热（含沉积过程中或沉积完成之后），会使结合力和附着能增加。以金-玻璃基片为例，加热能使结合力提高几倍，使附着能从 $(2\sim3)\times10^{-5}\,\mathrm{J/cm^2}$ 增加到 $(2\sim4)\times10^{-4}\,\mathrm{J/cm^2}$。如图 3.10 所示是在铁板上蒸镀 $100\,\mathrm{nm}$ 厚的铝膜时基体温度对结合力的影响。

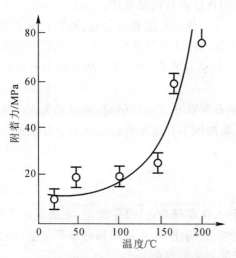

图 3.10　基体温度对结合力的影响

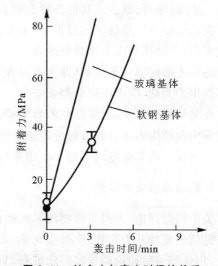

图 3.11　结合力与轰击时间的关系

（2）轰击效果

离子轰击能去除基体表面的污染层，使基体表面活化并造成原子量级的凹凸不平，从而使涂层结合力增加。如图 3.11 所示表示轰击时间与铝膜层结合力的关系。在离子镀中,入射离子的能量取决于其加速电压,因而增加基体上的偏压同样可提高薄膜的结合力。

（3）基体清洁度

在同样薄膜–基体组合条件下,影响结合力的许多因素中,基体的清洁度可能是主要因素。在潮湿或有油污的情况下,基体表面会吸附着水或油的分子层,如清除不掉,被蒸发的金属蒸气分子就只能附着在水或油的分子层上,这就大大减弱了薄膜的附着强度。为获得应有的结合力,必须按规定的办法彻底清除基体上的污物,包括基体安放在真空室前的清洗及安装在真空室后的加热、轰击等处理。

3.3.5　黏结结合理论

有些涂层是通过黏结与基材结合的,黏结过程是一个复杂的物理–化学过程。黏结效果不仅取决于胶黏剂和被黏物表面的结构与状态,而且还与黏结过程的工艺条件密切相关。

1. 黏结结合的基本条件

胶黏剂和被黏物表面之间必须处于润湿状态,即胶黏剂必须能够自动地在被黏物的表面充分展开。这样,胶黏剂分子与被黏物表面分子才有可能充分靠近。润湿的程度越高,分子的接触机会越多。在能够润湿的前提下,对被黏物表面进行适当的糙化或制造人为缝隙,可增加胶黏剂与被黏物的实际接触面积,并提高机械黏合力。被黏物表面的缝隙可视作毛细管。对毛细管表面呈润湿状态的液体能在毛细管内自动上升。反之,呈非润湿状态的被黏物表面越光滑越好。

黏结力是建立黏结接头的一个因素,胶黏层或被黏物本身的内聚强度是建立黏结接头的另一个因素。液相胶黏剂的内聚强度接近于零。因此,液相胶黏剂必须通过蒸发(溶剂或分散介质)、冷却、聚合、缩合或其他各种交联方法进行固化以提高内聚强度。

在黏结接头胶黏层固化过程中,由于胶黏剂本身的体积收缩和胶黏层、被黏物两者的膨胀系数不同,黏结接头内不可避免地会产生收缩应力和热应力。这些内应力产生后,一部分会随着胶黏剂或被黏物分子运动(即松弛过程)而消失,但总有剩余的应力。剩余应力对黏结力起破坏作用。为此,应设法降低剩余应力。

在黏结界面区中,如果存在弱界面层或胶黏剂有气孔及其他缺陷时,黏结接头在使用及破坏过程中会产生内应力或负荷应力集中的现象。润湿性不好及不合理的接头设计也能导致应力集中问题。所有这些因素都应力求避免。

2. 黏结结合相关理论

关于黏结理论,人们先后提出了机械论、吸附论、化学键理论、分子理论、电磁理论等观点。由于黏结现象涉及表面物理、表面化学、高分子化学、无机化学、机械学和电学等多学科的复杂现象,用任何一种理论均难以圆满解释,只能解释部分试验现象。

（1）吸附理论

吸附理论是由 De Bruyne, Mclaren 等人在 20 世纪 40 年代末提出的。此理论认为黏结力的主要来源是黏结体系的分子作用力,胶黏剂–被黏物表面的黏结力与吸附力具有某种相同的性质。

按照吸附理论解释,胶黏剂分子与被黏物表面分子的相互作用过程有两个阶段。第一阶段是液体胶黏剂分子借助于热布朗运动向被黏物表面扩散,使两者所有的极性基团或链节相互靠近。在此过程中,升温、施加接触压力、降低胶黏剂黏度等因素都有利于热布朗运动的加强。第二阶段是吸附力产生。当胶黏剂与被黏物两种分子间的距离达到 $1\sim0.5nm$ 时,两种分子便产生相互吸引作用,并使分子间的距离进一步缩短到能够处于最大稳定状态的距离。

黏附与吸附的共同本质,还可以通过两者共同的规律性给予说明。一个固体吸附剂对气体或液体吸附质作用的等温吸附公式为

$$x \propto KC^n \tag{3-4}$$

式中,x 为吸附强度,即单位表面积或质量的吸附剂所吸附的吸附质的质量;C 为吸附质的含量;K,n 为与吸附体系有关的特性常数。

Mclaren 在研究醋酸乙烯-氯乙烯-顺丁烯二酸共聚物胶黏剂黏结纤维素时,发现黏结力与胶黏剂中能够与纤维素分子形成氢键的羧基基团的含量之间有类似于等温吸附公式的关系:

$$F = A + B[C]^m \tag{3-5}$$

式中,F 为胶接强度;C 为羧基含量;A,B,m 为常数,其中 $m \approx 0.5 \sim 0.7$。

De Bruyne 在研究酞酸酐固化环氧树脂黏合铅的过程中也得到类似的结果。胶接强度与环氧树脂中羟基含量的 2/3 次方成正比。

研究表明,黏结与吸附之间存在着某种共同的规律性,说明两者作用本质是共同的。

吸附理论正确地把黏结现象与分子力的作用联系起来,但早期的吸附理论过于强调了黏结力与胶黏剂极性之间的关系,无法解释非极性聚合物能够牢固黏合的问题。

一些学者认为,在充分润湿的情况下,聚合物的色散力作用已能产生足够高的黏结力。黏结体系分子接触区的稠密程度是决定黏结力大小的最主要因素。实际上没有必要孤立地研究胶接强度与极性的关系。胶黏剂的极性太高,有时候会严重妨碍润湿过程的进行而降低黏结力。

分子间作用力即吸附力是提供黏结力的普遍存在的因素,但不是唯一因素。在某些特殊情况下,其他因素也起主导作用。

(2) 静电理论

当胶黏剂-被黏物体系是一种电子的接受体-供给体的组合形式时,由于电子从供给体相(如金属)转移到接受体相(如聚合物),在界面区两侧形成了双电层。双电层电荷的性质相反,从而产生了静电引力。

从被黏物表面剥离胶黏剂时,像分开电容器的两个极板一样,能产生电位差。电位差的数值随极板间隙的增大而升高,到了一定程度便开始放电。按此分析,黏结接头的黏附功可看做两极板的能量相等。极板分离功的计算公式如下:

$$W = 2\pi\sigma_0^2 h \tag{3-6}$$

式中,W 为分离功;σ_0 为表面电荷密度;h 为两极板间拉开的距离。

当剥离速度较慢时,大部分电荷从极片中漏逸,原有的电荷就很快消失,剥离过程仅消耗少量的功。但快速剥离时,由于缺乏足够的时间放电,因而在发生放电前,能保持较高的电荷密度而使接头的剥离强度增大。

　　在干燥环境中,从金属表面快速剥离胶层时,可用仪器或肉眼观察到放电的光、声现象,证实了静电作用的存在。但静电作用仅存在于能够形成双电层的黏结体系,因此,不具有普遍性。此外,有些学者指出:双电层中的电荷密度必须达到 10^{21} 电子 $/cm^2$ 时,静电吸引力才能对胶接强度产生明显的影响。而双电层转移电荷产生电荷密度的最大值只有 10^{19} 电子 $/cm^2$。因此,静电力虽然确实存在于某些特殊的黏结体系中,但决不是起主导作用的因素。

　　(3)扩散理论

　　两种聚合物在具有相容性的前提下,当它们紧密接触时,由于分子的布朗运动或链段的摆动产生扩散现象。这种扩散作用是穿越胶黏剂-被黏物的界面交织地进行的。扩散的结果导致界面的消失和过渡区的产生。黏结体系借助扩散键形成牢固接头。

　　1)扩散过程与互容性的关系

　　两种聚合物的混合过程和其他物理化学过程一样,服从热力学关于自由能的分析规律:

$$\Delta F = \Delta H - T\Delta S \tag{3-7}$$

式中,ΔF 为混合自由能;ΔH 为混合热;ΔS 为混合熵变;T 为热力学温度。

　　如 ΔF 为负值,则混合过程(即任意扩散的过程)能自动进行。一般来说,高聚物的熵变可忽略不计,若要 ΔF 为负值,必须要求 ΔH 值接近或等于零。

　　ΔH 与两混合物质的溶解度参数 δ 值的关系为

$$\Delta H = V_m V_1 V_2 (\delta_1 - \delta_2) \tag{3-8}$$

式中,V_m 为混合体系的总体积;V_1,V_2 为两物质的体积百分数;δ_1,δ_2 为两物质的溶解度参数。

　　如两聚合物的 δ 值相等,即 $\delta_1 - \delta_2 = 0$ 时,ΔH 等于零,那么,它们的混合(互扩散)过程将是自动进行的。用各种具有不同 δ 值的胶黏剂黏结聚对苯二甲酸乙二酯(PET)的实验,可以说明 δ 值对黏结力的影响。胶黏剂与被黏物两者 δ 值相差越小,越有利于扩散作用的产生,其黏结体系的黏结力越高。

　　2)扩散系数的影响

　　任何扩散过程的动力学公式可表示为

$$\frac{dm}{dt} = -D\frac{dc}{dx} \tag{3-9}$$

式中,m 为单位接触面积扩散物质的数量;t 为时间;D 为扩散系数;dc/dz 为浓度梯度。

　　该公式的含义,即单位时间体系扩散物质的数量与体系的扩散系数成正比。

　　扩散系数 D 取决于多方面因素。例如,扩散物质分子量对 D 的影响为

$$D = kM^{-a} \tag{3.10}$$

式中,M 为分子量;a 为体系的特征常数;k 为常数。

　　在黏结体系中,适当降低胶黏剂的分子量有助于提高扩散系数,改善黏结性能。如天然橡胶通过适当的塑炼降解,可显著提高其自黏性能。

　　聚合物的扩散作用不仅受其分子量的影响,而且受其分子结构形态的影响。各种聚合物分子链排列堆集的紧密程度不同,其扩散行为有显著不同。大分子内有空穴或分子间有孔洞结构者,扩散作用就比较强。天然橡胶有良好的自黏性,而乙丙橡胶自黏性差,就是由于前者具有空穴及孔洞结构而后者没有的缘故。

　　聚合物间的扩散作用还受到两聚合物的接触时间、黏结温度等作用因素的影响。两聚合

物相互黏结时,黏结温度越高,时间越长,其扩散作用也越强,由扩散作用导致的黏结力就越高。

扩散理论在解释聚合物的自黏作用方面已得到部分学者的认可,但对同聚合物之间的黏结,是否存在穿越界面的扩散过程,尚有不同的观点。

习题与思考题

1. 表面涂、镀层与基体材料界面结合的主要特点是什么?

2. 表面涂、镀层与基体材料界面结合包括哪几种主要类型? 请简述各自特点。

3. 试比较涂、镀层与基体材料溶化冶金结合和扩散冶金结合的主要异同。

4. 影响涂、镀层界面结合的因素主要包括哪些方面?

5. 何谓热熔融涂层? 其界面结合的主要特点是什么?

6. 请简述堆焊层的结合原理。

7. 镀层金属结合的主要特点是什么? 影响镀层结合的因素主要包括哪些方面?

8. 何谓金属镀层的紧密结合层? 具有什么特点?

9. 何谓气相沉积? 其薄膜生长包括哪三种类型? 各自主要特点是什么?

10. 黏结结合的基本条件是什么? 其相关理论主要包括哪些?

第4章 材料表面涂、镀层的防护理论

如前所述,在产品部件表面涂覆不同的防护膜层,其主要目的是为了防止部件在服役过程中有可能发生的腐蚀老化、摩擦磨损、疲劳断裂等破坏失效,通过对部件表面进行防护处理来实现部件的服役安全可靠并延长其使用寿命。

对于零件表面发生的不同类型的腐蚀或者老化失效,如局部腐蚀、热腐蚀、力作用下的腐蚀等,需要采用不同的表面防护涂镀膜层来满足其使用需要,如金属部件表面的抗点腐蚀镀层,非金属部件表面的抗老化涂层等。对于容易出现摩擦磨损破坏的部件,可采用提高材料表面耐磨性能的膜层(如电镀硬铬、化学镀 Ni-P 合金镀层、热喷涂陶瓷涂层)或摩擦因数低的减摩防护膜层(如含有 MoS_2 复合镀层)。为防止发生疲劳、腐蚀疲劳断裂也可采用一些相应的抗疲劳防护膜层等。由于产品结构的材料不同,服役的环境条件不同,部件可能出现的失效破坏损伤形式也不同,因此,在产品部件表面所采取的防护膜层不相同,其表面膜层的防护特点和机理也是不同的。

4.1 材料表面涂、镀层的防护特点

通常一些工程和日常生活用的产品部件,根据使用需要与环境特点,在其表面施加涂、镀层的目的多为防腐蚀、防磨损、装饰美观等,这都是以部件表面的防护为范畴的。另外也有一些部件,通过在其表面涂覆功能性的膜层,实现光、电、磁、热等特需功能。

就部件表面的防护性涂、镀层来说,其防护特点就是如何通过表面膜层来有效地抵抗服役环境可能遇到的介质的浸蚀,或者减轻服役过程中载荷对零件表面相对运动摩擦带来的损伤与破坏。当然也有一些涂、镀层具有在部件服役过程中延缓或防止产生疲劳断裂的目的。

这样就要求零部件表面的涂、镀层具备一些基本条件,主要有以下几点。

涂、镀层与零件基体材料具有很好的结合特性,这是在零部件表面涂覆防护膜层的最起码条件。因为良好的涂、镀层结合,是涂、镀层保护部件基体材料不受环境介质、载荷冲击的前提,如果没有很好的结合,遇到环境条件(载荷、温度、介质等)变化,零件表面的涂、镀层就会发生脱落或者开裂,那么涂、镀层的防护作用就很难实现了。

在结构部件表面上的涂、镀层一定要均匀覆盖,如果零件表面的涂层不能均匀地覆盖,有的地方厚,有的地方薄,那么在服役环境中最薄弱部位受服役环境条件的影响就会很快出现腐蚀或者磨损,露出基体材料,即便没有完全暴露,其防护效果也会大幅度下降。

再有,在零部件表面的涂、镀层要满足一定的厚度要求。因为零部件在使用过程中,可能由于环境介质(气氛、成分)和条件的变化(温度、湿度、压力等)引发涂、镀层发生腐蚀破坏(如均匀腐蚀),或者由于载荷、相对运动摩擦带来的涂、镀层磨损损伤,这些都会影响零部件的使用功能和寿命。因此,在零部件表面涂覆的膜层要达到一定的厚度,如抗大气腐蚀常用的电镀锌层,航空工业标准中就规定其厚度要达到 $8\sim12\mu m$。喷涂等形成的耐磨涂层的厚度要达几百微米甚至达数毫米。

作为零部件表面起防护作用的涂、镀层,最重要的就是涂、镀层的防护功能要求。以零部件表面在服役环境中发生的腐蚀破坏为例,由于使用环境不同(如大气、海洋、土壤、温度、湿度、日晒雨淋、辐照、热氧化等),即便是大气,也有工业大气、农村大气环境,还需要考虑酸雨的影响等,还有就是服役状态不同(应力载荷、运动状态等),因此,在零部件表面所选择的涂、镀层的防护功能也有不同。因此,要针对零部件的服役环境变化,通过其表面涂、镀层的防护作用,实现防止或者减轻腐蚀、减少摩擦磨损、减少应力载荷等带来的破坏损伤等。

当然,不同的表面涂、镀层都有各自不同的特点,甚至有些涂、镀层就是为了满足某种环境条件而专门研发生产的,如一些专用的涂料(海洋运输中集装箱涂料等)、专门的抗某种环境下腐蚀的涂、镀层等。

某些零部件表面采用的防护涂、镀层既可以解决材料表面的腐蚀问题,同时也可以提高其表面的硬度而提高耐磨性能。例如,为了解决镁合金零部件的耐蚀性差、易磨损的问题,人们利用超音速气体雾化装置在镁合金部件表面进行冷喷涂层,就可以达到有效防腐蚀和提高防止摩擦磨损性能的目的。

4.2　材料表面涂、镀膜层的防护类型与机理

在多数情况下,在钢铁等基体表面涂覆一层涂、镀层,这层膜层可能会有多种功能,如耐磨、光、磁、电等,其中不可缺少的是其防护功能(防腐蚀)。那么,在零部件表面涂覆的涂、镀层是如何提高对基体材料的防腐蚀性能的呢? 通常是根据零部件不同的材料及使用环境条件,选择涂、镀层的组成、涂覆施工工艺(物理、化学、机械等表面处理工艺获得的防护涂、镀层)等,这样才能满足零部件服役环境条件的要求。

从零件表面涂、镀层的防护类型来分,主要包括:以提高零件表面防腐蚀能力的防护涂、镀层,以提高零件表面耐磨(或者减摩-自润滑)性能的防护涂、镀层,还有就是具有特殊功能的表面防护涂、镀层,如雷达隐身涂层、抗老化、抗辐射涂层等,都可以通过零件表面的涂、镀层实现防护目的。

即便是从防腐蚀角度出发,防护涂、镀层的防护类型也有不同,如阳极镀层、阴极镀层等。如图 4.1 所示是钢铁材料与表面镀锌层在普通大气环境中的保护作用示意图。如果钢铁零件表面没有任何防腐蚀涂、镀层(见图 4.1),则表面很快就出现了红色铁锈,并且随着时间的延长,表面的铁锈会不断增多,铁锈层增厚,腐蚀加重。日常生活中最常见的例子就是在很多建筑工地放在露天的一些钢筋,发现没过多久,经过日晒雨淋后的钢筋表面很快就锈蚀斑斑。

而经过镀锌(可以是热镀锌或者电镀锌)的钢筋,同样在大气环境中使用,镀锌层发生腐蚀,表面形成了一层白色的腐蚀产物,它是一种致密的阻挡层(见图 4.1 右),并且随着时间的延长,这种致密腐蚀产物膜不但不会加快腐蚀,反而会减缓锌层的进一步腐蚀,使钢铁基体得到保护。因此,提高镀锌层腐蚀产物的致密性,就可以有效地保护钢铁基体材料,减轻其腐蚀破坏。而普通钢铁表面因腐蚀生长的铁锈层而变得疏松,则不能有效地保护钢铁基体,反而会导致钢铁材料的进一步腐蚀(锈蚀更严重)。

关于零件表面膜层的防护(防腐蚀)机理目前还没有统一的认识。根据多年的研究,人们

普遍认为主要有以下几种防腐蚀作用机制：

物理屏蔽作用机制，主要是基于零件表面的涂、镀层能够被完整覆盖，在一定时间内可以有效隔绝服役环境中腐蚀介质对零件基体材料的浸蚀，是一种物理隔绝屏蔽保护的作用。

电化学保护作用机制，主要是基于零件表面的涂镀膜层，其电极电位负于零件基体材料，当服役环境介质对其作用并发生腐蚀时，在一定时间内，涂镀膜层成为腐蚀电池的阳极被腐蚀而保护零件基体材料不被腐蚀，如牺牲阳极镀层等。

缓蚀与转化作用机制，主要是基于零件表面的涂层成分与基体材料实现缓蚀钝化以达到对基体材料的保护作用。

涂、镀层的元素富集与钝化作用机制，主要是基于合金类型的镀层在发生腐蚀后，某些元素残留表面富集并且导致表面钝化而实现对基体材料的保护作用。

涂、镀层复合防护机制，主要是基于一些涂、镀层的防护作用，既有电化学保护，又有物理屏蔽，还有缓蚀钝化等作用，其保护机制是复合作用的结果。

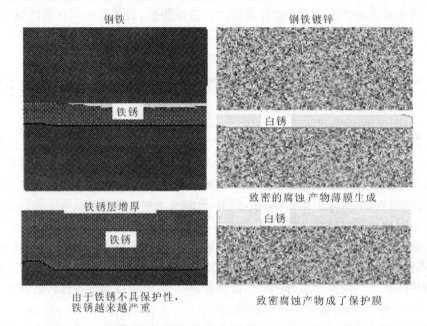

图 4.1　钢铁材料的腐蚀(左)与表面镀锌层的保护作用(右)示意图

4.2.1　涂、镀层的物理屏蔽防护作用

零件表面上涂覆一层涂镀膜层后，自然而然就可以起到与空气等环境中的介质隔离作用，就像穿了外衣一样，使环境中的水分子或介质不易直接腐蚀破坏零件基材。因为零件表面的膜层阻挡了腐蚀介质的浸蚀而保护了基材，实际上就是起到了物理屏蔽和机械隔离的作用。另外，在受到外应力或者摩擦的影响时，表面的涂、镀层也可以起到防摩擦磨损的作用(另一种防护作用)，从而延长零部件的使用寿命。

一定要注意的是，零件表面膜层的这种屏蔽作用仅适用于膜层完整覆盖的情况，是在膜层覆盖完整并且没有针孔或者划伤的情况下才能起到这种物理屏蔽保护作用。否则膜层的孔隙或者被划伤就容易成为环境中腐蚀介质的通道,使零件材料发生局部腐蚀而遭到破坏损伤。

目前已知的一些膜层涂覆加工技术得到的表面膜层都或多或少地存在孔隙,如油漆涂层、电镀层、化学镀层、热喷涂膜层、化学转化膜层、PVD 和 CVD 膜层等。

为解决膜层的孔隙而影响零件的表面防护效果,通常在改进涂覆工艺技术和对带孔隙膜层进行封闭处理。如化学镀非晶态镍磷(>8%P 合金镀层),尽管这种镀层属于非晶态结构,它本身很耐腐蚀,但是由于有针孔孔隙,就不能显示出好的对钢铁基体材料的防护性能,因而要采用不同的封闭(涂层、填充孔隙)措施来有效提高化学镀镍磷合金镀层的防护性能。也可通过一层低磷镍镀层和一层高磷镍镀层形成的双层化学镀镍磷合金防护镀层,来解决化学镀镍磷合金镀层因针孔造成的防护性能下降的问题。

另外,零件在运输、装备等过程中,可能会使得零件表面划伤,这时就无法提供完整的表面防护,因此要采用局部修复的办法进行修复,以保证零件表面膜层的完整性,从而达到保护基体材料不受腐蚀的目的。

对于日常生活中应用的一些有机和无机涂层来说,涂层的孔隙、针孔等缺陷是很难避免的,尽管人们在这方面开展了大量的工作,真正做到涂、镀层的零孔隙是困难的。实际上,大量应用的有机、无机涂层,往往都具有微观或宏观的缺陷,这些缺陷的存在是导致涂、镀层提前失效的重要原因。研究表明:涂、镀层的腐蚀失效一般起源于涂层缺陷处,而且产生的零件基体腐蚀产物将加速涂、镀层与基体的界面剥离。

如果能够做到零件表面的涂、镀层无孔隙、针孔等缺陷,就可以有效地抵御使用环境中腐蚀性介质的浸蚀,即涂、镀层具有阻挡和屏蔽作用,达到了保护零件使基体材料免受腐蚀的目的。

对于涂层的较大孔洞、裂纹以及裂缝等易见的宏观缺陷(这些缺陷常贯穿整个涂层,环境介质很快就会通过这些缺陷到达基体发生腐蚀),工艺上必须做到完全避免。造成这些涂层缺陷的因素很多,如喷涂工艺,固化工艺,涂层/基体的热膨胀系数不匹配性造成的残余应力,服役条件下的应力与温度等。在热喷涂涂层过程中,通过提高喷涂颗粒的温度、喷涂速度等措施减少涂层的孔隙缺陷,如采用超音速、爆炸喷涂等先进技术。

而对涂层中的微观缺陷,尤其是微观缺陷形成的原因还没有得出公认的机理。一般认为造成涂层微观缺陷的主要原因有基体表面的不均匀性、表面预处理不当(表面氧化皮、污物没有去除干净)、基体与涂层界面产生空隙、涂层内部的致密性不够、涂层颗粒运动产生的空穴等等。

涂层的微观缺陷也是不容易完全避免的,而且涂层内部的微孔及非平衡态等原因是造成零件发生腐蚀失效的关键因素。涂层的微观缺陷,使得使用环境中的介质(水、腐蚀成分等)通过涂层缺陷与零件基体材料形成腐蚀通道,也就是说,环境中腐蚀性介质正是通过这些通道传输到涂层/基体的界面区域,形成微观腐蚀原电池,进而使得基体材料发生腐蚀,并且随着材料腐蚀的进行,腐蚀产物将涂层与基体剥离,使得涂层完全失去防护作用。

涂、镀层的孔隙率是定量评价涂层缺陷的重要参数,也是评价涂、镀层涂覆工艺的重要指标。因此,有多种方法来研究单涂层与多层涂层的孔隙率以及腐蚀行为,如采用电化学方法、电图像法、电化学方法与电子显微技术结合的方法、扫描震荡电极技术(SVET)、电化学交流阻抗技术(EIS)等。

随着科学技术的进步和发展,一些现代光学以及表面分析技术也在涂、镀层的孔隙率研究中得到了应用。如采用超声显微镜(SAM)观察 $ZrO_2-8\%Y_2O_3$ 涂层的内部显微缺陷,该方法可以无损检测陶瓷涂层内部的孔隙缺陷,另外,超声波对涂层内部缺陷敏感,观察结果真实。还有人采用扫描电声显微镜(SAEM)对涂层内部的不同深度范围内的亚表面进行成像分析,可真实反映缺陷在涂层内部的分布范围、大小等情况。

既然很难避免涂、镀层的孔隙等缺陷,那么如何提高涂、镀层的屏蔽性,才能提高涂、镀层对零件的防护能力呢?只有优良的屏蔽性,涂、镀层才可阻止和抑制使用环境中的 O_2,H_2O,OH^- 等成分透过,从而实现防护的目的。因此,有人采用多层交互隔离,底层的孔隙、针孔可能被中间层隔离,中间层的孔隙、针孔被上层的涂层隔离,这样通过每一层的隔离,使得整个涂层系统的针孔、孔隙不会形成直接的腐蚀通道,从而提高涂层的防护能力。

还有人为了提高这类涂、镀层的屏蔽效果,在涂层内部添加了诸如鳞片的铝粉、锌粉或者玻璃鳞片,就是希望通过涂层中的鳞片叠加,隔离涂层孔隙等直接通道(见图4.2),以提高涂层对基体材料的防护能力。

将玻璃、铝、锌等鳞片之类的物质加入到涂层中,可以提高涂层的抗渗透能力,因为在玻璃鳞片防腐蚀涂层中,扁平状玻璃鳞片在树脂中平行重叠排列,形成致密的防护涂层。

据介绍,在1mm厚的涂层中添加约100片玻璃鳞片,不仅对环境中的腐蚀性介质构成一道道屏障,使介质在基体中的渗透必须经过很多条曲折的途径,在客观上相当于增加了防护涂层的厚度(见图4.2),而且又由于玻璃鳞片或者铝、锌鳞片等是不连续片状实体,并且在基体中近似平行排列,使得界面孔隙也为基体所分割。因此,尽管在玻璃鳞片的防护涂层中仍然有一些缺陷,但其屏蔽作用可以有效地抑止环境中腐蚀介质的浸蚀。

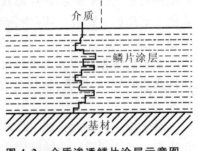

图 4.2　介质渗透鳞片涂层示意图

由玻璃鳞片防护涂层结构对其抗渗性的分析,可以得到其渗入介质的分布状态。随着介质浓度在曲折的扩散窄缝中的不断衰减,环境中介质的渗透趋缓,介质的扩散就像在迷宫式的窄缝中进行一样,且主扩散方向垂直于防护涂层的厚度方向。因此,对整个防腐蚀涂层而言,在厚度方向上介质的积累速度远大于介质的扩散速度。这一结果造成鳞片各层间介质含量不断地趋于饱和,浓度的衰减则始终在一个很薄的厚度层内。这样,由于涂层内鳞片的阻碍效应,使得介质的渗透状态发生了变化,导致鳞片各层间介质一次达到近似饱和的程度,介质的分布完全不同于费克扩散定律分布,而是呈平台状分布。

另外,从玻璃鳞片防腐蚀涂层结构看,玻璃鳞片防护涂层具有较小的残余应力。因为分散在涂层中的鳞片,其排列并不十分规则,具有一定的倾角,所以树脂的收缩被鳞片分割成一个个分散的小区域,使其不能相互影响及传递。另外,虽然有机树脂与鳞片之间也产生收缩应力,但鳞片是分散体,可随着树脂的收缩而产生位移,故界面收缩应力被用来对鳞片位移而做功,将应力松弛掉。这样,使得防腐蚀涂层内的残余应力大大减少。

因此,从防护性涂镀膜层的物理屏蔽作用来讲,一是涂、镀层的覆盖要完整,尽可能避免涂层内部的孔隙、空洞等缺陷,同时通过对起隔离作用的成分和结构(如鳞片、叠层、多层涂覆等)来进一步提高防护涂、镀层的屏蔽作用和防腐蚀效果。

4.2.2　涂、镀层的电化学保护作用

根据电化学理论,将零件表面的涂、镀层作为腐蚀电池的阳极,其前提是涂、镀层中金属组分的电位要更负,在发生腐蚀的过程中电位更负的金属作为涂层与零件基体建立腐蚀电池体系,这样涂层作为电池的阳极而保护了零件基体免受腐蚀(牺牲性阳极镀层作用)。这类牺牲性阳极防护涂、镀层如电镀 Zn 层,电镀 Cd 层,油漆涂层中的 Zn,Al 粉,喷涂 Zn,Al 层等。

电化学保护原理就是通过牺牲其他材料成分来保护零件基材的,涂层的保护作用可分为抑制与钝化保护两种情况。镀锌钢零件就是利用了这样的原理,因为锌比铁的电动序高,电位负,作为腐蚀电池的阳极而腐蚀,铁零件基体受到保护。正是依靠这种涂、镀层的电化学作用保护了零件基体,如图 4.3 所示的镀锌层与钢铁零件涂覆有机涂层的腐蚀过程示意图,就表明了这种镀层的电化学保护作用。而同样环境中的具有防护(屏蔽)作用的有机涂层,一旦遇到涂层划伤的情况,就会失去对基体材料的保护作用,导致钢铁基体的腐蚀,并且随着腐蚀的继续进行,锈蚀产物还可以把周围的有机涂层拱起来,使得钢铁零件的腐蚀加重。

还有人利用半导体、氧化物等填料物质加入到防护涂层中以提高涂层的防护能力,实际上也是利用了这种电化学保护作用,使腐蚀过程中的微电池电流减小(因为这些物质导电不良)。

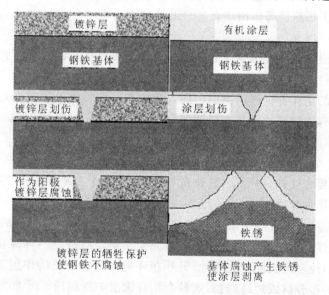

图 4.3　镀锌层的牺牲保护作用与有机涂层的保护示意图

对于目前常用的防腐蚀富锌底漆涂层,其中的金属锌粉是经过加工后作为涂层的颜料使用的,将这种涂料涂覆于钢结构零件就类似于镀锌层防护。因为这种防护底漆锌粉的含量较高(质量分数为 90%),以保证锌粒子之间以及锌、铁之间相互搭接可通过电流,从而起到电化学保护作用。此外,这种漆膜是多孔的,可以为环境中的盐、水渗透提供通路,但是由于大量的锌成分,相对于全部的钢铁基体来说,表面的富锌涂层是阳极,在环境的作用下保护了钢铁零件不受腐蚀。

需要说明的是,无机富锌底漆由于在涂层阳极腐蚀产生了锌离子,而在作为阴极的钢上产

生了氢氧根离子,故富锌防护底漆的漆料必须耐碱催化水解。其中应用比较多的漆料是正硅酸四乙酯,或者通过不完全水解从正硅酸四乙酯得到的低聚物。另外,乙醇是有助于保护包装品稳定性的基本溶剂,涂覆涂层后,乙醇挥发,空气中的水分可以使低聚物完全水解,从而产生聚硅酸锌盐。人们最初以为涂层中锌的数量逐渐减少将会限制富锌底漆的使用寿命,实际上并不完全这样,因为最初锌的减少是很快的,但随后涂层中的金属锌损失减少,使涂层得以继续保护钢基体。涂层中锌的损失逐渐减少可能有两个原因,一是锌填充了涂层的微孔,在涂层中锌腐蚀开始的同时,部分水和氧化锌与剩余的锌一起作为屏蔽部分使水和氧离开钢基体;另一个原因可能是碱性的氢氧化锌降低了用于钝化的氧的临界浓度。这就是无机富锌底漆作为牺牲性防护涂层而具有高防护性能的原因。

4.2.3　涂、镀层的缓蚀与转化作用

这类防护型涂镀膜层主要是依靠其中的缓蚀剂或者钝化成分,使金属零件与涂层的界面腐蚀过程中发生吸附、钝化等作用,也有的是在防护涂层中加入一些与基体表面发生反应的元素,使其与基体表面的元素发生反应转化生成新的化合物,而这种新的化合物具有良好的耐腐蚀性。目前很多表面处理技术都可以实现这类防护膜层的制备,如化学气相沉积、物理气相沉积、化学转化、有机无机涂层等。由于在零件基体表面形成了化学转化膜,因而提高了整个涂层的防护性能。

如果在防护涂层中添加缓蚀剂成分或者一些在金属零件表面发生缓蚀化学转化的物质,涂覆这种涂层的零件,就会具有优良的耐腐蚀性能。

目前应用较多的是在有机树脂涂层中加入缓蚀剂从而提高涂层对金属零件的防护性能,加入的缓蚀剂主要有无机缓蚀剂和有机缓蚀剂两类。

1. 无机缓蚀剂

无机缓蚀剂主要有红丹、铬酸盐(锌铬黄等)、磷酸锌(或三聚磷酸铝)等。

红丹是人们最早将缓蚀剂应用在涂层中的典范。19世纪中叶,人们发现把红丹加入到亚麻油配制成的油性漆中,形成的涂层具有良好的防锈性能,即使涂在带锈的钢铁表面仍有很好的防锈效果。但是红丹的防锈机理至今仍未被完全了解。红丹是一种钝化型防锈颜料,它与金属表面直接接触,使金属表面钝化缓蚀,另外在环境中的水和氧的作用下,红丹可以与油性涂料生成铅皂,进一步分解成短链产物,这种产物在涂层中也起到了缓蚀的作用。

铬酸盐缓蚀剂开始是作为着色颜料应用于涂料工业的,直到20世纪初,人们才发现铬酸盐这类填料对钢铁表面具有钝化作用,即阻止钢铁锈蚀过程的继续发展。实际上铬酸盐缓蚀剂是典型的氧化膜型缓蚀剂,当铬酸盐型缓蚀剂与钢铁基体接触时,在其表面可形成几十纳米的氧化膜,从而有效抑制钢铁腐蚀反应的进行。

虽然红丹和铬酸盐防锈缓蚀剂具有很好的防锈性能,但由于它们含有对环境造成严重污染的铅和铬等重金属离子,包括我国在内的许多国家已开始限制这类缓蚀剂在涂层中的使用,美、德、日等国开始将目光转向磷酸盐、钼酸盐等无公害的缓蚀型防锈颜料上。

英国人将磷酸锌用于防锈底漆中,关于磷酸锌防锈颜料的防锈机理,部分学者认为磷酸盐的缓蚀作用可能是因为磷酸根离子与腐蚀产物络合并在钢铁零件表面形成了一层致密的保护

膜,从而阻止了环境中腐蚀介质的进一步入侵。

不过磷酸锌防锈颜料也存在一定的缺陷,主要是磷酸盐溶解度低和水解性差,可能会导致其防锈活性不足。另外,磷酸锌作用较慢,在钢铁表面形成有效保护膜的速度慢。

后来,人们用三聚磷酸铝作为涂层中的缓蚀剂则取得了较好效果,三聚磷酸铝缓蚀剂的作用机理可以归纳为:

①作为某种"媒介"。这种缓蚀剂起桥梁作用,可增强高分子化合物间及与金属零件的界面结合力,提高有机涂层的完整性。

②起体质填料的作用。在涂层中通常加入体质填料来改善涂层的机械性能,也就是为提高涂层零件的抗环境失效的能力。

③三聚磷酸铝可以释放出结合能力很强的三聚磷酸根离子,在钢铁零件表面形成铁结合离子,可以减缓材料的腐蚀。

但是三聚磷酸铝的添加减少了成膜树脂的比例,这样就有可能使树脂涂层的孔隙率增加,导致涂层质量下降。只有当三聚磷酸铝与成膜树脂的配比适当时,才会显示出三聚磷酸铝的优异性能,达到提高涂层性能的目的。

2. 有机缓蚀剂

有机型缓蚀剂在涂层中的应用主要集中在水性涂料方面,如羧酸类有机化合物、巯基化合物、有机胺类及杂环类有机缓蚀剂。将这些缓蚀剂分别加入到水性环氧树脂、水性丙烯酸树脂等涂料中就可以提高这些涂层的防腐蚀性能。

巯基化合物可有效避免水与钢铁接触时的闪蚀发生,并能降低水性丙烯酸树脂涂层的孔隙率,起到很好的缓蚀作用。还有一些缓蚀剂可提高树脂涂层与钢铁基体的附着力,从而提高涂层的耐腐蚀性能。

有机胺类缓蚀剂及杂环类缓蚀剂在环氧沥青底漆中的应用,是基于杂环化合物缓蚀剂可很好地提高这种涂层的阻挡性能,减少涂层的针孔,堵塞水、氧及离子通道,以达到减缓涂层下金属腐蚀的目的。另外,油酸二环己二胺与葵酸三丁胺两种有机缓蚀剂在管道防护型涂料——环氧煤焦沥青涂料——中具有协同缓蚀作用。缓蚀剂中引入长链烷烃后,形成更致密的疏水膜,从而有效地抑制腐蚀性介质的渗入。

图 4.4 是将 1,4-丁炔二醇缓蚀剂溶于丁醇中,加入到 E-44 环氧树脂涂料中(涂层厚度为 $100\mu m \pm 10\mu m$)在 25℃、相对湿度 30% 条件下充分干燥成膜,然后将涂层浸泡在 3%NaCl 水溶液中 7 天,取出得到的交流阻抗谱图。可以看出,加入 1,4-丁炔二醇缓蚀剂后,这种涂层的耐腐蚀性提高。当缓蚀剂加入量小于质量分数 0.5% 时,涂层的阻抗随缓蚀剂量的增多而增大,含缓蚀剂的环氧涂层的耐腐蚀性增强,但是缓蚀剂含量超过质量分数 0.5% 时,这种涂层的交流阻抗开始降低,涂层的耐腐蚀性能有所下降。这说明缓蚀剂的加入量有一个最佳含量范围。

树脂涂层中的有机缓蚀剂的作用本质是通过与金属的作用形成物理吸附和化学键而抑制金属腐蚀的发生。吸附型缓蚀剂通过吸附一方面改变了金属表面的电荷状态和界面性质,使金属表面能量状态趋于稳定,增加腐蚀反应的活化能,减缓腐蚀速度;另一方面被吸附的缓蚀剂分子上的非极性基团能在金属表面形成一层疏水性保护膜,阻碍与腐蚀反应有关的电荷或物质的转移,也使腐蚀速度减小。这类缓蚀剂的化学作用体现在缓蚀剂与金属之间形成化学键,缓蚀剂通过空位与金属形成的化学键的类型包括离子键、共价键、配位键。

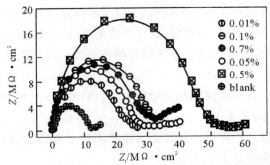

图 4.4　含 1,4-丁炔二醇缓蚀剂的 E-44 环氧树脂涂层的交流阻抗图
(3% NaCl 水溶液中浸泡 7 天)

一般来说,有机缓蚀剂与树脂存在很好的相容性,适当使用有机缓蚀剂可以弥补树脂涂层中的无机防锈填料的不足,并可以根据实际使用情况,通过分子设计和合成技术,生产出满足多种环境需要的功能型防护涂料。另外,不同的有机缓蚀剂在涂层中有不同的作用,因而在树脂类的防护涂层中,其防护机理也不同。

①零件基体与涂层界面的吸附。例如将吗啉类有机缓蚀剂加入到水性涂料中,可在零件涂膜下的基材表面发生吸附作用,从而抑制金属的阴极或阳极反应,起到缓蚀作用。炔醇类缓蚀剂是抑制 Fe 在酸性介质中遭受腐蚀的高效有机缓蚀剂,这类缓蚀剂的缓蚀作用主要靠与铁表面的原子形成 π-d 化学键而吸附在铁表面,同时进行化学或电化学聚合,抑制 Fe 的腐蚀。

②直接影响到涂层电阻、电容以及水电扩散。如羧酸类有机化合物在水性环氧涂层中,缓蚀剂会直接影响到涂层电阻、电容以及水在涂层中的扩散系数。有机胺类缓蚀剂及杂环类缓蚀剂在铝粉沥青环氧船舶底漆中可以很好地提高涂层的阻挡性能,减少涂层的针孔,堵塞水、氧及离子通道,达到减缓防护涂层下金属腐蚀的目的。

③避免水与基材材料接触时闪蚀的发生,并降低涂层的孔隙率。如巯基化合物在水性丙烯酸树脂涂料中可以有效地避免水与基材接触时闪蚀的发生,并能降低涂层的孔隙率,起到很好的缓蚀作用。

4.2.4　涂、镀层的元素富集与钝化

作为钢铁零件表面的一些防护涂、镀层,在服役环境中,尤其是合金镀层,其中某种成分因腐蚀而溶解,另一种成分就会在零件表面富集。例如,目前应用较好的含 Ni13% 的 Zn-Ni 合金镀层,是一种高防腐蚀的代镉镀层,当其受严酷环境而发生腐蚀时,镀层表面的锌就会被优先溶解,镍原子留下并在镀层表面富集,并且由于镍原子的富集而导致零件表面处于钝化状态,从而体现出这种防护镀层的高耐腐蚀特性。

需要说明的是,锌镍合金镀层在腐蚀过程中 Ni 的富集虽使腐蚀速度变慢,但不是使镀层本身钝化,而是促进镀层钝化,即在镀层腐蚀过程中,使反应 $Zn(OH)_2 \rightarrow ZnO+H_2O$ 被抑制,从而使产物保持为导电性差的 $Zn(OH)_2$,成为与基体结合很好、不易脱落的致密膜。

实际上,腐蚀过程导致防护膜层表面的易钝化元素富集,同时以耐腐蚀钝化膜的形式存

在。常见的一些晶态合金和非晶态合金防护镀层都具有一定的耐腐蚀能力。但是非晶态合金防护镀层（如镍磷合金镀层）在腐蚀过程中形成的表面钝化膜的均一性，使它具有更高的耐腐蚀性，而且由于非晶态合金镀层不存在晶界、偏析等缺陷，因而表现出比晶态合金镀层更高的耐腐蚀性能。如图 4.5 所示是非晶态和晶态合金镀层在 $1NH_2SO_4$ 溶液中的阳极极化曲线，可以看出晶态合金镀层的阳极电流密度较非晶态合金镀层的高，而且晶态合金镀层的表面呈现出凹凸不平的均匀腐蚀，这是高密度局部晶体缺陷（晶界、位错、偏析等）造成的。因此，可以证明非晶态合金防护镀层的高耐腐蚀性可部分地归于它的均一钝化膜的生成。

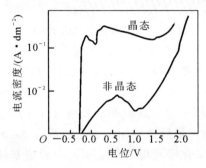

图 4.5　非晶态和晶态合金镀层在
$1NH_2SO_4$ 溶液中的阳极
极化曲线

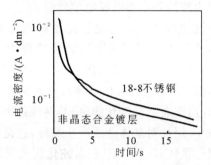

图 4.6　不同电位下阳极极化时不锈钢与非晶态
合金镀层经擦伤后的电流密度与时间的
关系曲线

　　非晶态合金防护镀层的耐腐蚀性还与表面钝化膜的生成速度有关，钝化的发生要经过初期的活性溶解。在初期的活性溶解阶段，在镀层表面附近，腐蚀介质中的金属离子通过沉淀形成钝化膜。非晶态合金的高度反应活性导致钝化膜迅速形成，这一点可以从图 4.6 的非晶态合金和不锈钢在不同电位下阳极极化时试样经擦伤后的电流密度与时间的关系来说明，表面的钝化膜生成速度是不同的，当擦伤的瞬间非晶态合金在 $1NH_2SO_4$ 中的初始电流密度大于 18 - 8 不锈钢材料时，表明非晶态合金本身的活性大于不锈钢，擦伤后非晶态合金镀层的电流密度下降较快，而其稳态电流密度则比不锈钢小。电流密度随时间急剧降低，与合金表面活性快速降低即保护膜的快速增长是相对应的。因此非晶态合金防护镀层本身的高反应活性，快速形成钝化膜的能力使得它具有很高的耐腐蚀性。

4.2.5　涂镀膜层的复合防护机制

　　在很多情况下，人们为了提高严酷环境下的涂、镀层防护性能和防腐蚀能力，在涂、镀层中通过成分的调整和优化，使其既能屏蔽又含有缓蚀剂，并且具有电化学保护等防护特点，如最典型的就是最近十余年在国内广泛应用的达克罗涂层。这种涂层具有强的耐腐蚀性能，该涂层涂料是由鳞片状锌和铝、六价铬化合物（主要为铬酐）、还原剂（可以是聚醇或二元脂肪羧酸）、辅助助剂等组成的分散性水溶液。其处理工艺简便易操作，将待处理工件经过除油、喷丸除锈、除尘后浸入达克罗涂液内浸泡，然后在 $60 \sim 80℃$ 下烘干，最后在 $300℃$ 左右固化炉内固化。固化过程中六价铬被还原剂还原成三价铬，生成的无定型复合铬酸盐化合物（$mCrO_3 \cdot nCr_2O_3$）作为黏合剂与数十层极细的片状锌、铝相互结合形成致密的保护涂层。涂层按体积计约含 75％锌、10％铝和 15％的其他辅料。外观呈银灰色,具有哑光金属光泽。膜层的厚度一般为 5~15μm。这种涂层结构如图 4.7 所示。

从对钢铁基体的防护原理来讲,这种涂层具有屏蔽作用。因为涂层中层层重叠的锌鳞片、铝鳞片及含铬无定型复合物的屏障作用,阻碍了环境中的水和氧等腐蚀介质和去极化剂到达钢铁基体。另外还有牺牲阳极作用,因为涂层中的锌和铝的电极电位比铁负,达克罗涂层和钢铁基体之间的电位差足够达克罗涂层对钢铁基体起到牺牲阳极的保护作用。再就是钝化作用。

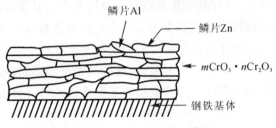

图 4.7　达克罗涂层结构示意图

在涂层固化过程中,内部的六价铬化合物和锌片、铝片以及钢铁基体反应,生成 Zn,Al 和 Fe 的铬盐化合物覆盖在钢铁基体及锌片、铝片上,形成了一体的钝化膜,而且锌片、铝片由于表面受钝化膜保护,腐蚀速率降低,服役环境中的腐蚀介质要通过几十层已经钝化的锌片、铝片对基体金属产生腐蚀,这是比较困难的。最后这种涂层由于还留有 2％的未反应的氧化铬(CrO_3),一旦表面钝化膜破损时,内部的氧化铬就能够将金属片表面或基体表面金属重新氧化,修补钝化膜,从而起到自修补的作用,延缓了服役环境中腐蚀介质对基体金属的浸蚀。

正是由于上述的复合保护,达克罗涂层在标准盐雾试验下每 100h 才消耗 1μm,要远远优于电镀锌层。因此,经达克罗处理后的零件可在严酷的腐蚀环境条件下应用,例如,海洋气候、工业大气、潮热气氛等。

另一类复合防护机制是多层防护体系,利用涂层的多层屏蔽作用和涂料中的填料缓蚀及电化学保护作用,实现涂层的复合防腐蚀作用。例如,目前较为典型的桥梁结构的防腐蚀配套体系就有三大类:

一是用电弧喷铝层＋环氧云铁封闭底漆＋环氧云铁中间涂漆＋聚氨酯面漆,如武汉军山长江大桥、浙江千岛湖南浦大桥等;

二是用无机硅酸富锌底漆＋环氧铁红封闭漆＋环氧云铁中间漆＋聚氨酯面漆,如广东虎门大桥、厦门海沧大桥等;

三是用环氧富锌底漆＋环氧云铁中间漆＋耐候性优良的聚氨酯面漆,如上海杨浦大桥、安徽芜湖长江大桥等。

4.3　服役环境对钢铁零件表面涂、镀层防护性能的影响

在零件表面涂覆或者沉积涂、镀层进行保护,其主要目的是提高零件表面在服役过程中的耐腐蚀性能,实际上仪器设备的使用环境对涂、镀层的耐腐蚀性能影响是很大的,从服役环境看,通常有大气环境(又包括海洋、特殊工业大气环境等)、溶液介质环境(各种盐、酸、碱、有机溶剂、特殊工业介质等)、土壤固体环境(各种土壤、混凝土等)。人们往往根据不同的服役使用环境,选择不同的防腐蚀(防护)措施,如不同的涂、镀层保护、电化学保护、缓蚀剂保护等。

另外,即便是在普通大气环境中服役使用的设备部件,也会遇到乡村和城市的不同,其气

候条件的不同(如温度、湿度、空气中成分等变化)会影响到部件表面涂、镀层的耐腐蚀性能,进而影响到部件及设备的使用性能与寿命。在海洋环境条件下,也会遇到海水的飞溅、浸泡,或者不同的酸性海洋气氛(CO_2、硫化物、氧化氮和其他化学气氛)作用,这些都会影响到部件表面的涂、镀层的耐腐蚀性能。

4.3.1　腐蚀环境的影响

1.液体介质

经常会遇到一些有可能需要置入液体环境中的带有涂、镀层的部件,如输送管道、反应容器、热交换器等,这些液体可能是水、油、有机溶剂、酸、碱、盐等。另外,这些介质还有不同的浓度差异,也会影响到涂、镀层的保护效果。

液体介质可能处于静态,也有可能是流动的,介质的流速不同,使得部件表面的氧浓度变化,通常是随着介质的流速增加的。涂、镀层表面的含氧量增加,有可能导致其耐腐蚀性能下降。

液体介质的温度也会影响到部件表面涂、镀层的耐腐蚀性能,通常是介质温度增加,涂、镀层的腐蚀速度增加(介质的对流、扩散等加速),如管道表面涂、镀层的腐蚀就是随着输送介质温度的增加,而表面涂、镀层的腐蚀加剧。

介质的 pH 变化,涂、镀层的类型不同,其对耐腐蚀性能的影响也不同。例如,贵金属镀层等,随着介质 pH 的变化,其腐蚀速度变化不大;而两性金属镀层,则随介质的 pH 变化,其腐蚀行为不是非常有规律的,甚至镀层的腐蚀产物会延迟基体材料的腐蚀。而对于重防腐蚀涂料或者高耐腐蚀合金镀层(非晶态合金镀层)在不同的 pH 介质环境中,均表现出高的耐腐蚀性能。

2.气体环境

工业大气、海洋大气等空气环境条件对于带有涂、镀层的设备零件来说也是比较强的腐蚀环境,而且由于空气污染等原因,在大气中常常含有各种有害的气体,如 O_2,NO_x,SO_2,水汽等,这些均会加速零件表面防护涂、镀层的腐蚀。另外空气中带有一些灰尘、砂粒等对零件表面的涂、镀层来说,冲刷和磨蚀均会加速其腐蚀老化的破坏。如一些风能叶片表面的涂层,就常常会遇到严重的冲刷磨蚀现象。

由于工业大气污染形成的酸雨也会加剧设备部件表面涂、镀层的腐蚀破坏,因而开发抗酸雨性高固体含量的丙烯酸汽车涂料成了一个新的方向。如多异氰酸酯多元醇齐聚物与三聚氰胺甲醛树脂交联固化制备的高固体分汽车涂料,可避免酯键带来的一些弱点,并具有优良的耐酸雨性。另外,为克服丙烯酸齐聚物中羟基极性大,使齐聚物黏度提高,采用硅氧烷预先封闭羟基(甲基)丙烯酸单体中的羟基,制备出的用硅氧烷封闭羟基的丙烯酸高固体分涂料,还有就是用有机硅改性丙烯酸高固体分涂料,固体含量可达 100%,并具有优良的耐久性和抗酸雨特性。

在一些工业有机气氛污染比较严重的条件下,表面镀有锌镀层、镀银层的零件,也很容易出现发黑、长白毛等腐蚀破坏现象。因此,需要在这些防护镀层的表面进行钝化、涂保护膜等方法,来提高特殊大气环境中涂、镀层的防护能力。

3.固体土壤环境

一些固体土壤环境中的金属管道,尽管表面具有较好的防护涂、镀层,但是不同的土壤环境,如土壤湿度、透气性、含氧量和微生物等对其耐腐蚀性影响很大。还有就是由于土壤本来就是不均质的,埋在地下的金属就很容易产生浓差电池,使处于阳极的部分被腐蚀。因此,在埋在土壤中的金属部件(如输油输气管道)除了多层涂层防护系统外,还配合以电化学阴极保护。

在潮湿的土壤环境中,细菌是很小的微生物,而且种类繁多。它们会对部件表面的防腐蚀涂、镀层系统进行破坏。细菌微生物可分为好氧和厌氧两大类。在合适的环境条件下,好氧菌可以使硫或硫化物氧化成硫酸:

$$2S + 3O_2 + 2H_2O \rightarrow 2H_2SO_4$$

而厌氧菌可以把硫酸根还原成硫离子,可以促使涂、镀层材料发生氧化腐蚀:

$$4Fe + 2H_2O + Na_2SO_4 + 2H_2CO_3 \rightarrow 3Fe(OH)_2 + FeS + 2NaHCO_3$$

4.3.2　涂、镀层表面组分及状态的影响

涂、镀层材料的组分本身可以直接影响到其防腐蚀性能、涂、镀层的使用寿命等。实际上,不同的涂、镀层其种类及化学稳定性是不同的。根据前面的介绍,其在不同的服役环境中,这些防护涂、镀层具有不同的化学稳定性。有些涂、镀层表面有自然钝化膜,属于钝态;有些是在涂、镀层发生腐蚀过程中形成的钝态,如一些合金镀层因为腐蚀,表面富集易钝化的元素,形成了非常稳定的钝化膜,而增加了对基体材料的保护能力。

有一些金属防护镀层在服役环境中发生了腐蚀,在表面形成腐蚀产物(如锌镀层的腐蚀产物),而且这种腐蚀产物导电性不好,成了一层减缓进一步腐蚀的屏障,可以有效提高镀层的防腐蚀效果。

零部件表面涂、镀层的表面状态与缺陷对其防腐蚀性能的影响也很大,一些明显的涂、镀层缺陷人们容易发现,并可以在涂镀加工中避免这些明显的缺陷。但是一些不太明显的表面微观缺陷,不太容易被人们发现。也正是这种表面涂、镀层的缺陷,使得部件在服役条件下,处于不稳定状态,易引起局部腐蚀。因此需要认真发现涂、镀层表面的缺陷,尽可能采取复合多层的方式来提高整个涂、镀层的防腐蚀性能。

习题与思考题

1.涂、镀层的防护机理主要包括哪些方面? 试比较钢铁基材表面镀锌层和有机涂层防护原理的差异。

2.何谓涂、镀层的物理屏蔽防护作用,影响涂、镀层的物理屏蔽防护作用的主要因素是什么?

3.请简述玻璃鳞片防腐蚀涂层的主要防护原理。

4.请举例说明元素富集与钝化对涂、镀层的防护性能所起的作用。

5.请简述达克罗涂层的结构特点和防护原理。

6.常见的无机缓蚀剂有哪些? 请举例说明其缓蚀原理。

7.树脂中的有机缓蚀剂是如何作用的? 请举例说明。

8.何谓腐蚀环境? 可大体分为哪些类型?

第 5 章　特种电沉积技术与沉积机理

5.1　复合电沉积技术

复合电沉积是将一种或数种不溶性固体微粒通过搅拌方式均匀地悬浮在镀液中,利用电化学沉积或化学沉积的方法,使镀液中某种单金属或合金成分与微粒在阴极上实现共沉积的一种工艺过程。由于固体微粒均匀地分散在单金属或合金的基质中,因而复合电沉积又被称为分散镀或弥散镀。所形成的复合镀层是一种金属基的复合材料,由于固体微粒的嵌入,原有的膜层性能发生了显著变化,从而扩展了它在不同领域中的应用。

复合电沉积工艺的夹带物质从最初的固态颗粒,逐渐发展到液态悬浮的微细液珠,以及裹带某种细小气泡的颗粒物质等多种形式。这样就形成了多种材料的复合,使电沉积镀层具备原来单一金属材料所不能具有的功能,从而大大扩展了复合镀层的应用范围。

在生产中应用最多的复合镀层是夹带抗磨材料以增强或改善基材的抗磨损性能的,而以提高基材抗腐蚀能力的镀层也得到较为广泛的应用。同时,复合电沉积技术也提供一种制备以金属镀层为基体框架,并承载着其他功能性材料的方法。例如,荧光、发光、反光、感光材料,润滑、增韧、调色、固香、磁滞、阻热、吸音、杀菌、助黏、生物活性、成分梯度等,甚至用于缓蚀、磁化、屏蔽和液晶显示等。

复合电沉积镀层从工艺和结构上主要有以下几种类型:

第一类是参与复合电沉积的微细颗粒直径从纳米级尺寸到 $100\mu m$。纳米级的颗粒物质进行复合电沉积,复合得到的镀层类似于弥散强化型的冶金材料;略粗一些的微粒复合沉积,可分散于基质金属内,也可能暴露于镀层表面直接支撑外界载荷或接触外界腐蚀介质,这时复合镀层中微粒物质将参与和体现复合镀层的表面特性。

第二类是用较粗的微粒(毫米级)来进行复合共沉积。这时镀层中的颗粒在很大程度上代表了复合镀层的表面性能。基质镀层金属的主要作用是用于固定这些颗粒,不过多地参与展现表面的功能。

第三种类型是纤维强化复合镀层。夹杂在镀层中的可以是短纤维、晶须或长的纤维丝。人工制备的长丝或短纤维如硼纤维、碳纤维、玻璃纤维和金属纤维等都可以应用于复合沉积,具有高强度的晶须也可用于复合电沉积。这些纤维材料虽然强度很高,但纤细而脆、抗介质作用差,单独使用性能不好,通过复合电沉积夹杂进入镀层基质金属内,便能形成具有优异性能的复合材料膜层。

5.1.1　复合电沉积的特点

与粉末冶金法、热挤压法、熔渗法等热加工方法相比,利用复合电沉积方法制备复合材料具有明显的优点。

(1)复合电沉积的操作温度低

用粉末冶金等热加工方法制备复合材料一般须在 500～1 000℃或更高的温度下进行处理或烧结,因此,很难使用有机物或低熔点的物质来制取金属基复合材料。此外,由于烧结温度高,基质金属与夹杂于其中的固体颗粒之间可能会发生相互扩散或化学反应,往往会改变它们各自的特性。而复合电沉积一般是在水溶液中进行的,通常在室温至 60℃条件下进行,除了已经大量使用的耐高温陶瓷颗粒外,各种有机物和其他遇热易分解的物质,甚至含有润滑油的液体微胶囊也可以作为不溶性颗粒分散进入到复合镀层中,可方便地制备各种类型的复合膜层。另外,由于基质金属和固体微粒之间本身不发生扩散和化学反应,因而复合镀层中可保持它们各自的特性。当需要基质金属与固体颗粒发生扩散和化学反应时,也可在复合电沉积后,再对其进行热处理,得到所需要的涂、镀层。

(2)复合镀层组成的多样化

复合电沉积的同一基质金属可以方便地镶嵌一种或数种性质各异的固体、液体微胶囊颗粒,同一种颗粒也可以方便地镶嵌到不同的基质金属中,制成各种性能的复合镀层。改变固体、液体微胶囊颗粒与共沉积的条件,可使颗粒在复合镀层中的含量有一个大的变化范围,因而既可通过改变镀层中颗粒含量来控制复合镀层的性能,也可通过改变电沉积工艺来改变和调节复合镀层的机械、物理和化学性能。例如,梯度功能镀层就是利用复合电沉积的这个特点,根据镀层中微粒含量随镀层厚度的渐进变化,最大限度地发挥镀层表面或底层(两个部位的微粒浓度不同)的功能。另外,可以将几种不同特性的微粒全部复合进入到基质金属镀层中,使得复合膜层达到更新、功能更多的要求。

(3)复合电沉积工艺投资少、制备成本低

复合电沉积可以在普通的电镀设备、镀液等基础上增加使固体颗粒在镀液中充分悬浮的措施,能用来制备多种功能的复合镀层。

(4)节省原材料

很多零部件的功能都是由零件的表面体现出来的,如耐磨、减摩、导电、抗高温氧化、电催化、杀菌能力等性能。因此,在大多数情况下可以采用某些具有特殊功能的复合镀层取代整体实心材料,即在廉价的基体材料表面镀上复合镀层来替代贵重原材料制造的零部件。

复合电沉积目前存在的主要问题是,制备沉积颗粒含量过高(如复合微粒量 60％以上)的复合膜层难度较大。另外,由于基体表面电流分布不均匀,容易造成复合微粒膜层的厚度不均匀等。

5.1.2　复合电沉积镀层的种类

按基质金属不同可将复合电沉积镀层分为镍基、铜基、锌基等单金属复合镀层,其中镍基复合镀层的应用最广。另外,还可将二元、三元合金等镀层作为基质金属制备复合镀层,如 Ni-W 合金复合有 ZrO_2 微粒的膜层等。根据分散固体颗粒的成分可将复合电沉积镀层分为无机、有机颗粒复合镀层,金属粉复合镀层等。

按照微粒与镀层的关系可将复合电沉积镀层分为 4 种类型,如图 5.1 所示。图 5.1(a)所示是微粒与单金属基质共沉积形成的复合镀层;图 5.1(b)所示是微粒与合金基质共沉积形成的复合镀层;图 5.1(c)所示是单金属基质中共沉积了两种微粒;图 5.1(d)所示是复合在镀层中的微粒经过热扩散处理后形成的均相合金镀层。例如铝粉与镍离子复合共沉积得到的镀层进行热处理后,独立的金属铝相消失,形成镍铝合金。

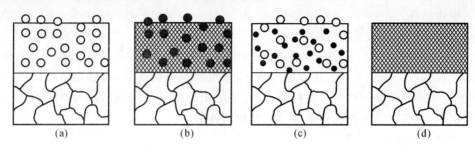

图 5.1　复合电沉积镀层的四种类型示意图

另外一种常用的分类法,是按照用途将复合电沉积镀层分为装饰-防护性复合镀层、功能性复合镀层及结构材料用复合镀层等几大类。

(1)装饰-防护性复合镀层

用得较多的装饰-防护性复合镀层是镍封和缎面镍(镍基质与 SiO_2,SiC,高岭土,$BaSO_4$ 等复合)以及沙面铜复合镀层。还有使用各种不同颜色的荧光颜料与镍共沉积,制成的具有各种不同颜色的荧光复合镀层等。从腐蚀防护角度讲,复合镀层应当具有表面装饰效果,同时能够抵抗大气条件下的腐蚀。实际上复合镀层的表面防护作用比普通镀层更强,例如含有 Al_2O_3 微粒的 Ni 封复合镀层比光亮装饰镍-铬镀层的耐腐蚀性能提高了 3～5 倍。

(2)功能性复合镀层

功能性复合镀层是利用零件表面镀层的各种物理、化学、机械等性能,例如耐磨、导电、抗高温氧化等功能,来满足各种实际工况条件的需要。根据复合镀层所具有的不同功能又可将它们进一步细分为以下几类。

1)具有机械功能的复合镀层

镍、铜、钴、铬等基质金属与 SiC,Al_2O_3,ZrO_2,WC,TiC 等固体微粒形成的复合镀层具有较好的耐磨性能,被称为耐磨性复合镀层。耐磨镀层是应用最为广泛的一类功能性复合镀层。铜、镍、铁、铜锡合金等基质金属与自身具有润滑性能的微粒,如石墨、氟化石墨、聚四氟乙烯等复合,可以形成自润滑复合镀层;而将润滑油制备成微胶囊后与镍、铜等基质金属复合可制备减摩复合镀层。金刚石颗粒与镍共沉积形成的复合镀层,可用来制备各种磨削工具,如金刚石砂轮、钻头、什锦锉以及金刚石滚轮等。铁与 B_4C 微粒形成复合镀层可降低内应力,铅和 TiO_2,$BaSO_4$ 等微粒形成的复合镀层可改善耐蠕变性等,这些镀层都属于机械功能性复合镀层。

2)具有化学功能的复合镀层

在一般的大气、海洋或者存在化学介质的环境中,使用含有 SiO_2,Al 粉等微粒的镍基、锌基复合镀层具有较好的耐腐蚀性。如 Ni - SiC 复合镀层在大气中的抗腐蚀能力比普通镀镍层好,Zn - SiO_2 复合镀层的也有同样的特点,而且复合镀层对于防止高温条件下工作的零部件的腐蚀有着更明显的优越性。如 Ni - SiO_2,Ni - ZrO_2 等复合镀层在 800℃ 的高温下,抗氧化能力远比普通镀镍层强,非晶态 Ni - P - ZrO_2 复合镀层的抗高温氧化性能也远远大于 Ni - P

合金。

还有一些复合镀层用作电极材料时对电极反应机理及反应速度产生很大影响。例如,使用 Ni - WC,Ni - ZrO₂,Ni - MoS₂ 等复合镀层作为电极进行电解时,对 H^+ 离子的还原反应具有明显的催化活性。

3)具有电接触功能的复合镀层

银、金基质的复合镀层常用于电器设备的电接触材料,如 Ag - Al₂O₃,Ag - MoS₂,Ag - TiO₂,Au - WC,Au - SiC 等。其主要原因是金、银虽然导电性能好,接触电阻小,但是硬度不够高,耐磨性较差。添加耐磨固体微粒与金、银共沉积形成复合镀层后,可在保持其良好导电性能的前提下,显著提高它们的抗电蚀能力和耐磨性能。

4)具有其他功能的复合镀层

在镀镍溶液中加入钙、磷的化合物,使金属镍和羟基磷灰石的前驱体共沉积,形成具有良好的人体生物相容性的含羟基磷灰石的镍基复合膜层。在镀镍溶液中添加某些半导体微粒如 TiO₂,CdS 等形成的复合镀层,在光的作用下可以获得电压和电流的响应,从而具有光电转换效应。锌与石墨形成的复合镀层具有防止零件在装配时发生咬死的作用。含有大量橡胶微粒的复合镀层具有消声、隔音作用。

(3)用做结构材料的复合镀层

在金属材料中加入具有高强度的第二相,选用适当的分散颗粒,控制其粒径的大小及沉积量,可使用于结构材料的性能大大提高。这种类型的复合镀层通常是用电铸的方法来制备的,除了各种陶瓷粉末能与金属共沉积形成高强度的结构材料外,还可通过电铸使细长的纤维丝(如 SiC、石墨、玻璃等)或晶须与基质金属共沉积,成为高度增强的结构材料。这种电铸复合材料膜层厚度通常在 1mm 以上。

5.1.3　影响复合电沉积的主要因素

由于复合镀层本质上就是在普通金属镀层中镶嵌了微粒,因此,复合镀层的性能在很大程度上取决于分散其中的微粒特性,包括微粒的种类、粒径大小、形状、含量、均匀分布程度等,影响这方面的因素都可能影响到复合镀层的性能。

1. 微粒特性的影响

用于复合电沉积的微粒材料的品种有很多,原则上说,凡不溶解于镀液而又能使之悬浮的微粒材料,包括乳化的液珠、液体微胶囊和微细的气泡都能应用于复合电沉积。微粒材料的尺寸在复合电沉积中往往受到限制,这是因为在复合沉积过程中必须能使之较长时间稳定地悬浮在电镀溶液之中,形成悬浮状的分散体系,甚至有时近似于胶态溶液。因此,实际使用的微粒材料尺寸从纳米级到 100μm 左右。更粗大的微粒往往要采用镶嵌或裹胁的方法。微细的颗粒可以用搅动的方法来帮助悬浮,而粗大粒子大多在搅起之后迅速沉降。例如切削和抛光用的金刚砂或其他磨料的复合电沉积,就需要采用合适的布沙工艺来进行复合电沉积。

微粒物质在镀液内的实际加入量一般是根据所制备复合镀层中希望夹带的微粒量来决定的。有的复合镀液体系中加入的微粒材料量达到 200g/L 以上,这样的复合镀层包含的颗粒体积有可能达到 60%。一般来说,复合镀层中夹带的微粒含量与镀液内悬浮的微粒量成比例，但并非是一种严格的线性关系，因为它还受复合电沉积的工艺条件和溶液体系的影响。

　　可用于复合电沉积的微粒材料种类很多，在实际生产中应用的主要有 Al_2O_3，SiC，BN，石墨，金刚石，MoS_2，$PTFE$ 等微粒。这些微粒的复合可以是镀层强化或者达到某种功能。要想使复合镀层强化，可以按照不同的强化机制选用微粒尺寸和比例。如希望弥散强化，所选的微粒应细，直径为 $0.01\sim1\mu m$，而复合量则在 $1\%\sim15\%$。将这些细微的惰性颗粒均匀地分布在金属镀层内部，仍是依靠金属镀层为基础来支撑主要载荷，而微粒的硬度和强度则足以阻碍镀层内材料的位错移动、阻滞再结晶和晶粒长大过程的发生。

　　从微粒本身特性而言，对复合镀层中微粒含量和镀层性能可能产生的影响主要包括：

　　①稳定性：用于制备复合镀层的微粒必须在镀液中既不溶解，也不起化学反应。或者说，它对周围与它接触的各种介质来说，应当是惰性的。

　　②晶型结构：成分相同晶型结构不同的微粒与金属共沉积，有时会出现相当明显的差异。例如，镍基复合镀层，粒径为 $1\sim2\mu m$ 的 α-Al_2O_3 在复合镀层中的含量，比同样大小的 γ-Al_2O_3 要高 $1\sim2$ 倍。

　　③密度：对粒径大小相同的微粒来说，密度较大的微粒更难以在镀液内均匀悬浮。在镀液中微粒含量和搅拌等条件相同的情况下，密度较大的微粒在镀液中常常达不到充分悬浮的要求，微粒在镀液内的有效浓度低。因此，密度较大的微粒在镀层内的含量也相应降低。

　　④粒径：除一些有机物微粒和液体微胶囊微粒外，大部分微粒的密度都比镀液大得多。微粒的粒径增大，其质量急剧增加，因而粒径较大的微粒不易充分地悬浮于镀液中，造成微粒在镀液中的有效浓度下降，影响微粒在镀层中的含量。总体而言，随着微粒粒径的增大，与金属共沉积的困难程度也有所增加。例如，在电沉积 Cu-SiC 复合镀层时，粒径为 $15\mu m$ 的 SiC 微粒在镀层中的含量明显地大于粒径为 $25\mu m$ 的 SiC 微粒。

　　⑤导电能力：复合电沉积时，基质金属可以直接沉积在导电性能好的微粒表面上。这种微粒比较容易被埋入镀层中，但微粒的导电能力较强也会带来一些问题。绝缘微粒被嵌入阴极表面后，相当于使有效阴极表面积减少，增大了阴极极化，而导电的微粒黏附于阴极表面上，则相当于阴极有效面积有所增加，阴极极化减小，从而使得电流集中于导电微粒上，导致镀层表面变得更为粗糙。

　　⑥润湿性：一般认为，如果微粒在镀液中能充分地润湿，则它在镀液中的沉降速度就会降低，有利于它在镀液中充分、均匀地悬浮，容易到达阴极并与基质金属实现共沉积。不过也有研究发现，亲水性微粒，比如 SiC，易在镀液中悬浮，但是不易吸附在阴极上，共沉积量较少；而不亲水性微粒，比如 MoS_2，则易吸附在阴极上，容易与 Ni-P 合金共沉积，但一般来说，这类微粒所形成的复合镀层结构不致密或者镀层性能不佳。

2. 电沉积工艺的影响

　　复合电沉积一般都是在已经成熟的镀液中加入微粒材料并设法使之悬浮，从而实现基质金属与微粒的共沉积。所，要实现复合共沉积，首先需要解决的是微粒材料在溶液内均匀悬浮的问题，其次就是解决这种混合镀液体系随时间的稳定性问题。

　　以最常见的 Ni-Al_2O_3 为例，根据不同需要可选用瓦特镀镍、氯化物或者氨基磺酸盐等镀液。由于溶液中水是极性颇强的溶剂，Al_2O_3 等微粒状材料加入镀液后，其表面受到极化而带有一定电荷。由于 Al_2O_3 这类微粒是两性物质，在酸和碱性介质内都有溶解的倾向，因而微粒表面上的电荷类型和大小将直接受到周围介质 pH 值的影响。

在偏酸性的介质中,Al_2O_3 微粒或其他微粒如 TiO_2,SiO_2 等表面上将出现下列反应:

$$S—OH+H^+A^- \rightleftharpoons SOH_2^+A^-$$

式中,$S—OH$ 表示微粒表面上的吸附活性点;H^+A^- 表示溶液内的酸。

在偏碱性的介质中,微粒表面出现下列反应:

$$S—OH+B^+OH^- \rightleftharpoons SO^-B^+ + H_2O$$

式中,$S—OH$ 表示微粒表面上的吸附活性点;B^+OH^- 表示溶液内的碱。

由此可见,溶液的 pH 值直接影响微粒表面的吸附反应和荷电情况,偏酸性的介质中微粒表面极化吸附使之被带负电荷的粒子包围,而在偏碱性的介质中则反之,被带正电荷的粒子所包围。随着溶液 pH 值的变化,在某一 pH 值处微粒表面的总电荷值将为零,一般将此时的电位称为等电点或者零电荷电位。

零电荷电位这个值是微粒的特性,根据试验,Al_2O_3 的零电荷电位对应的 pH 值是 7.5～8,而 TiO_2 微粒零电荷电位对应的 pH 值为 5.5～6.0。因此在偏酸性的镀液里,Al_2O_3,TiO_2 微粒表面带正电荷,而在偏碱性的介质中 Al_2O_3,TiO_2 微粒表面带的是负电荷。需要注意的是,零电荷电位会因溶液的组成而变化,特别是在有特性吸附离子存在时这种变化更为明显。

由于瓦特镀镍液的工作 pH 值都在 5 以下,远低于 7.5,Al_2O_3 微粒表面带有一定的正电荷。当电沉积零件受到外加电位影响时,微粒将优先在阴极表面放电析出。在瓦特镀镍液中加入不同含量的 Al_2O_3 微粒,当带正电荷的 Al_2O_3 微粒吸附到阴极表面,阻挡了一些阴极表面的活性区,导致阴极表面电位负移,阴极极化增大(见图 5.2),镀液中的微粒加入量愈多,电位也愈向负移。另外加入微粒的粒径越大,这种阻挡作用也越明显,因而阴极极化也会随微粒粒径的增大而增加。由于加入的微粒具有亲水和不导电性,同样也会促使阴极极化升高。如果微粒的加入也影响到零电荷电位,则这种极化的变化也会同时受到零电荷电位的共同影响。由此可见,微粒的加入不仅参与了复合电沉积,同时也影响到整个电沉积过程。

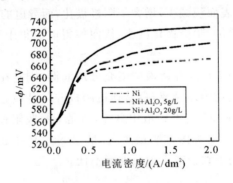

图 5.2　加入不同含量的 Al_2O_3 微粒对镀镍阴极极化的影响

微粒与溶液间的相互关系也反映在电极表面上的放电与析出上。当加入的 Al_2O_3 微粒增多时,在阴极上阻挡了 Ni 离子的析出,因而提高了阴极极化。这种影响促使微粒的夹带量随着溶液内 Al_2O_3 微粒的增多而增加。降低镀液的 pH 值和提高镀镍的电流密度也会起到同样的作用。然而,这种复杂而多元的相互关系,并非对所有的复合电沉积体系都完全相同。如果其中一种或几种工艺参数的变化规律不同,或变化的程度不相协调,便会表现出不同的变化规律。例如,电流密度由低逐渐升高,一般都会增加复合镀层内微粒的夹带量。如果电流密度继续升高至一定的程度,镀液的极化规律就有可能由浓差极化转为电化学极化,这种沉积规律便会反转。而搅拌镀液会使阴极表面的液流从层流转变为湍流时,情况也一样。

镀液的类型在很大程度上也是因为其阴离子的不同类型对复合电沉积的过程有显著影响。例如,氰化镀铜溶液就比酸性硫酸铜溶液更容易复合,而向酸性硫酸铜镀液内添加氯离子则镀层中微粒的复合量会减少。许多能被微粒吸附的阳离子,特别是一价的阳离子如 Rb,Ti 等以及 Cs 均会对复合电沉积过程有促进作用。因此,为提高复合共沉积镀层中的微粒复合量,可向镀液中添加上述一价的阳离子,或添加阳离子表面活性剂如脂肪胺类等。

影响复合电沉积的工艺因素很多,除了以上微粒及镀液性质的影响外,复合电沉积过程的操作条件,如阴极电流密度、温度、搅拌强度等与镀层中微粒的含量的关系密切。

(1)阴极电流密度

在复合电沉积过程中,阴极电流密度增大,可以提高基质金属的沉积速度,缩短极限时间。所谓极限时间是指黏附于阴极表面上的微粒,从开始有金属在微粒与阴极表面接触处电沉积起,到它被金属镀层完全埋牢为止所需要的时间。极限时间越短,意味着单位时间内可能嵌入的微粒数量越多。

一般来说,阴极电流密度增大,阴极的过电位会相应地增高,因而电场力增强,即阴极对吸附着正离子的固体微粒的静电引力增强。因此,在这种情况下,阴极电流密度增大,对微粒与基质金属的共沉积具有一定的促进作用。但是,随着阴极电流密度的提高,基质金属沉积速度加快,微粒被输送到阴极附近并嵌入镀层中的速度,常赶不上基质金属沉积速度的提高。因此,镀层内微粒的含量反而会下降。此外,由于镶嵌在阴极表面的微粒,遮盖住了部分的阴极表面,而大部分微粒的导电能力很差,因而使阴极真实电流密度增大,从而进一步提高了阴极过电位。这有可能导致氢气的最大析出,会妨害微粒与基质金属的共沉积。

(2)搅拌

搅拌强度和搅拌方式对微粒在复合镀层中的含量有较大的影响。因为微粒在电镀液中的充分、均匀悬浮以及向阴极表面的输送,主要都是依靠搅拌的作用,所以,要从这两方面来考虑搅拌所产生的影响。

对于密度较小或粒径较小的微粒,当它们在镀液中的浓度不太大时,很容易在镀液中均匀、充分地悬浮。搅拌对复合电沉积的影响,主要表现在向阴极表面输送微粒,因此搅拌的影响相对较小。对于粒径大、密度大的微粒,搅拌的影响就显得突出了,这是因为这类体系的复合电沉积,需要较强烈的搅拌。

随着搅拌强度的提高,被输送到阴极表面的微粒数量随之增多,同时随着液流运动速度的增大,对电极表面的冲击力也增大。这不仅会使微粒难以黏附在阴极表面上,而且还会使已经黏附于阴极表面上,但尚未完全被基质金属嵌合牢固的微粒,在运动着的微粒和镀液液流的冲击下,脱离阴极表面重新进入镀液中。因此在这两个相反因素的影响下,微粒在镀层中的含量有可能先上升,在达到极限值后,又转变成下降。

在复合电沉积中,除了采用连续搅拌的方法以外,也可以间歇地搅拌镀液,即在搅拌一段时间之后,又停顿一段时间。在搅拌停顿期间,仍不截断电流,让电沉积过程继续进行。这种间歇式搅拌方式,微粒由于受到重力作用下沉到阴极的水平表面上,并被嵌入镀层中,可使被镀零件朝上的表面镀层中的微粒含量明显地增加。

（3）温度

复合电沉积时,升高镀液的温度,将使镀液内离子的热运动加强,从而使其平均动能增加;此外,温度升高,阴极过电位将减小,电场力也会减弱,这些都对微粒嵌入镀层造成困难。再则,温度上升,还会导致镀液黏度下降,因而微粒对阴极表面的黏附力也会下降。由于这些原因,微粒在复合镀层中的含量一般将随电沉积操作温度的上升而有所下降。

5.1.4　复合电沉积理论

1. Guglielmi 复合电沉积理论模型

有关复合电沉积的机理模型较多,其中最为经典的是 Guglielmi 的吸附理论模型。该理论认为,悬浮于液相的非导电颗粒要通过两个连续的吸附步骤在阴极实现共沉积。第一步为颗粒被带电离子及溶剂所包覆,在电极的紧密层外侧形成弱吸附。这一步骤实质是一种物理吸附,是个可逆过程,即发生弱吸附的微粒与悬浮于镀液中的微粒处于平衡状态。第二步是在界面电场的影响下,处于弱吸附状态的颗粒脱去表面所吸附的离子和溶剂化膜,颗粒的一部分进入紧密层内与电极直接接触,形成不可逆的电化学吸附,这一过程为强吸附步骤。发生强吸附的颗粒被生长的金属所埋入,从而形成复合镀层。两步吸附的过程如图 5.3 所示。下面介绍一下该模型中的数学处理过程。

令 S_L 为弱吸附微粒所占电极面积,S_S 为强吸附微粒所占电极面积,S 为电极总面积,θ 为强吸附率,σ 为弱吸附率,则

$$\theta = \frac{S_S}{S} \qquad (5-1)$$

$$\sigma = \frac{S_L}{S} \qquad (5-2)$$

实验结果表明,镀液中悬浮的微粒与处在弱吸附状态的微粒存在平衡,在很大程度上类比于 Langmuir 吸附等温线,则

$$\sigma = \frac{kc}{1+kc}(1-\theta) \qquad (5-3)$$

式中,k 为与粒子和电极间相互作用强度有关的平衡常数;c 为镀液中的微粒浓度(体积分数)。

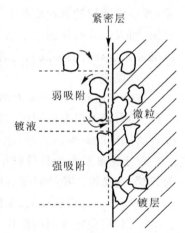

图 5.3　两步吸附过程示意图

对弱吸附转变为强吸附过程来说,处于弱吸附状态的微粒,相当于强吸附的反应物,因此强吸附的速度,应当与弱吸附率成正比。从弱吸附到强吸附依赖于电场,为此认定强吸附速度与高过电位区的电场对电极反应速度的影响类似,可用指数规律表示,于是引入了类比于 Tafel 方程的电场因子 $V_0 e^{B\eta}$。其中,η 为过电位,V_0,B 为常数,B 可以反映电极与溶液界面间电场对微粒强吸附影响的程度。从弱吸附到强吸附需要越过一个能垒,也就是说,只有具有一定能量的弱吸附颗粒才能进一步进入强吸附。$e^{B\eta}$ 可认为是具有这一能量的弱吸附颗粒与全部弱吸附颗粒之比,即单位时间内在单位弱吸附表面上吸附颗粒的体积,那么从弱吸附到强吸附的速率方程为

$$\frac{dV_p}{dt} = \sigma V_0 e^{B\eta} = V_0 e^{B\eta}(1-\theta)\frac{kc}{1+kc} \qquad (5-4)$$

式中,$\dfrac{\mathrm{d}V_p}{\mathrm{d}t}$ 是单位面积、单位时间内电极上从弱吸附进入强吸附的微粒体积数。

若用 $\dfrac{\mathrm{d}V_m}{\mathrm{d}t}$ 表示电沉积金属在单位面积、单位时间内电沉积的量,假定电流效率为 100%,则

$$\frac{\mathrm{d}V_m}{\mathrm{d}t}=\frac{Mi}{nF\rho_m} \tag{5-5}$$

式中,F 为法拉第常数;ρ_m 为被沉积金属的密度;n 为金属离子的价数;M 为沉积金属的原子量;i 为阴极电流密度。

用 $\dfrac{\mathrm{d}V}{\mathrm{d}t}$ 表示金属与颗粒的共沉积速率,α 表示颗粒在镀层中的体积分数,则复合共沉积速率为

$$\frac{\mathrm{d}V}{\mathrm{d}t}=\frac{\mathrm{d}V_m}{\mathrm{d}t}\frac{1}{1-\alpha} \tag{5-6}$$

当阴极极化较大时,可将 Butler-Volmer 方程简化成

$$i=i_0\exp\left(\frac{\bar{\alpha}F\eta}{RT}\right) \tag{5-7}$$

式中,i_0 为金属电沉积的交换电流密度;$\bar{\alpha}$ 为还原反应的传递系数。在复合电沉积过程中,电极表面强吸附了不导电的颗粒,金属离子实际放电的面积减少,于是引入 $(1-\theta)$ 因子,若不考虑由于带电颗粒吸附而引起的 i_0 变化,那么被颗粒强吸附以后的电极表观交换电流密度为 $(1-\theta)i_0$,即表观交换电流密度比原来减少了,令 $A=\dfrac{\bar{\alpha}F}{RT}$,则复合电沉积中,式(5-7) 应表示为

$$i=(1-\theta)i_0\mathrm{e}^{A\eta} \tag{5-8}$$

因此,在同样的电流密度 i 下,复合电沉积的过电位 η 将增大。将式(5-5) 和式(5-8) 代入式(5-6) 得

$$\frac{\mathrm{d}V}{\mathrm{d}t}=\frac{Mi_0\mathrm{e}^{A\eta}(1-\theta)}{nF\rho_m(1-\alpha)} \tag{5-9}$$

(1) 强吸附为速度控制步骤的情况

在强吸附为速度控制步骤的稳态条件下,强吸附速度就是微粒嵌入镀层的速度。这时,复合镀层中金属的体积分数应当等于微粒的强吸附速度与单位电极表面上复合镀层总沉积速率之比,即

$$\alpha=\frac{\mathrm{d}V_p/\mathrm{d}t}{\mathrm{d}V/\mathrm{d}t} \tag{5-10}$$

将式(5-4) 和式(5-9) 代入式(5-10) 并整理得

$$\frac{\alpha}{1-\alpha}=\frac{nF\rho_mV_0}{Mi_0}\mathrm{e}^{(B-A)\eta}\frac{kc}{1+kc} \tag{5-11}$$

或

$$\frac{(1-\alpha)c}{\alpha}=\frac{Mi_0}{nF\rho_mV_0}\mathrm{e}^{(A-B)\eta}\left(\frac{1}{k}+c\right) \tag{5-12}$$

由式(5-12) 可知,微粒强吸附为控制步骤的特征是 $\dfrac{1-\alpha}{\alpha}-c$ 呈线性关系。

(2) 弱吸附为控制步骤的情况

当微粒的弱吸附为控制步骤时,复合共沉积符合的数学模型可简化为

$$\alpha = \frac{nF\rho_m k}{MD_k}c \qquad\qquad (5-13)$$

由此可知,微粒弱吸附为控制步骤的特征是 α 与 c 呈线性关系。

Guglielmi 模型具有一定的普遍性,其建立基础是电化学机理。该模型抓住电场因素,引入电场因子,使吸附与阴极极化过电位联系起来,从而导出将悬浮颗粒浓度 c,颗粒共沉积量 α 及电极过电位 η 有机联系起来的数学模型。该模型从电化学原理来探讨微粒与金属共沉积的条件,有利于提示复合电沉积的实质,其合理性已被多种复合电沉积体系证实。

但是该模型也存在一些问题,例如:

① 假说不够合理,它只考虑电场因素,没有考虑搅拌的力学因素,认为弱吸附一旦变为强吸附,便 100% 地被生长的金属嵌入,没考虑共沉积过程中镀液搅拌会导致还未被金属埋牢固的强吸附颗粒的脱落,也没有考虑电沉积电流的大小、颗粒的尺寸与形状对颗粒共沉积的影响。

② 颗粒从弱吸附到强吸附需要一定的能量,这些能量应从何处来,强吸附颗粒又都会受到什么力。既然颗粒已在阴极表面弱吸附,就有相对的稳定性,只是其相对运动的速率较小,能量较小。如果说带正电荷的电极表面吸附,一方面可以借助于界面电场做功提供能量,脱去部分水化膜;另一方面因静电引力使颗粒在电极表面吸附,从而被生长的金属埋入。但是对荷负电的颗粒的共沉积来说,它要从弱吸附到强吸附,要克服界面电场做功,并提供脱去水化膜的能量,这些能量来自何方,荷负电的颗粒是靠什么力使之在带负电的电极表面上吸附,进而被生长的金属埋入。对这两个问题,两步吸附理论难以合理解释。

2. MTM 复合电沉积理论模型

Celis 等人在"Gublielmi 模型"的基础上,对颗粒与金属共沉积的机理又进行了更深入的研究,提出了 MTM 模型。该模型基本假设认为:吸附在固体颗粒表面上的阳离子部分被脱去并在阴极上被还原,才能被镀层嵌合。该模型认为复合电沉积过程包括 5 个阶段,即:在镀液中颗粒表面形成一离子吸附层;颗粒通过流体对流作用运动到流动边界层;颗粒通过扩散穿越边界层;颗粒在电极表面吸附;一定数量的吸附在颗粒上的离子还原导致颗粒被生长金属俘获。其示意图如图 5.4 所示。

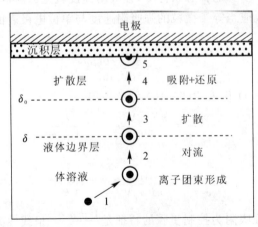

图 5.4　微粒共沉积的 5 个阶段

在该模型中,为计算颗粒在镀层中的质量分数 w_t,建立的数学表达式为

$$w_t = \frac{w_p N_p P}{w_i + w_p N_p P} \times 100\% = \frac{w_p N_p P}{\frac{Mi}{nF} + w_p N_p P} \times 100\% \qquad (5-14)$$

式中,w_p 为单个颗粒的质量;w_i 为单位时间内、单位面积上由于金属沉积所增加的质量;M 为沉积金属的原子量;i 为阴极电流密度;n 为沉积金属离子的价数;F 为法拉第常数;P 为单个颗粒被镀层嵌入的概率;N_p 为单位时间内、单位面积上到达阴极的颗粒数。

对于 N_p 的计算,该模型同时考虑了流体动力学因素的影响以及颗粒吸附离子部分还原的概率,得出

$$P = HP_{(k/k,i)} \qquad (5-15)$$

式中,$P_{(k/k,i)}$ 表示在某一电流密度下,吸附在颗粒上的 k 个离子有 k 个被还原的概率;H 表示流体动力因子,层流时 $H=1$,紊流时 $H=0$。

对于 N_p 的计算,认为阴极过程在电化学控制时,颗粒与离子以相同的速率向电极表面传递,从而得出

$$N_p = N_{ion} C_p^* / C_{ion}^* \qquad (5-16)$$

式中,N_{ion} 为单位时内到达阴极单位面积表面的离子数;C_p^* 和 C_{ion}^* 分别为单位体积镀液中的颗粒数和离子数。

该模型的积极意义是同时考虑了流体动力学因素和界面电场因素的影响,并且引入到数学模型中,但也存在明显缺点,从而影响了该模型的实用。其缺点主要体现在:

① 该模型的 5 个阶段中没有阐明颗粒在阴极表面吸附作用的实际意义;

② 模型的数学表达式中存在问题,$N_p P$ 不能被认为是到达电极表面的 N_p 个粒子中进入镀层的粒子数;

③ 计算 P 和 N_p 时,假设自由离子和被颗粒吸附的离子运动和能量状态等同,颗粒与离子在扩散层传递速率相同,这些假设过于理想,没有理论根据;

④ 该模型虽考虑了流体动力学因素的影响,但数学处理过于简单。

3. Valdes 复合电沉积理论模型

Valdes 等认为复合电沉积机理的最主要问题是对于颗粒／阴极相互作用的认识不够清楚。为避免这一问题,Valdes 引进了"完全沉降"模型。该模型假定颗粒在到达电极表面一定距离内便被生长金属不可逆地俘获,在旋转圆盘电极上复合电沉积时,颗粒在电解液中传递遵守质量平衡原则,由此导出了对于颗粒数目浓度 n 的连续性的方程

$$(\partial n / \partial t) + (\partial j / \partial r) = 0 \qquad (5-17)$$

式中,t 为时间;r 为垂直于电极表面的单位矢量;j 为颗粒向电极表面传递流量矢量,其包括扩散和流动项两部分:

$$j = -D_p(\partial n / \partial r) + Un \qquad (5-18)$$

式中,D_p 为颗粒布朗扩散系数;U 为作用在颗粒上所有力和力矩引起的微粒运动速度。

该模型的计算结果表明电流密度最高时,颗粒复合电沉积量最高。这一结果显然与实验结果不符,原因在于"完全沉降"模型不能正确描述颗粒在电极表面上的沉积过程。

Valdes 为改进该模型,又提出了 EIPET 模型,并导出了颗粒沉积的电化学速率表达式

$$i_p = K^0 c_s \left[\exp\left(\frac{\alpha ZF}{RT}\eta a\right) - \exp\left(-\frac{(1-\alpha)ZF}{RT}\eta a\right) \right] \tag{5-19}$$

式中，c_s 是吸附在颗粒表面上电活性离子的浓度；K^0 为依赖于 c_s 的标准电化学反应速率常数，类似于交换电流密度；其他参数与电化学极化控制时极化公式中的相应参数的物理意义相同。

这一模型建立的基础与 Guglielmi 模型在本质上是等同的，因此也存在 Guglielmi 模型类似的弊端，而且由于 c_s 概念模糊，很难作出定量分析，因此，该模型实用性也不大。

4. 并联吸附复合电沉积理论

该理论的基本假设是悬浮颗粒到电极表面强吸附的途径如图 5.5 所示，即悬浮于液相的颗粒可以通过两个并联的途径到电极表面发生强吸附。其一是通过两个连续的吸附步骤，第一步为可逆的弱吸附步骤，第二步为不可逆的强吸附步骤；其二是颗粒直接从悬浮态进入强吸附状态，且强吸附态的颗粒在未被沉积金属埋入前可以因外来冲击而脱落。

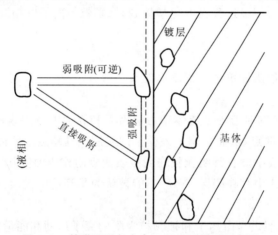

图 5.5　并联吸附复合电沉积理论模型示意图

基于以上基本假设，悬浮颗粒在电极表面发生强吸附是颗粒进入镀层的必要条件，但不是充分条件。要使颗粒留在镀层中，必须要求颗粒发生强吸附，且这种强吸附能保持一定的时间 t，以便能让生长的金属将其俘获。一般认为，在颗粒周围沉积金属的厚度达到该颗粒一半时，即可认为此颗粒被嵌合，而实际使用的颗粒一般不是球形的，对于不规则颗粒，实际的时间 t 比球形颗粒所需 t 要小。因此时间 t（单位为 s）涉及被强吸附颗粒的尺寸、形状，金属的电沉积速度等问题，其关系式可表示为

$$t = \frac{knFdD(1-\alpha)}{pim} \times 10^{-4} \tag{5-20}$$

式中，F 为法拉第常数；i 为电流密度，A/dm^2；n 为被沉积金属的离子的价数；m 为被沉积金属的相对原子质量；d 为被沉积金属的密度，g/cm^3；D 为被沉积颗粒的平均粒径，μm；p 为金属沉积的电流效率，%；α 为颗粒的共析度；k 为与颗粒形状有关的常数（$0 < k \leqslant 1/2$）。

由式（5-20）可知，颗粒尺寸越小，金属沉积速度越快，时间 t 越小。至于金属沉积速度与颗粒共析度的关系，存在找两个对立的方面：一方面是沉积速度越快，越容易捕获颗粒；另一方面由于金属本身沉积速度快，又降低了颗粒的共析度。因此，对于不同尺寸、形状的颗粒，要达到最大的颗粒共析度，对应着不同的金属沉积速度。

并联吸附理论考虑了 Guglielmi 的两步吸附理论中没有考虑强吸附颗粒的脱落问题。即在颗粒强吸附的时间 t 内,颗粒还未被生长的金属捕获,如果存在较大的冲击,颗粒存在被冲击而脱落的可能。因此搅拌速度越大,时间 t 越长,颗粒被冲击脱落的概率就越大。而搅拌速度对颗粒共析度也存在着两方面的影响,在其他条件不变或可忽略的条件下,搅拌一方面可增加颗粒在电极表面发生强吸附的机会,另一方面也增大了冲击强吸附颗粒发生脱落的可能。因此在一定的条件下,要获得最大的颗粒共析度,存在一个最佳的搅拌速度。

并联吸附理论提出了通过两个途径发生强吸附的共沉积机理,既考虑了带电颗粒与界面电场间的电场作用因素,也考虑了搅拌这一力学因素,能较好地解释搅拌对颗粒共析度的影响,并将两步吸附作为并联吸附的一个吸附途径,引入了两步吸附理论中的成功因素,使假设更符合实际情况。同时该理论还提出了时间因子 t,通过时间 t 将搅拌速度、颗粒尺寸与形状及金属沉积速度等因素有机结合起来,综合考虑了这些因素对颗粒共析度的影响,因此能较好地反映客观实际情况。

5.2　纳米薄膜电沉积技术

5.2.1　纳米薄膜的特性

纳米薄膜是指由尺寸在纳米量级的晶粒构成的薄膜,或将纳米微粒镶嵌于薄膜中构成的复合膜或共沉积形成的复合镀层,或者每层厚度在纳米量级单层或多层膜,也被称为纳米晶粒薄膜。其性能受到晶粒尺寸、膜的厚度、表面粗糙度以及多层膜结构等多方面的影响。与普通薄膜相比,纳米薄膜具有许多独特的性能,如力学性能、光学、电学、巨电导、巨磁电阻效应、巨霍尔效应、催化效应、光敏效应、高密磁效应等。

（1）力学性能

对纳米材料力学性能的研究主要集中在硬度、韧性和耐磨性等方面。材料晶粒尺寸对其硬度影响很大（见图 5.6）。如纳米 Ni-W 合金的硬度可高达 HV700,并有良好的韧性,弯曲 180° 不脆裂。膜层结构对材料的韧性影响较大,多层膜可提高材料的韧性,能明显改善和提高其性能。

纳米膜材料的耐磨性比通常的料要高,这主要是因为纳米多层膜邻层界面上的位错、滑移障碍比传统材料大很多,因此,滑移阻力比传统材料大。

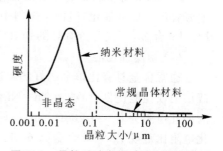

图 5.6　晶粒尺寸变化对硬度的影响

（2）光学性能

纳米超微粒膜具有特殊的紫外-可见光吸收光谱。当金（Au）被细分到大小为几百纳米的粒径时,会失去原有的光泽而呈现黑色。实际上所有金属超微粒子均为黑色,尺寸越小,颜色越黑。银白色的白金（Pt）变为铂黑,银变为银黑,镍变为镍黑等。这表明金属超微粒对光的反射率很低,一般低于 1%,大约有几百纳米的厚度即可消光,利用此特性可制作高效光热、光电转换材料,可高效地将太阳能转化为热能、电能。此外,它还可用做红外敏感元件、红外隐身材料等。

（3）电学性能

常规的导体（如金属），当尺寸减小到纳米数量级时，其电学性能发生很大变化。研究表明，材料的导电性与材料颗粒的临界尺寸有关，当材料颗粒大于临界尺寸时，将遵守常规电阻与温度的关系；当其尺寸小于临界尺寸时，则可能失掉材料原本的电性能。如 $Au-Al_2O_3$ 颗粒膜上表现出的电阻反常现象，随纳米 Al_2O_3 颗粒含量的增加，电阻不但不减少，反而急剧增加。

（4）磁学特性

随着电子工业的迅速发展，对磁记录密度的要求也越来越高，性能优异的磁芯头材料是当前最急需的。$Co-Ni-Fe$ 合金具有很高的饱和磁通密度（B_s）和低的矫顽力（H_c），Co65Ni12Fe23 是性能优异的软磁性材料，其饱和磁通密度为 $B_s=2.1T$，矫顽力为 $H_c=1.2Oe（1Oe=80A/m）$，这种特性可用于磁记录头。用电沉积法制得的 $Co-Ni-Fe$ 软磁膜，其平均晶粒尺寸接近 10nm，晶体结构为面心立方晶系和体心立方晶系（FCC-BCC）混相组成。纳米 $Co-Ni-P$ 合金具有良好的垂直矫顽磁性，可用于磁记录装置及微电机械系统的驱动器。纳米 $Sn-Ni$ 合金具有较好磁性和优良的耐蚀性，主要用于电子工业，如印制线路板等。

（5）半导体特性

纳米半导体材料所表现出的优异的磁性能和光学特性等，使其在微电子器件中具有广泛的应用。如纳米 $Bi_{1-x}Sb_x$ 合金是优良的半导体制冷材料，具有使制冷器件小型化、质量小、无噪声、不使用传热介质及无污染等优点；纳米 $Pb-Se,Cd-Se$ 和 $Bi-Sb$ 合金是很好的光电半导体敏感材料，可广泛用于太阳能电池、光电管、照明设备和光探测器等。纳米 $Zn-Te$ 合金是良好的半导体热电材料，多用于制冷器件。

（6）析氢催化特性

许多合金具有良好的析氢催化特性，如 $Ni-Mo,Pd-Fe$ 合金等。电沉积的纳米 $Ni-Mo$ 合金，具有很高的析氢催化特性，用于电解水能大大降低能量消耗。纳米 $Pd-Fe$ 合金在室温下就具有快速吸氢的动力学特性，即使在真空中也不须活化。

Pt 和 Pd 等金属都有很好的催化活性，被广泛用于某些反应的催化剂，通常用于汽车燃料中芳香烃的加氢催化，但由于燃料中含有少量硫（S），生成的 H_2S 容易使催化活性中毒，纳米 $Pt-Pd$ 合金，不仅对芳香烃的加氢催化作用效果更好，还能有效阻抑 H_2S 中毒。

（7）耐腐蚀性能

通常合金具有比单金属好的耐蚀性，而纳米晶合金则具有更高的耐蚀性。如 $Zn-Ni$ 合金镀层耐蚀性能优良，而纳米 $Zn-Ni$ 合金则有更高耐蚀性，利用线性极化法测纳米 $Zn-Ni$ 合金的极化电阻为 $R_p=1\,688\Omega/cm^2$，而常规的 $Zn-Ni$ 合金仅为 $300\ \Omega/cm^2$，纳米 $Ni-Zn$ 合金的极化电阻比常规 $Zn-Ni$ 合金高 5 倍以上。从腐蚀速率就能看出纳米 $Ni-Zn$（Zn 质量分数为 28%）合金具有很高的耐蚀性。

又如纳米 $Ni-Cu$ 合金具有很好的力学性能、电性能、催化活性和耐蚀性，特别是含 Ni 70% 纳米 $Ni-Cu$ 合金具有更优异的耐蚀性，在海水、酸、碱和一些氧化性及还原性环境中都具有很高的稳定性。纳米 $Ni-P,Ni-Fe$ 和 $Fe-Ni$ 合金等，比相应的常规合金有更高的耐蚀性。

5.2.2　纳米薄膜的电沉积制备技术

纳米材料由于在光学、电学、催化、敏感等方面具有很多特殊性能而受到广泛关注。制备纳米结构的覆盖层是表面工程的重要任务之一。在过去 20 年里,约有 200 多种不同的方法可制取不同形式的纳米结构材料,最基本的可归纳为以下 5 种类型:

① 气相法,如物理或化学气相沉积、惰性气体凝聚等;

② 液相法,如快速固化、雾化等;

③ 固相法,如机械研磨、非晶态初始晶化等;

④ 化学法,如溶胶、凝胶法、沉积法等;

⑤ 电化学法,如电沉积法、复合电沉积法、化学镀法等。

在这些方法中,电沉积技术制备纳米材料有着较好的前景,其特点在于:

① 电沉积层具有独特的高密度和低孔隙率,结晶组织取决于电沉积参数,通过控制电流、电压、电解液组分和工艺参数,能精确地控制膜层的厚度、化学组分、晶粒组织、晶粒大小和孔隙率等;

② 适合于制备纯金属纳米晶膜、合金膜及复合材料膜等各种类型膜层;

③ 在电沉积过程中,过电势是主要推动力,容易实现、工艺灵活、易转化;

④ 可在常温常压下操作,节约了能源,避免了高温引入的热应力;

⑤ 电沉积易使沉积原子在单晶基质上外延生长,易得到较好的外延生长层。

1. 直流电沉积法制备纳米镀层

在电沉积过程中,阴极附近溶液中的金属离子放电,并通过电结晶而沉积到阴极上。沉积层的晶粒大小与电结晶时晶体的形核和晶粒的生长速度有关。如果在沉积表面形成大量的晶核,且晶核和晶粒的生长得到较大的抑制,就有可能得到纳米晶。高的阴极过电势、高的吸附原子总数和低的吸附原子表面迁移率,是大量形核和减少晶粒生长的必要条件。

可以采用多种措施促使纳米晶的形成,具体方法包括:

① 采用适当高的电流密度。随着电流密度的增加,电极上的过电势升高,使形核的驱动力增加,沉积层的晶粒尺寸减少。不过,如果电流密度增大而阴极附近电解液中消耗的沉积离子来不及得到补充,则反而会使晶粒尺寸增大。

② 采用有机添加剂。添加剂分子吸附在沉积表面的活性部位,可抑制晶体的生长。析出原子的扩散也被吸附的有机添加剂分子所抑制,较少到达生长点,从而优先形成新的晶核。此外,有机添加剂还能提高电沉积的过电势,这些作用都可细化沉积层的晶粒,有助于纳米镀层的形成。

在电沉积过程中,金属离子传递到阴极,由于电荷传递反应形成吸附原子,最后形成晶格。其中非常关键的步骤是新晶核的生成和晶体的成长,以上两个步骤的竞争直接影响到镀层中生成晶粒的大小,起决定性作用的因素是由于吸附表面的扩散速率和电荷传递反应速率不一致造成的。在阴极表面具有高的表面扩散速率和由于较慢的电荷传递反应引起的吸附原子数目聚集,以及低的过电势都将有利于晶体的成长;相反,低的表面扩散速率和高的吸附原子聚集以及高的过电势,都将有利于增加成核速率。

用 δ 表示成核速率,则

$$\delta = K_1 \exp\left(\frac{-bs\varepsilon^2}{zek_B T\eta}\right) \tag{5-21}$$

式中,K_1 为速率常数;b 为几何指数;s 为一个原子在晶格上占的面积;ε 为边界能量;k_B 为玻耳兹曼(Boltzmann)常数;e 为电子电荷;z 为离子电荷;T 为绝对温度;η 为过电势。

根据塔菲尔(Tafel)公式,有

$$\eta = \alpha + \beta \lg J \qquad (5-22)$$

式中,α 和 β 为常数;J 为电流密度。

由此可见,电沉积金属的平均晶粒尺寸取决于过电势,在高的沉积过电势下,也就是在较高的电流密度下,就可得到平均晶粒尺寸较小的晶体甚至纳米晶镀层。

另外,在镀液中加入适宜和适量的添加剂,就可通过增大阴极极化,使形核晶界自由能减小,结晶细化,也有助于得到纳米晶。通常使用的添加剂有糖精、十二烷基磺酸钠、硫脲及香豆素等。

2. 脉冲电沉积法制备纳米镀层

采用脉冲电源进行电沉积称为脉冲电沉积。在脉冲电沉积过程中,除可以选择不同的电流波形外,还有三个独立的参数可调:脉冲电流密度 J_P,脉冲导通时间 θ_1 和脉冲关断时间 θ_2。

采用脉冲电流进行电沉积时,阴极-溶液界面处消耗的沉积离子可在脉冲间隔内得到补充,因而可采用较高的峰值电流密度,从而得到较小的晶粒尺寸。此外,脉冲间隔的存在,可减少外延生长,从而不易长成粗大的晶体。因此,脉冲电沉积与直流电沉积相比,更容易得到纳米晶镀层。脉冲电沉积还可通过控制波形、频率、通断比及平均电流密度等参数,获得具有特殊性能的纳米镀层。

脉冲电沉积纳米镀层可通过以下两个方法来实现:提高晶核数;控制晶核的成长。而晶核的大小和数目可由过电势 η 来控制。由式(5-22)可知,成核速率 δ 随过电势呈指数性增长。

在脉冲电沉积过程中,高沉积速率的导通时间 θ_1 仅能保持几毫秒,受扩散控制在阴极附近金属离子的浓度会迅速降低。此时,脉冲电流转换为关断时间 θ_2,在 θ_2 时金属离子从电解液中扩散到阴极表面,补偿金属离子的消耗。如此连续反复进行,从而达到控制晶核形成和生长过程的目的。

为了保证阴极-溶液界面处的沉积离子能得到及时的补充,采用峰值电流密度高的脉冲电流时,应结合短的脉冲导通时间(θ_1)和适当大的脉冲关断时间(θ_2),或增加电解液与阴极的相对流速,如采用高速冲液或增加阴极旋转速度等措施。

3. 复合电沉积法制备纳米镀层

纳米复合镀技术是将纳米微粒嵌镶于金属镀层中,使纳米微粒与金属离子共沉积的过程。将纳米微粒独特的物理及化学性能赋予金属镀层,形成的纳米复合镀技术,是纳米材料技术和复合镀技术的结合。与普通镀层相比,纳米复合镀层具有以下特点:

① 由纳米微粒与基质金属组成的复合镀层,具有多相结构,兼具两者的优点,使镀层性能发生变化。

② 在纳米微粒与基质金属共沉积过程中,纳米微粒的存在将影响电结晶过程,使基质金属的晶粒大为细化,可促使纳米晶粒镀层的形成。

③ 纳米复合镀层中的纳米微粒含量在 10% 以内,镀层即可表现出很多优异性能,如硬度、耐磨性、耐腐蚀性和润湿性等。

纳米复合镀层的基质金属和共沉积的纳米微粒共同决定了镀层的质量。其主要影响因素有微粒的尺寸和结构、电流密度、搅拌强度等,以及镀液的类型、各组分及含量、添加剂、pH值、温度、极化性等,它们都会影响镀层的质量和微粒的复合量。

另外,纳米颗粒的表面状态,对镀层的性能也有很大的影响。在镀液中添加适量的表面活性剂,可以改善纳米微粒的湿润和表面电荷的极性,使纳米颗粒有利于向阴极迁移、传递和被阴极表面俘获。

5.3　非晶态合金镀层电沉积技术

5.3.1　非晶态镀层的分类

非晶态合金的电沉积始于 1930 年制备的 Ni-S 合金,在 1947—1950 年期间,Brenner 用电沉积的方法制备出了 Ni-P,Co-P 合金镀层。20 世纪 80 年代至今,非晶态镀层材料取得了长足的进步。用电沉积法可制备出数十种非晶态合金镀层,分为 5 种类型:金属-类金属系非晶态合金;金属-金属系非晶态合金;金属-氢构成的非晶态合金;导体元素的非晶态合金;非晶态金属氧化物。

表 5.1 按这种分类列出了现有所知的电沉积非晶态合金的主要类型。随着新型非晶态合金电镀的开发、研究和进展,电沉积非晶态合金的种类还会增加,它们的性能也不断开发与完善,其潜力很大。电沉积非晶态合金将向着多元化(多元非晶态合金)、功能型、梯度层和提高实用性的方向发展。

表 5.1　电沉积制备的非晶态合金

金属-类金属	金属-金属	半导体元素系	金属-氢	金属氧化物
Ni-P,Co-Ni-P	Ni-W,Ni-Mo	Bi-S	Ni-H	Ir-O
Co-P,Ni-Fe-P	Fe-W,Fe-Mo	Bi-Se	Pd-H	Rb-O
Fe-P,Fe-Co-P	Co-W,Co-Mo	Cd-Te	Cr-H	
Co-S,Ni-Cr-P	Cr-W,Cr-Mo	Cd-Se	Cr-W-H	
Ni-B,Fe-Cr-P	Co-Re,Co-Ti	Cd-S	Cr-Mo-H	
Co-B,Co-Zn-P	Ni-Cr,Ni-Zn	Cd-Se-S	Cr-Fe-H	
Ni-S,Ni-Sn-P	Au-Ni,Ni-Fe	Si-C-F		
Cr-C,Ni-W-P	Co-Cd,Co-Cr			
Pd-As,Fe-Cr-B	Fe-Cr,Cd-Fe			
Ni-Cr-B,Co-W-B	Pt-Mo,Fe-Mo-W			
Ni-Fe-Co-P	Al-Mn,Pt-Mo-Co			
	Fe-Ni-W,Pt-Mo-Co			
	Fe-Ni-W,Fe-Co-W			

5.3.2　非晶态镀层的电沉积工艺

1. 金属-类金属系非晶态合金的电沉积工艺

金属-类金属系非晶态合金是由金属,尤其是铁组元素(Fe,Ni,Co)与类金属(P,B,C,S等)组成的。从合金的平衡状态图看,如 Ni-P,Co-P,Fe-P,Ni-B,Ni-S 等合金相图,可形成非晶态合金的组成大约对应于共晶成分范围。图 5.7(a)(b)分别示出 Ni-P 和 Ni-S 的二元合金相图并在其中标出形成非晶态合金的成分范围。图 5.8 为 Ni-S 合金电沉积层的 X 射线衍射图随镀层 S 含量的变化。镀层硫含量低时,X 射线衍射线条表示存在 Ni 的晶体。而当硫含量很高时,镀层结构又变为镍和硫化物的晶态结构。只有在一定成分范围,才可得到非晶态合金。

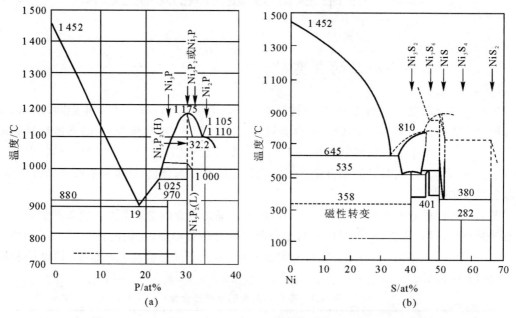

图 5.7　Ni-P 和 Ni-S 二元合金相图及其非晶态形成的成分范围

(a)Ni-P;(b)Ni-S

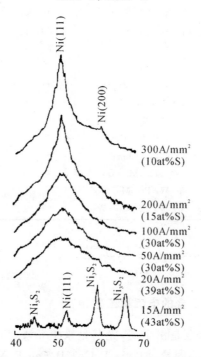

图 5.8　不同含 S 量 Ni-S 镀层的 X 射线衍射图

可见类金属含量对镀层结构的影响很大,要想获取非晶态合金,就必须控制电镀液中各种主盐的成分及电镀条件,以保证所制备的镀层成分落在非晶态合金形成所需的成分范围。

(1)非晶态 Ni-P 合金镀层

电沉积 Ni-P 非晶态合金的镀液组成和工艺研究得较多。电镀液一般以硫酸镍 $NiSO_4$ 作为镀层 Ni 的主要来源,再辅以氯化镍 $NiCl_2$ 或碳酸镍。也有以氨基磺酸镍作为主盐,其镀层光亮,韧性好,结合力大,但镀液成本较高,使用相对较少。镀层中磷的来源主要是加入镀液中的亚磷酸 H_3PO_3 或次亚磷酸钠 $NaH_2PO_2 \cdot H_2O$。

一般来说,随着镀液中含磷化合物浓度的增加,镀层磷含量增大,达到一定浓度后则变化不大。镀液温度低和电流密度小有利于提高镀层磷含量,但阴极电流效率降低;镀液 pH 低,镀层磷含量高,低浓度磷的镀液电流效率高,高浓度磷的镀液电流效率低。

在电镀 Ni-P 合金镀液中将镍盐换成硫酸钴或氯化钴,同样可以制备非晶态 Co-P 合金。

(2)非晶态 Ni-S 合金镀层

工业上常用 Ni-S 镀层作为电极材料或光泽镀层。镀液中一般以硫代硫酸钠作为镀层中硫的来源。

镀层含 S 量随着镀液中硫代硫酸钠含量的增大而增加。电沉积工艺参数 pH 和电流密度对镀层中含 S 量的影响如图 5.9 所示。从图 5.9 看出,随着镀液 pH 和电流密度的增大,镀层含 S 量减少,因此低电流密度、低 pH 是提高镀层含 S 量的途径,这与电镀 Ni-P 合金一样。但电镀 Ni-S 合金时,即使镀层含 S 量很高,阴极的电流效率也是高的,这一点与电镀 Ni-P 合金不同。

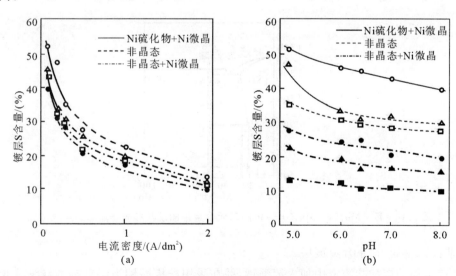

图 5.9　电沉积工艺对镀层含 S 量的影响

(a)电流密度;(b)镀液 pH

Co-S 非晶态合金的电镀工艺与 Ni-S 大致相同,Ni-S 非晶态合金的形成条件对 Co-S 合金的电沉积也是适合的。

（3）非晶态 Ni-B 合金镀层

瓦特液中加入三甲基胺硼作为镀层硼的主要来源，可获得非晶态 Ni-B 合金镀层。非晶态 Ni-B 合金的形成条件与沉积 Ni-P 合金相似，但电沉积非晶态 Ni-B 合金时可在 pH 较高的镀液中制备。

2. 金属-金属系非晶态合金的电沉积工艺

此类非晶态合金大多是由过渡族金属，尤其是铁族元素（Fe，Ni，Co）与钨、钼、钛、铼等过渡族金属所组成的。钼、钨、钛等金属盐的水溶液不能电沉积出纯金属镀层，与铁族金属一起因诱导共沉积，才可以从水溶液中共沉积出来。而且，当钼、钨等含量达到一定时会形成非晶态合金。Fe-Mo，Co-Mo，Ni-Mo 的二元合金相图及其形成非晶态的组成范围如图 5.10 所示。图中下方横线是可获得非晶态的范围，其含 Mo 量大致在形成金属间化合物的组成范围。使 Fe-Mo，Co-Mo，Ni-Mo 合金成为非晶态的最低 Mo 含量约为 10at%，15at% 和 30at%。

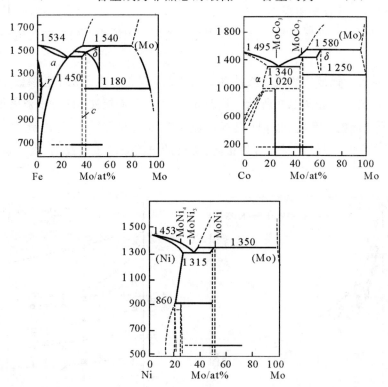

图 5.10　Fe-Mo，Co-Mo，Ni-Mo 的二元合金相图及其形成非晶态的组成范围

（1）非晶态金属-钼系合金镀层

在铁族金属的硫酸盐溶液中加入钼酸钠，并在采用柠檬酸钠为络合剂的镀液中电沉积可获得 Fe-Mo，Co-Mo，Ni-Mo 二元合金镀层。铁族金属-钼系合金电沉积镀液的组成，pH 值、电流密度等对合金镀层含钼量及镀层非晶化都存在一定影响。随着镀液中 Mo 浓度的增加，镀层中的含 Mo 量增加；电流密度对镀层的含 Mo 量影响不大；随着镀液 pH 值的增加，镀层含 Mo 量先增后减，在 pH＝5 时，镀层具有最大的含 Mo 量。从电沉积合金镀层的电流效

率来看,铁族过渡金属镀层自身的电流效率为 $30\% \sim 40\%$,并随镀液中 Mo 浓度的升高而降低。当镀液中 Mo 的浓度在 80% 以上时,电流效率会降到 10% 以下,而且析出速度降低。

(2)非晶态金属-钨系合金镀层

铁组金属-钨系合金形成非晶态时镀层的含钨量一般约为 $20\mathrm{at}\% \sim 33\mathrm{at}\%$。镀液以铁组金属的硫酸盐和钨酸钠为主盐,以柠檬酸或酒石酸盐作为络合剂。随着镀液 W 含量的增加或电流密度的提高,镀层中的含 W 量明显增加,到一定值以后基本不变。要想获得非晶态,则必须在钨浓度高的镀液中以一定的电流密度进行电沉积才行。

5.3.3　电沉积非晶态合金镀层的形成机理

1.阴极反应机理

由于磷、硫等类金属不能单独从水溶液中电解析出,Fe‐P,Ni‐P,Co‐P,Ni‐S 等合金的电沉积属于诱导共沉积的一种。下面以电沉积 Ni‐P 非晶态合金为例,分析其电沉积过程的阴极和阳极反应。

阴极的直接反应为

$$\mathrm{Ni^{2+} + 2e \rightarrow Ni} \qquad\qquad (5-23)$$
$$\mathrm{2H^+ + 2e \rightarrow H_2} \qquad\qquad (5-24)$$

其中的间接反应包括

$$\mathrm{6H^+ + 6e \rightarrow 6H} \qquad\qquad (5-25)$$
$$\mathrm{H_3PO_3 + 6H \rightarrow PH_3 + 3H_2O} \qquad\qquad (5-26)$$
$$\mathrm{PH_3 + 3Ni^{2+} \rightarrow 3Ni + 2P + 3H^+} \qquad\qquad (5-27)$$

这一反应最可能在表面发生,元素磷混入镍晶格,阻碍晶粒长大,导致细晶甚至非晶合金(存在足够磷的时候)的形成。根据上述反应式,合金镀层可得最大磷含量为 $40\mathrm{at}\%$。

然而,有学者综合 $\mathrm{Ni‐H_2O}$ 和 $\mathrm{P‐H_2O}$ 系 Pourbaix 图,制备了 25℃ $\mathrm{Ni‐P‐H_2O}$ 系热力学平衡图,表明 Ni‐P 镀层理论上最大磷含量为 51.2%,并有研究制备出了含磷 $51\mathrm{at}\%$ 的 Ni‐P 合金。因此,亚磷酸以以下两步还原成磷也是可能的。

$$\mathrm{3H^+ + 3e \rightarrow 3H} \qquad\qquad (5-28)$$
$$\mathrm{H_3PO_3 + 3H \rightarrow P + 3H_2O} \qquad\qquad (5-29)$$

在次亚磷酸钠-镍盐体系中电镀 Ni‐P 合金时,阴极则又可能发生下列 3 种反应:

$$\mathrm{Ni^{2+} + 2e \rightarrow Ni} \qquad\qquad (5-30)$$
$$\mathrm{H_2PO_2 + e \rightarrow 2OH^- + P} \qquad\qquad (5-31)$$
$$\mathrm{2H^+ + 2e \rightarrow H_2} \qquad\qquad (5-32)$$

2.基体材料对非晶态合金镀层形成的影响

电沉积初期,基体材料对电结晶过程镀层结构的形成会产生影响。

如图 5.11 所示为电沉积不同时间 Fe‐Ni‐P 合金膜层在透射电镜下的形貌。电沉积 10s 后,衍衬像呈亮的颗粒状,电子衍射呈现斑点状,如图 5.11(a)(b)所示,说明刚开始沉积时,先形成的是晶体;电沉积 20s 的衍衬像上有许多大小不一的白亮圈,小的直径仅数纳米,大的约 20nm,电子衍射花样呈较为漫散的晕环,如图 5.11(c)(d)所示,已具有非晶态合金的衍射花样特征,说明镀层由微晶逐渐向非晶态过渡。白色亮点可能是一些尚未过渡到非晶态的微晶组织。此时镀层由微晶和非晶构成混合状态;随着电沉积时间的增加,镀膜的衍衬像呈黑色团状和圆圈状,直径约数十纳米,电子衍射花样呈两个极其漫散的晕环,第二个晕环非常模糊,呈现出典型的非晶态衍射特征。

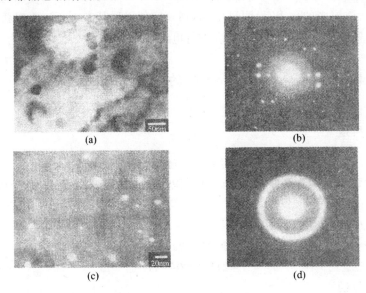

(a)　　　　(b)

(c)　　　　(d)

图 5.11　电沉积初始 Ni‑Fe‑P 合金膜的 TEM 照片和电子衍射花样

从图 5.12 镀层截面的扫描电镜照片可以看出,镀层与基体交接界面有一过渡薄层,放大时呈明显的柱状晶形貌。

从电镜观察到的结果分析,电沉积初始,Ni‑Fe‑P合金并非直接形成层状的非晶结构,而是沿基底材料表面的晶体结构延续生长,形成微晶薄层,然后过渡到非晶态。这一过渡层称为"延晶层"。由于基底金属表面位错等缺陷的存在,易还原的镍、铁金属原子受基体表面力场的作用,倾向于结合进入基底表面上现存的晶格位置。按电结晶机理进行沉积,新沉积层晶粒极其细小。随着磷的共沉积出现和量的增加,镀层出现非晶体,并由晶＋非晶混合态逐渐向非晶态过渡。由于非晶态合金中不存

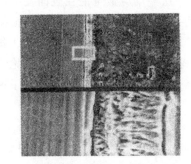

图 5.12　镀层结合界面处的柱状晶形貌

在晶体的位错等缺陷,此时沉积层的生长不可能按位错生长机理进行。根据非晶态合金是由许多短程有序团组成的结构特点,可以认为电沉积时吸附原子集聚成短程有序团,类似于电结晶时的"晶核",而其长大又受阻碍,只能靠不断形成新的有序团来沉积,使镀层全部由短程有序团堆垛而成。

3.非晶态合金层状结构的形成

如图 5.13 所示为 Ni‑Fe‑P 镀层的金相组织。横截面(平行于受镀面)呈块状,其边缘为

内凹的圆弧线。可隐约见到许多圆形颗粒,并有许多类似"等高线"的线条。纵截面组织呈黑白,平行于受镀面的带状。带的宽窄,颜色深浅不一,黑的较为细窄,大多呈波纹状。三维空间形态为层状结构。镀层与基底交接界面有一过渡薄层。

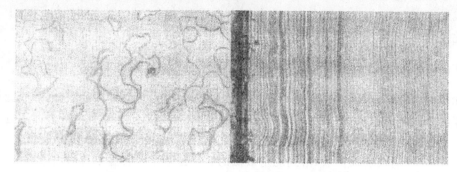

图 5.13　Ni–Fe–P 镀层的金相组织(电解浸蚀)

合金镀层中磷元素的特征 X 射线线扫描浓度分布证实,磷含量沿层深方向有所波动,这种不很规则的周期性变化与纵截面的带状组织有较好的对应关系。白亮带对应于高磷区,也正是这种磷含量的变化导致电解时的选择性侵蚀,说明在电沉积过程中,磷的沉积表现出不很规则的周期性变化。

由于 Ni–Fe–P 合金镀层表面的形貌呈颗粒状突起,纵截面形貌为带状结构,其三维表现为层状,可以认为 Ni–Fe–P 非晶层以岛式生成后以层式向外成长。元素浓度线分布分析结果表明,Ni–Fe–P 合金镀层中的带状结构是由于沿截面组元成分变化导致选择性的电解侵蚀造成的。这种带状结构在化学镀和电镀的非晶态合金经常遇到,有其共性之处,也就是说,即使是电沉积过程,也存在自催化沉积。因此,这种带状结构的形成可能与自催化沉积有关。关于 Ni–P 合金镀层中带状结构的形成,认为是由于扩散层中金属离子产生交变的贫化和富集,从而引起合金中成分的周期性变化,也就是说,磷含量的周期性变化是由于镍沉积周期性变化所造成的。

另外,磷含量的周期性变化与磷在阴极表面的还原反应也有一定关系。电沉积 Ni–Fe–P合金时,阴极发生的还原反应可能有

$$Ni^{2+} + 2e \rightarrow Ni \tag{5-33}$$

$$Fe^{2+} + 2e \rightarrow Fe \tag{5-34}$$

$$2H^+ + 2e \rightarrow 2H \rightarrow H_2 \tag{5-35}$$

$$H_2PO_2 + e \rightarrow 2OH^- + P \tag{5-36}$$

而阴极表面磷的还原反应也可能以化学镀中类似的非电化学方式进行:

$$H_2PO_2 + H \rightarrow H_2O + OH^- + P \tag{5-37}$$

$$H_2PO_2 + Ni \rightarrow NiOH + OH^- + P \tag{5-38}$$

从上面反应方程式可知,不管磷的还原析出是以电化学方式还是以非电化学方式进行,反应生成的产物中均有 OH^- 出现。由于水溶液中的 OH^- 和 H^+ 的浓度积为定值,因此,镀液的 pH 对磷的还原析出显然是有影响的,pH 小,H^+ 浓度大,OH^- 浓度小,有利于磷的还原沉积。H^+ 浓度的变化会造成磷沉积的变化。

电沉积 Ni–Fe–P 合金时常伴随着 H^+ 的还原析出阴极析氢,造成阴极附近 H^+ 浓度的减

少,OH^- 浓度增加,它将不利于磷的还原沉积;而由于这时整体溶液的 H^+ 浓度高于阴极表面附近的 H^+ 浓度,氢的析出引起溶液中离子的扩散、对流,可补充阴极附近 H^+ 的损耗,使得阴极附近 H^+ 浓度得到补充而接近溶液整体的 H^+ 浓度,磷的共沉积又增加。因此,氢气从产生以及形成气泡到逸出时,扩散层中 H^+ 浓度会产生周期性的变化,使得扩散层中 OH^- 产生交变的贫化和富集,从而导致磷沉积的周期性变化,使得镀层截面组织呈带状结构。

4. 非晶态合金镀层结构的形成

从能量因素考虑,对于铁族金属一类金属系非晶态合金,愈靠近共晶成分,形成能愈小,愈易形成非晶态。电沉积时,溶液中的水合金属离子或金属络离子传输到电极表面附近,并在反应层产生前置化学反应形成电活性放电。随后在阴极表面,吸附离子从阴极上获得导电子成为吸附原子,并在阴极表面扩散,落到能量最低的稳定位置上。合金电镀时由于有两种以上的原子同时析出,因此,必须比较析出原子彼此间或与基体原子间的结合强弱问题。同种原子相互结合和凝聚时,析出原子变得更稳定的话,则易于形成同类原子相聚的结构;如果异类原子的亲和力比同种原子相互凝聚的作用更强的话,那么将更多地形成异类原子彼此组成的原子对。这时,镀层成为异类原子随机混和的结构,有成为非晶态的可能性。

对于 Ni-P 非晶镀层,Sadoc 根据其原子偏径向分布函数的结果,认为 Ni-P 非晶合金中没有相邻的 P-P 原子对,Ni 与 P 间通过化学作用形成原子团基本上以 P 为中心,周围包裹着 Ni 原子。有学者研究 Ni-Fe-P 非晶合金的沉积机理时发现,Ni-Fe-P 非晶合金类似于 Ni-P 非晶合金。电沉积时,由于 P 与 Ni,Fe 具有较强的化学亲和力,易与 Ni,Fe 产生某种化学作用,形成了以 P 为中心周围包裹 Ni,Fe 原子的原子团。由此表明,磷的共沉积破坏了 Ni,Fe 电沉积时金属结构的长程有序性,磷的共沉积量愈大,电沉积层的无序度愈大,非晶态含量愈多。因此,镀液中 NaH_2PO_2 的浓度很低时,只能获得微晶层,当镀层磷含量大于一定值时出现非晶态。这时镀层处于微晶+非晶的混合状态。而磷共沉积量进一步增加到近共晶成分时,所获镀层均为非晶态。

P 与 Ni,Fe 原子间的化学亲和力强,似乎意味着易于形成金属间化合物,但即使镀层成分与化合物的组成相同,电沉积 Ni-Fe-P 合金中也未发现有金属间化合物相存在。一般来说,金属间化合物晶胞尺寸大,结构较复杂。P 与 Ni,Fe 构成的金属间化合物,都有一晶胞常数在 1m 以上,而不同类原子必须严格按点阵排列成复杂的结构,且要形成长程有序的晶体,至少还得有数十个以上的晶胞组成。而还原后的原子要进入如此复杂的结构,同样要依赖于原子的扩散,要完成这些原子的扩散需要很大的激活能。电沉积时温度低,在这样的温度下要求原子按复杂的金属间化合物结构扩散是不可能的,即无法越过结晶所要求的激活能垒,而只能保持短程有序的非晶态。在这里扩散步骤表现为阻碍有序团长大的因素。

5.3.4 非晶态镀层电沉积相关理论

非晶态合金的电沉积过程与普通的晶态合金电沉积有相同的规律,但也有一些不同的特点。虽然人们对非晶态合金电沉积机理一直在进行着研究,但由于各学者研究的镀液体系不同、使用的研究手段不同,致使提出的观点和看法也不相同。此外由于非晶态电沉积本身涉及化学、电化学、冶金、物理等一系列过程,因此很难提出统一的看法和机理。近年来由于现代表面测

试设备的进步,人们在非晶态机理研究方面取得了一些进展,提出了以下几种观点和机理:

(1)过电位理论

这种观点根据传统的电沉积理论认为在电沉积时,形核与过电位有关。过电位大则晶核临界半径 r_c 小,形核率也高。这是因为晶核的临界尺寸愈小,它的形核功也愈小,新晶核的形成速度也愈大。当晶核的临界尺寸很小时,就得到非晶态结构。这就是说,在电极表面上的中性原子过饱和度以及电极表面过电位必须大到足以使所谓"晶核"的临界尺寸小于非晶态合金的短程有序范围,一般小于 20nm,镀层才成为非晶态结构。

电沉积时金属的析出须在一定过电位下进行,以克服金属沉积时所必须通过的势垒。根据结晶析出理论,吸附原子的聚合,或是不能长大至临界尺寸,或是成为稳定的晶核。临界尺寸的大小取决于结晶生长面上吸附原子的过饱和度,对于电结晶则取决于结晶过电位。过电位愈大,晶核临界尺寸愈小,形核功也愈小,形核率愈高。如果把非晶态理解为晶粒超细化的极限,要使析出的镀层为非晶态,结晶过电位必须大得足以使所谓晶核的临界尺寸落于非晶合金的短程有序范围,且这些短程有序团的生长须受相当程度的抑制,有序团来不及长大或长大速率比形核速率小得多,沉积层的生长靠快速形成的众多有序团堆垛维持。

(2)成分控制理论

人们又发现用液体急冷法和机械熔融法制取的非晶态材料,其组成在共晶点附近,因此得出了非晶态合金镀层的组成其成分范围一定在共晶点附近,合金镀层只有达到一定的成分范围,才能形成非晶态结构的结论。如 Ni-P 合金,当 $\omega_P > 8\%$ 时镀层为非晶态;又如 Ni-W 合金,当 $\omega_W > 44\%$ 时为非晶态镀层。

对于 Ni-Fe-P 合金电沉积,当共析的 Ni,Fe,P 组成在近共晶成分时,一方面由于 P 与 Ni,Fe 较强的化学亲和力破坏了按金属晶体或置换固溶体结晶,另一方面在较低的电镀温度下,原子扩散又无法越过按金属间化合物结晶所需的激活能垒,因此,以 P 为中心周围包裹 Ni,Fe 的原子团构成的亚稳定非晶态结构得以生成和保持。

(3)原子结合理论

在非晶态合金电沉积时,如果由同种原子相互结合和凝聚时析出原子变得更稳定,则不会成为非晶态。而如果异种原子的亲和力比同种原子相互凝聚的作用更强,将更多地形成异种原子彼此组成的原子对,镀层成为异种原子随机混合的结构,即混合型镀层;再由于原子尺寸不同,排列不可能整齐,从而成为非晶态镀层。

(4)其他观点

关于非晶态电沉积机理还有其他一些观点,如氢析出理论,认为在电沉积过程中大量析出氢气会导致影响沉积原子的正常排列而使镀层成为非晶态结构。又如"阻止晶核生成"理论,认为非晶结构中存在着 100 个原子以下的少数原子团是比晶体还要稳定的结构,因此它们以"冻结"的形式被沉积出来;这种观点是把形核看成无限少。Turhbull 在低黏度液体结晶中发现只要出现一个晶核就导致全部液体迅速结晶,证实了"冻结"的观点。日本学者渡边澈等人把这种金属-非金属类的非晶态镀层的形成理论命名为"结晶生长阻止理论",认为在金属结晶成长时,结晶生长的活化点上非金属原子(如 P 原子)的吸附阻碍了结晶生长,引起晶体点阵的畸变,使原子的规则排列变得杂乱无章,从而成为非晶态镀层。

上述机理还不能解释所有的实验现象,还需要深入研究才能得到能够解释所有试验结果的非晶态合金电沉积机理模型。

5.4　梯度功能镀层的电沉积技术

5.4.1　梯度功能材料的特点

梯度功能材料(FGM)是一种非均质的材料。它是 20 世纪 80 年代中期随着航天飞机的发展而出现的一个新概念和新材料。其基本思想是根据具体要求,选择两种具有不同性能的材料,通过连续地改变这两种材料的组成(或者结构),使其界面消失,从而得到一种物性和功能从 A 种材料缓慢变化到 B 种材料的一种非均质材料。

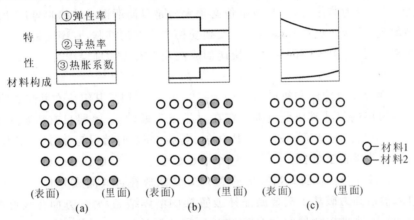

图 5.14　均质材料、复合材料和梯度功能材料结构示意图
(a)均质材料;(b)复合材料;(c)梯度功能材料

如图 5.14 所示为均质材料(合金材料)、复合材料和功能梯度材料结构模型示意图。均质材料组分分布均匀,不存在界面。复合材料有界面存在,界面处存在应力和界面效应等问题。材料在高温状态下工作时,由于界面处热胀系数不同而产生热应力,在界面处容易开裂。梯度材料由于成分和结构是逐渐变化的,因此不会出现因存在界面而带来的镀层缺陷问题。

梯度材料分为结构梯度材料和成分梯度材料两种。当以 B 种材料形成的固体微粒夹杂于 A 种材料中时,若其夹杂量由内部向表面方向上逐渐递增,呈梯度分布(称为梯度递变),则这种材料称为成分梯度材料。其目的是将 B 材料的功能特性,如耐热、耐蚀或高强度等性能赋予 A 种材料。结构梯度材料是指材料的结构发生连续的递变,例如,材料由晶体结构向非晶态结构(或纳米晶体结构)递变,当然,也可以是由非晶态结构向晶体结构递变。

航天飞机、运载火箭等用的热防护材料要承受上千度的高温,一般须采用陶瓷类耐高温材料,但同时又希望其具有金属材料的力学强度和导热性,因此,外层材料选用耐热陶瓷,里层则为韧性好金属材料,中间部分的结构和成分连续递变,其耐热性、力学强度、导热性呈梯度分布。这种梯度材料可有效消除界面,显著地缓和热应力。

5.4.2　梯度功能镀层的电沉积法

制备梯度功能材料(FGM)的制备方法主要有粉末冶金、自蔓延高温合成、等离子喷涂、热喷涂沉积、铸造法、电沉积等。这些方法具有不同的特点,其中用电沉积法制备梯度功能结构是指在母型表面上进行电化学沉积,制备与母型表面凸凹相反的结构部件,实现微细几何形状的复制和内部微细组织的梯度变化。这种微细的几何形状(如内孔直径 $1\sim2mm$ 的波纹管)和微细组织梯度结构(非晶/纳米晶/微晶)是其他制备方法所不容易实现的。

电沉积法制备梯度材料具有制取精度高、表面光洁度高的特点,能将较难实现的内型加工转化成外型加工,并且有极好的"逼真性",能准确地复制出芯模的表面形貌和金属多层结构零件等。利用这种技术可制取结构件的厚度从几微米到几十毫米,对于具有微小几何形状的飞机、导弹、火箭零部件,采用这种方法更为方便、有效。

通过控制 Ni-W 合金镀液的温度、浓度及电流密度等措施也可制备具有纳米结构的Ni-W合金梯度镀层。镀层的晶粒尺寸从 $10.3nm$ 逐渐减少到 $1.5nm$,镀层从内向外,由纳米晶态结构逐渐向非晶态结构递变。合金梯度镀层具有低应力、高硬度、高耐蚀性和高力学强度等优良性能,具有极大的应用价值。

在瓦特镀镍液中加入晶粒细化剂并逐渐加入 $CoCl_2$ 溶液,可以制出 Ni-Co 合金纳米结构的梯度镀层。通过镀层性能测试发现,随着 $CoCl_2$ 溶液不断加入,合金镀层中的 Co 含量逐渐上升至 60% 左右。所制备的 Ni-Co 镀层结构致密,各个单层之间无明显的界面。Ni-Co 合金晶粒尺寸在 $16\sim23nm$ 范围内变化。在合金的富镍区呈单相的面心立方晶体(FCC)结构,而在靠近表面的富钴区,镀层由面心立方晶体和密排六方晶两种结构形成的固溶体组成。

从上述合金电镀法制备 FGM 的过程可以看出,通过连续地改变能影响双组分合金镀层中组分含量的某个电镀工艺参量,就可促使合金镀层中的组分含量连续变化,从而形成 FGM。最简便的方法当然是改变电镀的阴极电流密度、操作温度、镀液的 pH 值以及搅拌强度等易于调节的电镀工艺参量。

也可以采用单槽法制备多层膜的方法。与多层膜制备方法不同的是,不是采用周期性突变的槽电压,而是连续、缓慢地提高(或降低)槽电压到某个指定值。因此,从原理上讲,几乎所有能利用单槽法制造多层膜的合金镀液都可以通过上述方法制备 FGM。例如,Cu/Ni(或 Ag/Pd)多层膜电镀过程中连续调整槽电压,可获得由纯(或富)铜层缓慢变到富镍的合金层,即 Cu/Ni 合金 FGM。在单种金属的镀液中通过控制温度等条件也可制备 FGM,例如,用标准硬铬镀液,在温度 45℃左右开始施镀,随即逐渐地连续使镀液温度增加至 70℃,就可方便地获得从硬铬到乳白铬的结构递变型 FGM。

5.4.3　复合电沉积制备梯度功能镀层

在复合电沉积过程中,通过连续缓慢地改变在电沉积液中固体微粒的浓度(分散量)、阴极电流密度、电沉积温度、共沉积促进剂浓度以及搅拌速度等,促使固体微粒在镀层中连续递增(或递减),则可制得梯度复合镀层。如果在复合镀过程中使用的是合金镀液,通过控制多个工艺条件,可获得固体微粒夹杂量、镀层的合金成分、镀层的晶体结构等几个方面同时逐渐缓慢变化的 FGM。如果电沉积金属或合金是纳米晶体,共沉积的固体微粒采用纳米微粒,则 FGM 性能还可有进一步的提高。这些都为制造可控设计的高性能优质材料提供了广阔的选择。

电沉积梯度复合镀层在很多方面都存在着巨大的应用前景,例如:

(1)航空航天用的 Ni – ZrO₂ 梯度复合镀层

航天航空飞行器的热防护材料要求质量轻、耐高温,并有足够的强度。采用梯度复合镀层可集上述性能于一身。

例如,在氨基磺酸镍镀镍中,利用镀液循环法,通过控制镀液中固体微粒的含量和电流密度可以得到 Ni – ZrO₂(粒径 $1\sim2\mu m$)梯度复合镀层。采用边搅拌镀液边逐渐向其中投入 ZrO₂ 的方法,可制备厚度 $400\mu m$ 的 Ni – ZrO₂FGM。镀层从内到外的 ZrO₂ 含量从零缓慢增到 30%。由于复合镀层从内到外隔热微粒 ZrO₂ 含量逐渐增加,其热传导率逐渐降低,耐热性能逐渐提高。两者均呈梯度变化,从而消除了分界面上物理、力学性能的突变,消除了龟裂和脱落等危险,很好地解决了火箭燃烧室壁由于超高温气体的高速冲刷而引起的破坏。这种 FGM 已经成功地应用于火箭燃烧室。

另外,采用复合电沉积制备 FGM,可使火箭燃烧室轻量化和小型化,加之复合镀易于控制工艺条件,从而可以得到高质量、高性能的梯度材料。

(2)提高材料的耐磨性、延长其使用寿命

许多机械零件常用碳化物、硼化物微粒作为耐磨保护层,但在机械应力和热震动条件下,保护层易于剥落。在使用梯度复合镀层后,消除了保护层与基质金属的界面突变,使保护层寿命大大延长。

例如采用粒径 $1\mu m$ 及 $1\mu m$ 以下的超细微粒金刚石与镍或钴共沉积制备复合镀层,并用它制造抛光工具和微型钻头。又如将普通复合镀层改成梯度复合镀层,这将大大提高工具的抗机械冲击能力,延长其使用寿命。

(3)提高零件的高温耐磨性和抗氧化能力

由于 ZrO₂,SiC,Al₂O₃ 等陶瓷微粒的高温耐磨性及抗氧化能力极好,在零件的表面若具有高陶瓷微粒含量,必将使零件的上述能力得到大幅度提高。

(4)燃料电池的电极保护层

有的燃料电池需要应用具有离子导电性的固体电解质,在其两侧分别安装燃料和氧化剂,其中一侧物质的离子在高温状态下穿过固体电解质,到达另一侧发生反应,从而把化学能转变为电能。一般来说,热机效率随高温侧和低温侧的温差的增大而提高,故其保护层必须承受巨大的温差和腐蚀性气氛。若采用 Ni – ZrO₂,(Ni – W)– ZrO₂ 等梯度复合镀层,就能延长材料的寿命,增大燃料电池的容量。

习题与思考题

1. 复合电沉积的目的是什么,其主要特点包括哪些?

2. 按照用途可将复合电沉积镀层分为哪些类型?请举例说明。

3. 何谓零电荷电位,请以瓦特镍中加入 Al₂O₃ 微粒为例,简述微粒对复合电沉积过程的影响。

4. 请简述 Guglielmi 复合电沉积理论模型。根据 Guglielmi 理论,微粒强吸附为控制步骤时的主要特征是什么? 微粒弱吸附为控制步骤的特征是什么?

5. 何谓纳米薄膜? 请举例说明与普通薄膜相比,纳米薄膜所具有的独特性能。

6. 在电沉积过程中可采用哪些措施促使纳米晶的形成? 请简述其原理。

7. 请以 Ni-P 非晶态镀层为例,简述 P 元素在非晶态形成过程中所起的主要作用。

8. 梯度功能材料有何特殊性能? 请举例说明电沉积梯度功能材料的制备过程及其应用。

第6章 热能改性表面防护技术

6.1 热能改性表面技术概况

6.1.1 热能改性表面技术特点

除了各种常温条件下在零部件材料表面获得各种膜层或者表面改性之外,利用热能对零部件进行表面改性也是一种常用的表面防护处理技术,如各种热浸镀、热扩散(热渗、等离子渗等)和热喷涂技术(等离子、火焰、超音速、爆炸、真空等离子等)对零部件进行表面改性处理,可以提高零件表面的耐磨、减摩、耐腐蚀、抗氧化等性能,而且在这种热作用下形成的膜层或者改性处理使零件表面实现的功能有时是其他表面改性处理方法所不能实现的,甚至是不可缺少的。

应当说这一类材料表面改性技术的最大特点是以热能为源,通过热能导致覆层材料与基体材料的成分共同作用形成表面的耐磨、耐腐蚀、抗氧化等功能膜层,其前提条件是具有所需热能条件的装备,如热喷涂设备、热浸设备、热扩散设备、堆焊设备等。

第二个主要特点是可以实现单金属、合金、陶瓷氧化物等多种功能涂层的涂覆,所获得的膜层主要功能有耐磨、减摩、耐腐蚀、抗高温氧化、生物活性等。

第三个特点是涂层与基体材料的结合牢固,具有冶金结合等。

第四个特点是这种热能作用下的材料表面改性技术应用范围很广,且技术成熟实用。在日常生活中,通过热能方法对材料表面进行改性,获得耐磨、耐腐蚀等性能的应用实例随处可见,如高速公路护栏、铁塔型材、水管和螺栓等,就连人体置入关节材料的生物涂层(羟基磷灰石等)也可以通过热喷涂技术获得。

第五个特点是采用热浸镀、热扩散(热渗、等离子渗等)和热喷涂技术(等离子、火焰、超音速(也称超声速)、爆炸、真空等离子等)对零部件表面改性处理所获得的膜层较厚,除了热扩散方法外,若需要 $20\mu m$ 以下的薄膜层是困难的。

第六个特点是在大部分场合下,上述通过热方法获得的膜层需要进行钝化、封闭甚至表面机械加工(如堆焊)处理,以提高膜层的耐磨、耐腐蚀等功能。

6.1.2 热能改性表面技术的分类与发展

利用热源(能)对零部件材料表面进行改性或获得涂覆层是一种最常见的表面防护处理技术,通常按以下形式分类:热浸镀、热扩渗(热扩散、等离子渗等)、热喷涂技术(等离子、火焰、超音速、爆炸、真空等离子喷涂等)和热堆焊技术等。

1. 热浸镀

热浸镀是将一种基体金属浸在熔融状态的另一种低熔点金属中,在其表面形成一层金属保护膜的方法。热浸镀锌和热浸镀铝最常见的热浸镀技术,就是将钢材或工件浸渍到熔融的锌液或铝液中,浸渍适当时间,使固态铁和液态铝之间发生一系列的物理化学变化,表面浸一层锌或者铝,再通过扩散使钢材或工件表面形成锌及锌铁合金层或铝及铝铁合金层的方法。

热渗锌、铝以及锌铝合金是公认的一种经济实惠的使材料表面防护和表面强化相结合的表面处理技术,而且还会赋予零件新的性能——耐热性、耐腐蚀和耐磨性等,因此被广泛应用在大气和海洋环境中的钢铁零件上。

从热浸镀的发展历史来看,热浸镀锌早于热浸镀铝。1742 年法国首先进行了热浸镀锌试验,并在 1836 年将热浸镀锌技术应用于工业生产。英国是在 1837 年应用了热浸镀锌工艺。1847 年德国的哈托可夫公司才开始热浸镀锌的应用。进入 20 世纪 70 年代,汽车工业的快速发展,也促进了热浸镀锌钢板的进步。1979 年我国武汉钢铁集团公司建立了第一条改进的森吉米尔型连续钢板热浸镀锌生产线,1989 年重庆钢铁(集团)有限责任公司采用惠林法建立了钢板热浸镀锌生产线,热浸镀锌技术在我国得到了快速发展。

钢材热浸镀铝的第一个专利是在 1893 年,直到 1931 年德国的 A. 豪特曼才发表了热浸镀铝钢耐热性的研究报告。1939 年美国阿姆柯钢铁公司利用原有的森吉米尔钢带连续热浸镀锌生产线,经过改造用于热镀铝生产,才使钢铁热镀铝生产进入规模化生产。20 世纪 50～60年代,钢带热浸镀铝技术处于迅速发展时期,1955 年美国链缆公司实现了更先进的、更适合于工业化生产的水溶液溶剂热浸镀铝的工业化生产线。日本在 20 世纪 50 年代初开始了对热浸镀铝钢材生产技术的研究,后来日本钢管、新日本制铁等公司相继建立了热浸镀铝板生产线。我国镀铝钢材的研究始于 20 世纪 60 年代,在 20 世纪 80 年代起热浸镀铝技术才逐渐实现了工业化生产与应用。

热浸镀技术具有生产成本低、效率高、操作简单、生产工艺可靠、易于实现机械化和自动化等优点,在很多行业中获得了广泛的应用。例如在零部件表面通过热浸形成的锌层不仅能提高其在大气、水、硫化氢等环境中的耐腐蚀能力,而且还能获得比其他表面处理方法(如电镀锌)更高的硬度、耐磨等性能。形成的锌铝合金镀层比渗锌层更能提高其表面抗氧化和耐腐蚀能力,热浸镀铝的零件则更耐大气腐蚀。

2. 热扩渗

热扩渗是将零部件置入特殊介质中加热,使介质中某一种或几种元素渗入到钢铁零件表面,并与基体材料形成合金膜层的技术(或称化学热处理技术),所形成的合金层为热扩渗层。

热扩渗的特点是:渗层与零件基体之间是冶金结合,膜层的结合强度高,不易脱落或剥落。这是其他涂、镀层制备技术如电镀、喷涂、化学镀,甚至物理气相沉积技术所无法比拟的。而且可以根据使用需要进行热扩渗处理,对不同的合金元素采用不同的热扩渗工艺,使零部件表面获得不同组织和性能的扩渗膜层,从而提高工件表面的耐磨性、耐腐蚀性和抗高温氧化等性能。

热扩渗技术的最早应用起源于我国战国时代,当时主要用于刀、剑等兵器刃口的表面强化。后来随着科学技术的进步热扩渗技术不断跃上新的台阶。目前,能进行热扩渗的元素成分不断增多(如碳、氮、硼、锌、铝、铬、钒、铌、钛、硅、硫等),而且也可以实现这些元素的多元共渗(三元、四元共渗等),因此,热扩渗膜层的优良耐磨、耐腐蚀、抗氧化性能使该技术在机械、化工、汽车、航空、航天等领域中得到了广泛应用,而且在微电子和信息产业中也发挥着越来越重要的作用。

我国 20 世纪 90 年代初开发研究出机械能助热扩渗新技术,是用滚动的粉末粒子冲击被加热的工件表面,将机械能(动能)巧妙地与热能(温度)相结合,从而大幅度降低了热扩渗温度,缩短了热扩渗时间。另外,还有离子轰击化学热处理及流态床化学热处理等都是其他形式能量与热(温度)相结合,不再是纯热扩散渗元素,在能量和热源的作用下,改变了热扩散机制,由点阵扩散变为点阵缺陷扩散,致使扩散激活能降低,扩渗温度大幅度降低,扩渗时间缩短,节能效果十分显著。热扩渗的能耗是用于炉体的吸热和散热、夹具和炉罐的加热、工件的整体加热等,真正用于激活零件表面点阵原子脱位,空位移迁所需能量所占的比例很少。热扩渗温度降低和缩短扩渗时间可以使能耗减少。而机械能助渗后,温度低使渗铝、渗铬、渗硅等在抗高温氧化、耐腐蚀、耐磨方面与电镀、气相沉积、热喷涂等工艺具有更大的竞争力而得到广泛应用。

3. 热喷涂

热喷涂技术是采用各种热源将涂层材料加热至熔化或半熔化,然后用高速气体使涂层材料分散细化并高速撞击到基体表面形成涂层的工艺过程,其原理如图 6.1 所示。热喷涂技术由瑞士肖普(Schoop)博士于 1910 年发明。1920 年后出现了电弧喷涂技术。在 20 世纪 50 年代后期,为满足航空、原子能、导弹、火箭等尖端技术对于高熔点、高强度涂层的迫切要求,美国相继发明了爆炸喷涂和等离子喷涂技术。20 世纪 80 年代以来,低压等离子喷涂和超音速火焰喷涂也相继问世。而且热喷涂技术在自身不断发展与完善的同时,在其他应用领域也取得了很大成就。如美国 PWA 飞机发动机公司在 2 800 多个发动机零部件的 48 种材料上进行热喷涂,使发动机的大修期从 4 000h 延长到 16 000h 以上。

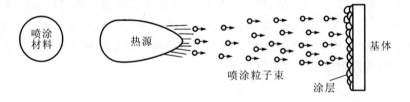

图 6.1　热喷涂技术原理示意图

根据所使用的热源不同,一般将热喷涂工艺分为燃烧法和电加热法两大类。根据喷涂材料的形式和喷涂时气氛环境还可进一步分类(见图 6.2)。目前常用的热喷涂技术是线材火焰喷涂、粉末火焰喷涂、电弧喷涂、大气等离子喷涂、爆炸喷涂和超音速火焰喷涂技术等。

冷喷涂技术是在热喷涂技术的基础上发展起来的一项新技术,在 2001 年 11 月德国慕尼黑举行的热喷涂专题会议上,24 个国家 390 名代表一致接纳其为热喷涂家族中一位新成员。冷喷涂工艺原称冷气动力喷涂法,它的发现源于一次偶然的机会。20 世纪 80 年代中期,苏联科学院理论与应用力学研究所在进行超音速风道负载颗粒流的实验时,对宇宙飞船侵蚀所进行的观测中,主持该项工作的教授得出一个惊人的发现:当颗粒速度超过某一定值时,颗粒的磨损效应会转化成很强的黏附力。后来这个教授移居美国,并接受一家汽车制造财团的支持,1994 年底申报专利并在一次热喷涂会议上首次提出冷喷涂。在这位教授日后的工作中,德国热喷涂协会的 P. Heinrich 和汉堡联邦国防大学的 Kreye 教授积极参与,对这项新技术的优势及潜在特点在汉堡及慕尼黑采用相同的设备做了系统的研究。其中,该大学注重理论问题,LINDE 气体公司则集中开发冷喷涂设备的应用问题。2000 年末,冷喷涂技术首次获得工业应用。

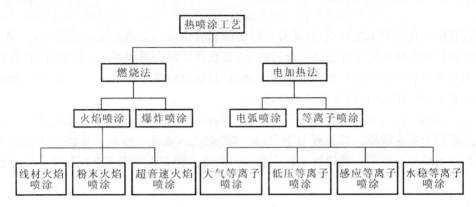

图 6.2　常用热喷涂技术分类

普通热喷涂过程是采用了电、化学或机械能,通过一种高速焰流,粉末被导入焰流,两者相互作用,热量与动量从焰流传送到颗粒,得到升温与加速,在与基体表面碰撞时,颗粒的热能与动能使颗粒产生溅落,被黏附于基体表面,形成热喷涂涂层,其中热能和速度是关键要素。

而冷喷涂技术是速度的较量,冷喷涂过程是不采用任何高温火焰,不须加热熔化粉末,涂层的形成完全靠固体颗粒的高能撞击所产生的变形而生成。冷喷涂的优点是对工件的热负载降到最小,很低的热输出不会产生热应力。因此,涂层厚度可达数毫米或更多。选用不同喷嘴,造成不同喷射界面,如汽车制造业的发动机和底盘,可以自如地喷涂而无须进行任何后处理;喷涂射流非常集中,可灵活地喷涂任何复杂工件。目前冷喷涂装置设计成最大压力为 3.5MPa,气体温度达 600℃。目前冷喷涂的钛涂层和铜涂层都具有很多优良性能,可以预期,冷喷涂工艺将会使热喷涂技术扩展新的应用领域。

4. 热喷焊(堆焊)技术

热喷焊和堆焊技术是在零部件表面熔覆上一层耐磨、耐腐蚀、耐热等具有特殊性能的技术。根据所采用的工艺不同,堆焊层厚度可以为 0.8～15mm,可用于零部件的修复或制造,包括制备特殊表面性能的新零件。堆焊的物理本质和冶金过程与一般的熔焊工艺没有什么区别,几乎所有的熔焊方法都可以用于堆焊。只是堆焊的目的不是为了起连接作用,而是为了发挥堆焊层的优良性能。因此在堆焊时必须控制尽可能低的稀释率,有足够高的生产效率,并保证焊层的冶金质量。

热喷焊采用的是粉末填充材料,而常规堆焊一般采用线材或焊条。堆焊的优势在于熔覆效率比热喷焊要高,但是稀释率比热喷焊大得多。实际上,堆焊技术比热喷涂技术更加成熟,在矿山、冶金、农机、建筑、电站、石油、化工等行业的产品制造和维修上得到了广泛应用。

6.2　热浸镀技术

6.2.1　热浸镀的分类与特点

根据热浸镀技术的工艺特点,将其分为溶剂法和氧化还原法两大类。

溶剂法是最常用的热浸镀方法。热浸镀前,要在清洁的金属表面涂一层助镀剂,以防止钢铁零件被氧化,在浸入镀液后,助镀剂迅速分解,并起到清除基体金属表面的氧化物、降低熔融金属表面张力的作用,以提高浸镀层的质量。

溶剂法多用于钢丝及钢制零部件的热浸镀,其基本工艺流程分为镀前处理、助镀、热浸镀和镀后处理四个基本阶段。其流程如下:浸镀零件碱洗—水洗—酸洗—水洗—稀盐酸活化—水洗—助熔剂处理—烘干—热浸镀—镀后处理—成品—检查。如图 6.3 所示是一条典型的溶剂法钢丝热浸渗铝生产线。

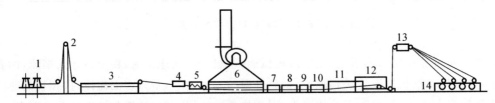

图 6.3　溶剂法钢丝热浸渗铝生产线

1—卷筒;2—活套塔;3—铅槽;4—水洗槽;5—矫直机;6—酸洗槽;7—水洗槽
8—电解酸洗槽;9—水洗槽;10—熔剂槽;11—干燥板;12—铝锅;13—水洗槽;14—卷取机

溶剂法热浸镀铝的溶剂配方为 4%(质量分数)K_2ZrF_6,处理温度为 $50\sim80℃$,常用铝液成分和浸渍工艺见表 6.1。热浸镀锌采用的溶剂配方及处理规范见表 6.2,经溶剂处理后,再将零件在 $440\sim465℃$下浸入锌熔液中保温数分钟即可。

氧化还原法热浸镀(森吉米尔法)又称保护大气还原法热浸镀,主要是用于钢板、钢带的连续热浸镀。如图 6.4 所示为一条森吉米尔法钢带热浸渗锌生产线,是将钢板或钢带先通过氧化炉烧掉表面的轧制油,再进入还原炉去除氧化膜,然后在隔绝空气的条件下冷却到一定温度后进入热浸镀锅中。即钢铁零件的预处理是按顺序在氧化炉和还原炉中完成,还原炉中以高温辐射方式加热使钢材零件表面的氧化物被氢气还原,经过适当降温后,将钢材引入浸镀液中浸镀。

表 6.1　常用浸镀铝液成分和工艺

序　号	铝液成分 (质量分数)	浸渍工艺		备　注
		温度/℃	时间/min	
1	Al 100%	$760\sim780$	$10\sim30$	黏铝偏多
2	Al 88%$\sim$92%,Fe 12%$\sim$8%	$680\sim800$	$15\sim60$	铁锅和工件的溶解少
3	Al 94%$\sim$98%,Si 6%$\sim$2%	$720\sim780$	$20\sim30$	铝液流动性好

表 6.2　干法热浸镀锌浸溶剂配方及处理规范

编　号	溶剂成分	溶剂温度/℃	处理时间/min
1	$ZnCl_2$（600～800g/L）+NH_4Cl（80～120g/L）+乳化剂（1～2g/L）水溶液	50～60	5～10
2	$ZnCl_2$（614g/L）+Al_4Cl（76g/L）+乳化剂（1～2g/L）水溶液	55～65	<1
3	$ZnCl_2$（550～650g/L）+NH_4Cl（68～89g/L）+乳化剂（甘油宾丙三醇）水溶液	45～55	3～5
4	（35～40）%（质量分数）$ZnCl_2 \cdot NH_4Cl$（或 $ZnCl_2 \cdot 3NH_4Cl$）水溶液	50～60	2～5

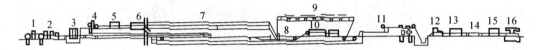

图 6.4　森吉米尔法钢带热浸渗锌生产线

1—开卷机；2—剪切机；3—焊机；4—张力调节器；5—氧化炉；6—还原炉；7—冷却段；8—镀锅
9—冷却带；10—化学处理；11—卷取机；13—平整机；14—废料槽；15—涂油机；16—平台

另外,该方法可以取消酸碱洗和溶剂处理等预处理步骤,整个过程可自动控制。与溶剂法热浸镀相比,氧化还原法热浸镀的工件或钢材进入欲镀金属液前具有足够的热量,使金属熔液能保持稳定,因此,减少了热浸镀锅本身的热应力,提高了其使用寿命。钢铁零件带温进入浸镀液,可以缩短热浸镀时间,因此改善了热浸镀层的质量,并且降低了欲镀金属的消耗。

主要工艺过程如下：

(1)将钢铁零件送入氧化气氛的加热炉中,在 400～500℃下使零件表面的油脂和污物碳化除掉,或者变为在后续步骤中易于除掉的形态；

(2)然后将零件送入还原炉中,在 800～850℃下将存留在钢材表面上的氧化物还原除掉；

(3)经处理的钢材在还原气氛的保护下,直接送入浸镀的锌或铝的熔融浸镀液中镀覆。

6.2.2　钢铁零件的热浸镀过程

钢铁零件的热浸镀过程通常分为三步：第一,零件铁基表面被溶解,并形成合金层；第二,合金层中的渗入原子向内扩散,形成固溶体或化合物；第三,合金层表面包裹一层纯的欲镀金属。

在热浸镀金属工艺中,液态金属的活性、液态金属与工件基体金属发生反应和渗入原子向内热扩渗的能量均由热能提供。而且,当基材从液态金属中提出来时黏附一层金属,形成与电镀相似的纯金属外层。

如图 6.5 所示是钢铁零件的热浸镀铝过程示意图,当热铝液与钢铁零件接触时,由于铁和铝之间的相界反应,先在铁-铝的分界上形成铁铝合金层,并产生 $FeAl_3$ 相化合物,然后铝原子向铁内扩散,使 $FeAl_3$ 相层厚度增加,由于含量的起伏,在 $FeAl_3$ 层中出现了含量相当于 Fe_2Al_5

化合物的微小区域。随着铝原子继续向内扩散，形成 Fe_2Al_5 相并沿扩散方向长大成横跨若干晶粒的粗大柱状晶体。最后零件从热铝液中取出时表面会黏附一层纯铝金属，整个热浸镀层组织形成了由表向里是纯铝相、$FeAl_3$ 相化合物和 Fe_2Al_5 化合物。同理，钢铁件在热浸镀锌后由内向外的渗层组织依次为 γ 相、δ_1 相、ζ 相、η 相（见表 6.3）。

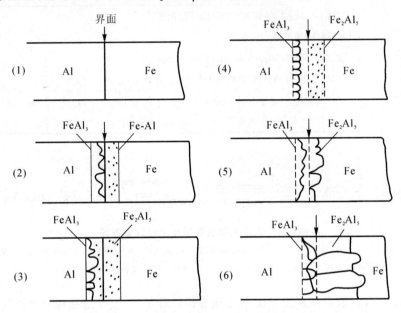

图 6.5　钢铁零件热浸镀铝过程示意图

表 6.3　钢铁零件热浸镀锌获得的合金相

合金相		硬度 $HV_{0.05}$	化学式	铁的质量分数/(%)	密度/(g·cm^{-3})	晶格
γ		493	Fe_4Zn_{21}	21～28	7.36	体心立方
δ_1（致密）		355	$FeZn_7$	—	—	—
δ_1	（底部）	326	$FeZn_7$	7.4～11.0	7.25	六方
	（中部）	284				
	（上部）	263				
δ_2	（底部）	231	$FeZn_{13}$	5.75～6.25	7.18	单斜
	（上部）192					
η		35	Zn	0.03	7.14	密排六方

6.2.3　热浸镀锌工艺和性能

热浸镀锌的工业生产历史很长，其产品产量大，应用范围广，作为热浸镀基础性工艺的热浸镀锌技术已经很成熟。

锌的熔点很低，只有 419.7℃，且在 450～480℃ 的温度范围内就可以浸镀。一般得到的灰色镀层由两个分层构成：外层为锌层，内层是铁-锌金属间化合物层。金属间化合物的生成可以使镀层与基体间呈现冶金结合,附着牢固。由于锌具有良好的延展性,其合金层与钢基体附着牢固,因此热镀件可进行冷冲、轧制、拉丝、弯曲等各种成型而不损坏镀层。

纯锌层是热镀锌中最富有塑性的一层镀锌层,其性质基本接近于纯锌,具有延展性,因此它富于挠性。钢结构件热镀锌后,相当于一次退火处理,能有效改善钢基体的机械性能,消除钢件成型焊接时的应力,有利于对钢结构件进行机械加工。

但是纯锌镀层常常出现灰暗、超厚及黏附性差的不良现象。为了解决这一问题,近年发展了多种热浸镀锌技术,如多元合金镀锌、高温镀锌、锌镍合金镀锌等。

还有,热浸锌镀层具有良好的抗腐蚀性能。一方面是镀层作为阻挡层隔离了钢基体与周围的腐蚀环境,另一方面是锌镀层可以作为牺牲阳极对钢基体产生电化学保护作用。

通过调整热浸镀锌工艺参数可以调整各化合物相的比例,以得到结合力高、致密且性能优良和良好外观的热浸镀锌层。

根据生产实际经验,无论采用哪种热浸镀锌方法,决定工件或钢材热浸镀锌质量的主要工艺参数是锌液温度、浸渍时间和从锌液中抽出的速度等。

1. 锌液温度

锌液温度高,热浸镀锌层的塑性会降低,热浸镀锌锅(容器)使用寿命就会缩短。若热浸锌液的温度低,锌液的黏度就会增加,浸锌层的厚度及不均匀性就会增加。在 480℃ 以下,锌液对基体铁溶解缓慢;当温度高于 480℃ 时,锌液对零件基体铁的溶解速度加快,对熔锌锅和工件都有害,其中 495℃ 左右是锌液对铁基体的恶性溶解区。因此,440~465℃ 是热浸镀锌的最佳工作温度。

2. 浸镀锌时间及提取速度

在热浸镀锌工作温度范围内,浸渍时间每增加四倍,获得合金层的质量就增加一倍。从锌熔液中提取速度慢,得到的纯锌层就薄;反之,提取速度快,得到的纯锌层就厚。当然提取速度过快,则带出的锌液来不及滴尽,使工件或钢材附着过量的锌液而凹凸不平;提取速度过慢,则使表层的纯锌层太薄,浸锌层几乎全由铁锌合金层构成,塑性降低。

3. 热浸镀锌层的耐腐蚀性能

这主要表现在两方面,一是锌在大气中能形成一层致密、坚固、耐腐蚀的 $ZnCO_3 \cdot 3Zn(OH)_3$ 保护膜,既减少了锌层的腐蚀,又使得锌层下的铁免受腐蚀;二是对热浸镀锌层有局部损坏时,有阴极保护作用,热浸镀锌工件的耐大气腐蚀能力与锌层的厚度有关。

现在热浸镀锌大量应用于钢板、水管、钢丝、螺栓和螺母。国外还将高强螺栓的热处理与氧化还原法热浸镀锌工艺结合,发明了锌淬工艺。这种工艺就是在还原炉中将螺栓加热后淬入锌液中等温,使螺栓既有高的强度又有更厚的渗层,耐蚀能力更好。另外,热浸镀锌制品在化工设备、石油加工、海洋勘探、金属结构、电力输送、造船、建筑(如水及煤气输送、电线套管、脚手架、房屋等)、桥梁等方面已大量应用。

但是随着对浸镀锌层耐蚀性和生产成本控制的要求越来越高,以提高热浸镀锌层耐蚀性和降低锌的消耗为目标,使得钢铁热浸镀技术正在向合金化镀层、薄镀层及专用镀层的方向发展。

　　为了改善浸镀锌层的性能,常添加合金化元素如 Al,Mg,Pb,RE,Si 等。铝是对热镀锌影响最大的合金元素,锌中添加铝能提高锌液的流动性,减少锌液氧化并使镀层光亮。在低熔点的共晶熔体中,铝能抑制 Fe-Zn 合金层的形成,从而降低浸镀层的厚度。这是由于铝在钢基体表面优先与铁反应生成了 Fe_2Al_5 防护层,阻碍了 Zn,Fe 间的扩散。当铝含量超过 0.1% 时,Al 对 Zn-Fe 反应的抑制有几分钟的孕育期。值得注意的是,当浸镀时间超过孕育期时,锌液中的 Al 会加快 Zn-Fe 合金层的生长,基体腐蚀加剧。锌液中加入少量的 Mg 能提高浸镀锌层光泽并使晶粒细化,但继续增加 Mg 含量又会使镀层变灰暗。试验发现,当 Mg 含量超过一定值时,浸锌镀层在冷却过程中有剥落现象,在 440~460℃ 下,在锌液中分别添加 0.01%,0.05%,0.12%Mg 则不会影响浸镀锌层的组织。另外,锌液中加 Mg 能抑制 Zn-Al 合金的晶间腐蚀,因为加入铝元素可以提高浸镀锌层的抗大气腐蚀能力,但它使浸镀锌层形成锌花,导致发生晶间腐蚀的倾向。还有在锌液中添加稀土元素能提高热浸镀液的流动性,净化钢基体表面,提高热浸镀液对钢基体的浸润性,使热浸镀层组织均化、晶粒细小。通常说金属材料内部的杂质是促进腐蚀作用的重要因素,尤其是电负性较高的 S,O 等杂质会加速晶界腐蚀,而稀土元素能对 S,O 起脱除作用,同时作为表面活性元素富集于热浸镀层表面,形成致密而均匀的氧化膜,可以有效阻碍外界原子向镀层内部扩散,延缓腐蚀过程和速度,提高材料的耐腐蚀性能。另外,添加适量的稀土元素可以显著减薄浸镀合金层的厚度,当稀土含量为 0.03%~0.1% 时,浸镀合金层的减薄程度最为明显。

6.2.4　热浸镀铝工艺和性能

　　由于铝的性质比较活泼,极易氧化,因此热浸镀难度较大。铝的熔点是 658.7℃,其浸镀温度一般在 700~750℃,所生成的镀层同样是双层结构,外层是铝,内层是铁-铝金属间化合物,镀层与基体成冶金结合,结合强度高。但是纯铝镀层自身有一些无法避免的缺点。首先,由于铝铁合金层的脆性使镀铝板的二次加工困难,尤其是对于那些需要进行深拉和冲压的零部件,在加工时往往会带来镀层龟裂甚至脱落,为了解决这一问题,可以向浸镀液中添加一定量的铁、镁、钠等元素来控制合金层的厚度,最有效的是添加硅元素。其次,为了提高浸镀层的使用寿命,研究开发出 55%Al-Zn 合金镀层(Galvalume),这种浸镀层既具有铝的耐蚀性和抗高温氧化性,同时又具有锌层的特性。研究发现硅含量增加,可以抑制 Al-Fe 合金层的生长速度,阻止铝向铁基体中扩散,从而提高浸镀层的耐剥落性和优良的耐腐蚀性。

　　热浸镀铝层不仅具有光洁白亮的表面和良好的耐蚀性,而且具有优良的耐 H_2S,Na_2S 等强腐蚀介质的腐蚀,同时还具有良好的抗高温氧化、耐磨及对光和热的反射性能。另外,热浸镀铝的钢零件还具有机械强度和良好的韧性。这是因为浸铝镀层不但是很好的阻挡层,且表面又为致密的氧化铝膜所覆盖,呈现出一种钝态。这种浸镀层在含硫化物、氨、水分和灰尘的大气中有很好的耐蚀性能,在海洋大气中等含有氯化物的环境中,镀层因其表面氧化膜受到溶解而会对钢铁基体产生电化学保护作用。因此,钢材热浸镀铝被看做是一种具有综合性能与特殊性能于一体的复合金属材料。

　　影响热浸镀铝层厚度和性能的因素有零件基体的化学成分、浸铝液的成分、浸铝液的温度和浸铝时间等。钢铁零件中的碳、硅、铬和锰等元素都会影响热浸镀铝层的厚度,并且随着钢中碳、硅含量的增加,热浸镀铝层的厚度减小;另外,钢零件中的铬、锰等元素也会使浸镀层的厚度减小。锌元素能提高浸铝液与钢基体的反应速度和浸镀层的附着性。硅元素能提高浸铝液的流动性,降低合金层的厚度和硬度。铁会增大铝液黏度,影响浸镀层的厚度和耐蚀性。随着浸镀液温度的增加,热浸镀铝层的厚度增加,但热浸镀铝层中 Fe_2Al_5 相也急剧增加,塑性降低,浸铝锅的使用寿命也缩短。

浸镀铝的温度通常为 $700 \sim 930 ℃$,热浸镀铝层的厚度随浸铝时间延长而呈对数曲线增加,一般为 $10 \sim 20min$ 。从铝液中取出的速度越快,纯铝层就越厚。

通常根据浸铝零件的用途不同,热浸镀铝钢材和工件可分为耐腐蚀用途和抗高温氧化用途,后者必须进行扩散退火,一般是在 $900 \sim 980 ℃$ 的空气加热炉内保温 $4 \sim 6h$,使浸镀铝层表面形成连续而致密的 Al_2O_3 膜,保护基体不继续氧化,同时增加浸镀铝层的厚度。

热浸镀铝技术的应用主要体现在抗高温、抗氧化和耐腐蚀条件下的应用,因为浸镀铝优越的抗高温氧化性能主要是由于形成的 Fe-Al 合金层的优良的高温物理和化学性能所致,所以可以应用到:

①热处理设备中耐热元件。使用温度达 $850 ℃$ 的燃气喷管,用于渗碳炉和碳氮共渗设备。使用温度达 $850 \sim 950 ℃$ 的装料框架,抗氧化和耐硫蚀的炉子烟道,炉用耐热输送带和传动元件,使用温度在 $1 000 ℃$ 以下的热电偶保护套管。

②热交换元件,锅炉中耐热抗蚀元件。如吹灰器,使用温度为 $550 \sim 600 ℃$ 的锅炉管道、壁管、空气防热器和节煤器及发动机缸套。

③化工和锅炉管道通用紧固件,炼油厂和工业炉用紧固螺栓、销子等。

④化工反应器管道、换热器管、在 $705 ℃$ 高温使用的抗 SO_2 腐蚀的生产硫酸的转换器等。

另外,还由于浸镀铝层表面的 Al_2O_3 膜的钝化作用以及电化学保护作用,热浸镀铝钢件可用于含硫高的工业气氛,含有机肥和化肥的农村环境,还可用来制造电线杆上的钢支架,屋檐漏水管槽和钢结构建筑设施等。在汽车工业中,用于制作消音器、遮热板、卡车身架、车厢以及汽车排气焊管等。在厨房设备中用来制造炉灶、烤箱、空调器室外天线、晒衣架等。在建筑上可用做屋顶、壁板、烟道烟囱、防尘装置、下水管道、屋檐排水槽和钢窗等。

6.3　热扩渗技术

热扩渗是金属材料表面强化的一项重要工艺技术,其基本工艺是:先把工件放入含有渗入元素的活性介质中加热到一定温度,使活性介质通过分解并释放出欲渗入元素的活性原子,活性原子被零件表面吸附并溶入表面,溶入表面的原子向金属表层扩散渗入形成一定厚度的扩散层,从而改变零件表层的成分、组织和性能。

目前应用最广的是两种或两种以上元素的共渗,共渗的目的是吸收各种单元渗的优点,弥补其不足,使零件表面获得更好的综合性能。热扩渗技术不仅在机械、化工领域中零件的表面耐磨、耐腐蚀工程中得到广泛应用,而且在微电子和信息产业中也发挥着越来越重要的作用,而且随着科学技术的进步与市场需求使热扩渗技术不断跃上新的台阶。

6.3.1　热扩渗技术分类

热扩渗工艺的分类方法有很多,对于钢铁材料而言,可以根据热扩渗的温度分为高温、中温和低温热扩渗。其温度的界定是根据铁碳相图的点和线确定的,即高于 910℃的为高温热扩渗,低于 720℃的是低温热扩渗。高温热扩渗的渗速快,渗层厚,但在加热和冷却过程中,整个零件都有可能发生相变,导致较大变形。低温热扩渗的渗层虽然较薄,但由于在加热和冷却过程中,基体材料基本无相变,零件变形也小,因而非常适合精密工件的表面强化。

另外,按渗入元素化学成分的特点,将热扩渗技术分为非金属元素热扩渗、金属元素热扩渗、金属-非金属元素多元共渗和通过扩散减少或消除某些杂质的扩散退火,即均匀化退火(见表 6.4)。

表 6.4　热扩渗技术按渗入元素成分分类

渗入非金属元素		渗入金属元素		渗入金属-非金属元素	扩散消除某元素
单　元	多　元	单　元	多　元		
C	N+C	Al	Al+Cr	Ti+C	H
N	N+S	Zn	Al+Zn	Ti+N	O
S	N+O	Cr	Al+Ti	Cr+C	C
B	N+C+S	Ti		Al+Si	杂质
O	N+C+O	V		Al+Cr+Si	
Si	N+C+B	Nb			

还可以根据渗剂在工作温度下的状态分为直接热扩渗和复合热扩渗(见图 6.6),直接热扩渗又包括气体热扩渗、液体热扩渗、固体热扩渗、离子体热扩渗等,其中固体热扩渗的流化床法一用的渗剂是固体原料,如渗硼;流化床法二的渗剂是气体,如渗碳、渗氮。

6.3.2　热扩渗层形成的基本条件及机理

1.渗层形成的基本条件

一般来说,形成热扩渗层的基本条件有三个。由于热扩渗过程中渗入元素的原子存在于渗层的形式有两种,一种是与基体金属形成固溶体或金属间化合物层,另外一种是固溶体与化合物的复合层,因此,形成渗层的条件是渗入元素必须能够与基体金属形成固溶体或金属间化合物。为此,首先,溶质原子与基材金属原子相对直径的大小、晶体结构的差异、电负性的大小等因素必须符合一定条件;其次,被渗的元素与基材之间必须有直接接触,一般通过设计相应的工艺或创造不同工艺条件来实现;第三,被渗元素在基体金属中要有一定的渗入速度,否则在生产上就没有实用价值。提高渗入速度的最重要手段之一就是将工件加热到足够高的温度,使溶质元素能够有足够大的扩散系数和扩散速度。

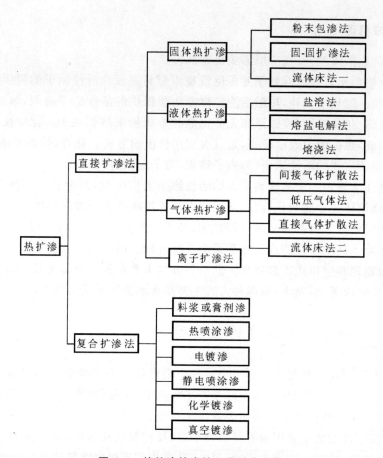

图 6.6　热扩渗技术按工艺特点分类

对于靠化学反应提供活性原子的热扩渗工艺而言,还必须满足第四个条件:该反应必须满足热力学条件。以渗剂为金属氯化物气体的热扩渗工艺为例来说明其热力学条件。在该热扩渗过程中,可能生成活性原子的化学反应,主要有如下三类:

置换反应　$A + BCl_2(气) \rightarrow ACl_2(气) + [B]$

还原反应　$BCl_2(气) + H_2 \rightarrow 2HCl(气) + [B]$

分解反应　$BCl_2(气) \rightarrow Cl_2(气) + [B]$

式中,A 为基材金属,B 为渗剂元素,设其均为 2 价。

上述反应的热力学条件应该有两层意义:第一层指在一定热扩渗温度下,通过改变反应物浓度或添加催化剂,或通过提高热扩渗温度使上述产生活性原子[B]的反应向右进行;第二层指上述反应的平衡常数至少应该大于 1%,即通过反应至少有 1% 的反应物可以提供所需要的活性原子,这是工程应用中所要求的最低转变量。

对于渗碳、渗氮和碳氮共渗等间隙原子的热扩渗工艺而言,使用的渗剂大多是有机物,在一定温度下都能发生分解。因此,提供活性原子的化学反应主要是分解反应。而对于渗金属元素如渗铬、渗钛、渗钒等热扩渗工艺,由于金属氯化物的标准生成熔在 1 100℃ 以内都是负值,不可能发生热分解,因此主要是以置换或还原反应或者两个反应同时发生来提供活性原子。

2. 渗层形成机理

无论是哪种热扩渗工艺,其渗层形成机理都包括:

第一,产生渗剂元素的活性原子并提供给基体金属表面。活性原子的提供方式包括热激活能和化学反应。除热浸渗外,热激活能扩渗方法能提供的活性原子有限,渗速较慢,主要用于热浸镀、电镀渗、化学镀渗、喷镀渗和无活化剂的金属粉末热扩渗等。化学反应法能不断产生活性原子,因此,热扩渗的效率较高,是具有实用价值的方法。此外,等离子体中处于电离态的原子也能提供所需要的活性原子(如离子渗氮、离子渗碳等)。

第二,在基体金属表面上的渗剂元素的活性原子发生吸附,并随后被基体金属所吸收,形成最初的表面固溶体或金属间化合物,从而建立热扩渗所必须的浓度梯度。

第三,渗剂元素原子向基体金属内部扩散,基体金属原子也同时向渗层中扩散,逐渐使热扩渗层增厚,实际上热扩渗层的成长过程是个扩散过程。因此,扩散机理主要有间隙式扩散机理、置换式扩散机理和空位式扩散机理。前一种方式主要在渗入原子半径小的非金属元素(如渗碳、渗氮、氮碳共渗等)时发生,后两种方式主要是在渗金属元素时发生。

6.3.3　影响热扩渗速度的主要因素

热扩渗层的形成速度总是由上述三个过程中最慢的一个来控制。一般情况下,在热扩渗的初始阶段,溶入元素原子的热扩渗速度受产生并供给渗剂活性原子的化学反应速度控制,而渗层达到一定厚度后,热扩渗速度则主要取决于扩散过程的速度。

影响化学反应速度的主要因素有反应物浓度、反应温度和活化剂(催化剂)等。一般情况下,增加反应物浓度,可以加快反应速度;另外,升高热扩渗温度将加速基体表面活性原子的生成速率;还有,加入适当的活化剂,可使化学反应速度成倍提高。此外,真空状态下离子束对基材表面的轰击也有利于基材表面活化,达到加快扩渗速度的目的。

影响热扩渗扩散速度的主要因素为热扩渗温度与时间,并且扩渗过程中升高温度较延长时间更为有效。而基体金属的晶体结构及合金化元素的加入以及基体缺陷等,将在很大程度上影响扩散激活能的大小,从而影响渗层质量。

通常将热扩渗入元素的原子在基体金属中的扩散分为两类:形成连续固溶体的扩散称为纯扩散;而随着溶质浓度增加并伴随新相生成的扩散称为反应扩散。

反应扩散可以从一开始就形成某种化合物,扩散层的相组成和各相化学成分取决于组成该合金系统的相图。二元合金的渗层一般不会出现两相共存区,反应扩散形成的渗层由浓度呈阶梯式跳跃分布、相互毗邻的单相区的组织所构成。

如图 6.7 所示的是用渗剂元素 B 向基体金属 A 中扩渗并形成渗层的过程。设 A-B 系相图具有如图 6.7(a)所示的形式,当将金属 A 放在 B 材料的粉末中并在某一温度下扩渗时,B 则渗入 A 中形成 α 固溶体,此时 B 在 A 中的含量分布开始阶段如图 6.7(b)中的曲线 1 所示;随后 B 原子不断溶入与扩散,使表面含量逐渐增加,当 B 在 A 中的含量到达该温度下的饱和平衡含量 C_0 时,则 B 的含量如图 6.7(b)中的曲线 2 所示。这时,由于含量起伏,并随着 B 元素的不断渗入,将形成新相 A_nB_m 化合物,含量处于 $C_{1极小}$ 和 $C_{1极大}$ 之间,如图 6.7(b)中的曲线 3 所示。同样,随着 B 元素的不断渗入,将会出现新相 β。扩渗结束时 B 原子含量分布如图

6.7(b)中的曲线 4 所示。热扩渗层的最终组织如图 6.7(c)所示,由外表向内依次为 β 相、A_nB_m 相、α 相和基材 A。实验结果表明,相图上单相区越宽,相区间的含量差就越大,渗入元素的流量将增加,因此渗层中的该相层就越厚。

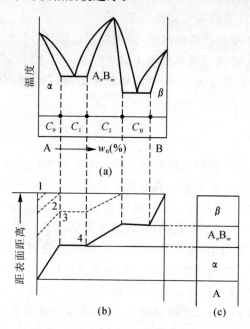

图 6.7　元素 B 在金属 A 表面饱和时渗层的形成过程
(a)A－B 合金系相图;(b)B 在 A 表面层中的含量分布;(c)渗层组织

6.3.4　固体热扩渗技术

1. 固体热扩渗的基本特点

固体热扩渗是把工件放入固体渗剂中或用固体渗剂包裹工件加热到一定温度保温一段时间,使工件表面渗入某种元素或多种元素的工艺过程。在固体热扩渗中,影响渗层深度和质量的因素,除温度和时间外,主要是固体渗剂的成分。固体渗剂一般由供渗剂、催渗剂(活化剂)、填充剂组成。供渗剂是化合物,还须加入还原剂,使之产生活性原子,如铬粉、氯化铵和氧化铝组成的渗铬剂。催渗剂的作用是促进活性原子的渗入,而由还原剂组成的一些渗剂既能促进还原反应又兼有促进活性原子渗入的作用。填充剂的作用主要是减少渗剂的板结,方便工件的取出,并降低成本。

根据渗剂形状特点分为粉末法(包括粒状法)、膏剂法等。

粉末法是一种传统的热扩渗方法。这种方法是把工件埋入装有渗剂的容器内进行加热扩散,以获得所需渗层,应用较多的如渗碳、渗金属、金属多元共渗等。粒状法实质是粉末法的一种,是将粉末渗剂与黏结剂按适当的比例调和后制成粒状,渗剂成分与粉末法的相似,使用方法与粉末法一样。与粉末法相比,粒状法渗入时粉尘量大大降低,渗后无渗剂黏结,工件取出方便。应用较多的粒状渗剂有粒状渗硼剂、粒状渗金属剂。

膏剂法是将粉末渗剂与黏结剂按适当比例调成膏体,然后涂在工件表面,干燥后(多数要求在非氧化性环境中)加热扩散形成渗层。由于膏剂在工件表面一般只涂 5mm 左右的厚度,膏剂中不但供渗剂含量比粉末法的高,而且一般不加填充剂,只加少量使渗剂冷却后不黏结的抗黏结剂即可。目前应用较多的有渗硼膏剂等。

相比较而言,固体热扩渗的设备较简单,渗剂配制也容易,可以实现多种元素的热扩渗,而且适用于形状复杂的工件,并能实现局部表面的热扩渗。但这种方法能耗大,热效率和生产效率低,工作环境差,工人劳动强度大,渗层组织和深度都难以控制,因此,不符合清洁生产和节能的要求。

2. 固体渗硼技术

固体渗硼是将硼元素渗入零件表面的热扩渗工艺。渗硼能显著提高钢件表面硬度和耐磨性,特别是耐磨粒磨损的能力,渗硼层还具有良好的耐热性和耐蚀性。渗硼有粉末法(包括用制成球状、圆柱状等粒状渗硼剂进行渗硼)、膏剂法、熔盐法、流态床渗硼法和气体法等。熔盐法由于残盐难以清洗,一般只用于形状简单、表面光滑的工件。将渗剂制成粒状,以减少工作时的粉尘和防止渗硼后渗剂黏结,方便零件的取出,因此也得到了广泛应用。

固体渗硼的工艺是将工件放入渗硼箱内,四周填充渗硼剂,将渗硼箱密封后放入加热炉中加热,保温数小时后出炉。在钢件渗硼过程中,由于硼在 γ 铁和 α 铁中的溶解度低于0.002%,易与铁形成楔形的硼化物 Fe_2B,若渗硼剂活性高,在渗层中还会出现第二种硼化物 FeB,这样渗层中存在 $FeB+Fe_2B$ 双相型硼化物(腐蚀金相试样可分两相组织,FeB 呈深褐色组织,Fe_2B 呈浅棕色组织)。如图 6.8 所示是典型的渗硼层金相组织照片。如图 6.9 所示是渗硼层的硼含量和硬度沿渗层深度变化曲线,不难推断渗硼过程是渗入的硼与铁不断生成化合物的反应扩散过程,渗硼层的生长不但取决于硼的扩散速度,而且与相变反应过程密切相关。此外,渗硼层与基体间硬度陡降,FeB 和 Fe_2B 硬度高,脆性大,其中 FeB 的脆性比 Fe_2B 的更大。为了减少渗层脆性,一般渗硼工件都希望 FeB 在渗层中尽可能少。

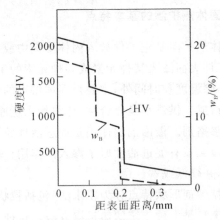

图 6.8　20钢渗硼的金相组织照片(950℃×2h)　　图 6.9　渗硼层硼含量和硬度沿深度变化曲线

常用的几种固体渗硼剂成分与渗硼工艺见表 6.5。固体渗硼剂通常由供硼剂、催渗剂、填充剂组成,这三种材料的选择和配比将决定渗剂的活性。供硼剂一般选用含硼量高的物质,如碳化硼、硼砂等,因为含硼量越高,渗剂活性越强。催渗剂多用碳化物,而氟化物和氯化物的活化能力更强。填充剂为碳化硅或三氧化二铝。由于钢件渗硼时必须将基体中的碳向内排挤以形成 Fe-B 化合物,因此钢中碳含量越高,渗硼层越薄。另外,钨、钛和钼急剧降低渗硼层厚度,是阻碍硼化物形成元素,铬、铝、硅影响较小,而锰、钴、镍的影响也不大。

表 6.5　常用固体渗硼剂成分和渗硼工艺

渗剂成分 (质量分数)	处理工艺		渗层厚度/mm	渗层组织
	温度/℃	时间/h		
95%B_4C, 2.5%Al_2O_3, 2.5%NH_4Cl	950	5	0.06	$FeB+Fe_2B$
80%B_4C, 20%Na_2CO_3	900~1 100	3	0.09~0.32	$FeB+Fe_2B$
5%B_4C, 5%KBF_4, 90%SiC	700~900	3	0.02~0.1	$FeB+Fe_2B$
30%硼铁, 10%KBF_4, 60%SiC	800~950	4	0.09~0.1	Fe_2B
13%$Na_2B_4O_7$, 13%催渗剂, 10%还原剂, 54%SiC, 10%石墨	850	4	0.1	Fe_2B

　　热扩渗硼的工件具有硬度高,耐磨、耐蚀、抗氧化性能好,而且摩擦因数小等特点。其中 FeB 显微硬度为 HV1 800~2 200,Fe_2B 显微硬度为 HV1 200~1 800。钽的硼化物硬度高于 HV3 000,铌、钨、钼的硼化物硬度也都在 HV2 000 以上。钢中含碳量的增加可减少双相型渗硼层中 FeB 的相对含量并使 FeB 硬度降低。

　　钢件经热扩渗硼处理后其抗拉强度和韧性下降,但抗压强度提高。渗硼工件耐黏着磨损性能比渗碳淬火、离子渗氮更高,耐磨料磨损能力也非常好。

　　还有钢件经热扩渗硼后在硫酸、盐酸、磷酸等溶液中的耐蚀性能明显提高,但不耐硝酸及海水腐蚀。

　　基于上述特点,固体渗硼技术在以下几方面得到较好应用。

　　①在模具中的应用,如热锻模、热镦模、压铸模、拉伸模、挤压模、冲裁模以及一些专用模具如耐火砖模、拉丝模、造锁模具等都可以进行渗硼处理,渗硼不仅大大提高了模具的使用寿命,而且可以用低碳钢代替高合金钢,有效地降低了生产成本。

　　②在工具中的应用,如冷拔轧螺纹钢丝轧辊、冲头、某些复合刀具的定位及导向面等,渗硼后这些工具的抗挤压和抗磨损性能均有明显提高。

　　③某些特殊零件中的应用,如纺织机械中的纺锭、拉丝机中的塔轮、牙床钻头轴承等都可以渗硼,而且渗硼后的热处理还可明显改善零件基体的力学性能。

3. 机械能助渗热扩渗技术

　　随着科学技术的进步和学科交叉,与新的能量形式相结合实现的热扩渗技术不断被开发出来,如机械能、电子束、激光、超声波、磁场、电场等与热能相结合,以代替纯热扩渗技术。这种新技术将有可能成为新的发展方向。

　　如图 6.10 所示是机械能助热扩渗装置示意图,机械能助渗以振动和滚动的方式实现。振动法是将试样、冲击振动球、由铝粉、氧化铝粉和活性剂组成的渗剂放置到一个金属罐(渗箱)中,金属罐置于加热炉中并与机械振动装置相连。机械振动装置的振动频率、振幅等可以调节,通过加热和振动,实现在较低温度下,快速在试样表面形成热扩渗涂层。

滚动方法是利用滚筒的连续滚动过程,粉末渗剂和介质颗粒冲击待扩渗工件的表面产生的机械能,并且在一定的温度下保温一定时间,即可得到一定厚度的渗层。这种方法可以缩短热渗时间,节能效果十分显著,机械能助渗金属的消耗量降低,优点非常突出。

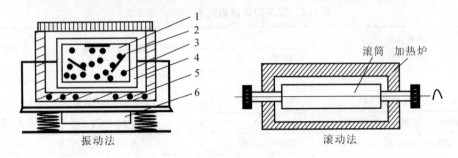

图 6.10　机械能助热扩渗装置示意图
1—渗剂;2—试样;3—冲击介质球;4—渗箱;5—加热炉;6—机械振动装置

对于机械能助渗能降低扩渗温度、提高扩渗速度的原因,一般认为有:

一是改变了传热方式,在常规固体扩渗工艺中,固体渗剂处于静止状态,渗箱内主要靠热传导方式传热,传热速度较慢。而机械能助渗时,渗剂、工件和滚筒壁之间相互碰撞,形成流动传热,提高了传热速度和滚筒内部的温度均匀性。

二是改变了热扩散机制,机械能助渗对热扩散的分解、吸附、扩散三个阶段都有影响,其中对热扩散过程的影响最大,起主导作用。另外,运动增加了渗剂各组元之间的接触机会,加速了它们之间的化学反应,提高了渗剂的活性和新生态渗入元素原子的浓度。再有就是运动粒子冲击工件表面可去除其表面氧化膜(净化表面),有利于渗入原子的吸附,提高渗入元素的吸附浓度。机械能助渗的扩散机制为点阵缺陷扩散机制,运动的粉末粒子冲击工件表面,将机械能动能传给表面点阵原子,使其激活脱位,形成空位,减少了空位形成功,形成原子疏松区,形成的过饱和空位区,长大成单层或双层空位盘,塌陷成位错,甚至形成扩散通道等晶体缺陷,改变了原子扩散行径,变为点阵缺陷扩散,降低扩散原子迁移能。由于空位等晶体缺陷大幅增加,使扩散激活能大幅度降低,致使渗金属的扩渗温度降低。

机械能助渗利用能量与热(温度)相结合,改变了扩散机制,由点阵扩散变为点阵缺陷扩散,致使扩散激活能降低,扩渗温度大幅度降低,扩渗时间缩短,节能效果显著。机械能助渗的温度低,使渗铝、渗铬、渗硅等在抗高温氧化、耐蚀、耐磨方面更具有竞争力,还可解决纯热扩渗可能带来的畸变量大的难题。

因此,机械能助渗技术有可能随着渗剂活化、机械能与温度相配程度等进一步优化,加上设备简单、节能效果好,有可能成为一种新的热扩渗技术被广泛应用。

6.3.5　液体热扩渗技术

1.液体热扩渗的基本特征

液体热扩渗是将工件浸渍在熔融液体中,使表面渗入一种或几种元素的热扩渗方法,主要用于改善钢件表面的耐磨性和耐蚀性。液体热扩渗根据工艺特点可分为盐浴法、热浸法、熔烧法等。

(1)盐浴法

这是在盐浴中使工件表面渗入某种或几种元素的工艺方法。其热扩渗原理有:一是由组成盐浴的物质作渗剂,利用它们之间的反应产生活性原子,使工件表面渗入某一种或几种元素;二是用盐浴作载体,另加入渗剂,使之悬浮盐浴中,利用盐浴的热运动运载着渗剂与工件表面接触,使工件表面渗入某一种或几种元素形成涂层。表 6.6 是不同金属材料经盐浴氮碳共渗获得的渗层厚度和表面硬度。

表 6.6 不同金属材料经盐浴氮碳共渗获得的渗层厚度和表面硬度

钢铁牌号	预处理工艺	盐浴氮碳共渗工艺	化合物厚度/μm	扩散层厚度/mm	表面显微硬度 $HV_{0.1}$
45	调质	565℃×1.5~2h	10~17	0.30~0.40	500~550
38CnMoAl	调质	565℃×1.5~2h	8~14	0.15~0.25	950~1 100
3Cr13	调质	565℃×1.5~2h	8~12	0.08~0.15	900~1 100
3Cr2W8V	调质	565℃×1.5~2h	6~10	0.10~0.15	850~1 000
W18Cr4V	淬火+回火2次	550℃×20~30min	0~2	0.025~0.045	1 000~1 150
HT24—44	退火	565℃×1.5~2h	10~15	0.18~0.25	600~650

(2)热浸法

这是将工件直接浸入液态金属中,经较短时间保温即形成合金镀层,如钢铁制品的热浸镀锌、热浸镀铝、热浸锡镀层等。这种方法在上节已经做过介绍。

(3)熔烧法

这是先把渗剂制成料浆,然后将料浆均匀涂覆于工件表面上,干燥后在惰性气体或真空环境中以稍高于料浆熔点的温度烧结,渗入元素通过液固界面扩散到基体表面而形成合金层。该方法能获得成分和厚度都很均匀的扩渗层。

2. 低温盐浴共渗技术

低温盐浴共渗是在低温盐浴中使工件表面渗入某种或几种元素的方法。低温盐浴共渗过程中钢件基本无相变,变形较小,一般不进行机加工就可使用,共渗后钢件的耐腐蚀性也得到大幅提高。

低温盐浴共渗的元素有碳、氮、硫、镉、钒以及这几种元素的共渗。如采用低温盐浴法对T10钢进行渗铬,可获得较厚的渗铬层,渗层表面硬度达 HV1 300~1 500,表面铬浓度为65%~81%;对 H13 钢采用低温盐浴可以实现碳、氮、钒等元素的共渗,与气体低温氮碳共渗相比,经低温盐浴碳、氮、钒共渗后的模具平均寿命可提高 1 倍以上。因此,这种低温盐浴工艺可广泛应用于阀门、轴、模具等的表面强化处理。

硫氮碳共渗是一种氮碳共渗与渗硫兼有的热扩渗工艺。由于硫的渗入,处理后的工件具有优良的耐磨、减摩、抗咬死、抗疲劳性能,并能改善钢铁件(不锈钢除外)的耐腐蚀性。

3. 硼砂熔盐金属覆层技术

在高温下将钢铁零件放入硼砂熔盐浴中一定时间后,可在表面形成几微米到数十微米的碳化物层,这种工艺被称为硼砂熔盐金属覆层技术(T. D. 法),与 PVD 和 CVD 方法相比,这种方法设备简单,操作方便,成本较低。T. D.法主要成分是硼砂和能产生欲渗元素的渗剂,是从硼砂熔盐渗硼中发展起来的。

脱水硼砂的熔点为740℃,分解温度为1 573℃,在850～1 050℃下工作稳定。硼砂熔盐渗硼是在高温下加入与氧亲和力大于硼的物质,如铝粉,可以从硼砂中还原出活性硼原子,使钢铁零件渗硼。当同时加入与氧亲和力小于硼的单质物质(如铬、钒、铌等)或化合物时,则还原出这些物质的活性原子,它们以高度弥散态悬浮、溶解于硼砂中,利用硼砂熔盐为载体,在高温下通过盐浴本身的不断对流与零件表面接触,被零件表面吸附并向内扩散,形成金属渗层(见表6.7的硼砂熔盐渗硼常用渗剂和渗层特性)。

因为硼砂熔盐的密度和黏度大,所以是盐浴渗金属的最好载体;而且渗剂金属及活性原子容易在其中悬浮,使工件能够获得比其他渗金属熔盐更均匀的覆层;还有就是熔融硼砂能溶解金属氧化物,可使工件表面清洁和活化,有利于金属原子的吸收和扩散。

表 6.7　硼砂熔盐渗硼常用渗剂和渗层特性 (T12 钢 1 000℃×5.5h)

序　号	工　艺	盐浴组成(质量分数)	渗层厚度/μm	扩散层外观颜色
1	渗铬	10%铬粉+90%无水硼砂	17.5	银灰色
2	渗铬	12%三氧化二铬+5%铝粉+83%无水硼砂	14.7	银灰色
3	渗钒	10%钒粉+90%无水硼砂	24.5	银灰色
4	渗钒	10%钒铁+90%无水硼砂	22	浅金黄色
5	渗钒	10%五氧化二钒+5%铝粉+85%无水硼砂	17.2	浅金黄色
6	渗铌	10%铌粉+90%无水硼砂	20	浅金黄色
7	渗铌	15%五氧化二铌+5%铝粉+80%无水硼砂	17.2	浅金黄色
8	渗钽	10%钽粉+90%无水硼砂	17.2	浅金黄色

T. D.法的处理温度为900～980℃,在此温度下,熔盐中活性金属原子有限,当所处理的工件为中、高碳钢或低合金中、高碳钢时,金属原子一旦被工件吸附,就与工件中的碳原子生成碳化物。由于碳原子在碳化物中的扩散速度比金属原子快得多,被工件吸附的金属原子还未能通过置换方式向内进行扩散,碳原子就已从内向外扩散到表面。换句话说,T. D.法中金属碳化物层是在金属原子的不断吸附和碳原子的不断向外扩散中从表层不断向外增厚,并覆盖整个基体,因此得到的渗层通称金属碳化物覆层。X射线分析发现,T. D.法所得覆层基本上全由碳化物组成,其中几乎不含铁,碳化物层的成分不受基体金属的影响。在显微镜下观察,这种方法获得的渗层呈白亮色,无微孔,与基体金属有清晰的界面。

铬、钒、钛与碳的亲和力都比铁强,都有从铁中获得碳原子的能力。其原子直径都较大,渗入钢件会造成晶格的畸变,表面能升高。但其与碳原子形成碳化物,就可以减少晶格畸变,降低表面能,使高温下碳扩散较容易,因此,碳化物覆层的厚度决定于碳原子而不是金属原子的扩散速度,这点与其他热扩渗工艺是不同的。因此在金属碳化物覆层中,影响覆层厚度的主要因素是处理温度、保温时间和钢中碳含量等,用下列关系式表示:

$$\delta^2 = At \exp\left(-\frac{Q}{RT}\right) \tag{6-1}$$

式中,δ为覆层厚度;t为保温时间;T为温度;Q为碳扩散活化能;R为气体常数,$R=$ 8.315J/(mol·K);A为常数,由钢中的碳扩散能力等因素决定。

钢中合金元素对覆层厚度影响很大。碳含量越高,覆层厚度越厚;反之,覆层越薄。钢中含有碳化物形成元素越多,含量越大,碳在钢中扩散能力越弱,覆层厚度越薄;反之,钢中元素 Si 含量越大,碳向钢外扩散能力越强,覆层厚度越厚;而钢中含有非碳化物形成元素,对碳在钢中扩散影响不大,对覆层厚度影响也不大。

T.D. 法所获得的几种热扩渗覆层的硬度高(见表 6.8),远高于淬火、镀铬、渗氮的硬度,并且在 600℃下使用仍有较高硬度。这种热扩渗层的摩擦因数较低,耐磨性优良,渗层的抗剥离性、抗氧化及耐腐蚀性也相当好。因此,它已被广泛应用于各类模具如粉末冶金成型模具、部分热模具以及塑料、化学纤维、橡胶等工业的模具中。

表 6.8　典型钢种的碳化物热扩渗覆层的硬度 $HV_{0.1}$ (1 000℃ ×6h)

钢 种 ＼ 工 艺	渗 铬	渗 钒	渗 铌	渗 钽
45	1 331～1 404	1 560～1 870	1 812～2 665	
T8	1 404～1 482	2 136～2 288	2 400～2 665	1 981
T12	1 404～1 482	2 422～3 380	2 897～3 784	2 397～2 838
GCr15	1 404～1 665	2 422～3 259	2 897～3 784	2 397
Cr12	1 765～1 877	2 136～3 380	3 259～3 784	1 981～2 397

6.3.6　气体热扩渗技术

1.气体热扩渗的基本特征

气体热扩渗是把工件置于含有渗剂原子的气体介质中加热到有利于渗剂原子在基体中产生显著扩散的温度,使工件表面获得该渗剂元素的工艺过程。气体热扩渗可分为常规气体法、低压气体法和流态床法。其工艺特点是:产生活性原子气体的渗剂可以是气体、液体、固体,但在扩渗炉内都成为气体;在气体热扩渗过程中,渗剂可以不断补充更新,使活性原子的供给、吸收和向内部扩散的过程持续维持;可以随时调整炉内气氛,实现可控热扩渗。通过气体热扩渗的工件,其渗层厚度均匀,易控制;并且容易实现机械化、自动化生产;劳动条件好,环境污染小,但设备一次性投资较大。

常规气体法是在常压下进行的热扩渗工艺,应用较为广泛。所应用设备分周期气体加热炉和连续气体加热炉两类。周期气体加热炉主要有井式、卧式、旋转罐式三种。连续气体加热炉有推杆式、网带输送式、转底式、振动式、旋转罐式等多种。与一般加热炉相比,常规气体加热炉都有能密封的炉膛和促进气氛均匀的风扇。

应用比较多的工艺是气体渗碳、气体碳氮共渗、气体氮碳共渗、气体渗氮等。由于渗剂、设备等原因,气体渗金属和气体渗硼的不多。

低压气体法(或称真空扩渗法)是把工件放入低压容器内加热,通入渗剂,使工件表面渗入某种元素的工艺过程。它实际上是将真空技术用于气体热扩渗。工件在真空状态下加热,能有效地防止表面氧化,还能去除工件原有的氧化膜以及附着的油脂,使表面洁净而处于活化状态,非常有利于快速吸收被渗元素成分。因此,采用低压气体法,工件表面的被渗元素浓度高、热扩渗速度快。另外,低压气体法的渗剂是脉冲式进入加热炉内,因此深孔、盲孔、狭缝处以及堆放的细小零件都能获得均匀的渗层,非常适合工模具、细小精密零件的处理。

2.气体渗碳

在增碳的活性气氛中,将低碳钢或低碳合金钢加热到高温(一般为 900～950℃),使活性碳原子进入钢的表面,以获得高碳渗层的工艺方法称为气体渗碳。气体渗碳过程示意图如图 6.11 所示。

低碳钢零件渗碳后,表层变成高碳,内部仍保持低碳状态。经淬火及低温回火后,零件表面硬度提高,耐磨性以及抗疲劳性提高,而心部仍保持足够的强韧性,因此,能够满足那些工作时易磨损件的工况需求,或者需要同时承受较高的表面接触应力、弯曲力矩及冲击负荷作用的零件的性能要求。因此,气体渗碳是机械制造、汽车等行业中应用较多的工艺,如汽车、拖拉机的齿轮、凸轮轴等零件都需要气体渗碳。

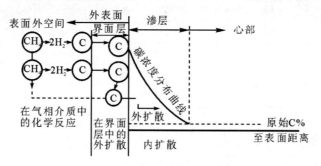

图 6.11　气体渗碳过程示意图

与气体渗碳相比,固体渗碳的劳动条件差,生产效率低;液体渗碳稳定性差,工件质量波动大;等离子渗碳设备造价高,而且不够完善。因此很多工件渗碳都采用气体法渗碳。由于气体渗碳是在 900～950℃进行,由 Fe-C 相图可知,碳在单一奥氏体状态下向内扩散,其渗层厚度可以根据所选用的渗剂和扩散方程精确算出。即渗碳过程可以通过计算机实现精确控制,以获得预期的渗碳效果(如图 6.12 所示为平滑下降的表面碳含量和表面硬度曲线)。

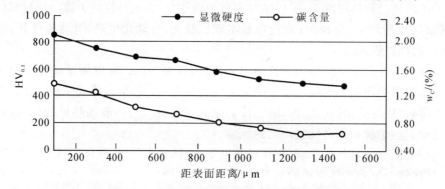

图 6.12　20CrMnTi 钢表面硬度和碳含量曲线

(1)影响气体渗碳的主要因素

1)渗碳气氛

不同渗剂或渗碳气体在高温下产生的活性碳原子是不一样的。为了评价气氛的渗碳能力,把在给定温度下,钢件表面碳含量(奥氏体状态)与炉中气氛达到动平衡时,钢件表面的实际碳含量称为碳势,并通过控制碳势来控制气氛的渗碳能力。

2)温度和时间

工件的材质、渗碳温度和碳势确定后,渗碳时间将根据渗碳层深度确定。一般浅层渗碳约2～3h,常规渗碳约5～8h,深层渗碳约16～30h。

3)钢的化学成分

钢中的合金元素对钢吸收碳的能力和碳向内部扩散都有很大影响。碳化物形成元素能提高渗层表面的碳含量,增大碳的含量梯度;非碳化物形成元素则降低渗层表面的碳含量。为使渗碳、零件具有较高的韧性、适当的淬透性及在渗碳温度下钢中晶粒不致过分长大,渗碳钢中常含铬、钼、镍、钛等合金元素。

(2)气体渗碳的主要方式

气体渗碳可根据所用渗碳气体的产生方法及种类分为滴注式气体渗碳、吸热式气氛渗碳和氮基气氛渗碳等。也可按获得不同渗碳层深度的工艺特点分为浅层(<0.7mm)、常规(0.7～1.5mm)和深层(>1.5mm)渗碳三种类型。

1)滴注式气体渗碳

把含碳有机液体滴入或注入到气体渗碳炉内,含碳有机液体受热分解产生渗碳气氛,对工件进行渗碳。滴注式气体渗碳设备简单,多用煤油作渗碳剂,成本低廉。

2)吸热式气氛渗碳

在连续式作业炉和密封式箱式炉中进行气体渗碳,常用吸热式气体加含碳富化气作为渗碳气氛。因为当原料气氛成分一定时,吸热式气体的 CO 和 H_2 含量基本恒定,这使碳势容易测量和控制,因此可获得具有一定表面碳含量和一定渗碳层深度的高质量渗碳件。由于吸热式气氛需要有特殊的气体发生装置,需要一定的起动时间,因而只适用于大批量生产。

3)氮基气氛渗碳

氮基气氛渗碳是一种以纯氮作为载气,添加碳氢化合物进行气体渗碳的工艺方法。这种方法具有生产成本低,无环境污染的优点。

如图 6.13 所示是连续式作业吸热式可控气氛渗碳工作过程示意图,这种工艺具有产量大、效率高、质量稳定等特点,炉内一般分为四区:加热、渗碳、扩散、预冷淬火。炉温和碳势都可以分区控制,渗碳气氛一般由吸热式气体发生炉供给。

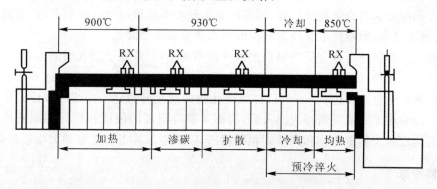

图 6.13　连续式作业吸热式可控气氛渗碳工作示意图

加热区:冷零件进入炉内要吸收大量的热量,故该区功率要较大,以使零件尽快热透。该区温度控制在880~900℃。

渗碳区:零件在此区内应基本上达到渗碳层的深度要求。炉温为920~940℃,炉内气氛根据工件的要求而定,一般碳势控制在1.1%左右。

扩散区:其作用为调整和控制零件表面碳含量,使其沿渗层深度均匀下降,即碳含量梯度平缓。炉温为900℃,碳势控制在0.9%。

预冷淬火区:目的是降低淬火温度,使工件淬火后的变形量和残余奥氏体含量减少。炉温一般控制在830~850℃,碳势控制在0.8%。

上述参数根据工件要求可以实现自动控制。

(3)气体渗碳的组织特性和基本性能

气体渗碳零件的性能是渗层和心部组织及渗层深度与工件直径相对比例等因素的综合反映。表面硬度、渗碳层深度、心部硬度是衡量渗碳件是否合格的三大主要性能指标,它们基本决定了渗碳件的综合力学性能。对于性能要求高的渗碳零件还需要检测外观、金相组织、表面碳含量和碳含量梯度等指标。

随着零件表面碳含量的增加,通常钢的抗弯强度及冲击韧度降低,而抗扭强度及疲劳强度提高,至碳的质量分数为0.90%~1.00%时达到最大值。大多数钢铁零件以表面碳的质量分数为0.80%~1.10%较好。当碳的质量分数低于0.80%时,其零件的耐磨性和强度不足;当高于1.10%时,则因淬火后表面碳化物及残余奥氏体量增加而损害钢的性能。

渗层的碳含量从表向里逐渐降低,其缓冷的组织为过共析、共析、亚共析组织;淬火组织为渗碳体+马氏体和低碳马氏体。渗层深度的设计和确定取决于零件的工作条件及心部材料的强度。零件所受负荷越大,渗碳层应越深。零件的心部硬度高,支撑渗层的强度就高,渗层可以相应浅一些。渗层中的过共析区及共析区必须大于零件后续机加工磨削量和使用过程中的允许磨损量,以保证零件有足够的耐磨性。

表面硬度是渗碳层组织和表面碳含量的综合反映。当表面碳的质量分数为1.0%左右时,渗层组织为粒状碳化物+马氏体。而无网状碳化物和黑色组织时,一般渗碳钢表面硬度为HRC 58~62。

心部组织及性能对渗碳强化效果也有重大影响。心部组织一般应为低碳马氏体,当零件尺寸较大时也允许为索氏体,但不允许有大块或多量铁素体,后者不仅会破坏组织均匀性,而且会降低心部硬度。若心部硬度过低,则零件易出现心部屈服而导致渗层剥落,造成渗碳件过早破坏;若硬度过高,则零件承受冲击载荷的能力及疲劳寿命降低。

弥散碳化物渗碳是高合金模具钢在渗碳气氛中加热,在碳原子渗入的同时,渗层中沉淀出大量弥散合金碳化物,如$(Cr,Fe)_7C_3$、V_4C_3、TiC,从而实现钢的表面强化。这种方法获得的渗碳层表面碳的质量分数高达2%~3%,弥散碳化物的质量分数达50%以上,且碳化物呈细小均匀分布。经直接淬火或重新淬火回火后,表面可获得很高的硬度和优异的耐磨性。渗碳模具心部没有出现粗大的碳化物和严重碳化物偏析,因而心部冲击韧度得到大幅度提高。

3. 气体渗氮

将氮元素渗入钢件表面的过程称为渗氮。氮化层的硬度可以高达HV950~1 200,其耐磨性、疲劳强度、红硬性和抗咬合性能亦优于渗碳层。钢的渗氮温度低(480~570℃),且渗氮后工件一般随炉冷却,工件变形很小。因此,气体渗氮技术也受到广泛重视。

由铁-氮相图可知,在 700℃ 以下铁-氮相图由五个单相区及两个共析反应组成,表 6.9 所列是渗氮层各相特性。渗氮渗剂为氨气或氨的化合物,氨气在高温下分解出氮原子,氮原子被工件吸附,并向内扩散,形成渗氮层。由于渗氮温度低,因而周期长(数十至上百小时),成本较高,渗氮层较薄(约 $500\mu m$),脆性也较大,不宜承受过高的压力或载荷。

渗氮层的高硬度是由于合金氮化物的弥散硬化作用导致的。氮化物自身具有很高的硬度,加上其晶格常数比基材 $\alpha-Fe$ 的大得多,因此,当它与母相保持共格联系时,使得 Fe 晶格产生很大的畸变,导致强化效应。由于渗氮工艺的温度不同,生成的氮化物尺寸大小也会不同,这样渗氮后的硬度高低也不一样。随着渗氮温度的升高,氮化物尺寸长大并和母相共格关系破坏,渗氮层的硬度降低。

渗氮层不仅具有高的表面硬度、强度和耐磨性,而且有很强的抗回火能力,可在 500℃ 以下长期保持高的硬度。因此,渗氮多用于处理销、轴类和轻载齿轮等重要零件,并且渗氮前一般要进行调质处理,以获得综合力学性能良好的调质组织。

表 6.9　渗氮层各相特性

名　称	本质及化学式	晶体结构	ω_N	主要性能
α 相	含氮铁素体	体心立方	590℃ 时为 0.10%,室温时降至 0.004%	有铁磁性
γ 相	含氮奥氏体	面心立方	≤2.86%	在 590℃ 时有共析转变,慢冷时发生 $\gamma \rightarrow \alpha+\gamma'$
γ' 相	Fe_4N 为基的固溶体	面心立方	5.30%～5.70%	铁磁相,硬度较高,脆性小
ε 相	$Fe_{2\sim3}N$ 为基的固溶体		4.55%～11.0%	铁磁相,650℃ 发生共析分解 $\varepsilon \rightarrow \gamma+\gamma'$
ζ 相	化学当量为 Fe_2N 的化合物	斜　方	11.07%～11.18%	具有高脆性

4. 碳氮共渗

碳氮共渗是在渗碳和渗氮基础上发展起来的二元共渗工艺。在 520～580℃ 碳、氮共渗以渗氮为主(称为氮碳共渗),还因为渗层硬度比渗氮层略低,俗称软氮化;在 780～930℃ 碳、氮共渗主要以渗碳为主。

与渗氮相比,氮碳共渗所需时间可以大大缩短;表面化合物层中不含 ξ 脆性相,因此渗层韧性好,裂纹敏感性小,而其他性能与渗氮相似。因此氮碳共渗是一种表面硬度高、耐磨损、抗疲劳、尺寸变形小的热扩渗工艺。

与渗碳相比,碳氮共渗能在较低的温度热扩渗,零件晶粒不易长大,可以直接淬火,零件变形开裂倾向小,氮的渗入不仅扩大了 γ 相区,而且提高了奥氏体的稳定性,即提高了渗层的淬透性和淬硬性,而且渗层表面残存一定的压应力,提高了零件的疲劳强度;γ 相区的扩大还可以使渗层的碳含量升高。因此与渗碳相比,碳氮共渗的疲劳强度、耐磨性、耐蚀性、抗回火稳定性等都得到提高。

5.气体多元共渗

气体多元共渗技术是在一定的处理温度下,气体分解产生多种活性原子渗入工件表面形成一层含多种元素的金属间化合物层,以提高工件表层的耐磨性、耐腐蚀性能与抗疲劳性能。如采用该技术将 N,C,O 元素同时渗入 40Cr 钢表面形成热渗层,可以使其表面硬度、耐磨性以及疲劳强度得到明显改善。用 SEM 观察其金相组织及渗层厚度,发现经多元共渗后的表面渗层由疏松层、白亮层、过渡层组成,白亮层的硬度最高,显微硬度为 HV850。摩擦磨损试验表明,多元共渗后的 40Cr 钢表面耐磨性能显著提高。在 Q235 钢、球墨铸铁等材料表面实现气体多元共渗,还有根据不同零件有不同的性能要求将氮、碳、硼、稀土等实现多元共渗,都可以大幅度提高其耐磨性能与耐腐蚀性能。如跨座式轻轨铸钢支座的辊轴和承压板采用低温多元共渗进行表面强化,其优异的耐磨耐腐蚀性能确保轻轨铸钢支座的使用性能和寿命要求,以安全性和舒适性著称的跨座式轻轨交通得到全世界的首肯,极大地推动了轻轨交通的快速发展。

6.3.7　等离子体热扩渗技术

1.等离子体热扩渗的基本特征

等离子体热扩渗,是利用低真空中气体辉光放电产生的离子轰击工件表面形成热扩渗层的工艺过程。与普通气体热扩渗技术相比,等离子体热扩渗技术具有如下特点:

①离子轰击工件使其表面高度活化,易于吸收被渗离子和随离子一起冲击工件表面的活性原子,因而热扩渗速度加快。

②通过调节电参数、渗剂气体成分和压力等参数来控制热扩渗层的组织,使其满足工况要求。

③离子轰击作用可以去除工件表面的氧化膜和钝化膜,使易氧化或钝化的金属(如不锈钢等)能进行有效热扩渗。

④易实现工艺过程的计算机控制。

开发最早,应用最多的等离子体热扩渗工艺是离子渗氮,通过离子渗非金属元素也已经实现,如氮、碳、硫等的热扩渗。在离子渗氮方面,运用人工智能及分析技术,实现温度、压力、流量、成分、功率、密度等工艺参数的自动控制和过程优化,推动了离子轰击氮碳共渗、渗碳、渗硼及渗金属等工艺的应用,并且从结构钢向工具钢、不锈钢、耐热钢等发展,从黑色金属向有色金属发展。

另外,离子多元共渗是在应用离子氮化技术的基础上发展起来的一种新的离子轰击工艺方法。它集离子二元(N-C,S-N)、三元(N-C-S,N-C-O,O-S-N)共渗为一体,其关键在于共渗介质及其合理的工艺参数。离子多元共渗技术主要是对纯铁和碳钢的金属表面进行离子多元 N,C,O,S 等共渗,对提高金属表面的硬度、耐磨性、降低脆性和减小变形等方面有突出贡献,被广泛应用在轴承、机床和汽车零件等方面。

2. 等离子体热扩渗原理

在离子热扩渗过程中,欲渗元素的离子的产生和运动都由低真空中气体辉光放电的产生条件和辉光区的特性决定,因此有必要了解辉光放电的基本特性(见图 6.14)。根据放电气体现象可将图中曲线分为五个区,即被激放电区、自激放电区、正常辉光放电区、异常辉光放电区、弧光放电区。

被激放电区低真空存在微量带电粒子,当施加一较低电压的电场时,这些带电粒子即做定向运动,形成微电流,其特性如图中曲线 Oab 段。进一步提高电压,使带电粒子的动量增加到引起碰撞电离,电离出的电子又会造成另外的气体电离,即电子数会雪崩式地增加,使电流明显增大,其特性如图中曲线 bc 段,这段气体放电现象称为雪崩放电。由于曲线 $Oabc$ 段气体放电的维持靠外加电离源,因而称为被激放电区。

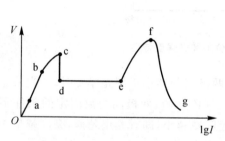

图 6.14　气体放电的伏安特性曲线

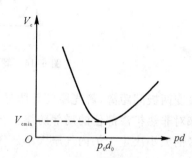

图 6.15　辉光放电时的巴兴曲线

当电压达到 c 点时,产生的二次电子足以代替进入阳极的电子,气体导电能力能维持放电现象而不用外加电离源。这种不用外加电离源也能维持放电的现象称为自激放电。在 c 点至 e 点,伴随着放电现象,还产生辉光,因而称为辉光放电,c 点电压称为辉光放电点燃电压。气体放电在起辉以后,电流会突然上升、电压也会迅速降低,此过程称为崩溃,如 cd 段,此段称为自激放电区。

辉光放电点燃电压与气体的电离电压、气体压强和两极间距离的乘积以及阴极材料有关。当阴极材料和气体介质一定时,辉光点燃电压与气体压强和两极间距离的乘积的关系如图 6.15(称为巴兴曲线)所示。由图可见,点燃电压 V_c 随着气体压强(p)和两极间距离(d)的乘积(pd)而变化,且有一极小值(V_{cmin})。

图 6.14 中曲线 de 段被称为正常辉光放电区。随着辉光的出现,电压迅速降低,到一定值(即曲线中 d 点)后,极间电流可在电压不变的情况下增加,辉光覆盖面积也增加,即电流密度不变。

异常辉光放电区是在整个阴极都被辉光覆盖后,进一步增加外加电压,两极间电位降增大,阴极表面电流密度增大(图 6.14 中曲线 ef 段),总电流强度也继续增加,曲线 ef 段被称为异常辉光放电区。异常辉光放电区是进行离子热扩渗的实际应用区。只有在这一区域,阴极表面全部被辉光覆盖,才能均匀加热工件,也只有在这一区域,才能利用电流与电压同时增大的正电阻效应改变两极间电位降和阴极表面电流密度,改变等离子体热扩渗工艺参数。

弧光放电区随着极间电压的升高,辉光电流会不断增强,当达到或超过 V_f 时,电流会突然增大,极间电压也突然降低,相当于短路。此时在阴极很小面积上产生强烈的弧光,称为弧光放电(图 6.14 中曲线 fg 段)也称弧光放电区,弧光放电的电流远比辉光放电的大,会造成工件局部熔化,因此,必须注意避免。

实际上,辉光放电时,阴阳两极间的电位降是不均匀的,发光强弱也不一样(见图 6.16)。由图可见,阴极附近的电位降落很剧烈,两极间电位差的极大部分加于阴极附近很窄区域,此区域称为阴极位降区。对应地,在此区域辉光强度最强(称为阴极辉光区),生产上所称的辉光厚度就是阴极辉光区大小。

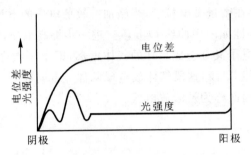

图 6.16　辉光放电的电位差和光强度特性

改变两极间距离,辉光厚度无明显变化,但当两极间距离小于辉光厚度时,辉光将熄灭,这可用来对非热扩渗部位的局部防渗。在阴极材料、气体介质、两极间距离固定的条件下,阴极辉光区的大小决定于炉内气压大小。气压越高,此区域越小,即辉光层越薄,亮度越集中;反之越发散。

在辉光放电时,电离出来的正离子,在电场作用下轰击阴极表面,并使阴极材料的某些原子和电子逸出表面,这种现象称为阴极溅射。单个正离子轰击阴极表面而溅射出来的原子数,称为溅射系数。溅射系数随离子能量的增加而增加,到极大值后则减少;并且随着离子流密度的提高而增加,但到一定的离子流密度后就不再受其影响。

在离子热扩渗中,开始阶段利用强阴极溅射清洁工件表面;热扩渗时控制阴极溅射以保持工件表面的粗糙度和获得所需的渗层组织。

3. 离子渗氮

利用辉光放电现象将含氮气体介质电离后渗入工件表面,从而获得表面渗氮层的工艺,称为离子渗氮。离子渗氮是在 1932 年由德国 B. Berghaus 发明的,于 20 世纪 60 年代末在德国和瑞士开始实际应用。与气体渗氮相比,具有气体、能量消耗少,工作环境好,不污染环境,工件表面质量高,生产周期短等优点。

离子渗氮炉有钟罩式、井式和卧式等。钟罩式离子渗氮炉(见图 6.17)的特点是工件摆放方便、观察容易。将工件放入离子渗氮炉内,抽真空至 1.33Pa 左右后通入少量的含氮气体如氨,至炉压升到 70Pa 左右时接通电源,在阴极(工件)与阳极间加上直流高压,使炉内气体放电。放电过程中氮和氢离子在高压电场的作用下冲向阴极表面,产生大量的热把工件加热到所需温度,同时氮离子或氮原子被工件吸附,并迅速向内扩散,形成渗氮层。在保温一段时间渗氮层达到要求的厚度后,停电、停气、降温。一般在工件温度降到低于 200℃ 后出炉,这样工件表面无氧化而呈银灰色。常用钢的离子渗氮工艺见表 6.10。

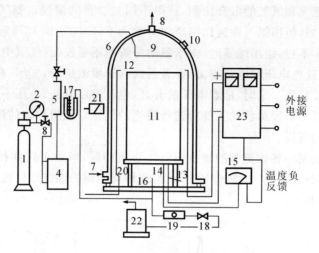

图 6.17　离子渗氮装置示意图

1—气瓶；2—压力表；3,18,19—阀；4—干燥箱；5—流量计；6—钟罩；7—进水管；8—出水管
9—进气管；10—窥视孔；11—工件；12—阳极；13—阴极；14—热电偶；15—毫伏计；16—抽气管
17—U 型真空计；20—真空管；21—真空计；22—真空泵；23—直流电源

表 6.10　几种常用钢的离子渗氮工艺

钢　种	工艺参数			表面硬度 $HV_{0.1}$	化合物层深度/μm	总渗层深度/mm
	温度/℃	时间/h	压力/Pa			
38CrMoAlA	520~550	8~15	266~532	888~1 164	3~8	0.30~0.45
40Cr	520~540	6~9	266~532	650~841	5~8	0.35~0.45
42CrMo	520~560	8~15	266~532	750~900	5~8	0.35~0.40
3Cr2W8V	540~550	6~8	133~400	900~1 000	5~8	0.2~0.90
4Cr5MoV1	540~550	6~8	133~400	900~1 000	5~8	0.20~0.30
Cr12MoV	530~550	6~8	133~400	841~1 015	5~7	0.20~0.40
1Cr18Ni9Ti	600~650	27	266~400	874	—	0.16
QT60—2	570	8	266~400	750~900	—	0.30

　　离子渗氮渗层结构与气体渗氮相似,但离子渗氮易于调整工艺参数,从而获得不同的渗层组织:单一扩散层、γ′+扩散层、ε+γ′+扩散层、ε+扩散层。

　　影响离子渗氮层的主要因素如下:

　　温度:随着渗氮温度的升高,渗层厚度增加,在 570~600℃ 达到极大值。随着温度的升高,ε 相的数量减少,γ′ 相的数量增多。

　　时间:随着渗氮时间的延长,渗氮层的成分也会发生变化,由于 ε 相在氮离子的不断轰击下,热稳定性降低而易于分解,因而 ε 相减少,γ′ 相增多。在合适的时间范围内,可获得最大厚度的 γ′ 相渗氮层。

　　气体成分:离子渗氮常使用纯氨、纯氮、氮气和氢气等多种气体,使用纯氮的效果不如氮气和氢气好。而氮气和氢气的混合比例不同,渗层表面的氮含量也不同,渗层表面相成分也就不同。可以通过调节氮气和氢气的混合比例,获得不同氮含量的渗层。氨气中氮与氢的摩尔分数分别是 25% 和 75%,但用氨气渗氮比用摩尔分数为 25% 氮气和 75% 氢气的混合气渗氮所获的表面氮含量高。不过,使用纯氨时,由于氨的分解率不易控制,气氛中的氮势不稳定。

　　炉气气压、辉光放电电压和电流密度:在普通的离子渗氮炉中,气压、电压与电流密度是互为牵制的影响因素。气压一定时,随着电压的升高,电流密度升高;电压一定时,炉气气压对辉光层厚度有影响。对于不同形状的工件应选择适当的气压以获得均匀的渗层。如小孔和槽零件的渗氮要用较高的气压。

　　离子渗氮的渗氮层中各含氮相的硬度与气体渗氮相同,但由于这些相的分布状态不完全相同,因而两者硬度分布不同,如图 6.18 所示为几种典型钢的渗氮层硬度分布曲线,可见钢种不同,表面硬度差异很大。

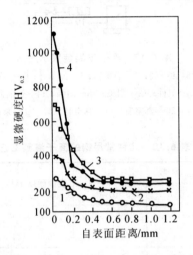

图 6.18　不同钢种离子渗氮后硬度曲线

1—15 钢;2—45 钢;3—35CrMo 钢;4—45CrMoAl 钢

　　一般来说,渗氮可以提高工件的疲劳强度,而且疲劳强度是随着渗氮层中扩散层厚度的增加而增加,但增加到一个最大值后疲劳强度将不再增加。

　　渗氮层的组织结构不同,其韧性也不同。根据扭转试验的应力应变曲线上出现屈服现象及产生第一根裂纹的扭转角大小来衡量渗氮工件的韧性好坏,仅有扩散层而无化合物层(白亮层)的渗氮层韧性最好,有化合物层但仅为 γ' 相的次之,具有 $\gamma' + \varepsilon$ 相的混合层韧性最差。

　　另外,渗氮层组织结构不同,表面耐磨性也不同。对滑动摩擦来说,渗氮层抗滑动摩擦性能随表面氮含量的增加而提高,但当表面含氮量过高,脆性相过多时,耐磨性就会降低。对滚动摩擦而言,与其他渗氮方法相比,离子渗氮的耐磨性最好,这是因为一般离子渗氮层的化合物层氮浓度最低,韧性较好的缘故。

6.3.8　稀土共渗技术

　　稀土共渗是基于稀土元素在热扩渗过程中的活化催渗作用而日益受到关注的新技术。研究表明,稀土元素在提高渗碳速度、增大渗层厚度、改善渗层组织和性能方面具有良好作用。对低温气体氮-碳-硼-稀土多元共渗发现,稀土对氮、碳、硼共渗有明显的活化催化作用,离子探针证实,稀土元素渗入了钢的表面,而且起到了微合金化的作用。将稀土、氮、碳、硼同时渗入 45 号钢表面,结果表明稀土对氮碳硼共渗有明显的催渗作用。另外,还发现稀土元素镧等渗入了 45 号钢的表面,起到了合金化的作用,而且稀土的渗入还提高了共渗层的硬度、耐磨性、耐腐蚀性和抗疲劳性等性能。

测量稀土元素对固体渗硼剂渗硼扩散激活能,发现稀土元素能增大硼的扩散系数,降低硼的扩散激活能,具有显著的活化催渗作用。在铝液中加入镧、镨、铈混合稀土,可以使渗层组织细化、均匀,耐腐蚀性能明显提高。在相同条件下,稀土添加可以使渗速明显提高,温度越低稀土的催渗作用越明显。

总之,稀土元素对加速热扩渗进程、改善表面渗层的微观组织、提高渗层的综合力学性能等方面具有重要的作用。因此,稀土共渗的研究也成了世界热扩渗领域的热门课题之一。

6.4　热喷涂技术

6.4.1　热喷涂的基本特征

热喷涂是采用各种热源使涂层材料加热到熔化或半熔化,然后用高速气体使涂层材料分散细化并高速撞击到工件表面形成涂层的工艺过程。这种工艺方法可以在很多结构部件上获得所需要的功能涂层,如耐磨、耐腐蚀、抗氧化等,因此在国民经济的许多行业中都得到了广泛应用。

1.热喷涂的主要特点

①可在多种基体上制备多种材质的涂层。金属、合金、陶瓷、氧化物以及工程塑料等都可用做热喷涂的涂层材料,即可以实现很多类型的涂层;而金属、合金、陶瓷、工程塑料、玻璃、石膏、木材、布、纸等几乎所有固体材料都可以作为热喷涂的零件基材。

②基体所受温度低。零件基材所受温度一般在 30~200℃ 之间,因此,零件的变形较小,热影响区弱。

③施工操作灵活。可热喷涂各种规格和形状的物体零件,适合于大面积零件的喷涂,可在野外在线作业。

④热喷涂涂层的厚度范围宽。从几十微米到几毫米的涂层都可以制备,喷涂效率高,成本较低。

⑤热喷涂技术也有局限性,主要体现在热效率低,涂层材料利用率低等不足。

2.涂层材料

虽然热喷涂材料的选材范围广泛,但为了确保热喷涂层的质量,对热喷涂用材料仍然有一定的要求。

首先,热喷涂材料最好有较宽的液相区,因为涂层材料需要熔化后才能喷涂到基体上去,而较宽的液相区可以使熔滴在较长时间内保持液相。一般金属材料和氧化物陶瓷材料都适合热喷涂技术。但材料如果在高温下易分解或挥发,则不适合用做热喷涂涂层。

碳化物类材料(如碳化钨)涂层的耐磨性能非常好,但易分解,为喷涂这类涂层,一般采用碳化钨-金属(镍或钴合金)复合材料喷涂,喷涂温度控制在金属熔点之上和碳化钨分解温度之下。这样,金属相在喷涂中熔化喷射在基体表面形成涂层,而碳化钨则不熔化且分解很少,仅靠气流加速获得动能,高速撞击并镶嵌在金属涂层中,形成高耐磨的碳化钨-金属复合涂层。

塑料粉末熔点较低,在高温下易分解,喷涂时须控制塑料的加热时间,尽量避免塑料的分解。因此也推荐采用分解温度比较高的塑料(如聚乙烯、尼龙等)进行喷涂。

其次,对喷涂涂层材料的形状与尺寸也有要求。一般喷涂用涂层材料必须是线材或粉末。线材一般直径为1~3mm,而粉末颗粒在1~100μm之间。粉末热喷涂的重要特点是材料成分可按所需比例进行调配,构成复合粉末,获得某些特殊性能的涂层。而线材由于受加工性能的限制,只有塑性好的材料才可以制造成线材。对于难制备成线材的材料,可以制成棒材或带材。

3. 涂层形成过程

涂层形成的大致过程是:涂层材料经加热熔化和加速→撞击零件基体→冷却凝固→形成涂层。其中涂层材料的加热、加速和凝固过程是三个最主要的方面。涂层材料的熔化非常关键,一般希望涂层材料能够完全熔化并一直保持到撞击基体表面之前,并且不产生挥发。采用一些简单的模型可以描述热气流中固体粉末的熔化过程,将材料参数及有关变量,如热导率、熔化温度等,统一纳入到加热条件及气流动力学方程中,可得到以下不等式:

$$\frac{s(\lambda\Delta T)^2}{v\mu} \geqslant \frac{L^2 D^2}{16\rho} \tag{6-2}$$

式中,s 为粉末在焰流中的运动距离;λ 为平均边界层的热导率;ΔT 为平均边界层的温度梯度;v 为平均焰流速度;μ 为平均焰流黏度;L 为粉末材料的熔化潜热;D 为粉末的平均直径;ρ 为粉末密度。

根据上述公式,为达到完全熔化,存在一个临界粉末滞留时间及临界粉末尺寸。熔滴的滞留时间主要取决于焰流速度、能量和喷涂距离。耐熔氧化物的临界尺寸一般为 5~45μm,熔点低于 2 200K 的金属粉末则为 45~160μm。

涂层的喷涂速度主要由焰流速度决定,同时也与涂料的粒径有关。喷涂材料在飞行速度最大时撞击零件基体的颗粒动能与冲击变形最大,形成的涂层结合较好。因此,调整喷嘴与工件的距离到最佳位置非常重要。

熔滴撞击基材后扩展成薄膜,撞击时的高速度有助于熔滴的扩展,但会因为表面张力或凝固过程而停止扩展,并凝固成一种扁平的薄饼状结构。如果涂料颗粒有部分未熔,则未熔部分会从零件表面反弹出来留下空洞或包裹在涂层中形成类似于"夹杂"的组织。如果液滴过热,即撞击基材时的温度过高,液滴的黏度太低,会造成"喷溅"现象,即熔滴扩展后不会立刻凝固,而是边缘变厚,趋于破裂,脱离中心液滴并收缩、凝固成许多小球状液滴。因此未熔和过热都是热喷涂过程中应当避免的。

4. 热喷涂的涂层结构

热喷涂涂层是将熔融或至少软化的粒子,高速喷射到基体上,发生碰撞、变形、快速凝固、堆积等过程,最后形成涂层。如图 6.19 所示是典型的热喷涂涂层的结构示意图,可以看出,热喷涂涂层的组织结构具有如下特点:

①涂层粒子因碰撞变形而呈扁平状堆积结构,具有各向异性。涂层与基体之间的结合主要是物理机械结合。

②在涂层颗粒堆积、重叠过程中,颗粒之间必然存在一定程度的孔隙和气孔;高温颗粒在喷射过程中,会与喷射气体或周围环境气氛发生某种程度的化学反应,如与环境中的空气发生作用。

③氧化。因此,涂层组织中可能含有少量的氧化物夹杂。

④由于高温颗粒喷射到基体表面快速冷却凝固,涂层材料与基体材料的热物理性能特别是热膨胀系数的差异,因而使涂层中形成相当的热应力和残余应力。控制和处理不好,有可能使涂层发生裂纹甚至剥落。

⑤热喷涂涂层的表面为粗糙的毛面,具有较高的表面能,这为复合涂层设计和制造提供了良好的基础。

根据热喷涂涂层结构的这些特点,在热喷涂涂层的设计和施工中,应努力做到制备清洁活化的基体表面以提高涂层与基体的界面性能;提高喷射颗粒的速度以获得高的动能;保证喷射颗粒良好的受热及熔化状态,以达到足够的热能;控制涂层的应力状态、应力大小和应力分布;尽可能减少或避免喷射的高温颗粒在喷涂过程中与周围环境气氛发生有害的化学反应,乃是获得优质涂层的主要条件。

如图 6.20 所示是等离子喷涂钼涂层的显微形貌照片,可见涂层由大小不一的扁平颗粒、未熔化的球形颗粒、夹杂和孔隙组成。这是几乎所有热喷涂涂层的共有特征,差别只在于颗粒、夹杂、孔隙等尺寸的大小和数量的多少。图中黑色细长物为夹杂,它是由于热喷涂过程中的熔滴发生氧化而形成氧化膜,最后以夹杂的形式存在于涂层中。未熔化颗粒也会在涂层中形成夹杂。夹杂一般来说会损害涂层的结合强度,影响涂层的耐腐蚀等性能。但有些夹杂也有有利的一面,如含钼涂层中形成的氧化钼具有减摩作用,含钛涂层中形成的氮化钛硬度很高,可以提高表面的耐磨性。

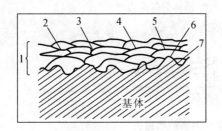

图 6.19　典型的热喷涂涂层的结构示意图

1—涂层　2—氧化物夹杂;3—孔隙或空洞;4—颗粒间的黏结
5—变形颗粒;6—基体粗糙度;7—涂层与基体结合面

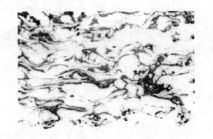

图 6.20　等离子喷涂钼涂层显微形貌照片

热喷涂层一般都会有一部分孔隙(0.025%~50%),产生的原因主要有:未熔化颗粒的低冲击动能形成孔隙;喷涂角度不同时造成的遮蔽效应形成;涂层凝固收缩和应力释放的效应形成。当然涂层中的孔隙特别是穿孔将损坏涂层的耐腐蚀性能,而且增加了热喷涂涂层表面加工后的粗糙度,降低涂层的结合强度、硬度、耐磨性等。但可以利用涂层的多孔特性,如储存润滑剂提高涂层的减摩性，提高涂层的隔热性能，减小内应力并因此增加涂层厚度，以及提高涂层的抗热震性能等。此外，孔隙还有助于提高涂层的可磨耗性能，如发动机的可磨耗封严涂层。

5. 热喷涂中的相变

热喷涂膜层是熔滴撞击零件基材冷却凝固形成的。相对基材来说，熔滴尺寸很小，冷却速度却可以高达 $10^6 K/s$，冷却后会形成非晶态或亚稳相，完全不同于同样材料在轧制态或铸态的组织结构。但是这些涂层在高温环境下使用时，涂层的亚稳态结构会向稳定相转变，或发生分解。有些相变甚至会产生相变应力，导致涂层破坏失效，因此在设计涂层时应充分注意到相变问题。如 $\alpha-Al_2O_3$ 材料的硬度高、耐磨性好，但是 $\alpha-Al_2O_3$ 材料的等离子喷涂层，由于快速凝固，形成的是 $\gamma-Al_2O_3$ 涂层，其性能不同于 $\alpha-Al_2O_3$ 材料。

6. 涂层应力

大部分热喷涂涂层材料的冷却凝固伴随着收缩过程。当熔滴撞击基材并快速冷却、凝固时，涂层内部会产生张应力而在基体表面产生压应力。热喷涂完成后，就在涂层内部存在了残余张应力，其大小与涂层的厚度成正比。当涂层的厚度达到一定程度时，涂层内的张应力超过涂层与基体的结合强度或涂层自身的结合强度时，涂层就会发生破坏失效（见图 6.21）。

薄的热喷涂层一般比厚的涂层更加经久耐用，实际上一些高收缩材料（如某些奥氏体不锈钢）易产生较大的残余应力，因此也不能喷涂厚的涂层。另外，由于喷涂层应力的限制，热喷涂层的最佳厚度一般不超过 0.5mm。

喷涂方法和涂层结构也会影响涂层的应力大小，致密涂层中的残余应力要比疏松涂层的大。涂层应力大小还可以通过调整热喷涂工艺参数而得到部分控制，但更有效的办法是通过涂层结构设计，采用梯度过渡层等措施来缓和涂层的应力。

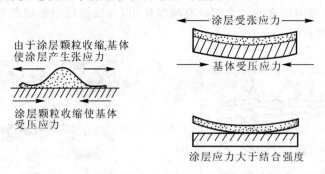

图 6.21　热喷涂层中的残余应力影响示意图

7. 热喷涂层的结合强度

热喷涂技术获得的涂层与基材的结合机理主要为机械结合（或称"地锚作用"），即最先形成的薄片状颗粒与基体表面凹凸不平处产生机械咬合，随后飞来的颗粒敷在先到的颗粒表面，依照次序堆叠镶嵌，形成以机械结合为主的喷涂层。此外，喷涂过程中颗粒在撞击到基材时释放出大量能量，使其表面局部达到瞬时高温，导致涂层材料与基材之间发生局部扩散和焊合，形成冶金结合。例如用具有放热反应效应的镍包铝复合粉末喷涂时,镍和铝两种元素会发生反应形成金属间化合物,同时释放出大量的热量,使基材与熔融颗粒接触表面瞬时达到高温,导致涂层原子与基材表面原子相互扩散,形成冶金结合。因为熔融颗粒撞击形成涂层时的冷却速度较快(10^6K/s),使得扩散反应过程较短,扩散层厚度也很浅,一般不超过 $0.5\mu m$,所以又称为微冶金结合。机械结合为主的结合决定了热喷涂涂层的结合强度较差,只相当于其母体材料的 5%~30%,最高能达到 70MPa 左右。当然,如果实现一定程度的冶金结合,热喷涂层与基体的结合强度就会得到提高。

8. 热喷涂工艺流程和质量控制

热喷涂工艺流程主要包括零件表面预处理、热喷涂、后处理、精加工等过程,其中预处理包括零件表面清洗、粗化等,后处理包括封孔和密实化,机械加工包括车削、磨削和抛光等工序。

零件表面预处理是热喷涂中的非常重要一步。热喷涂层的结合质量直接与零件基体表面的清洁度和粗糙度有关。先要清除零件表面所有的污垢,如氧化皮、油渍等,并使表面清洁度一直保存到喷涂完成为止,以保证涂层与基材的黏结。粗化处理与清洗过程同样重要,粗化表面可使涂层与基体之间、涂层颗粒之间的结合得到强化。粗化处理一般采用喷砂的办法,通过粗化提供表面压应力、提供涂层颗粒互锁的结构、增大涂层与基体的结合面积、净化零件表面等。对多数喷涂层来说,表面粗糙度为 $R_a3.2\sim12.5\mu m$ 就够了。在某些特殊情况下,特别是薄的金属件,可采用粗糙度为 $R_a1.6\mu m$ 的表面。对某些低熔点塑性材料和合金工件,粗糙度最小应为 $R_a6.3\mu m$。要达到所要求的粗糙度需要进行喷砂处理,喷砂条件见表 6.11。

某些材料能够在很宽的工艺条件下喷涂并黏结涂层在清洁、光滑的表面上,而且这类涂层表面粗糙度适中,对随后喷涂的其他涂层有良好的黏结作用,因此,这种涂层称为黏结底层。黏结底层材料及使用温度见表 6.12。当基体零件太薄或太硬而不适合采用喷砂处理时,最好采用喷黏结底层的方法,因为采用喷砂加黏结底层的粗化处理方法,涂层的结合强度最佳。

表 6.11 达到零件所要求粗糙度的喷砂条件

磨料粒度/目	磨料材质	喷砂压力/kPa	喷嘴孔径/mm	设备类型	基体材质	粗糙度 $R_a/\mu m$
24	氧化铝	414	7.9	压力式	钢	12.5
60	氧化铝 碳化硅	414	7.9	虹吸式	不锈钢	6.3
80	氧化铝	414	7.9	压力式	塑料	6.3

表 6.12 黏结底层材料及使用温度

涂层(质量分数)	温度/℃
铝	315
80%Ni－20%Al	620
95%Ni－5%Al	1 010
80%Ni－20%Cr	1 260
94%NiCr－6%Al	980
Ni(Co)CrAlY	1 316

　　无论是哪种热喷涂工艺,控制喷涂层质量的总原则是一致的,即要对热能的产生、热能与喷涂材料交互作用以及颗粒与基体交互作用三个步骤进行严格的质量控制,具体影响因素如图 6.22 所示。实际上所有的热喷涂过程都取决于 4 个基本因素,包括设备(Machine)、材料(Material)、工艺(Method)和人员(Man),称为 4M 因素,因此,在热喷涂过程中严格控制 4M 因素,即可以获得优良的热喷涂涂层。

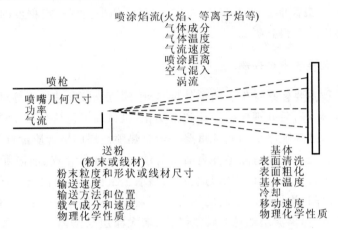

图 6.22　热喷涂过程的影响因素

　　涂层的后处理包括:封孔处理和致密化处理,可以根据不同的需要采取不同的后处理工艺。多孔隙是热喷涂层的固有缺陷,孔隙度可以从小于 1％变到大于 15％(或者更高)。涂层的孔隙可以互相连接,甚至可从表面延伸到基体。封孔处理的目的就是填充这些孔隙,可以防止或阻止涂层界面处的腐蚀;延长热喷涂层的寿命;在某些机械部件中防止液体和压力的密封泄露;防止污染或研磨碎屑碎片进入涂层;保持陶瓷涂层的绝缘强度等。

　　封孔剂的种类很多(见表 6.13),关键是要有足够的渗透性。为了保证封孔效果,其中真空封孔是最有效的封孔方法。通常封孔处理是在热喷涂之后、磨削或车削加工之前进行的,但必须注意涂层中含有一些互不相通的或未延伸到表面的孔隙,因为它们可能在车削或磨削后会敞开。

　　热喷涂层的表面一般较粗糙,在大部分情况下,涂层表面需要进行机加工以达到所要求的精度和外观。但许多涂层的机加工却是非常困难的,耐磨损的涂层材料难以磨削,涂层的结构是多孔的,难以达到高度反光的表面粗糙度;因为涂层颗粒间的结合主要是机械结合,如果切削压力过大,单个颗粒就可能脱出,导致涂层缺陷。当然,只要机械加工过程中仔细操作,选用合适的加工工具(如金刚石砂轮),仍可得到满意的热喷涂层。

表 6.13　常用热喷涂层的封孔剂类型

类　型	封孔剂
非干燥型	石蜡、油脂、油
空气干燥型	油漆、氯化橡胶、空气干燥型酚醛、乙烯树脂、硅树脂、煤焦油、聚氨酯、亚麻子油、聚酯
烘烤型	烘烤酚醛、酚醛树脂、环氧树脂、聚酯、聚酰胺树脂
催化型	环氧树脂、聚酯、聚氨酯
无机封孔剂	硅酸钠、磷酸盐

6.4.2 热喷涂工艺方法

在热喷涂过程中涂层材料受热后的温度和加速后的速度是决定涂层结合强度的两个关键因素,所有热喷涂工艺的设计与改进都是围绕这两点来展开的。如表 6.14 所示是常用的热喷涂技术的工艺特点。

表 6.14 常用热喷涂技术的工艺特性

比较项目	火焰喷涂	电弧喷涂	等离子喷涂	爆炸喷涂	超音速火焰喷涂
热 源	$O_2+C_2H_4$	电弧加热	电弧产生高温低压等离子体	$O_2+C_2H_2$	煤油、乙烯、丙烯、氢气
焰流温度/℃	850~2 000	电弧本身20 000,熔滴温度600~3 800	20 000	未 知	1 400~2 500
焰流速度/(m·s^{-1})	50~100	30~500	200~1 200	800~1 200	300~1 200
颗粒速度/(m·s^{-1})	20~80	20~300	30~800	500~800	100~1 000
热效率/(%)	60~80	90	35~55	未 知	50~70
沉积效率/(%)	50~80	70~90	50~80	未 知	70~90
喷涂材料形态	粉末、线材	线 材	粉 末	粉 末	粉 末
结合强度/MPa	>7	>10	>35	>85	>70
最小孔隙率/(%)	<12	<10	<2	<0.1	<0.1
最大涂层厚度/mm	0.2~1.0	0.1~3.0	0.05~0.5	0.05~0.1	0.1~1.2
喷涂成本	低	低	高	高	较 高
设备特点	简单,可现场施工	简单,可现场施工	复杂,但适合高熔点材料	较复杂,效率低,应用面窄	一般,可现场施工

注:根据喷涂设备和涂层材料的不同,同一种喷涂工艺也可能表现出差别很大的工艺特性。

1.火焰喷涂

火焰喷涂是对线材火焰喷涂和粉末火焰喷涂的统称,其历史悠久,但仍有应用。火焰喷涂一般通过氧-乙炔气体燃烧提供热量加热熔化喷涂材料,通过压缩气体雾化并加速喷涂材料的运动,随后在零件上沉积成涂层。燃烧气体还可以用丙烷、氢气或天然气等,燃烧气体的自由膨胀对喷涂材料加速的效果有限,为此,在喷嘴上通有压缩空气流或高压氧气流,使熔融材料雾化并加速。在特殊场合下,也可用惰性气体作压缩气流。

火焰喷涂通常分为线材火焰喷涂和粉末火焰喷涂。线材火焰喷涂如图 6.23 所示,喷涂用线材送入喷枪后,由喷枪内的驱动轮连续输送到喷嘴,在喷嘴前端被同轴燃烧气的火焰加热而熔化,然后被压缩空气雾化并加速,喷涂在基体表面形成涂层。除了线材(连续的金属丝)可以用这种方法喷涂外,棒材和带材都可以用同样的方法进行喷涂。

粉末火焰喷涂与线材火焰喷涂的不同之处在于喷涂材料不是线材而是粉末(见图 6.24),用少量气体将喷涂粉末输送到喷枪的喷嘴前端,通过燃气加热、熔化并加速喷涂到基体表面形成涂层。在喷嘴前端加上空气帽,可以压缩燃烧焰流并提高喷涂速度。

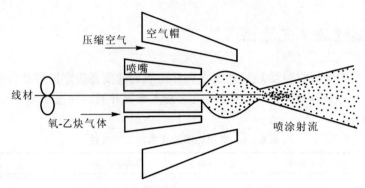

图 6.23　线材火焰喷涂原理示意图

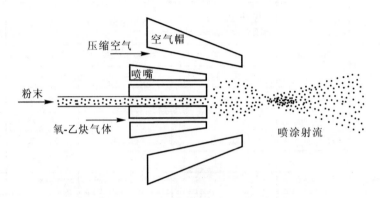

图 6.24　粉末火焰喷涂原理示意图

　　线材火焰喷涂比粉末火焰喷涂便宜,但选材范围要窄,因为有些材料很难加工成线材。不论线材火焰喷涂还是粉末火焰喷涂,其工艺特性是相同的。火焰喷涂的焰流温度较低,一般用于金属材料和塑料的喷涂。最常用的火焰喷涂涂层材料及应用见表 6.15。火焰喷涂的优势在于设备投资少,操作容易,可携带到现场施工,无电力要求,沉积效率高等,是喷涂纯钼涂层的最好选择。但是涂层氧含量较高,孔隙较多,涂层结合强度偏低,因此,喷涂层的质量不高。

表 6.15　常用火焰喷涂涂层材料及应用

涂层材料	应用
锌、铝	钢结构的阴极保护防腐涂层
镍-铝	黏结底层
钼	黏结底层;优异的抗黏着磨损性能,用于活塞环、同步齿轮环和轴颈
高铬钢	耐磨保护涂层
青铜、巴氏合金	轴承修复
不锈钢、镍、蒙乃儿合金	耐腐蚀涂层
铝、镍-铝	抗热氧化涂层
塑料	防腐蚀涂层

2. 电弧喷涂

电弧喷涂原理如图 6.25 所示,两根彼此绝缘并加有 18～40V 直流电压的线形电极,由送丝机构向前输送,当两极靠近时,在两线顶端产生电弧并使顶端熔化,同时吹入的压缩空气使熔融的液滴雾化并形成喷涂束流,沉积在工件表面。电弧喷涂的工艺特性见表 6.16。电弧喷涂只能用于具有导电性能的金属线材,如喷涂锌铝防腐蚀涂层、不锈钢涂层、高铬钢涂层等,可用于大型零部件的修复和表面强化等。

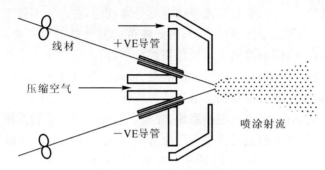

图 6.25　电弧喷涂原理示意图

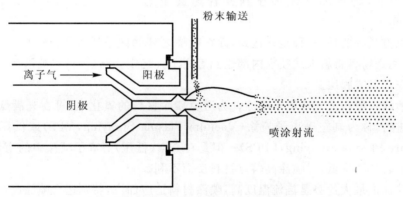

图 6.26　等离子喷涂原理示意图

电弧喷涂的涂层密度可达 70%～90% 理论密度,比同样的火焰喷涂涂层要致密,结合强度高(10～40MPa),而且电弧喷涂的运行费用较低,喷涂速度和沉积效率都很高,因此是喷涂大面积涂层尤其是长效防腐锌、铝涂层的最佳选择。

3. 等离子喷涂工艺

等离子喷涂(Plasma Spray)是采用等离子火焰作为热源对喷涂材料进行加热和喷涂的一种方法。等离子体是由电离子的原子、分子、离子与电子组成的导电气体。当气体中的原子被激发到高能级上时,这些原子会释放出电子并成为带正电荷的离子,从而组成了导电气体——等离子体。等离子体为物质的第四态,它整体呈电中性,但内部导电。根据电离程度高低,通常将等离子体分为三大类:高温高压等离子体,电离度 100%,温度高达上亿度,可用于核聚变;低温低压等离子体,电离度不足 1%,温度仅为 50～250℃,辉光离子热扩渗利用的就是这种等离子体；高温低压等离子体，约有 1% 以上的气体被电离，具有几万度的温度。热喷涂所利用的正是这类等离子体。

用于等离子喷涂的等离子体通常由下列一种或几种气体混合产生：氩、氦、氮、氢。等离子火焰温度可达 20 000K，远高于所有材料的熔点和沸点。但是等离子火焰温度并不是等离子体高效加热性能的唯一原因。例如氦气加热到 13 000K 还没有形成等离子体，因此无法提供喷涂所需的热能，而氮气仅须加热到 10 000K 就分解和电离成等离子体。等离子体能提供巨大能量的一个原因是分子气体分解成原子气体以及电离时发生的能量变化。

氮气和氢气是双原子气体，形成等离子体时有分解反应，在一定温度下其等离子体比由氩气、氦气等单原子气体的等离子体能量更高，因此廉价的氮气是等离子喷涂的主要工作气体。而氩气最容易形成等离子体，对等离子喷枪的损耗较小，因此常用来引发等离子体。氩气起弧后再加入氢气、氦气或氮气等提高等离子体的能量，或转用氮气喷涂。氢气和氦气则主要用做辅助气体，以改变等离子体的能量结构。氢气还可以作为喷涂过程中的防氧化剂。

等离子喷涂设备包括电源、电气控制系统、喷枪、气源和气路、供粉系统、水冷系统等，设备相对复杂，价格较贵。等离子喷枪的作用是产生等离子火焰并喷射出高速气流。等离子喷枪由铜阳极嘴和钨阴极头组成，如图 6.26 所示。阳极嘴和阴极头都采用高压水冷却。离子气从阴极流向阳极，经压缩后从阳极喷射出去。压缩后的等离子电弧，通过阳极孔道喷出后，离子气发生急剧膨胀，将压缩气流加速到亚音速甚至超音速水平，焰心的最高温度可达 20 000~30 000℃。

粉末送入方式有两种，一种是外送式，即在喷嘴之外的区域送入等离子体焰心中；另一种是内送式，是用送粉管将粉末从喷嘴内部送到等离子火焰中。然后，粉末被迅速加热、加速，并喷涂到基体表面形成膜层。

等离子喷涂一般在大气环境下喷涂。为避免喷涂材料的氧化，也可在充满低压保护气体的真空室内进行，称为真空等离子喷涂（Vacuum Plasma Spraying，VPS）或低压等离子喷涂（Low Pressure Plasma Spraying，LPPS）。但是在真空（低压）等离子喷涂中的束流密度较低，热能和动能的转移率降低，对喷涂高熔点材料反而不利。

等离子喷涂的最大优势是焰流温度高，喷涂材料适应面广，特别适合喷涂高熔点材料。等离子喷涂层的密度可达理论密度的 85%~98%，真空喷涂可达 95%~99.5%，结合强度高（35~70MPa），而且涂层中夹杂较少，喷涂质量远优于火焰喷涂层。

目前，随着热喷涂技术的飞速发展，等离子喷涂占有明显优势，并已开发出三阴极等离子喷涂、高能等离子喷涂、微弧等离子喷涂和悬浮等离子喷涂等多种新技术。

(1)三阴极等离子喷涂

其中喷枪由 3 个阴极和由几个被绝缘的环体串联组成的喷嘴组成，只有离阴极相对远的最后一个环体作为阳极工作。由于从 3 个阴极到同一个阳极产生的 3 个独立电弧的长度稳定不变，3 束等离子射流在汇流腔内汇聚成一束主等离子流，形成空心管状射流从喷嘴喷出，从而产生了稳定的等离子喷射。与传统的等离子喷枪相比，这种喷枪的等离子喷射的稳定性有明显改善，可以进行均质粉末加工喷涂，并有较高的沉积率和送粉率。

(2)高能等离子喷涂

它是为满足陶瓷材料对涂层密度和结合强度以及喷涂效率的更高需求而开发的一种高能、高速的等离子喷涂技术，其特点是在电弧电流与普通大气等离子喷涂相当的条件下，利用较高的工作电压(可达几百伏)提高功率,并采用更大的气体流量来提高射流的流速(马赫数 $Ma>5$)。提高了工作电压,降低了工作电流,平均工作电压达 240V,减少了阴阳极的损耗,提高了喷嘴的使用寿命。如喷涂 WC-Co 涂层的粒子平均速度可达 527m/s,同时还具有较高的喷涂效率(可达 200g/min)和沉积效率(可达 95%)。高能等离子喷涂系统能够稳定工作在 200kW 左右,等离子弧具有极高的热能和速度,可为沉积优质涂层提供充足的功率。

(3)微等离子喷涂

它的特点是具有层流等离子射流、发射角只有 $2°\sim6°$(普通等离子枪的发射角为 $10°\sim18°$)、功率低($1\sim3kW$)、基体受热低、噪声小($30\sim50dB$),可在薄的零件(如 0.5mm 厚的不锈钢薄板或 1.0mm 厚的锰片)上进行喷涂。这种喷涂方法虽然功率低,但能量集中,其束斑直径小于 5mm,因而仍可喷涂各种材料,适宜制备小零件及薄壁件上的精密涂层,且该设备质量轻,适合于现场的维修工作。

(4)悬浮式送粉等离子喷涂

采用液料送粉方式可直接喷涂纳米粉末且可以形成超薄纳米涂层的新型喷涂技术。传统的非团聚喷涂粉末粒子半径必须大于 $10\mu m$,涂层厚度一般大于 $125\mu m$,悬浮等离子喷涂采用液料为介质,使用分散剂将粒子分散在液料(液料一般为酒精)中成悬浮液,通过液料送粉器将悬浮液送入到等离子弧中,液料溶剂迅速蒸发,溶剂中的粉末被等离子弧加热熔化喷射到基体上形成涂层。这种方式克服了喷涂粒子半径的限制,不仅实现了非团聚的纳米粉末直接进行喷涂,而且可制备涂层厚度为 $25\mu m$ 左右的薄涂层。

(5)反应等离子喷涂

它是对真空等离子喷涂进一步改进的方法,在真空等离子喷涂过程中,在喷嘴出口处的等离子射流中加入反应气体(如 N_2),反应气体与加热中的喷涂颗粒相互作用,进而得到新的生成物。如用这种方法可以获得 TiN 涂层,它是靠喷涂钛粉和注入 N_2 反应后得到的,其工作原理如图 6.27 所示。TiN 具有高熔点、高硬度、耐磨、耐蚀等特点,并且还具有优良的导电性和超导性等。反应等离子喷涂制备 TiN 涂层克服了传统的物理或者化学气相沉积(PVD 及 CVD)工艺制备 TiN 涂层存在的沉积速率低、涂层厚度薄的缺点,可制备纳米晶 TiN 涂层,涂层厚度可达 $500\mu m$ 左右。

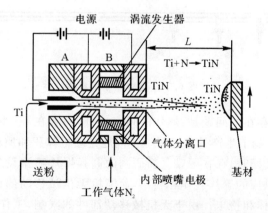

图 6.27　反应等离子喷涂 TiN 涂层原理示意图

（6）等离子喷涂的后处理工艺

它是采用激光重熔技术作为等离子喷涂后处理工艺的改进方法，利用等离子喷涂形成陶瓷涂层后，随即对热态的喷涂陶瓷层进行激光等离子加热。由于等离子喷涂工艺特征决定了涂层呈层状结构，涂层内存在较高的孔隙率和亚稳相，金属/陶瓷界面上存在较大的残余应力且层结合强度不高，这些因素可能使涂层在使用过程中容易失稳，引起脱落失效。陶瓷涂层经激光重熔后可减少孔隙率，降低裂纹数，使陶瓷层中的亚稳相向稳定相转变，提高涂层的表面硬度、耐磨性以及抗热震等性能。

4. 爆炸喷涂和超音速火焰喷涂

爆炸喷涂也属于燃烧喷涂的一种，最早由美国联合碳化物公司发明。其技术关键在于爆炸枪（Detonation Gun）的构造（见图 6.28），它包括一个长的水冷枪筒，并开有进气门和送粉口。氧气和燃料（通常使用乙炔）输送到枪管内，同时喂入一份喷涂粉末。然后点火器点燃混合气体，引起燃烧爆炸，使喷涂粉末加热和加速，并以超音速的速度喷射出枪管，沉积在基体表面。粉末每喷射一次，就通入一股脉冲氮气流清洗枪管。此过程重复多次就可获得涂层。爆炸喷涂的频率已达 60 Hz，其最大特点是射流速度高。但是采用氧气-乙炔燃烧爆炸，焰流温度不很高，因此不适合喷涂陶瓷等高熔点材料。喷涂碳化物类金属陶瓷（如 WC - Co，WC - Ni，$Cr2C_3$ - NiCr 等）材料时，由于碳化物在高温时易分解，用等离子喷涂技术很难通过控制工艺参数来防止分解，而火焰喷涂的涂层质量差，结合强度低。采用爆炸喷涂的温度低，可以有效地抑制碳化物的分解，同时其超音速的喷射速度可以保证获得高密度、高结合强度的涂层。因此，爆炸喷涂是喷涂含碳化物金属陶瓷涂层的一种理想方法。

爆炸喷涂涂层与基材的结合强度非常高，最高可超过 85MPa，涂层的密度可达理论密度的 99.9%，杂质含量也较低。但是爆炸喷涂的喷涂效率较低，运行成本较高，一般专门用于含碳化物涂层的喷涂。

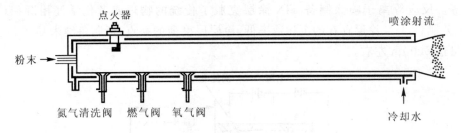

图 6.28　爆炸喷涂示意图

爆炸喷涂设备一直存在的问题是：爆炸的频率偏低，一般在 8～10 Hz，因而涂层的沉积速度很低，约 1～2kg/h，影响了生产效率。另一个问题是喷枪体积和质量偏大，往往不适合安装在机械手上，喷涂复杂曲面时，存在困难。新研制的高频爆炸喷涂设备，技术来源于航空脉冲喷射发动机，采用连续供应的爆炸气体和粉末，而喷枪无机械移动部件，通过阀门来自动产生每个爆炸循环所需的气体和粉末。由于无机械移动部件的限制，工作的频率能在很宽的范围内调整，最高在 100Hz 以上。先进的设计理念使喷枪的质量可以控制在 6kg 以下，便于安装在机械手上进行喷涂，有利于制备复杂型面上的涂层。如利用该技术制备 WC - Co 涂层，工作频率用 45Hz，只需 0.035 mL/min 的丙烯和 0.14mL/min 的氧气流量，送粉量为 4 kg/h，沉积效率约 54%，大大降低了气体成本。

在 20 世纪 60 年代初美国 Browning 公司开始研究超音速火焰喷涂技术（High Velocity Oxygen Fuel，HVOF），1983 年获得专利。超音速火焰喷涂的典型特征是距离喷嘴一定距离的位置可看到一列菱形花纹，像金刚石一样闪闪发光。超音速火焰喷涂实质上与普通火焰喷涂一样，只是多了一个使喷涂火焰达到超音速的机构。不同的 HVOF 枪采用不同的机构来达到超音速的目的。其中一种如图 6.29 所示，它采用高压水冷的反应腔和细长的喷射管，燃料（煤油、乙炔、丙烯和氢气）和氧气送入反应腔，燃烧产生高压火焰。燃烧火焰被喷射管压缩并加速喷射出去。喷涂粉末可以用高压轴向送入或从喷射管侧面送入（此处压力小一些）。另一种办法是将燃料（煤油、乙炔、丙烯和氢气）和氧气用高压喷射出喷嘴，在喷嘴外燃烧，喷涂粉末用高压气体从喷嘴内轴向送入火焰中，然后通过喷嘴外空气罩中的压缩空气将燃烧火焰压缩、加速，并将熔融的粉末喷向基板。

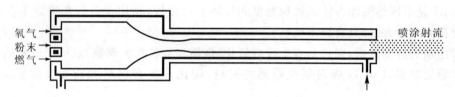

氧气　　粉末　　燃气　　　　　　　　　　　　　　　喷涂射流

图 6.29　超音速火焰喷涂示意图

超音速火焰喷涂的工艺特性与爆炸喷涂一样，射流速度高而焰流温度相对较低，同样适合喷涂含碳化物涂层材料。采用超音速火焰喷涂获得的涂层最高密度可达到理论密度的99.9%，结合强度略低于爆炸喷涂，达 70MPa 以上。涂层杂质较少，涂层残余应力小，因此可以喷涂更厚的涂层。

采用高效能超音速等离子喷涂系统在坦克某磨损零部件表面制备 12Co - WC 涂层表面均匀、致密，孔隙率较低（<1%），看不到明显的孔隙和孔洞，而且涂层与基体的结合非常紧密，基体表面一些不平的缺陷都被涂层填充。这有利于提高涂层的结合强度，减少裂纹源，从而有利于提高涂层的耐磨性。但是，超音速火焰喷涂燃料消耗大，虽然其喷涂效率比爆炸喷涂有提高，但是喷涂成本仍然比较高。

5. 冷喷涂技术

冷喷涂（又称冷气动力学喷涂）是基于空气动力学原理的一种近年发展起来的新型喷涂技术。它用相对低温（一般低于 600℃）的超音速气体射流加速喷涂粒子，使粒子不熔化，以固态形式与基体发生塑性碰撞而实现涂层沉积。与热喷涂技术相比，冷喷涂可以避免材料在喷涂过程中发生过热、氧化、晶粒长大等现象，比较适用于非晶、纳米晶涂层的制备。

（1）冷喷涂技术的原理和特点

冷喷涂技术的原理如图 6.30 所示，利用经过相对低温预热的高压气体携带粉末颗粒进入缩放喷管（Laval Nozzle）产生超音速两相流，粉末颗粒经过加速后以固体状态撞击零件基体，产生剧烈的塑性变形而沉积于基体表面形成涂层。冷喷涂的工作气体多用 N_2，He 或压缩空气，气体预热温度一般为 $100 \sim 600℃$，气体压力一般为 $1.5 \sim 3.5$MPa，粉末颗粒尺寸为 $5 \sim 50\mu m$，加速范围为 $500 \sim 1\,200$m/s，喷涂距离为 $5 \sim 30$mm。

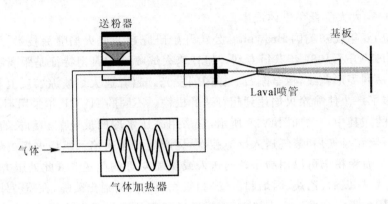

图6.30 冷喷涂原理示意图

图 6.31 是不同热喷涂方法的颗粒速度和气体温度比较,相比于各种热喷涂工艺,冷喷涂作为一种低温喷涂方式,具有以下优点:

①喷涂加热温度较低,颗粒基本上没有氧化、烧损和晶粒长大现象,适用于纳米晶、非晶等对温度敏感的材料,Cu,Ti 等对氧化敏感的材料,碳化物复合材料等对相变敏感的材料的喷涂。

②涂层对零件基体的热影响小,使涂层与基体之间的热应力减小,且主要为压应力,有利于获得较厚的涂层。

③冷喷涂的效率高,获得的涂层致密且气孔率低。

④喷涂粉末可以回收再利用。

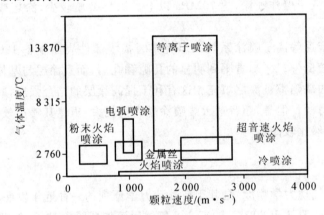

图6.31 不同热喷涂方法的颗粒速度和气体温度

（2）冷喷涂涂层的成膜机制

很多研究者根据自己的实验结果提出了冷喷涂沉积机制的观点。如"金属冶金结合机制"就认为冷喷涂沉积过程类似于冷/热压焊。在颗粒撞击基体时,颗粒和基体都产生很高的塑性变形,不仅使材料发生加工硬化,而且导致了在颗粒和基体界面处产生绝热升温,使得材料发生热软化。当撞击速度超过一定值时,热软化超过加工硬化效果,导致了颗粒发生绝热剪切失稳,塑性变形迅速增加,从而使粒子与基体的接触面积迅速增大,促进了它们之间的结合。另外,随着粒了速度的增加,不仅使接触面积增加,而且使局部温度增加,粒子速度超过一定速度后,温度的升高可能使粒子和基体部分熔化,形成局部冶金结合。

还有人提出了"机械咬合机制",认为当粒子撞击基体时,由于粒子速度处于一定范围内,从而使基体表面发生开尔芬-亥姆霍兹(Kelvin-Helmholtz)失稳现象。颗粒流在基体表面产生的塑性流变使得表面有着不同的表面速度。不同的表面速度扰动了流体,而且产生了一个离心力,使得表面产生了一定的曲率,形成卷曲和漩涡。这些卷曲和漩涡使颗粒与基体达到结合。在表面失稳过程中,塑性流变惯性促进了表面失稳,但是材料黏性对塑性流变有着阻碍作用。因此,只有当颗粒速度超过临界值时,流变惯性才会超过黏性阻力,使表面发生失稳现象,这个临界值就是颗粒撞击的临界速度。

另外一种观点是逐渐提高结合强度的黏结机制,认为颗粒先依靠范德华力或静电力黏结在基体表面,之后依靠后续颗粒的多重撞击增大颗粒与基体的结合强度。

总之,关于这方面的研究还在深入进行中,因此目前还没有统一的观点来解释冷喷涂涂层的成膜机制。

(3)冷喷涂工艺参数

相对于其他热喷涂,冷喷涂中速度增强、热能降低,所以冷喷涂粉末颗粒是否形成涂层主要取决于粉末颗粒撞击基体前的速度。因此,速度是冷喷涂技术主要的工艺参数,其他的工艺参数(如气体预热温度、气体种类、喷枪的结构等)通过影响颗粒速度来实现对涂层质量与性能的影响。

1)粒子临界速度

当粒子以不同速度撞击基体表面时,喷涂会发生不同的效果,如被基体反弹、黏结在基体上或穿过基体。在冷喷涂过程中,在粒子尺寸一定的情况下,只有当粒子的速度达到一定值时,才能在碰撞基体后实现沉积,这个速度就称为临界速度,否则粒子会被基体反弹,或对基体表面产生冲蚀作用。

研究表明,Cu,Fe,Ni 以及 Al 的临界速度分别是 $560\sim580$,$620\sim640$,$620\sim640$,$680\sim700\text{m/s}$。可见具有不同特征的材料,它们的临界速度也不尽相同。实际上,冷喷涂粉末能否在零件表面形成涂层主要取决于颗粒撞击基体前的速度能否超过颗粒沉积所需的临界速度。

2)颗粒速度及影响因素

在冷喷涂过程中,颗粒速度受到很多因素的影响。如喷涂粒子特征的影响,喷涂粒子尺寸以及粒度分布对喷涂有一定的影响,过大的粒子得不到足够的加速,就不足以形成涂层;过小的粒子在经过湍流弧撞击区时,速度会明显降低。因此,只有尺寸适中的粒子才能沉积形成涂层。另外,不同形貌(球状、非球状)的粉末在相同状况的气流下加速,非球状颗粒的速度大于球状颗粒的速度,这可能是因为气流对非球状颗粒的牵引系数更大的缘故。

气体特征也有影响,随着气体预热温度的升高,气体速度增大,从而颗粒速度也因此增大;气体种类不同时,比热系数不同,速度也会不同,颗粒速度也随之不同,由于 N_2(或空气)等双原子气体的比热系数 $\gamma=1.4$,而 He 等单原子气体的比热系数 $\gamma=1.67$。因此,喷涂粒子在两种气体加速后的速度也就不同;使用 N_2(或空气)作为工作气体时,粒子速度一般被加速到 $500\sim600\text{m/s}$,而使用 He 气体时,同样的粒子可以被加速到 $1\,200\sim1\,500\text{m/s}$。这样气体的温度和种类都对颗粒的沉积有一定的影响。一般是随着气体温度的升高,喷涂颗粒速度增大而实现沉积;当气体不加热时,在压缩空气中加入 He,也可以提高工作气体的平均比热系数,使颗粒可以得到更高的加速而实现沉积。

　　根据气流模型发现喷枪结构不同,内部的马赫数不同,从而影响气体速度。根据颗粒动力学模型,在喷枪内的两相流中,颗粒速度与气体速度之间的相互作用受喷枪横截面积的影响。

　　另外发现,在 Cu,Fe 基体上冷喷涂 Al 涂层时,基体经过加热后,原先未实现沉积的 Al 粉末在基体上形成了 Al 涂层。当喷涂距离减半时,涂层厚度增大,特别是 Al 涂层,可能是由于喷涂距离缩短,喷涂颗粒沿基体表面空气流的散射减少,从而增大涂层厚度。

　　(4) 冷喷涂制备纳米涂层

　　在冷喷涂过程中,喷涂温度低,颗粒以固态的形式直接沉积在基体上,这样就可以较好地保持原始组织颗粒状态。另外,冷喷涂比较适合较小尺寸颗粒的喷涂。因此,采用冷喷涂工艺来制备纳米涂层具有一定的优势。

　　用液氮球磨工艺将原始粉末研磨成纳米晶粉体,再将纳米晶粉体冷喷涂于基体上,制备出 Al,Ni 和 Al – Cu – Mg – Fe – Ni – Sc 等纳米涂层。相比于同种材料的传统涂层,冷喷涂 Al 和 Al – Cu – Mg – Fe – Ni – Sc 纳米涂层的硬度有不同程度的提高。除了纳米结构的效应之外,这主要还因为粉末颗粒撞击基体引起强烈的塑性变形,产生了加工硬化的现象。

　　冷喷涂获得的 WC – 12%Co 纳米涂层组织致密且晶粒尺寸没有明显变化,显微硬度有一定的升高,这也是纳米晶颗粒在高速撞击基体时的致密化结果。采用冷喷涂制备 TiO_2 纳米涂层是由尺寸分布在 30~100nm 之间的球形晶粒组成的。

　　总之,冷喷涂涂层组织致密,金属涂层的含氧量与原始粉末基本相当。冷喷涂技术已成为制备纳米涂层的一种有效方法。

6.4.3　常用热喷涂材料

　　虽然热喷涂层适合的材料范围很广泛,但是由于热喷涂技术工艺的特殊性,对热喷涂用材料仍有一定的限制和要求。常用热喷涂材料如下。

1. 金属热喷涂材料

　　金属热喷涂材料一般有线材和粉末两种形式。线材是用普通的拉拔方法制造的,而粉末一般是用雾化法制造的。由于粉末材料表面积大,氧化程度高,因而在多数情况下推荐采用线材。但粉末制造方法简单、灵活,材料成分不受限制,因此小批量热喷涂时一般也用粉末材料。常用的金属热喷涂材料见表 6.16。

2. 陶瓷热喷涂材料

　　陶瓷热喷涂涂层材料主要是粉末,采用熔融破碎、化学共沉淀、喷雾干燥等方法制造。另外,将陶瓷粉末烧结制成陶瓷棒也可直接进行热喷涂,但成本相对较高,因此应用较少。

　　热喷涂用陶瓷材料主要集中在氧化物陶瓷材料上,因为非氧化物陶瓷材料在喷涂过程中易挥发或分解。常用陶瓷热喷涂材料见表 6.17。

3. 塑料热喷涂材料

　　热喷涂材料涂层比传统的刷涂、静电喷涂、流化床喷涂塑料涂层的成本低、投资少,涂层厚度和工作场地无限制,不含溶剂,符合环保要求。但是,采用的塑料涂层材料熔化温度范围较宽、黏度较低、热稳定性较好,一般采用粉末形式。常用的塑料热喷涂材料见表 6.18。

表 6.16　常用的金属热喷涂材料

金属涂层材料种类		材料形状	常用喷涂工艺	功　能
铁基合金	低碳钢材料	线材、粉末	电弧、火焰喷涂	修复
	高碳钢材料	线材、粉末	电弧、火焰喷涂	耐磨涂层
	不锈钢材料	线材、粉末	电弧、火焰喷涂	耐腐蚀涂层
镍基合金	镍铬合金	线材、粉末	电弧、火焰喷涂	耐热,耐蚀涂层
	镍铜合金 (蒙乃尔合金)	线材、粉末	电弧、火争、焰喷涂	耐蚀涂层
	镍铬铝钇	粉　末	低压等离子喷涂	耐高温氧化腐蚀涂层
钴基合金	钴铬钨 (司太立合金)	粉　末	等离子、超音速火焰喷涂	高温耐磨,耐冲蚀涂层
	钴铬铝钇	粉　末	等离子、超音速火焰喷涂	耐高温氧化腐蚀涂层
铜基合金	纯铜(紫铜)	线材、粉末	电弧、火焰喷涂	导电、电磁屏蔽层
	黄　铜	线材、粉末	电弧、火焰喷涂	耐海水或汽油腐蚀涂层
	铝青铜	线材、粉末	电弧、火焰喷涂	耐磨、抗气蚀涂层
	锡青铜	线材、粉末	电弧、火焰喷涂	减摩涂层
	铜镍合金	线材、粉末	电弧、火焰喷涂	耐海水腐蚀涂层
锌、铝合金	锌	线　材	电弧、火焰喷涂	耐环境腐蚀涂层,电磁屏蔽涂层,摩阻涂层
	铝	线　材	电弧、火焰喷涂	
	锌铝合金	线　材	电弧、火焰喷涂	
其他金属材料	锡基巴氏合金	线材、粉末	火焰喷涂	滑动输承涂层
	铅基巴氏合金	线材、粉末	火焰喷涂	滑动轴承涂层
	钼	线材、粉末	火焰喷涂	耐磨涂层
	钨	线材、粉末	火焰喷涂	抗烧蚀涂层

表 6.17　常用的陶瓷热喷涂材料

陶瓷涂层材料种类		材料形状	喷涂工艺	功　能
氧化铝基材料	氧化铝	粉末,棒材	等离子喷涂、火焰喷涂	耐磨、绝缘涂层;耐磨、耐纤维磨损、耐熔融金属侵蚀涂层
	氧化铝-氧化钛			
氧化铬	氧化铬	粉　末	等离子喷涂	耐磨涂层
氧化锆	氧化锆-氧化钙	粉　末	等离子喷涂	热障涂层
	氧化锆-氧化镁			
	氧化锆-氧化钇			
莫来石	莫来石	粉　末	等离子喷涂	耐熔融金属、玻璃、炉渣侵蚀涂层
尖晶石	尖晶石	粉　末	等离子喷涂	耐熔融金属、玻璃、炉渣侵蚀涂层
锆英石	锆英石	粉　末	等离子喷涂	耐高温磨损涂层

表 6.18　常用的塑料热喷涂材料

塑料涂层材料种类		材料形式	常用喷涂工艺	功　能
聚酰胺（尼龙）	尼龙 66	粉　末	火焰喷涂	耐蚀、绝缘、耐磨减摩、装饰涂层
	尼龙 12			
	尼龙 1010			
聚氨酯		粉　末	火焰喷涂	耐蚀、装饰涂层
聚乙烯	聚乙烯	粉　末	火焰喷涂	耐磨、耐蚀、装饰涂层
	聚氯乙烯			
	聚四氟乙烯			
聚苯硫醚（PPS）		粉　末	火焰喷涂	高温耐蚀涂层
PEEK		粉　末	火焰喷涂	高温耐蚀涂层

4. 热喷涂用复合粉末材料

热喷涂用复合材料主要有两种：一种是为适应热喷涂工艺而制备的复合材料，如为防止碳化钨材料在喷涂过程中氧化分解而制备的镍包碳化钨复合粉末材料等；另一种是通过增强相增强涂层性能的复合材料，如纤维增强涂层材料等。从形状上看，又分为复合材料丝材和复合材料粉末。复合材料丝材有包覆型、绞股型、填充型和柔性复合丝等几种。而复合材料粉末基本为包覆型、团聚型和烧结型三种，制造方法分别有液相沉积法（加压氢还原）、料浆喷干法、气相沉积法（羟基化合物热分解法）、熔体雾化法、烧结-破碎法和化学镀法等。常用的热喷涂用复合材料见表 6.19。

表 6.19　常用的热喷涂用复合材料

塑料涂层材料种类		材料形式	常用喷涂工艺	功　能
自黏结复合材料	NiAl(95/5)	粉末、线材	电弧、火焰、等离子喷涂	黏结底层、抗高温氧化涂层、耐熔体侵蚀涂层
	NiCrAl	粉　末	等离子喷涂	黏结底层、抗高温氧化涂层、耐熔体侵蚀涂层
	自黏结不锈钢	粉末、线材	电弧、火焰、等离子喷涂	耐磨、尺寸恢复
硬质耐磨复合材料	钴包碳化钨	粉　末	等离子、超音速火焰喷涂	耐磨粒磨损、耐冲蚀涂层
	镍包碳化钨	粉　末	等离子、超音速火焰喷涂	耐磨粒磨损、耐冲蚀涂层
	$NiCr - Cr_3C_2$	粉　末	超音速火焰喷涂	抗高温磨损涂层
减摩自润滑材料	镍包石墨	粉　末	等离子喷涂	减摩自润滑涂层
	镍包二硫化相	粉　末	火焰、等离子喷涂	减摩自润滑涂层
	镍包聚四氟乙烯	粉　末	火焰、等离子喷涂	减摩自润滑涂层
	铝硅-聚苯酯	粉　末	火焰、等离子喷涂	减摩自润滑涂层
可磨耗密封与间隙控制材料	镍包硅藻土	粉　末	火焰、等离子喷涂	可磨耗密封与音隙控制涂层（750~800℃）
	镍铬包硅藻上	粉　末	火焰、等离子喷涂	可磨耗密封与间隙控制涂层（900℃）
摩阻复合材料	铜基摩阻材料	粉　末	等离子喷绘	摩阻制动涂层
	铁基摩阻材料	粉　末	等离子喷涂	较大制动力矩摩阻涂层

6.4.4　热喷涂技术的应用

热喷涂技术应用十分广泛,选择不同性能的涂层材料和不同的工艺方法,可制备热障、可磨耗封严、耐磨密封、抗高温氧化、导电绝缘、远红外辐射等功能涂层。涂层材料几乎涉及所有的固态工程材料,包括金属、金属合金、陶瓷、金属陶瓷、塑料及其它们的复合材料。热喷涂技术广泛应用于航空、航天、冶金、能源、石油化工、机械制造、交通运输、轻工机械、生物工程等国民经济的各个领域。

以热喷涂技术在我国航空、航天领域的应用为例来探讨热喷涂技术的进步,因为它在很大程度上得益于世界航空工业的发展,航空领域应用较为成熟的热喷涂技术如热障涂层、可磨耗封严涂层等。另外如高速火焰喷涂技术的出现和成熟应用、爆炸喷涂技术的推广、超音速和大功率等离子喷涂等都使得近年来热喷涂技术得到了快速发展。

依据热喷涂涂层的成分可分为 10 个系列:铁、镍和钴基涂层、自熔合金涂层、有色金属涂层、氧化物陶瓷涂层、碳化钨涂层、碳化铬及其他碳化物涂层、难熔金属涂层、陶瓷涂层、塑料基涂层,金属陶瓷涂层。

依据对热喷涂涂层的功效可分为:

①耐磨损涂层:包括抗黏着磨损、表面疲劳磨损涂层和耐冲蚀涂层。其中还有抗低温(<538℃)磨损和抗高温(>538℃)磨损涂层之分。

②防腐耐蚀涂层:随着腐蚀环境、腐蚀介质的变化,产生腐蚀失效破坏的形式不同,如大气(工业、城乡、海洋)环境腐蚀、高温氧化(腐蚀)化学介质(不同溶液)腐蚀等,根据具体的服役条件(介质、温度、浓度、压力等)选择合适的涂层进行防护。

③热障涂层:热障涂层(TBC)是现代航空发动机的关键技术之一。它能把喷气发动机和燃气轮机的高温部件与高温燃气隔离开来,使金属零件表面的温度降低下来,并保持涡轮机叶片或其他热端部件免受燃气腐蚀和冲蚀。

④导电、绝缘涂层:主要用于电导、电阻、屏蔽和绝缘应用。

⑤可磨耗密封涂层:有金属陶瓷涂层(800℃以下)和陶瓷涂层(1 000℃以上),用于机械部件间隙控制、高温密封,具有可磨耗性等。

⑥生物功能涂层:在不锈钢或钛金属材料上等离子喷涂羟基磷灰石涂层或氟磷石灰等生物陶瓷涂层,作为人工骨骼及生物体硬组织的代用材料,可有效克服金属人工骨骼与生物体组织的不兼容性和体液腐蚀的问题。

⑦热辐射节能涂层:包括低温加热、中温加热、远红外加热涂层和高温红外加热涂层。

⑧再制造工程中的修复强化涂层:不仅是简单地恢复机械零部件尺寸,而且根据产品服役的环境行为和失效机理,分析、研究、设计强化涂层,提高使用寿命,合理利用资源,获取最大效益。

例如,为了提高汽车的性能,减少汽车的能耗和适应环保要求,热喷涂技术在汽车制造行业发展很快。已形成批量加工的产品有同步环、活塞环、发动机的气门挺杆以及氧敏传感器探头等部件的热喷涂。表 6.20 给出了汽车零部件采用的涂层材料和工艺。为了减小整车质量,降低能耗,采用铝合金等轻质材料取代传统金属材料,同时还保持或提高了原设计材料的性能。因此,不断开发在铝合金等材料上制备不同涂层的热喷涂技术;还有非传统功能性涂层,如高隔热涂层、低噪声涂层、磁性传感功能涂层、高精度抗腐蚀涂层、代铬涂层等均有良好应用前景。再者,等离子喷涂技术在汽车制造业中具有强的生命力,且对其自动化、智能化、高精度、高效率的要求越来越高,逐渐适合汽车零部件的批量生产、低成本、高质量的要求。

表 6.20　汽车零部件热喷涂涂层工艺和材料

零部件名称	基　材	涂层材料	喷涂工艺	功能与作用
铝合金气门挺杆	铝合金	Fe－0.8%	电弧喷涂	减轻质量/减摩抗擦伤
发动机缸体	Al－Si 合金	铝合金	等离子喷涂	减轻质量/减摩抗擦伤
增压器壳	铝合金	抗磨涂层	等离子喷涂	抗磨、提高工作效率
同步环	钢	Al－Si＋50%Mo	等离子喷涂	抗磨
活塞环	合金钢、铸铁、不锈钢	$Cr_3C_2＋20\%NiCr$	高速火焰喷涂	代替镀 Cr 层
刹车盘	钢	氧化锆	等离子喷涂	抗磨、高隔热性
分电器转子	钢	$Al_2O_3＋TiO_2$	等离子喷涂	低噪音、低成本
转矩传感器	铝合金	Fe_3O_4	等离子喷涂	磁性传感材料
氧敏传感器	铂＋氧化锆	$Al_2O_3＋MgO$	等离子喷涂	保护探头/环保
排气管	钢	铝	电弧喷涂	耐高温烟气腐蚀
排气阀	钢	CoCrWBSi	等离子喷涂	耐高温烟气腐蚀

1. 喷涂耐腐蚀涂层

采用热喷涂技术可以喷涂耐各种介质腐蚀的保护涂层,如锌、铝、不锈钢、镍合金、蒙乃儿合金、青铜以及氧化铝、氧化铬陶瓷涂层和塑料等。但由于热喷涂涂层含有气孔,因此,一般来说,热喷涂涂层的耐蚀性不如相同的整体材料的耐蚀性。然而,由于热喷涂涂层材料选择的广泛性,可以通过调整涂层成分、再通过合理的复合涂层系统设计和后处理措施,使热喷涂涂层在腐蚀与防护控制中,特别是抗高温氧化与腐蚀、磨损腐蚀和特种环境腐蚀中显示出其独特的优势。另外,不锈钢、镍合金、蒙乃儿合金、青铜等金属涂层的电极电位比普通钢铁基体高,易在涂层孔隙处产生电化学腐蚀,如柱塞泵的活塞和活塞杆、液压油缸、蒸汽轮机轴的密封部件、船舶尾轴、阀门等零部件,必须要进行封孔处理。

另外一些热喷涂涂层如 Zn,Al,Zn－Al 合金(锌纯度 99.97% 以上,铝纯度 99.97% 以上)以及 Al－Mg 合金等。锌涂层的最小厚度范围是 $50\sim200\mu m$;铝涂层的最小厚度范围是 $100\sim200\mu m$(常用 $200\sim300\mu m$);Al－Mg 合金涂层的最小涂层厚度范围是 $100\sim200\mu m$;Zn－Al 合金涂层的最小厚度范围在 $50\sim150\mu m$(常用 $150\sim200\mu m$)。由于锌、铝的腐蚀电极电位低于钢铁材料,即使涂层有孔隙、缺陷或出现裂纹,环境中的腐蚀介质将首先腐蚀表面的锌和铝涂层,而使钢铁基体作为阴极得到保护。因此,用于大型桥梁、海洋钻井平台、水利设施等的锌、铝热喷涂涂层的使用寿命可达 20 年以上。例如热喷涂在钢铁结构防腐蚀方面的应用最初是在 1922 年巴黎的撒蒂尼闸门上喷涂了厚 $200\mu m$ 的锌涂层,它的总面积是 $92m^2$。后来,热喷涂防腐蚀涂层的应用实例越来越多,热喷涂涂层在防腐蚀方面也发挥了巨大的作用。

喷涂粒子在基体沉积时会形成带有孔的涂层(多孔质),因此表面是复杂的凹凸形状(表面粗糙度)。表面粗糙度因喷涂材料的种类、喷涂装置、喷涂工艺等的不同而不同。粗糙的涂层表面须进行封孔处理,这样涂层中的孔会被封孔剂浸透,从而提高粒子间的结合性。封孔处理主要是采用一些油漆或一些无机涂料,对钢铁基体表面的热喷涂涂层的孔隙起"屏蔽"或"阻挡"作用。封孔有自然封孔和人工封孔方式。自然封孔通常是在大气环境中暴露的涂层再次氧化的结果,生成的氧化物、氢氧化物等可以将气孔填充封闭。人工封孔处理是改变涂层表面的化学成分(如磷酸盐处理等),还有就是利用适当的封孔剂(见表 6.13)将涂层的气孔填充等。

2. 喷涂耐磨涂层

热喷涂耐磨涂层应用于机械零件表面,可以延长零件的使用寿命,或修复磨损失效的零件。恢复零件的尺寸可以说是"再制造"。例如在汽轮机转子、密封轴颈、活塞环、主动齿轮轴颈等滑动磨损部位,喷涂各种铁基或镍基耐磨合金涂层,或氧化铝、氧化铬等耐磨陶瓷涂层和镍基或钴基碳化钨涂层。在纺织、造纸和印刷等行业,机械零件与布匹、棉纱、纸张等纤维制品摩擦,导致磨损。采用等离子喷涂氧化铝、氧化铬等耐磨陶瓷涂层可以有效减少磨损,提高这些部件的使用寿命。对于遭遇磨料磨损的部件如泥浆泵、活塞杆、螺旋送料器等,要求喷涂涂层的硬度超过磨料的硬度,为此选用超音速火焰喷涂或爆炸喷涂技术喷超硬涂层。对在冲蚀和气蚀环境下工作的水轮机、抽风机、旋风除尘器等零件,要求热喷涂的涂层硬度高、韧性好,采用等离子喷涂、超音速或爆炸喷涂可以获得好的效果。

配合零件的接触运转所采用的可磨耗涂层,可调整配合件形成的间隙,提供最佳的密封状态。航空发动机也是采用可磨耗涂层减小转子与机壳之间的间隙。可磨耗封严涂层一般采用等离子喷涂或火焰喷涂技术制备,涂层成分由金属基体和非金属填料组成,可用铝、铜、镍、钴及其合金等,而填料通常有石墨、聚苯脂、硅藻土、膨润土、六方氮化硼等。

在摩擦磨损方面应用的金属热喷涂材料有 Al,Cu,Mn,Cr,Mo,W,Co 及其合金等。如 Co/Cr/Mo 喷涂涂层在不同温度情况下都可以减小摩擦,高温时可降低磨损。在 Ti - Al 基合金表面喷涂 Mo,能提高其耐磨性,等离子喷涂的 CoCrW 涂层硬度高,在微动磨损情况下涂层具有良好耐磨性。

陶瓷材料由于其优异的高温性能而成为热喷涂中常用的一种喷涂材料,热喷涂陶瓷材料在摩擦磨损方面的应用主要有氧化物陶瓷、碳化物陶瓷等。氧化物陶瓷包括氧化铝、氧化铬、二氧化钛等,碳化物陶瓷包括碳化钨、碳化铬、碳化钛等。在不锈钢表面采用等离子喷涂 $Al_2O_3 \cdot TiO_2, Cr_2O_3 \cdot 5SiO_2 \cdot 3TiO_2, ZrO_2 \cdot MgO$ 陶瓷可以使摩擦副元件同时具有金属的韧性和陶瓷的耐磨性。

石墨具有独特的层状结构,是一种良好的润滑、减磨材料,在热喷涂料中加入石墨可以有效减小材料的摩擦因数,增加材料的耐磨性以及减小对偶件的磨损。

3. 喷涂耐高温涂层

热喷涂技术同样可用于改善机械零件的抗高温氧化性能,如超音速喷涂 $Cr_2C_3 - NiCr$ 涂层,这种涂层在 900℃ 以下也是非常好的耐磨涂层,是冶金工业中连续退火炉炉底辊的主要高温保护涂层。如果温度在 900℃ 以上,则可以采用等离子喷涂氧化锆涂层。采用真空等离子喷涂 NiCrAl 或 Ni(Co)CrAlY 涂层,或者用等离子喷涂氧化铝-氧化钛等陶瓷涂层,都可以提高机械零件的抗高温氧化性能。

采用热障涂层隔离金属基体与高温环境,如人造卫星进入地球阴影时表面温度为

－100℃,受到太阳照射时温度升到 315℃,即每绕地球一圈温度变化为 415℃。为保证卫星在急剧热交变条件下可靠地工作,可以在卫星表面喷涂氧化铝保护涂层,其遮盖面积为卫星上部总面积的 25%。由于氧化铝的隔热作用,卫星内部仪器舱温度保持在 10%～30%,从而保证了灵敏电子仪器的正常工作。又如用等离子喷涂氧化锆热障涂层保护航空发动机叶片、燃烧室内壁、活塞发动机活塞顶等,可以使发动机工作温度提高几百度。

热障涂层实际上是将一种热绝缘性能非常好的陶瓷材料,通过热喷涂等方法涂到航空发动机的关键热端部件表面,能有效避免航空涡轮发动机的关键热端部件与高温燃气的直接接触,从而有效保护发动机的热端部件。近年来,随着航空发动机向高流量比、高涡轮进口温度和高推重比方向发展,发动机燃气温度进一步提高,使得热障涂层技术显得更加重要。热喷涂技术作为最常用的热障涂层制备方法,它的发展在热障涂层技术领域占有十分重要的地位。

ZrO_2,Al_2O_3 等陶瓷涂层,熔点高、导热系数低,在高温条件下对基体金属具有良好的隔热保护作用称为热障涂层。这种涂层一般由金属作底层,陶瓷作表层。有时为了降低金属和陶瓷间的热膨胀差异和改善涂层中的应力分布,常在黏结底层和陶瓷面层间增加一过渡层,该过渡层或为由底层金属和面层陶瓷材料以不同比例混合的多层涂层或为由金属及陶瓷材料成分连续变化的涂层来形成所谓的成分(或功能)梯度涂层。金属黏结底层为 Co 或 Ni,加有 Cr,Al,Y 的合金材料,陶瓷材料最好采用由 Y_2O_3 稳定的 ZrO_2,热障涂层一般用于柴油发动机活塞、涡轮发动机燃烧室、阀门和火焰稳定器等。

为提高等离子喷涂热障涂层与工件的结合强度,减少涂层缺陷,可以采用热扩散处理、激光重熔、离子注入、后氧化处理、溶胶凝胶、热等静压等方法对等离子涂层加以改进。采用激光重熔技术对等离子喷涂热障涂层进行处理,可以明显提高涂层性能。先用等离子喷涂预置热障涂层,然后用高能激光热源对表面涂层进行加热熔化,随着高能热源快速移动,表层材料快速凝固,产生致密、均匀的涂层结构。同等离子喷涂热障涂层相比,激光重熔热障涂层可获得致密的垂直于陶瓷层表面生长的柱状晶组织和网状的微裂纹,有助于提高涂层的应变容限。而且较浅的熔深具有一定的封孔作用,对提高热障涂层的抗热冲击性能和抗高温氧化能力十分有益。如日本某大学热喷涂中心在碳钢表面先用低压等离子体喷涂 ZrO_2 涂层,然后又用功率为 1kW 的 CO_2 激光束对 ZrO_2 层重熔,重熔后的涂层表面硬度由原来的 HV870 提高到 HV1 650,涂层的孔隙率也明显降低。

4. 热喷涂功能涂层

热喷涂技术可广泛用于电气工业,如喷涂屏蔽涂层,用于消除电磁波和无线电波的干扰(EMI/RFI),同时清除静电放电火花等,如用电弧喷涂锌涂层可以提供高能级的衰减(范围达 60～120dB)。屏蔽涂层的应用包括计算机终端设备、电子办公设施、药品监测装置和感光电子设备等。

用于检测和控制汽车发动机排气(尾气)中氧含量和毒性化合物含量的 λ 探测器是利用氧化锆离子导体的工作原理,为保证灵敏度,在氧化锆表面等离子喷涂一层多孔尖晶石涂层,可以起过滤和保护作用。

平面固体氧化物燃料电池中空气电极的空隙率设计值为 40%～50%,等离子喷涂技术是制备该电极的较好选择。

近年来热喷涂生物相容性涂层在生物医学方面展示了良好的前景。一般人体置入材料

(不锈钢、钛合金等)与人体组织相互排斥。如果在种植体表面采用等离子喷涂方法喷涂一层生物相容性好的生物功能陶瓷涂层如羟基磷灰石涂层,能有效地克服金属人工骨骼与生物体组织不相容和体液腐蚀问题,并通过人体生物组织就可以置入涂层中的孔隙中,能改善人体组织与人工植入体的结合,与种植体形成紧密的结合。

陶瓷材料不仅具有高的硬度和优良的耐磨性能,还具有十分优良的绝缘性能,如采用高能等离子喷涂的 Al_2O_3 涂层,致密、绝缘强度高,是一种理想的绝缘涂层。如果采用有机或无机物质对喷涂层进行封孔处理,则将获得更为优良的绝缘效果。把这种高度绝缘的涂层用于对高分子材料薄膜进行活化处理的电晕放电表面,效果良好。

热喷涂间隙控制涂层就是采用复合粉末在零件上喷涂的软质可磨耗密封涂层,它是航空、航天工业中迅速发展起来的高温密封、控隙技术。在配合件的接触运动中采用可磨耗涂层可使配合件自动形成所必须的间隙,提供最佳的密封状态。

尺寸恢复涂层是恢复零部件尺寸的一种经济而有效的方法,无论是因工作磨损还是因加工超差造成工件尺寸不合要求,均能利用热喷涂技术予以恢复。这种方法既没有焊接时的变形问题,也不像电镀工艺那样特殊。同时新表面可以由耐磨或抗蚀材料构成,也可以与工件的构成材料相同。可以修复的各种轴类和柱塞件包括迴转轴、汽车轴、往复柱塞、轴颈、轧辊、造纸烘缸以及石油化工工业中的泵类叶轮叶片及外壳等。如发动机汽缸长期使用中由于微振、热汽流腐蚀及冲蚀等作用而发生多处形状不同、面积不等及深浅各异的破坏,引起泄漏而影响发动机效率。采用热喷涂的方法分别对各破坏处进行喷涂填补,然后通过打磨使汽缸平面恢复平整并达到所需的尺寸精度。

远红外辐射涂层是基于某些氧化物具有高的热辐射率,在受热时能够辐射出远红外波,这种波的能量极易被高分子有机物(如油漆)、水、空气等物质的分子吸收产生共振而产生内热,从而加速过程的进行。因此,在加热元件上热喷涂这种涂层,其节电效率一般在 25%～40%。

5. 喷涂成型

采用热喷涂(常用的是电弧喷涂和等离子喷涂)制造机械零件是近年迅速发展的一项特殊制造技术。如采用电弧喷涂制造冲压塑料和皮革制品件模具,用等离子喷涂陶瓷或耐火材料制造喷嘴、雷达整流罩、高温炉元件等,具有快速、方便、净成型等特点,而且可选择的材料范围宽,特别是可以快速成型陶瓷、耐火金属等难成型材料。当然,用喷涂成型方法制造的零件孔隙度高,机械强度差,还需要经过热压、热等静压等后处理才能真正实现工业应用。

6.4.5　热喷涂涂层质量评定

热喷涂涂层质量检测是其质量保证和满足使用功能的基本依据。对热喷涂涂层一般应检查涂层外观、涂层厚度、涂层密度和孔隙率、涂层硬度、涂层与基体结合强度、涂层自身结合强度、涂层成分、微观组织结构等。其他如磨损率、热震、冲蚀率、摩擦因数、热膨胀系数等指标则视涂层使用环境的需要而测定。热喷涂涂层性能的测定方法如下:

1. 热喷涂涂层外观

涂层外观可以用目视或放大镜检查。涂层外观应均匀一致,无起皮、剥落、开裂及未喷涂区。

2. 热喷涂涂层厚度

涂层厚度是热喷涂涂层的重要质量指标之一，它关系到涂层材料消耗、涂层的应力、涂层结合强度、涂层的使用寿命等。涂层厚度测量方法主要有显微镜测量、机械量具测量、传感器探头测量、红外激光热波测厚等。

简单几何形状基体表面，可直接用游标卡尺或千分尺测量涂层厚度。对形状较复杂的零件，可采用磁性法和涡流法测厚仪测量涂层厚度。磁性法是以探头对磁性基体磁通量或互感电流为基准，利用非磁性涂层的厚度不同，以探头磁通量或互感电流的变化值来测量覆盖层厚度，因此只适合测量磁性基体上非磁性涂层的厚度，如钢铁表面的非磁性膜。而涡流法利用一个载有高频电流线圈的探头，在被测试样表面产生高频磁场，由此引起金属内部涡流，此涡流产生的磁场又反作用于探头内线圈，使其阻抗变化。通过测量阻抗变化值就可确定涂层的厚度。磁性法和涡流法直观简单，但其测量校准非常重要，否则容易产生大的测量误差。

3. 涂层密度与涂层孔隙率

用称量法测定的涂层密度与涂层材料的真实密度进行比较，即可求出涂层中的孔隙率。涂层密度测量用试样如图 6.32 所示。

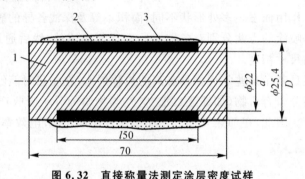

图 6.32　直接称量法测定涂层密度试样
1—试样基体；2—精加工后的涂层；3—精加工去除的涂层

按图加工并喷涂出圆柱形试棒，磨去多余涂层，并精磨整个圆柱面，精确称量圆柱试样的质量 G。按照下式计算出涂层的密度：

$$\rho_c = \frac{G - \rho_s V_s}{V_c}$$

式中，ρ_c 为涂层密度，g/cm^3；ρ_s 为基材密度，g/cm^3；V_c 为涂层体积，cm^3；V_s 为基体体积，cm^3。

涂层中的孔隙率可用阿基米德方法和金相法测定，前者是通过比较涂层的实际密度和涂层材料的理论密度的差别来确定，后者是通过图像分析确定。封孔处理后涂层的残余穿孔测定可用试剂试验方法，即通过贴附在涂层表面试纸上亚铁氰酸的蓝色斑点情况，检查在钢铁基体上涂层通向基体表面的气孔存在情况；也可用高压放电试验来测定，即通过火花放电的原理来检查在钢铁基体上涂层通向基体表面的气孔存在。

4. 涂层与基体的结合强度

（1）涂层拉伸结合强度

　　这是测定喷涂涂层与基体界面间沿法线方向抗拉伸应力的结合强度。试样和拉伸实验装置如图 6.33 所示。试样 A 的端面经喷砂处理后喷涂涂层厚度大于 0.8mm,机械加工至0.5mm;试样 B 的端面经喷砂处理,然后将 A,B 试样端面涂上黏结剂,加压固化后在拉伸试验机上进行拉伸,拉伸速度不超过 1mm/min,加载速度不超过 9.8kN/min。试样破断时的最大载荷与涂层面积之比即为抗拉结合强度。应对 5 组试样进行测试,取其算术平均值。

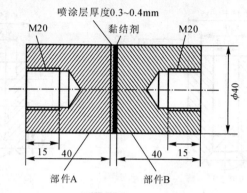

图 6.33　涂层拉伸结合强度测试试样

（2）涂层剪切结合强度

　　涂层剪切结合强度测试试样如图 6.34 所示。在圆柱形试棒的凸台表面喷涂涂层,磨削加工到规定尺寸。将试样放入阴模中,在万能材料试验机上沿轴线对试棒匀速施加压力,直至涂层破断,换算成单位面积上承受的剪切应力,即为涂层的剪切结合强度。

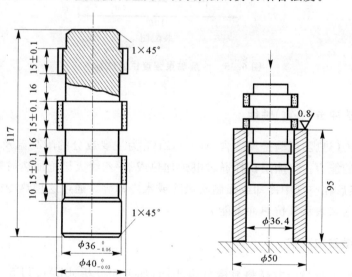

图 6.34　涂层剪切结合强度测试试样

5. 涂层自身的结合强度

　　按图 6.35 所示加工并喷涂试样(5 个)。涂层厚度一般不小于 1.2mm,加工后保留1.0mm,喷涂层宽度不小于 60mm。在拉伸试验机上进行拉伸,拉伸速度不超过 1mm/min,

加载速度不超过 9.8kN/min，直到涂层断裂。涂层的黏聚强度按下式计算：

$$\sigma_b = \frac{4F}{\pi(d_2^2 - d_1^2)}$$

式中，σ_b 为涂层的黏聚强度，N/mm^2；F 为涂层破断最大载荷，N；d_1 为试件喷涂前直径，mm；d_2 为试件喷涂加工后直径，mm。

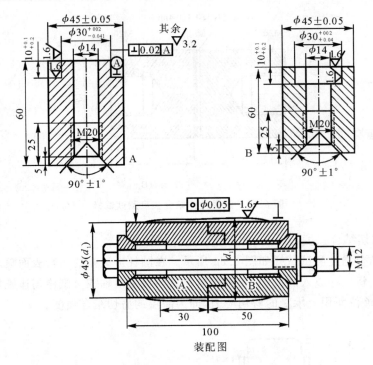

图 6.35　涂层黏聚强度试验试样

6. 涂层的耐热冲击(热震)性能

涂层耐热冲击(热震)试验是反映含 Al_2O_3，ZrO_2 为主要成分的耐高温及隔热热障陶瓷涂层的耐急冷急热的能力。将涂层试样通过电炉加热或氧-乙炔火焰枪加热或等离子焰加热，等加热一定时间，然后在空气中冷却或强制吹风冷或水冷却等。通过这种热冷循环变化，观察耐高温涂层是否脱落来表示其抗热冲击能力。

7. 涂层的显微结构观察

涂层显微结构分析与一般材料显微分析相同，如金相分析、SEM、TEM 等。但是进行涂层截面分析时，试样制备非常关键，涂层不太厚，且大部分较脆，因此对试样的切割、镶样以及研磨抛光都要特别注意。在切割过程中应选择合适的切割砂轮和切割速度，切割方向应垂直于涂层表面，从涂层表面向基体方向切割。

8. 涂层耐腐蚀性能

带热喷涂涂层的零件所处的腐蚀环境是多种多样的，条件差别较大，目前也没有适合于所有腐蚀环境的统一的腐蚀实验方法。通常是根据腐蚀工况情况,采取模拟腐蚀实验,包括浸泡试验、湿热试验、盐雾试验、电化学试验、应力腐蚀试验、晶间腐蚀试验、疲劳腐蚀试验、抗硫化物腐蚀试验、高温氧化试验等。

9.涂层硬度

涂层硬度是热喷涂涂层的重要指标之一,它对涂层的耐磨性有很大影响。涂层硬度的测量必须考虑热喷涂工艺的特性和喷涂涂层的结构特性(如喷涂的高温颗粒急速冷却所产生的淬硬性);涂层硬度对喷涂工艺参数强烈的依赖性;涂层中含有孔隙、氧化物,组织结构的非均质性造成的宏观硬度和微观硬度测量的差别性等。因此,热喷涂涂层硬度的测量最好采用显微硬度或表面洛氏硬度,且测量点数应不少于 5 个,取其平均值为涂层硬度。

10.涂层摩擦磨损试验

利用两个相对运动的涂层试样在一定荷重条件下产生滑动或滚动,经过一定的时间或移动距离后,测量试样表面涂层的摩擦因数及磨损失重,以评定涂层的耐磨性能。

6.5　热喷焊与堆焊技术

热喷焊是利用热能(如氧-乙炔火焰、电弧、等离子火焰等)将具有特殊性能的涂层材料熔化后喷涂在工件表面对其进行再加热的技术。堆焊是在零件表面熔覆上一层耐磨或者耐腐蚀或者耐热等具有特殊性能合金层的技术。根据所采用的工艺不同,堆焊层厚度可以为 0.8～15mm,可用于零件修复或制造特殊表面性能的新零件。堆焊工艺对合理使用材料、节约贵重金属、提高产品使用寿命、降低制造成本等具有十分重要的意义。

堆焊的物理本质和冶金过程与一般的熔焊工艺几乎没有什么区别。一般的熔焊方法都可以用于堆焊,只是堆焊的目的不是为了起连接作用,而是为了发挥堆焊层本身的优良性能。因此,在堆焊时必须注意控制尽可能低的稀释率,有足够高的生产效率,并保证堆焊层的冶金质量。

实际上,热喷焊技术也属于堆焊技术的范畴,只是热喷焊采用的是粉末填充材料,而堆焊一般采用线材或焊条。堆焊的优势在于熔覆效率比热喷焊高,但是稀释率比热喷焊大。另外,堆焊技术比热喷涂、热喷焊技术更成熟,已广泛应用到矿山、冶金、农机、建筑、电站、石油化工等各行业产品制造和损坏零件的修复上。

6.5.1　热喷焊的基本特征

如前所述,热喷涂涂层颗粒间主要依靠机械结合和很弱的冶金结合,涂层与基体的结合强度较低,而且涂层存在孔隙。采用热源使涂层材料在基体表面重新熔化或部分熔化,实现涂层与基体之间、涂层内颗粒之间的冶金结合,消除涂层孔隙,这就是热喷焊技术。热喷焊技术使用的热源有氧-乙炔火焰喷焊和等离子喷焊等。近年来发展的激光熔覆技术实质上也属于热喷焊技术中的一种。

实际上,热喷焊技术是在热喷涂技术基础上发展起来的。它是将喷涂层再进行一次重熔处理,与基体表层材料达到熔融状态后,再进一步形成更紧密的冶金结合层,使零件表面获得一层类似堆焊形成的涂层。喷焊可以看成是合金喷涂和金属堆焊两种工艺的复合,它克服了热喷涂层结合强度低、硬度低等缺点,同时由于使用了高合金粉末使喷焊层具有一系列特殊的性能,这是一般堆焊所不具备的。

热喷焊不仅可以用来修复表面磨损的零件,当使用合金粉喷焊时还能使修复件比新零件更耐磨,因此也将其用于新零件表面的强化和装饰等,可使零件的使用性能更好,寿命更长。

热喷焊是以氧气和乙炔燃烧产生的热量为能源,通过特制的喷枪将具有特殊性能的合金粉末加热到熔融或高塑性状态,然后以较高的速度喷射到经过净化预处理的零件表面上,使其获得均匀致密的金属表层,起到耐磨、耐蚀、耐热、抗氧化等作用,达到修复零件和延长其使用寿命的目的。

由于热喷焊与热喷涂过程的差异,合金粉末在零件表面有一个重熔并铺展的过程,因此决定了喷焊技术以下几个基本特点:

①热喷焊层组织致密,冶金缺陷很少,与基材结合强度高。这是热喷焊层与热喷涂技术相比的最大优点。热喷焊层与基材为冶金结合,其结合强度是一般热喷涂层的 10 倍。特别是热喷焊技术可以涂覆超过几个毫米厚的涂层而不开裂,这是普通热喷涂技术无法达到的。因此热喷焊层可以用于重载零件的表面强化与修复。修复后的零件具有优良的性能和较长的使用寿命,且修复速度快,缩短了设备的停机时间。

②热喷焊材料必须与基材相匹配,喷焊材料和基材的匹配范围比热喷涂窄得多。这主要是因为:第一,喷焊材料在液态下应该能够在基材表面铺展开,即能够润湿基材;第二,喷焊材料必须能够与基材相容,即它们在液相和固相下必须有一定的溶解度,否则无法形成熔合区,亦即无法形成冶金结合;第三,基材的熔点应该高于喷焊材料的熔点,否则容易导致基材塌陷或者工件损坏;第四,热喷焊材料在凝固结晶过程中,应该尽量避免产生热裂纹,或者使基材热影响区产生裂纹。因此,热喷焊工艺只适合于一些特定的金属材料(包括基材与粉末)。

③热喷焊工艺中基材的变形比热喷涂大得多。由于热喷焊时要求粉末完全熔透,因而基材受热时间比较长,表面达到的温度比热喷涂高得多,导致基材的变形较大、热影响区较深等。因此,对于一些形状复杂、易热变形的零件,无法使用热喷焊技术。

④热喷焊层的成分与喷焊材料的原始成分会有一定差别,热喷焊过程中基体表面会少量熔化,并与喷焊材料发生合金化,导致喷焊层的成分与原来设计的喷焊材料成分有差异。一般将基材熔入喷焊层中的质量分数称为喷焊层的稀释率,用公式表示为

$$\eta = \frac{B}{A+B} \times 100\% \qquad (6-3)$$

式中,η 为喷焊层的稀释率;A 为喷焊的金属质量;B 为基材熔化的金属质量。显然,稀释率越大,喷焊层的性能与原设计成分偏离越远。因此,必须控制喷焊工艺参数,以便控制喷焊层的稀释率。热喷焊的综合性能好,元素稀释率小,对基材适应性强,尤其是对要求具有高硬度而芯部要求韧性好的零件,很适合采用喷焊法。

6.5.2 热喷焊工艺

通常要根据零件的综合性能要求,同时考虑喷焊层的内应力及经济性等确定热喷焊工艺。

主要包括：

(1)表面预清理

零件热喷焊前的表面状态对热喷焊层和基体金属的结合强度影响很大。要使焊层和基体金属牢固地结合，零件表面不得有氧化物、油脂和其他污物。必须对热喷焊零件表面彻底清洗，如采用砂纸打磨、化学清洗剂清洗，并且要注意清洗后不要生锈等问题。

(2)预热

预热的目的是去除喷焊零件表面的潮气，提高喷焊层与工件表面的结合强度，减少应力，避免焊层开裂脱壳。一般在 300～400℃ 范围内预热，温度过低焊层易脱落。对于形状复杂的零件，应特别注意预热范围及部位，以免零件变形或焊层开裂。

(3)喷粉和重熔

工件预热温度达到要求后，即可向工件喷粉，边喷边熔。重熔时，必须保证喷上的粉末达到熔化状态。在修复零件磨损严重的部位时可多次喷覆，这样既可保证焊层达到所要求的厚度，又可减少由于温度梯度过大而可能形成的焊层细裂纹。也可采用二次喷粉重熔(两步法)以达到所要求的厚度。对较大的工件，为减少粉末氧化，重熔时须多支喷枪同时加热，喷焊火焰应为中性或微碳化焰。

(4)缓冷

喷焊后的缓冷对防止工件开裂和变形有很大作用。由于喷焊合金与一般金属零件的膨胀系数不同，尤其是壁薄或形状复杂易开裂、易变形的零件，应放入烘炉中缓冷。对结构较复杂的铸件，喷焊过程中应在冷却水保护下进行，也可用保温材料(石棉布)将零件覆盖，使其冷却到室温。对于形状和尺寸精度要求不高的零件则可采用空冷的方法。

(5)焊后处理和加工

热喷焊结束后要对零件表面焊层进行检查，可用锤子轻轻敲击焊层，若声音清脆，表示焊层结合良好；声音低哑，则说明焊层结合不够紧密，应除掉重新喷焊。喷焊后的工件硬度较高(HRC56 左右)，机加工时可采用碳化硅砂轮低速慢进磨削。

(6)热喷焊参数选择

在热喷焊中，气体压力和喷枪至工件的距离是两个重要的参数，它们与合金粉末种类有关。只有在合适的参数范围内才可获得平整、银白色的致密焊层。增加气体压力或缩短喷枪与工件之间的距离，喷焊层会出现过烧现象，甚至会有绿色氧化皮出现。反之，气体压力过小、喷射间距过大则会造成焊层粉末重熔不好。喷射角(即粉末流动方向与工件表面的夹角)对焊层质量也有一定影响。当喷射角为 90°时，喷射功最大，粉末在空中行进距离最短，氧化程度也较小，这时焊层气孔率低，组织致密。喷射角过小(如小于 45°)则焊层组织疏松，粉末利用率降低。

(7)氧-乙炔火焰喷焊技术

采用氧-乙炔火焰作为喷焊热源的工艺称作氧-乙炔火焰喷焊技术。氧-乙炔喷焊的设备简单，主要有喷焊枪、氧气瓶和乙炔瓶。喷焊枪与普通气焊枪的主要区别在于喷焊枪上装有粉末输送机构。

喷焊工艺过程主要按焊前预处理、喷焊以及后处理三步进行。

喷焊前基材表面状态对喷焊质量有很大影响，表面必须清洁干净，必要时要进行喷砂处理。

　　喷焊过程包括预热、喷粉和重熔。预热的目的是使工件表面湿气蒸发,产生适当的热膨胀,减少焊层应力,提高喷粉沉积效率。钢材和铸铁的预热温度一般为 200～300℃,不锈钢和高合金钢为 300～400℃。喷粉和重熔过程又分“一步法”或“二步法”。“一步法”就是边喷粉边熔化、填充粉末,其特点是粉末沉积率高,但涂层厚度完全由手工掌握、不均匀,主要用于工件局部修复;“二步法”是先将粉末喷涂在工件表面,再将涂层熔化形成喷焊层。重熔温度控制在涂层材料的固相线和液相线之间,这时熔融的喷涂材料表面呈“镜面”反光,表明沉积粉达到了颗粒熔化、颗粒间间隙封闭、与基体润湿以及氧化物造渣的最佳效果,并同时保持了熔化涂层的黏度,从而防止了熔化涂层流淌。

　　喷焊后处理也很关键。如果焊层与基体的热膨胀系数相差较大,喷焊后应采取缓慢冷却的措施,以免焊层开裂。一般的零件在喷焊后已经回火,机械强度有所降低,这时应按退火态的力学性能进行强度校核。如强度不能达到要求,还须进行适当的热处理。

　　喷焊时基材很少熔化,这与喷涂工艺相似;而涂层合金经过重熔,基材受热较高,这又与堆焊相类似。因此,氧-乙炔火焰喷焊层既像热喷涂层那样,表面光滑平整,其厚度可在 0.2～3mm 之间任意控制,又与堆焊层类似,无气孔,无氧化物夹杂。同时喷焊层互溶区窄(约0.005mm),稀释率低,焊层性能好。因此,常认为氧-乙炔火焰喷焊技术是介于热喷涂和堆焊技术之间的一项“中间”技术。

　　(8)等离子喷焊技术

　　等离子喷焊技术是采用等离子弧作为热源加热基体,使其表面形成熔池,同时将喷焊粉末材料送入等离子弧中,粉末在弧柱中得到预热,呈熔化或半熔化状态,被焰流喷射至熔池后,充分熔化并排出气体和熔渣,喷枪移开后合金熔池凝固,形成喷焊层的工艺过程。

　　等离子喷焊采用的等离子弧与等离子喷涂有区别。等离子喷涂时,等离子弧建立在喷枪内钨阴极与铜阳极喷嘴之间,工件不带电,称为非转移弧,如图 6.36 所示。而等离子喷焊则采用非转移弧和转移弧的联合弧,所谓转移弧是建立在喷焊枪钨阴极头和工件(阳极)之间的等离子弧,它对工件的加热能力比非转移弧强,是喷焊过程中的主要热源,因此称为主弧。在工作时首先引燃非转移弧,然后借助弧在钨的非转移极和工件之间形成的等离子体导电通道,建立转移弧。

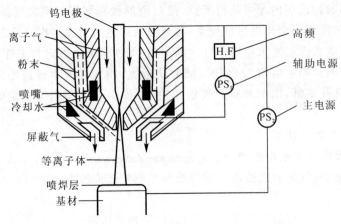

图 6.36　等离子喷焊示意图

等离子喷焊设备与等离子喷涂设备基本类似,但用单电源同时供应非转移弧和转移弧不太稳定,因此通常采用两台电源分别向非转移弧和转移弧供电。等离子焊枪与等离子喷涂枪结构也有所不同,主要区别在于喷嘴中等离子弧通道的蔓和直径比(称为压缩比)比较小,通常在 1~1.4 之间。

等离子喷焊的前、后处理工艺及注意事项与氧-乙炔火焰喷焊相同,只是喷焊过程中须控制的工艺参数更复杂一些,如转移弧电压和电流、非转移弧电流、送粉速度、送粉量、离子气和送粉气、喷焊枪摆动频率和幅度,喷焊嘴距工件距等。只要经过预先分析和试验,确定最佳工艺参数,就可精确控制喷焊过程,重复性比氧-乙炔火焰喷焊好。

等离子喷焊的材料范围比较宽,特别是可以喷焊难熔材料。它所用粉末的粒度与氧-乙炔火焰喷焊的一样,比热喷涂用粉末粒度要稍大一些。

与其他涂层技术相比,等离子喷焊技术的主要特点如下:

①生产效率高。因为等离子喷焊温度高、传热率大,所以喷焊速度较高,生产率也提高了,并能顺利地进行难熔材料的喷焊。

②稀释率低。为保持喷焊层的性能,要求基体材料熔入喷焊层的比例少,即稀释率低。等离子弧温度高、能量集中、弧稳定性和可靠性好,可以在保证稀释率低(控制到 5%)的同时,保持较高的熔覆率。

③工艺稳定性好,易实现自动化。

④喷焊层成分、组织均匀。喷焊层平整光滑,尺寸可以得到较精确的控制,可获得在 0.25~8mm 之间任意厚度的喷焊层。

等离子喷焊适宜对大批量零件的表面强化处理,在冶金工业中的工模具和各类阀门的表面强化方面,应用越来越广泛。

6.5.3　常用热喷焊材料

热喷焊常用材料一般都是以粉末形式使用的,其粒径比热喷涂用粉末稍大,通常又分为合金粉末和金属陶瓷复合粉末。合金粉末通常采用雾化制粉的方法制造,而金属陶瓷复合粉末可采用金属与陶瓷直接混合、包覆型陶瓷粉末与合金粉末混合以及喷雾过程加入陶瓷粉末雾化制造而成。为保证焊接性能,陶瓷含量一般不能大于 50%(体积分数)。

热喷焊层材料的熔点要求比基体熔点低,有自脱氧造渣性能(也称自熔性)。一般通过添加硼、硅等元素达到这些目的。如在镍、钴、铁基合金中加入硼、硅元素,在铜基合金中加入硅、锡、磷、硼元素等。加入这些元素的作用是:降低熔点,扩大液固两相区;脱氧还原作用和造渣;硬化、强化喷焊层;改善喷焊工艺性能。表 6.21 所示是常用的热喷焊材料。

表 6.21　常用热喷焊材料

常用热喷焊材料种类		熔点/℃	常用喷焊工艺	功　能
镍基自熔性合金	NiCrBSi	950~1 100	火焰、等离子喷焊	耐磨、耐热、耐蚀及耐气蚀焊层
	NiCrBSi - WC		电弧、火焰、等离子喷涂	耐冲蚀焊层
钴基自熔性合金	CoCrBSi	1 050~1 150	等离子喷焊	高温耐磨焊层
	CoCrBSi - WC		等离子喷焊	耐高温冲蚀焊层

续　表

常用热喷焊材料种类		熔点/℃	常用喷焊工艺	功　能
铁基自熔性合金	铸铁型	1 100～1 200	火焰、等离子喷焊	耐磨焊层
	不锈钢型		火焰、等离子喷焊	耐磨、耐蚀、耐高温磨损、阀门密封焊层
铜基自熔性合金	硅锰青铜型	1 900～1 050	火焰、等离子喷焊	耐磨减摩焊层及尺寸恢复
	磷青铜型	850	火焰、等离子喷焊	耐磨减摩焊层及低压阀门密封焊层

自熔合金的发明与使用是热喷涂和热喷焊技术的一个重要里程碑。由于自熔合金的熔点较低,工艺性能与使用性能都很优良,因此在工业上得到广泛的应用。

6.5.4　堆焊技术

堆焊修复技术兴起于 20 世纪 60 年代,主要是利用焊接获得的熔覆堆焊层赋予设备部件以耐磨、耐高温、防腐蚀等特殊功能。其技术基础与传统的焊接没有本质的区别,普通的焊条电弧焊、气保护焊和埋弧焊等焊接方法均可用于堆焊。通过堆焊使易损部件获得特殊的表面功能,或使已经失效的零部件重新恢复尺寸并获得使用功能。

堆焊技术区别于其他焊接,首先是焊接的对象不同。它是针对易磨损或磨损失效后的机械零件,堆焊必须根据不同的对象来选定不同的焊接材料、方法及工艺;其次,在堆焊技术中还应考虑零件本身的经济性,既要能将新材料、新工艺、新技术较快地应用到制造与修复中,还应根据各种堆焊方法的特点开展制造与修复。目前大部分零部件的修复主要靠特种焊条来完成,随着药芯焊丝技术的发展,越来越多的堆焊修复转向用药芯焊丝来完成。而且堆焊材料和工艺技术取得了长足的发展,以前难以堆焊和堆焊效果不理想的耐磨材料和部件都成功地进行了堆焊修复,堆焊后的部件使用效果得到了验证和肯定。

依靠表面耐磨堆焊的方法进行部件的表面预防护堆焊和已磨损部件的耐磨堆焊修复,从而使耐磨部件表面形成比原部件母材材质更加耐磨的堆焊层,并确保堆焊层与基材很好的结合成一个整体,可以显著增加设备的使用寿命,降低企业采购新部件的费用,降低更换部件的成本,为企业带来经济效益,可以说很好地体现了"循环经济"的思想。

另外,高能束粉末堆焊是近年来发展起来的新技术,它是将高能束流作为热源,以一定成分的合金粉末作为填充金属的特种堆焊工艺,主要包括等离子弧堆焊、电子束堆焊、激光堆焊以及聚焦光束堆焊。利用高能束热源可以实现热输入的准确控制,处理的零部件热畸变小、稀释率小、组织致密、成型美观、性能优越。而且,高能束粉末堆焊生产率高,堆焊过程易于实现机械化和自动化。但是生产成本高。

1.堆焊层的形成及影响因素

(1)堆焊层的形成

与热喷焊类似,堆焊过程中堆焊层材料与基体材料的相容性非常重要。同时,由于堆焊层材料与基体材料成分不同,在堆焊时必定会产生一层组织和性能与基材或堆焊层都不相同的过渡层。该过渡层如果是脆性的,将影响堆焊层的性能。在堆焊时,粉粒在电弧中受到加速的同时,又从电弧中吸收热量,使得粉粒温度升高,到达熔点后粉粒熔化。在熔化后粉粒到达工件时,由于粉粒具有一定动能,就会很容易同工件表面的熔化金属结合形成熔覆层。

以粉末等离子弧堆焊为例讨论堆焊层的形成,这种堆焊是以氩气等离子弧为热源,选用一定成分的耐磨损耐腐蚀合金粉末作为填充金属的特种堆焊工艺。堆焊时主要利用转移弧在工件表面产生熔池,合金粉末按需要量连续供给,在送粉气流作用下送入焊枪,并吹入电弧中。粉末在弧柱中被预先加热,呈熔化或半熔化状态,喷射到工件熔池里,在熔池里充分熔化,并排出气体和浮出熔渣。随着焊枪和工件的相对移动,合金熔池逐渐凝固,便在工件上获得所需的合金熔覆层。

(2)相容性

堆焊材料和基材在冶金学上是否相容取决于它们在液态和固态时的互溶性以及在堆焊过程中是否产生金属间化合物(即脆性相)。在选择堆焊层材料时不仅要考虑使用性能要求,更要满足相容性要求。材料的相容性可以从合金相图手册中查到。

堆焊材料和基材的物理相容性也很重要,即两者之间的熔化温度、膨胀系数、热导率和比电阻等物理性能的差异应尽可能小。这是因为这些差异将影响堆焊的热循环过程和结晶条件,增加焊接应力,降低结合质量。例如当堆焊材料和基材的熔点和沸点相差太悬殊(如铁与锌、钨与铅等)时,堆焊就会发生困难。

(3)熔合区

所谓熔合区就是堆焊层与基体之间的分界区,一般包括熔合线和具有结晶层和扩散层的过渡区段,该区段内成分是不固定的,它与基体之间的界线称为熔合线。实践证明,熔池结晶就是从未熔化的基体金属晶粒开始长大的。因为堆焊层和基体之间晶格类型有差别,容易导致过渡层中晶格畸变,产生各种晶体缺陷。此外,由于熔焊区内各层的结晶特点不同,可能因成分的变化形成性能不良的过渡层,影响焊层质量。例如,在低碳钢上堆焊合金钢焊层,经回火后过渡层中的含碳量大大超过基体金属和堆焊层中的平均碳含量。另外,对于那些与基体只能有限互溶而易形成金属间化合物的堆焊层材料,也必须注意防止熔合区中过渡层内由于成分偏析形成大量脆性金属间化合物,从而导致堆焊层开裂。

因此,在堆焊过程中应尽量避免或控制过渡层的产生和长大。根据基体材料合理选用堆焊材料之间可能进行的合金化和反应过程,尽量避免使用可能诱发脆性相的元素,或采用能抑制脆性相产生的元素。图 6.37 是堆焊材料对脆性层厚度的关系曲线,在普通低碳钢表面堆焊 Cr18Ni9 材料时,由于过渡层的成分偏析,产生厚度很大的脆性马氏体区(x_1)。当选用含有大量的奥氏体形成元素的奥氏体堆焊材料时,则与上述大不相同,熔合区中的马氏体层明显变窄(x_2 和 x_3)。如果改用镍基合金堆焊,就不会生成脆性马氏体层。为避免产生碳扩散脆性层,最好的办法是尽量选用镍基合金材料堆焊,而不要选用不锈钢类材料在低碳钢表面堆焊。另外,尽量降低稀释率也可以控制熔合区中的成分变化,减小过渡层厚度。对于那些易形成金属间化合物的堆焊材料,必须采用适当工艺防止堆焊层开裂。

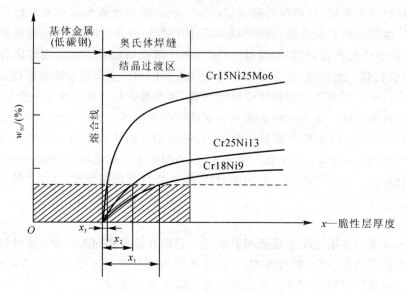

图 6.37　堆焊材料对脆性层厚度的关系

（4）稀释率

稀释率会强烈地影响堆焊层的成分和性能，因此，要考虑不同方法所获得的稀释率大小，以便选择合适的填充材料和堆焊方法。稀释率的调节主要通过控制堆焊工艺参数，如堆焊功率、堆焊速度、焊道间距等。另外，在堆焊过程中向熔池中补加填充金属，也可以降低稀释率。

（5）内应力

一个堆焊零件一定要关注引起的内应力大小。因为堆焊操作而产生的残余应力会叠加或抵消使用中产生的应力，从而可增强或减轻堆焊层开裂倾向。堆焊耐磨层通常不作消除应力处理，因此在堆焊过程中由于热膨胀或收缩引起的残余应力可能是难以克服的。这些应力是否引起变形或开裂，在很大程度上取决于堆焊金属和基材的强度和塑性。对工件进行焊前预热和焊后缓冷以及采用堆焊底层的方法，可以减少堆焊层的内应力。

2. 堆焊工艺方法

一些常用的焊接方法都可以用来进行堆焊。堆焊工艺可分为氧-乙炔焰堆焊、手工电弧堆焊、钨极氩弧堆焊、熔化极气体保护电弧堆焊、埋弧堆焊、等离子弧堆焊和电渣堆焊等。堆焊材料通常可以是棒状、管状、带状，粉末等；焊剂可以装在管芯内或作为焊条药皮包覆在外层使用。

堆焊的方法不同，特点也不同。通过选择合理的堆焊工艺方法，可以保证堆焊层得到符合要求的性能及获得好的经济效益。稀释率、熔覆速度和堆焊层厚度是代表堆焊工艺特点的重要指标，可供选择堆焊工艺时参考。

表 6.22 所示是不同堆焊工艺方法的比较，可以看出其中稀释率差别很大。氧-乙炔焰堆焊稀释率最低，甚至可低到 1%，等离子弧堆焊稀释率可低到 5%，而单丝埋弧堆焊的稀释率则高达 60%，但如果采用多极埋弧堆焊，稀释率可降到 8%。堆焊时稀释率的增加，会导致堆焊层性能下降。从一般使用角度考虑，选择堆焊工艺方法时应控制稀释率低于 20% 为好，手弧

堆焊与自动或半自动电弧堆焊比较,除了熔覆速度较低外,电弧燃烧时间占总堆焊工作时间的比例也低,因而实际堆焊的生产率也低得多。一般随着熔覆速度的加大,稀释率也增高。

堆焊层厚度也是选择堆焊工艺方法的依据之一,最小堆焊厚度表明能堆焊出薄的、符合要求的表面保护层。

表 6.22　几种堆焊工艺方法的比较

堆焊工艺方法		稀释率/(%)	熔覆速度/(kg·h⁻¹)	最小堆焊层厚度/mm	熔覆效率/(%)
氧-乙炔焰堆焊	手工送丝	1~10	0.5~1.8	0.8	100
	自动送丝	1~10	0.5~6.8	0.8	100
手工电弧堆焊		30~50	0.5~5.4	3.2	65
钨极氩弧堆焊		10~20	0.5~4.5	2.4	98~100
熔化极气体保护电弧堆焊		10~40	0.9~5.4	3.2	90~95
自保护电弧堆焊		15~40	2.3~11.3	3.2	80~85
埋弧堆焊	单丝	30~60	4.5~11.3	3.2	95
	多丝	15~25	11.3~27.2	4.8	95
	串联电弧	10~25	11.3~15.9	4.8	95
	单带极	10~20	12~36	3.0	95
	多带极	8~15	22~68	4.0	95
等离子弧堆焊	手工送丝	5~15	0.5~3.6	2.4	98~100
	自动送丝	5~15	0.5~3.6	2.4	98~100
	双热丝	5~15	13~27	2.4	98~100
电渣堆焊		10~14	15~75	15	95~100

3. 堆焊材料

堆焊材料主要有铁基、镍基、钴基、铜基和碳化钨复合堆焊材料等类型。铁基堆焊合金的性能变化范围广,韧性和耐磨性好,能满足许多不同的工况条件要求,而且价格较低,因此使用广泛。镍基、钴基堆焊合金的价格较高,但耐高温性能好,而且耐腐蚀,主要用在要求高温磨损、高温腐蚀的场合。铜基堆焊合金由于其耐腐蚀性能好,并能减少金属间的摩擦因数,也是常用的堆焊材料。而碳化钨金属陶瓷堆焊材料,虽然价格较贵,但在抗严重磨料磨损和工具堆焊中占有重要的地位。如图 6.38 所示是各种堆焊材料的性能比较。

堆焊材料的形状与其可加工性有关,实心焊丝限于拉拔性能好的材料堆焊,如低合金钢、不锈钢、铝青铜、锡青铜和镍基合金等都容易拔成丝作为堆焊材料。许多堆焊合金也能廉价地制成粉末,填充制成管状焊丝(带),这样一些高脆性的合金堆焊材料就能实现自动或半自动堆焊。一些堆焊合金容易制成小批量的堆焊焊条,用于手工电弧堆焊。有些堆焊材料由于加工困难只能以铸棒的形式使用。表 6.23 所示是常见的堆焊材料形状与堆焊方法的关系。

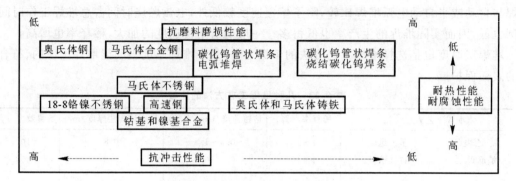

图 6.38　各种堆焊材料的性能比较

表 6.23　常见堆焊材料的形状与堆焊方法

堆焊材料的形状	适用的堆焊方法
丝(直径 0.5～5.8mm)	熔化极气体保护电弧堆焊、震动堆焊、埋弧堆焊
带(厚 0.4～0.8mm,宽 30～300mm)	埋弧堆焊、电渣堆焊
铸棒(直径 2.2～8.0mm)	钨极氩弧堆焊
管状焊丝	自保护电弧堆焊、埋弧堆焊、钨极氩弧堆焊
焊　条	手工电弧堆焊

习题与思考题

1.热能表面改性技术的主要特点是什么？

2.请简述热能表面改性技术的主要类型及特点。

3.试比较热浸镀技术和热扩散技术的主要异同。

4.试以钢铁零件热浸镀铝过程为例,简述热浸镀层形成过程及热浸镀铝层的结构特点。

5.热扩散渗层形成的基本条件包括哪些？为什么对于靠化学反应提供活性原子的热扩渗工艺必须满足反应的热力学条件？

6.等离子体热扩渗原理是什么？辉光放电的基本特性是什么？生产上所谓的"辉光厚度"指的是什么？

7.请简述热喷涂的特点,为什么热喷涂层都有部分孔隙？如何对这一特点加以利用？

8.试比较热喷焊与热喷涂过程的差异,并阐述热喷焊技术的基本特点。

9.热喷焊工艺包括哪些步骤？其中"缓冷"的目的何在,请举例说明。

10.热喷焊技术与堆焊技术之间有何关系？请简述堆焊层的形成及影响因素。

第7章 气相沉积技术

7.1 概　述

7.1.1 气相沉积技术的分类

利用气相中发生的物理、化学过程,在材料表面形成具有特殊性能的金属或化合物膜层的工艺方法称为气相沉积技术。依据成膜的基本原理和气相物质的产生方式,可以将气相沉积技术分为物理气相沉积(PVD)和化学气相沉积(CVD)技术两大类。

物理气相沉积(PVD)技术是在真空或低气压条件下,采用物理的方法将固态的镀料转化为原子、分子或离子态的气相物质后再沉积在基体材料表面,从而形成固体物质膜层的一类表面工程技术方法。按气相物质的形成方式和特征可以将物理气相沉积技术分为真空蒸发镀、溅射镀、离子镀和离子束辅助(或增强)沉积等,依据具体细节的分类如图7.1所示。

化学气相沉积(CVD)技术则是利用加热、等离子体激励和光辐射等方法,使气态或蒸气状态的化学物质发生化学反应,形成固态物质沉积在基体材料表面上,从而形成所需要的固态膜层的一类表面工程技术方法。传统CVD的主要缺点是反应温度高,一般要在1 000℃左右,许多基体材料经受不住如此高的温度会发生组织改变和变形。为克服传统CVD的高温工艺缺陷,发展出了多种中温(800℃以下)和低温(500℃以下)CVD新技术,其中金属有机化合物化学气相沉积(MOCVD)、等离子体增强(或辅助)化学气相沉积(PACVD或PECVD)、激光辅助化学气相沉积(LCVD)技术就是十分有前途的新型CVD技术。此外,在CVD基础上发展的化学气相渗渍(CVI)技术是将气相物质渗入到多孔材料中达到强化基材的作用,由此进一步扩大了CVD技术的应用范围。化学气相沉积技术的详细分类如图7.2所示。

7.1.2 气相沉积技术的特点与应用领域

气相沉积技术具有许多特点,因而在表面工程技术领域中展示出诸多优势和潜力。物理气相沉积工艺过程温度一般较低,通常不会明显改变基体材料的力学性能和尺寸精度,镀覆材料广泛,适用的基体材料范围大,镀层较致密;真空离子镀不仅具有较好的绕镀能力,而且可以获得很高的膜基结合强度,尤其对钛合金、铝合金以及某些高熔点金属,用电镀方法一般是不易实现表面膜层制备的,而PVD法较为适合;PVD法无氢脆隐患等。然而,PVD法也有不足:较电镀、化学镀等方法成本高;单独的真空蒸发镀或一般的溅射镀,镀层结合力较低。

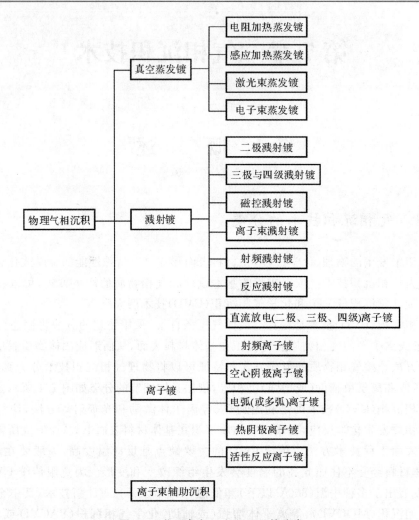

图 7.1　物理气相沉积(PVD)的分类

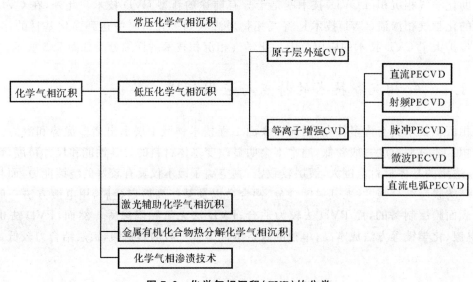

图 7.2　化学气相沉积(CVD)的分类

化学气相沉积过程中气体反应源的温度远低于沉积反应温度,因此在沉积工艺中易于改变反应源物质组分,能够获得各种碳化物、氮化物、氧化物、硼化物、硅化物、单质金属和合金膜层;CVD膜层均匀性好,膜基结合强度高;CVD膜层的绕镀能力强,因而特别适用于形状复杂和大面积工件的表面处理。但传统CVD技术的缺点也使其应用受到了限制,为此,促进了各种辅助CVD工艺技术的发展,如电子束辅助CVD、激光辅助CVD、热丝CVD、等离子体辅助或增强CVD、金属有机化合物热分解CVD等。另外,CVD过程中使用的气体通常对设备有一定的腐蚀性,对环境有一定的污染性,因而必须妥善处理。

等离子体或离子束辅助(或增强)沉积手段的应用使传统气相沉积技术产生了革命性变化,因为气相沉积中等离子体的参与可以使许多不能发生或需要十分苛刻条件下才能发生的物理过程或化学过程变得很容易进行。例如,采用一般热力学平衡态方法人工合成金刚石,通常需要 1 600～1 800K 的高温和 6 000MPa 的高压条件,而采用微波等离子体辅助CVD新技术制备金刚石膜层,以甲烷和氢气为原料,仅在 10kPa 的压力和 450℃ 的中等温度条件下即可完成。将等离子体辅助或增强沉积手段用于传统气相沉积技术,使 PVD 和 CVD 工艺过程中工件的温度显著降低,同时使膜层的结合强度显著提高。例如,等离子体或离子束辅助 PVD 过程中工件基体温度通常仅有 150～200℃ 就可以获得足够高的膜基结合强度,而等离子体或离子束辅助 CVD 使工件温度由传统 CVD 的 1 000℃ 左右降低到 600℃ 以下。等离子体或离子束辅助气相沉积技术的发展拓宽了沉积工件基材的范围,并且有利于能源与资源的节约和环境保护措施的实施。

目前,利用气相沉积技术制备出各种耐磨损、耐腐蚀、抗氧化膜层,无油固体润滑膜层,耐热(热障)、阻燃膜层,化学反应催化膜层,特殊性能的电学、光学、磁学功能膜层,装饰膜层等,并应用于机械、电子、航天、航空、能源、化工、轻工、建筑等领域,可有效提升零部件的使用寿命和安全可靠性,减缓材料损耗,节约资源与能源。

7.2　物理气相沉积(PVD)技术

物理气相沉积(PVD)技术是利用物理的方法(蒸发、溅射、离子轰击等)在真空环境中将成膜物质气化或/和离子化,然后在工件表面上沉积出所需性能的固体膜层的表面技术。具体可将 PVD 技术分为真空蒸发镀、溅射镀(或溅射沉积)、离子镀和离子(束)辅助沉积等类型,表 7.1 列出了各种主要 PVD 技术的工艺过程特点。

表 7.1　物理气相沉积技术类型及工艺特点

类　型	主要技术名称	工件偏压 V	工作气压 Pa	金属离化率 %	沉积物质产生方式	沉积粒子及能量/eV	膜层质量
真空蒸发镀	电阻加热蒸发镀	0	$10^{-3}\sim10^{-4}$	0	热蒸发	原子 0.1～1	膜层组织细密;膜-基结合力差;膜层绕镀性差
	电子束蒸发镀	0	$10^{-3}\sim10^{-4}$	0			
	感应加热蒸发镀	0	$10^{-3}\sim10^{-4}$	0			
	激光束蒸发镀	0	$10^{-3}\sim10^{-4}$	0			

续　表

类　型	主要技术名称	工件偏压 V	工作气压 Pa	金属离化率 %	沉积物质产生方式	沉积粒子及能量/eV	膜层质量
溅射镀	二极溅射镀	0	1～3	0	离子动量转换（气体发生辉光放电或射频放电）	原子（及离子）数个～数十	膜层组织细密；结合力较好；膜层绕镀性有的好，有的差
	三极与四极溅射镀	0～1 000	1～10⁻¹	1～2			
	射频溅射镀	100～200	10⁻¹～10⁻²	15～30			
	磁控溅射镀	100～200	10⁻¹～10⁻²	10～20			
	离子束溅射镀	0	10⁻¹～10⁻³	>50			
离子镀	二极离子镀	10³	1～3	1～3	热蒸发（气体发生辉光放电或弧光放电）	离子和原子 10～1 000	普遍好；结合力好；膜层绕镀性好
	活性反应离子镀	10³	1～10⁻²	5～15			
	空心阴极离子镀	50～100	1～10⁻¹	20～40			
	热阴极离子镀	100～120	1～10⁻¹	20～40			
	电弧离子镀	50～300	1～10⁻¹	60～80			
离子(束)辅助沉积	离子辅助蒸发沉积 离子辅助溅射沉积 离子辅助电弧沉积	0～300	1～10⁻⁴	10～90	热蒸发或离子动量转换（气体发生辉光放电或弧光放电）	原子和离子 数十～1 000	普遍好；结合力好；膜层绕镀性有的好，有的差

　　物理气相沉积技术的工艺过程特点决定了该技术具有如下诸多特点：

　　①物理气相沉积技术制备的膜层厚度精确可控，厚度范围为数纳米至数十米，尤其适合于薄膜的制备；

　　②膜层材料来源于固体物质源，膜层在真空条件下形成，膜层的纯度高；

　　③有些金属（如 Al，Ti，W 等），合金或化合物镀层用湿法（电镀、化学镀等）不易获得，而采用 PVD 方法可以十分方便地制备；

　　④对于有离子参与的 PVD 工艺方法，沉积粒子携带的能量大，使沉积的膜层组织致密、孔隙率低、膜基结合强度高；沉积粒子的活性大，因而容易制备各种化合物膜层或非平衡组织的膜层；

　　⑤工艺过程温度较低，基材范围广泛，可以是金属、玻璃、陶瓷、高分子材料等；

　　⑥工艺参数易于控制，可容易制备出单晶、多晶、非晶、多层、纳米结构的膜层。

7.2.1　理论基础

1.真空物理基础

（1）基本概念

1）真空

真空是指低于一个标准大气压的气体状态。气相沉积的真空环境是人们通过真空系统（真空泵及其控制装置）对真空容器进行真空抽气而获得的真空空间。

2）真空度

真空度是指气体稀薄的程度。真空度通常用气体的压强来表示,其国际标准单位为帕斯卡,简称帕(用 Pa 表示)。

真空是相对的,不是绝对的,例如,即使在 0℃,$10^{-7} \sim 10^{-8}$ Pa 的超高真空状态下,每立方米的空间里仍然有 $3.3 \times 10^{-7} \sim 3.3 \times 10^{-8}$ 个气体分子。

3)真空度范围

人们通常按照真空度的高低将真空状态分为低真空、中真空、高真空和超高真空等范围。其具体规定如下:低真空 $1 \times 10^5 \sim 1 \times 10^2$ Pa;中真空 $1 \times 10^2 \sim 1 \times 10^{-1}$ Pa;高真空 $1 \times 10^{-1} \sim 1 \times 10^{-5}$ Pa;超高真空 $1 \times 10^{-5} \sim 1 \times 10^{-8}$ Pa。

4)理想气体及其特性

理想气体是指分子体积可以忽略、互相之间不存在分子力作用的质点组合所形成的气体。理想气体分子之间的碰撞为弹性碰撞,碰撞过程遵守能量和动量守恒定律。理想气体的能量全部为动能,并且仅是温度的单值函数。当温度不太低、压强不太高时,实际气体接近理想气体。真空系统中的气体接近理想气体。

真空容器中的气体分子的运动是无规律的,然而,大部分分子运动遵从麦克斯韦速率分布定律。另外,理想气体分子的运动速率不仅是温度的函数,而且与分子质量有关,相同的温度下各种气体的平均速率是不同的。

5)气体分子运动的平均自由程

分子任意相继两次碰撞之间通过的路程 λ 称为分子运动自由程,大量分子多次碰撞自由程的平均值称为分子运动的平均自由程,用 $\bar{\lambda}$ 表示。若以 $\bar{v}$ 表示分子运动的平均速率,用 $\bar{Z}$ 表示单位时间内分子平均碰撞次数,则有 $\bar{\lambda} = \dfrac{\bar{v}}{\bar{Z}}$。$\bar{\lambda}$ 与 $\bar{v}$ 成正比,与 $\bar{Z}$ 成反比,与气体分子密度成反比,与气体压强 p 成反比。

6)气体分子的碰撞截面

实际气体与理想气体有所不同,实际气体的分子不仅具有几何体积,而且分子彼此靠近时由于存在分子作用力,而使分子运动方向急剧改变,即发生所谓的碰撞现象。

(2)气相分子与原子和表面的作用

气相沉积过程中涉及的气相分子或原子和表面的作用有气体分子(包括残留气体、人为充入气体等)和蒸发物质的原子及溅射物质的原子与容器壁或工件表面的碰撞、被容器壁或工件表面吸附或反射,从固体表面的蒸发或升华等现象。

1)碰撞与反射

在容器中,气相中的分子或原子与器壁和工件的碰撞频率、气相分子或原子的密度 n、平均运动速率 $\bar{v}$ 成正比,气相沉积过程中膜层的获得主要是由蒸发、溅射的原子及气相中的其他原子或分子对工件的碰撞实现的,即使在常温的 1×10^{-4} Pa 的高真空条件下,每秒碰撞到 1cm² 面积上的气相原子或分子也有数万个,由此保障了膜层的沉积。碰撞于固体表面的分子或原子有一部分会飞离固体表面,此即反射现象,反射方向与入射方向没有固定的关系。

2)吸附与解吸

碰撞于固体表面的分子或原子一部分反射到真空中,另一部分则被固体表面所吸附,按吸附的性质不同分为物理吸附和化学吸附,后者释放的热量较前者大得多。吸附于固体表面的分子离开固体表面的过程称为解析,化学吸附的相反过程也称为脱附。当固体表面的原子键处于饱和状态时,表面不活泼,此时固体表面对气体分子的吸附为物理吸附,物理吸附力主要是范德华力,包括静电力、诱导力和色散力。当固体表面原子键未饱和时,有可能形成化学吸附,其吸附力与化合物中的原子间作用力接近,远大于范德华力。

当用于气相沉积的工件表面沉积膜层前吸附有杂质气体时,会影响膜层的结合强度及纯度,为此需要采取加热的方法或离子轰击清洗的方法使工件吸附的杂质气体分子产生脱附。

3)蒸发与升华

液体表面的分子克服附近液体分子的引力而脱离液体表面的现象称为蒸发,蒸发过程需要克服表面层中其他液体分子的引力而做功,蒸发的相反过程即物质由气相转变为液相的过程称为液化,也叫凝结。蒸发过程需要吸收热量,而凝结过程则会释放热量。当蒸发与凝结的速率相等时,达到了平衡态,此时的气压称为该温度下的饱和蒸气压。固体表面的分子克服附近固体分子的引力而脱离固体表面直接飞到空间转变为气相的现象称为升华,其反过程叫凝华。升华过程要吸收热量,而凝华过程会释放热量。

(3)阴极表面的电子发射

电极表面的电子在温度场、电场、加速电子或离子等的轰击下均会产生发射现象,当电极间气体放电为气相沉积的控制过程时,电极表面的电子发射起重要的作用。固体金属内部的电子包括束缚电子和自由电子,束缚电子能量低而只能围绕其所属的原子核运动,自由电子能量高可以在整个金属内部自由运动,属于整块金属所有。

自由电子获得能量后能够离开金属而发射到真空中,阻止自由电子脱离金属材料的阻力包括金属表面的电子偶电层力和电象力。金属表面的偶电层是由金属表面层处的离子和电子云组成的,偶电层对自由电子脱离金属表面施加的能量势垒等于金属的费米能级 ε_0。获得 ε_0 能量的自由电子要从金属表面逸出,还必须克服金属表面的电象力势垒(逸出功)x_0,而 x_0 决定于金属固体表面层的晶体结构和电子分布。图 7.3 给出了自由电子和真空交界处的势垒图,电子从金属表面逸出必须具有超出金属-真空交界处的势垒 W_0 的能量,$W_0 = \varepsilon_0 + x_0$。

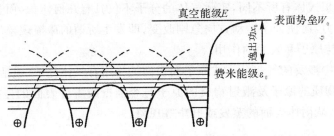

图 7.3　金属-真空交界处的势垒图

1)金属表面的热电子发射

金属受热后表面的自由电子获得的能量超过金属-真空交界处的势垒 W_0 时,就会从金属表面逸出,即发射出热电子流。单位阴极面积上所发射出的热电子流密度为

$$J = AT^2 e^{-x/kT} \tag{7-1}$$

式中,A 为阴极材料的热电子发射系数,A/cm^2 · K^2;T 为阴极材料的温度,K;x 为电子逸出功,eV;k 为玻耳兹曼常数。

式(7-1)表明热电子流密度 J 随温度升高迅速增加,因此,当阴极已经达到发射热电子条件时,应缓慢提高阴极温度,逐渐增加阴极发射的热电子流,避免阴极温度升高过快而发射电子流过大造成阴极烧毁的后果。

2）金属表面的场致发射

当在阴极和阳极间施加电压，使阴极表面形成足够强的电场（通常在 $10^6 \sim 10^8$ V/cm）时，即使阴极的温度为 0 K，阴极也能发射电子，这种形式的电子发射称为场致发射。阴极表面上场致发射的电子密度为

$$j = AE^2 \mathrm{e}^{-b/E} \tag{7-2}$$

式中，E 为电场强度；A 和 b 均为常数。

式（7-2）表明场致电子发射密度 j 随电场强度的增大迅速增加。一般场致发射时阴极处于低温状态，因此称之为冷场致发射。实现场致发射需要获得高的电场强度，一方面可以通过提高阴极和阳极之间的电压，另一方面可以缩短极间距离。实际上由于阴极表面上微凸体处的电场强度高，场致发射则完全是由微凸体提供的。由于微凸体占电极实际面积的比例很小，故场致发射电流密度可达 $10^4 \sim 10^6$ A/cm^2。

上述分析表明，当阴极既受热，同时表面又有外界加速电场时，热能与电场的联合作用将会使得阴极表面更容易发射电子。

3）金属表面的光电子发射

当金属表面受到频率足够高的光束照射时，金属中的电子能够获得足够高的能量而逸出金属表面，该现象称为光电子发射，所发射出的电子称为光电子，所形成的电流称为光电流。发射出的光电子的动能随入射光的频率升高而线性增大，光电流的大小则随入射光的强度增加而增大。每种材料都存在一个临界的光电子发射频率，入射光的频率只有超出该临界频率时才能诱发光电子发射。

4）金属表面的二次电子发射

当金属表面受到具有一定能量的电子、离子或其他粒子轰击时，也会发射电子，这种现象称为二次电子发射。发射出的电子叫二次电子，引起二次电子发射的入射粒子称为原粒子。当入射粒子为电子时，该原粒子称为一次电子。对于电子为原粒子的二次电子发射，二次电子数目与一次电子数目成正比；在一次电子能量为 400 ~ 800 eV 时，阴极材料的二次电子发射系数（一个一次电子所产生的二次电子数目）最高；随着一次电子入射角度的增大，二次电子发射系数增加。对于正离子为原粒子的二次电子发射，称之为"γ"过程。发射系数取决于正离子的质量、电离电位和动能。通常当正离子在电场中获得的能量大于 $2x_0$ 时，阴极可以发射出二次电子，而只有入射正离子的能量达到数千电子伏时，发射系数才比较高。

2. 等离子体物理基础

（1）等离子体及其特性

等离子体是部分或全部处于电离状态的气体，由离子、电子、处于激发状态的高能原子或分子等粒子，以及由分子解离而形成的活性基组成的集合体，带正电的粒子与带负电的粒子密度相同或十分接近，整体显电中性。等离子体常被视为除去固态、液态、气态以外的物质的第四状态，与常态物质相比，等离子体处于高温、高能量和高活性状态，对于气相沉积过程十分重要。

等离子体的分类方法有依据等离子体的存在形式分类法、依据电离程度的分类法、依据放电电源类型的分类法、依据等离子体中电子与重粒子（离子和中性粒子）温度的差异分类法等。依据等离子体的存在形式分为自然等离子体（广泛存在于宇宙中）和实验室等离子体（人

工产生的等离子体)。依据电离程度的大小可将等离子体分为部分电离等离子体、弱电离等离子体和完全电离等离子体,部分电离等离子体和弱电离等离子体中中性粒子较多,只有少数或部分粒子被电离,完全电离等离子体中几乎所有中性粒子都被电离,而呈离子态、电子态,带电粒子密度达 $10^{10} \sim 10^{15}$ 个 $/cm^3$。物理气相沉积技术中所利用的主要是部分电离或弱电离等离子体,其金属的离化率一般在 $1\% \sim 90\%$,而这类等离子体中只要电离度达到 1%,电导率与完全电离等离子体的电导率相近。依据等离子体的激发放电电源形式不同,可将等离子体分为直流等离子体、射频等离子体、微波等离子体等。依据等离子体中电子与重粒子温度的差异将等离子体分为热等离子体和低温(冷)等离子体两类。在热等离子体中粒子密度高,电子与离子、中性粒子交换能量充分,重粒子温度与电子温度相等,均在 $10^4 K$ 范围,热等离子体也称为平衡等离子体,在此高温下所有的气体物质均会分解为原子或离解为带电粒子,存在大量的活性基和活性分子。在低温等离子体中,重粒子温度通常接近常温,并远远低于电子温度,电子温度高达 $10^3 \sim 10^4 K$,低温等离子体也叫非平衡等离子体。气相沉积和离子表面合金化技术中的辉光放电、射频放电、低气压弧光放电产生的等离子体均为低温等离子体,其电子的能量很高,加之电子的质量又小,因此平均速度很大,这些高能电子与气相沉积过程中的气体和金属原子发生非弹性碰撞,从而使气体分子和金属原子电离,产生的新电子继续维持放电过程,进而保障了气相沉积。

物质的聚集状态不同,所具有的能量状态也不同。等离子体是物质所具有的最高能态,从气态转变为等离子体时,需要外界提供的能量为 $1 \sim 30$ eV/粒子,而从固体转变为液体,或从液体转变为气体时,平均需要能量为 10^{-2} eV/粒子。

等离子体中的带电粒子的运动方式有热运动、电迁移、扩散等形式,带电粒子的定向运动则形成了电流。由于电子质量比离子小得多,因而在电场作用下等离子体形成的电流主要是电子的贡献。电子与重粒子的碰撞会妨碍电子的运动,因此,等离子体的电导率是有限的。处于热平衡的等离子体还会产生粒子局部分布的振动现象。等离子体中的粒子运动中会产生碰撞现象,碰撞分为弹性碰撞和非弹性碰撞。电子在弹性碰撞中几乎不损失能量,而在非弹性碰撞中几乎把全部能量传递给中性粒子。离子在弹性碰撞和非弹性碰撞中一次损失其自身能量的一半。中性气体分子与带电粒子产生非弹性碰撞后内能增加,会激发成受激原子或电离成离子。

(2) 低气压气体放电

在等离子体参与的气相沉积中,主要运用低气压气体放电的方法使中性粒子电离而获得等离子体。在通常情况下,气体分子或原子的核外电子都处在稳定的最低能级(基态),当受到外部光照、电子碰撞或离子碰撞时,其核外电子会吸收这些能量而跃迁到更高的能级或脱离原子核的束缚而成为自由电子,前者称为激发,相应的状态叫做激发态,后者称为电离,其状态称为电离状态。只有当核外电子获得的能量达到气体的激发能或电离能时,才可能发生气体原子的激发或电离。荷能电子与气体碰撞所产生的激发与电离是离子气相沉积中的主要放电方式,荷能电子的能量通过加速电压提供,但是为了沉积层原子的离化率,不一定追求高的加速电压或电子能量,因为电子得到几十电子伏能量时,电离概率最大。

1) 气体放电过程

将真空室真空度抽至 $10 \sim 1Pa$ 的某一压力时,接通两个间距为 d 的电极的电源,使电压逐步增大,此时真空室内原有的带电粒子在电场作用下加速运动,被加速电子能量大到一定值后,与中性气体原子或分子碰撞使之电离,由此导致电子数按等比级数迅速增加,形成电子的繁衍过程,也称为雪崩式放电过程。此时放电属于非自持放电过程,若将原始电离源除去,则放电立即停止。如果将电离源除去后放电仍然可以维持时,则称之为自持放电过程,自持放电过程的实现需要满足一定的条件。阴极表面发出的一次电子(初始电子)在电场加速下获得足够高的能量后与气体原子或分子发生非弹性碰撞后使之电离,形成电子的繁衍过程(α过程)。正离子在阴极位降作用下获得能量后轰击阴极表面而释放二次电子(γ过程),二次电子进一步引发α过程,产生的离子还可轰击阴极表面继续产生γ过程。在达到一定条件后,即使没有外界因素产生的电子,也能维持放电过程,此时即进入自持放电状态。

2)气体放电点燃条件

影响气体放电的因素较多,主要包括气压 p、阴极与阳极间距 d、阴极逸出功(取决于阴极材料)、气体种类和成分、温度、原始电离强度等。

3)气体放电伏安特性曲线

如图 7.4 所示为测试气体放电伏安特性曲线的装置示意图。中空容器中放置面积为 $10cm^2$ 的两块平板铜电极作为放电的阴极 C 和阳极 A,极间距离 50cm,真空室内充入气压 133.3Pa 的氩气,回路中串入可调电压的直流电源 E_a 和可变电阻 R_a。调节电源电压和可变电阻,通过电压表和电流表测试放电电极间电流与电压的关系。

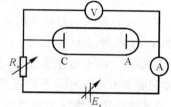

图 7.4　测试气体放电伏安
特性曲线的装置

图 7.5 给出了利用上述装置测试的两放电电极间的电流-电压伏安特性曲线。图 7.5 中的 AB 段对应电压由 0 逐步增大时出现的微弱电流($<10^{-12}$ A),该电流是由自然辐射引起的电子发射或残余带电粒子造成的空间电离产生的,由于电流十分微弱,看不到发光现象,因此称为非自持暗放电,为雪崩式的汤生放电过程。电压增大到 B 点对应的点燃电压 U_z 时进入自持放电阶段,BC 段只有微弱发光,称为自持暗放电。当电路中的电阻不太大时,气体会突然发生放电击穿现象,此时气体已具备了良好的导电能力,电路中的电流显著增大,而放电电压则较快降低到 U_n,即过渡到 E 点,阴极上发出较强的辉光,放电进入自持辉光放电阶段,也叫正常辉光放电,维持正常辉光放电的电压即前述的 U_{zmin}。在正常辉光放电阶段继续增大电源电压 E_a,则阴极表面的起辉面积不断增大,极间电流随之增加而电压保持不变。当阴极辉光斑点布满整个阴极表面时,放电达到 F 点,此后进一步提高 E_a,在放电电流增加的同时,放电电压又继续增大,此时进入异常辉光放电阶段。到达 G 点附近,由于阴极电流密度很高,阴极温度升高到足以产生强烈的热电子发射,同时空间电阻减小,电压骤降,电流徒增,此时放电由辉光模式过渡到弧光模式,从 H 点后即进入弧光放电区,极间电压由数百伏突降至数十伏,而电流由 mA/cm^2 级突增大 2 个数量级。

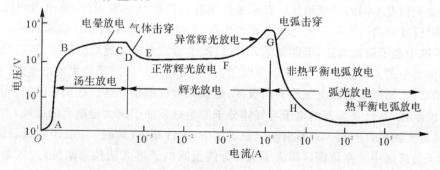

图 7.5　气体放电伏安特性曲线

异常辉光放电是一般溅射沉积膜层经常采用的放电方式,可以提供面积大、分布均匀的等离子体,有利于大面积均匀溅射或沉积膜层。弧光放电现象则广泛应用于阴极电弧离子镀技术中。实际气体的伏安特性取决于气体的种类和压力、电极材料和形状尺寸、电极表面状态、放电回路的电源、电压、功率和限流电阻的大小等因素,在溅射沉积和离子镀等与气体放电相关的技术设计中均需要考虑上述因素。

(3) 辉光放电及等离子鞘层

气体辉光放电的气压一般在 $10^{-1} \sim 10^2$ Pa,电压为 $300 \sim 5\,000$ V,电流密度在 mA/ cm² 量级,属于高电压低电流密度放电形式。辉光放电是由 α 过程和 γ 过程共同维持的,γ 过程通过离子轰击阴极而产生二次电子,α 过程通过电子碰撞气体产生离子和新的电子。辉光放电产生的等离子体为弱电离的低温等离子体,只有约 10^{-4} 比例的粒子是带电的电子和离子。1Pa 左右压力条件下的辉光放电等离子体中粒子总数约 3×10^{14} 个 /cm³,电子和离子的数目均约为 3×10^{10} 个 /cm³。电子的能量约为 2eV,其热运动平均速度约为 1×10^6 m/s,等效温度则达 23\,000K。由于电子密度低,传递给离子和中性原子的能量较少,因此,离子和中性原子的温度只有 $300 \sim 500$K(平均速度约数百米 / 秒),但由于离子在电场加速下可以获得一部分能量,故其能量比中性原子稍高些。

在辉光放电等离子体中的电子与离子由于能量存在差异,因而运动速度不同,由此导致等离子体鞘层的出现,即处于等离子体中或附近的物体相对于等离子体均处于一个负电位,并且在其表面外伴随有电荷积累。辉光放电后在空间产生的正离子和电子密度接近,由于电子质量小,运动速度大,向阳极迁移率高。而正离子质量大,向阴极运动速度低,因而堆积在阴极表面附近,这种正的空间电荷效应使得阴极附近形成了正离子鞘层,如图 7.6 所示,图中的 ΔV_p 即为等离子体鞘层电位(设物体表面电位为零)。对于正负电荷密度相等的等离子体区域,整体显电中性,在其间移动电荷无须做功,因而等离子体的电位 V_p 是定值。在氩等离子体和电子平均能量为 2 eV 的情况下,鞘层电位的数值约为 10 V。在薄膜沉积中,鞘层电位的存在使得任何跨越鞘层到达基体的离子均将受到鞘层电位的加速作用而获得相应的能量,并轰击基体及薄膜表面,优化界面和膜层结构。

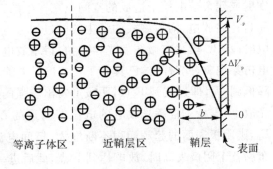

图 7.6　辉光放电等离子体鞘层及相应电位分布

图 7.7 给出了阴极和阳极之间辉光放电后的各种特性区域分布情况。可以看到,放电空间由几个发光程度不同的区域组成。在阴极外侧有一较明亮的发光层,是由向阴极运动的正离子与从阴极发射的二次电子发生复合所产生的,称之为阴极辉光区。紧邻的区域为阿斯顿暗区,该区域中电子虽被加速,但能量低,不足以产生激发发光。此后为阴极暗区,与之对应的阴极鞘层中集中了大部分电压降,电场强度很大,是二次电子和离子的主要加速区。阴极辉光区、阿斯顿暗区、阴极暗区以上统称为阴极区,是极间电位的陡降区。在阴极暗区外是负辉区,其辉光强度最强,是已获加速的电子与气体分子发生碰撞而引起大量电离的区域,放电气体成分不同,其辉光颜色也不同。在溅射法沉积膜层中,工件基体(衬底)一般距阴极较近,因此经常被浸没于负辉区中。在负辉区损失了大部分能量的电子进入法拉第暗区,此区电场强度很

弱,电子能量很小,不足以明显地电离和激发,故形成暗区。到达正柱区,电子密度与正离子密度接近,即形成等离子体,带电粒子密度约为 $10^{10} \sim 10^{12}$ 个 $/cm^3$,其导电能力很强。然而,由于正柱区电场强度比阴极区低几个数量级,故带电粒子在该区域以无规律运动为主。在阳极端电子被阳极吸收,离子被阳极排斥,阳极前形成负的空间电荷区,电子在阳极区被加速,足以使气体产生激发和电离,从而形成阳极辉光。

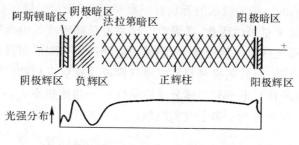

图 7.7　辉光放电极间特性分布

（4）弧光放电

气体放电伏安特性曲线表明,一般的弧光放电是由异常辉光放电的电流密度过高时,离子强烈轰击阴极表面产生足够高的热量,导致热电子大量发射,空间电阻显著降低,极间电压陡降,电流突增,从而使辉光放电过渡到弧光放电。表 7.2 对比了弧光放电与辉光放电的差异性。弧光放电的特点是极间电压很低,只有数十伏,但电流密度可达数百 A/cm^2。热电子发射是弧光放电的主要引发方式,当阴极上存在狭缝、小孔、沟槽时,离子轰击很容易导致这些区域产生热电子发射而引发弧光放电。当阴极与阳极先接触时,施加电压后将两极分开,在分开过程中接触处发生局部过热,也会导致弧光放电。这些放电形式均属自持热阴极弧光放电。此外,对于表面存在绝缘层（氧化层或油污染层等）的阴极材料在强电场作用下还会导致场致电子发射引发的弧光放电现象;阴极通电加热同样可以引发热电子发射而造成弧光放电现象;高压电子束激发二次电子也可维持非自持弧光放电。在某些离子气相沉积技术中,有意利用上述弧光放电现象。

表 7.2　弧光放电和辉光放电特性对比

放电特性	辉光放电	弧光放电
电压值 /V	数　百	数　十
电流密度	数 mA/cm^2	数百 A/cm^2
发光强度	弱	强
发光区域	整个阴极表面	局部弧斑
阴极发射电子过程	正离子轰击阴极产生二次电子	热电子或场致电子
发光颜色	气体辉光	气体及阴极材料光谱色
能量损耗	主要损耗于阴极	阴极、阳极、正柱区

按放电气体气压的大小通常将弧光放电分为低气压弧光放电和高气压弧光放电。前者放电气体或蒸气的气压在 100Pa 以下,弧柱中的电子温度高达 $10^4 \sim 10^5$ K,重粒子温度略高于环境温度,因此,形成的等离子体属于低温非平衡等离子体。后者放电气体或蒸气的气压在

100Pa 以上,弧柱中的电子、正离子、中性气体原子或分子间达到热平衡,以气体温度高达 4 000 ～20 000K 的收缩弧柱为特征。

　　两极间弧光放电区由阴极区、阳极区和等离子体正柱区组成(见图 7.8)。阴极附近有大量正离子堆积,电位降为 U_c,对应放电气体或蒸气的最低电离电位,电场强度高($10^6 \sim 10^8$ V/cm),电流密度大;等离子体正柱区电位降为 U_e,电场强度低($10 \sim 50$ V/cm),电荷密度则高达 $10^{12} \sim 10^{14}$ 个 /cm^3;在阳极区附近负粒子富集,形成阳极位降区 U_a,阳极位降区宽度与阴极位降区宽度均为微米量级。因此,弧光放电区主要是高密度的电弧等离子体区,宏观上几乎保持电中性。由于弧光放电电流密度大,阴极斑点处产生强烈的阴极材料气化,同时阴极斑点在阴极表面无定向运动,导致阴极材料形成蒸气而成为膜层沉积的供给源。另外,弧光放电中电子能量高(数十电子伏),电子和气体分子或蒸气原子碰撞频率大,气体分子或蒸气原子电离概率和激发概率高,因而有利于离子沉积膜层过程的进行。

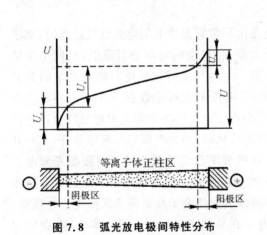

图 7.8　弧光放电极间特性分布　　　　　图 7.9　电阻蒸发源式真空蒸发镀膜装置示意图

7.2.2　真空蒸发镀技术

1.真空蒸发现象与原理

　　真空蒸发镀(EP)制备薄膜过程是将装有基片的真空室抽到一定的真空度,然后加热待镀材料,使其原子或分子从镀料表面气化逸出,形成蒸气流,径直到达基片表面凝结形成固态膜层。EP 技术是人们最早研究的 PVD 方法,也是 PVD 技术的基础。实现真空蒸发镀膜必须具备三个基本条件,即真空环境、加热镀料、合适温度的基片。图 7.9 给出了电阻蒸发源式的真空蒸发镀膜装置示意图,由镀膜室、真空系统、蒸发源、基片架、基片加热装置和轰击电极等组成。

　　真空蒸发镀过程由镀料物质蒸发、蒸气原子或分子输运及其在基片表面沉积过程组成。保持真空环境的必要性在于:防止蒸发高温下熔池中镀料与空气发生化学反应而氧化;保证蒸发物质的原子或分子径直到达基片表面,避免因与空气分子的碰撞而难以到达基片或在途中生成化合物甚至未到达基片即凝聚;避免制备含有空气分子杂质的膜层或化合物膜层。

在常温下,空气分子的平均自由程 $\bar{\lambda}$ 与气压 p 有如下关系:

$$p\bar{\lambda} = 0.667 \text{ cm} \cdot \text{Pa} \tag{7-3}$$

为了保证蒸发物质的原子或分子在到达基片前不与残余气体分子发生碰撞,一般可取 $\bar{\lambda}$ 为蒸发源到基片距离 h 的 10 倍以上的限定条件,若 $h > 10$ cm,则 $p < 10^{-2}$ Pa,此即真空蒸发镀所需要的真空度条件。当蒸发物质的原子或分子不与残余气体分子碰撞而径直到达基片时,自身保持一定的能量而在基片表面进行扩散和迁移,可以形成致密的高纯度薄膜。然而,当真空度降低时,蒸发原子与残余气体分子碰撞概率增大,产生散射效应,虽然能够增大膜层的绕射性,但是却降低了膜层的沉积速率,并影响膜层的纯度和致密性,因此,实际真空蒸发镀膜时,通常保持在 $10^{-3} \sim 10^{-5}$ Pa 的高真空度条件。

蒸镀材料被加热后,其原子或分子就会克服材料表面的约束而逸出表面成为气相状态,这一现象即为热蒸发。在一定温度下,处于液态或固态的每种化学元素都具有一定的平衡蒸气压(也称为该温度下的饱和蒸气压)。当环境中元素的分压降低到其平衡蒸气压之下时,就会发生该元素的热蒸发。反之,当环境中元素的分压高于其平衡蒸气压时,则会发生该元素的凝结现象。真空蒸镀技术就是通过提高蒸发源温度和合理控制基片衬底温度的方法,实现蒸镀材料的热蒸发和物质转移过程的一门表面工程技术方法。元素的饱和蒸气压 p_v 与其温度 T 之间的关系可以从克劳修斯-克莱普朗(Clausius-Clapeyron)方程推出,其简单近似定量关系为

$$\ln p_v = A - \frac{B}{T} \tag{7-4}$$

式中,A 为常数;B 与摩尔气化热 ΔH_v 及摩尔气体常数 R 的关系为 $B = \dfrac{\Delta H_v}{2.3R}$,$A$,$B$ 值与蒸发的元素有关,均可由实验确定。

式(7-4)表明,蒸发材料的饱和蒸气压随温度升高而迅速增加。

在一定的饱和蒸气压条件下,必须提供给蒸发材料原子或分子足够高的能量,使其克服周围固体或液体原子或分子的吸引力,蒸发气化而进入气相中。不同材料所需要的蒸发热是不同的。在真空条件下物质的蒸发要比常压条件容易得多,并且真空度愈高,元素的蒸发温度愈低,同时真空环境中元素蒸发热也大大降低,蒸发过程会缩短,而蒸发速率则大大提高。

纯元素多以单个原子的形式蒸发而进入气相,有时也以原子团形式气化。物质的蒸发有两种不同的情况,一种情况是即使温度达到了元素的熔点,其平衡蒸气压也低于 10^{-1} Pa,对于这种情况要实现膜层制备的目的,必须加热到物质的熔点以上,大多数金属的蒸发属于该情况;另一种情况,如 Cr,Ti,Mo,Fe,Si 等元素,在低于熔点的温度下,元素的平衡蒸气压已经相当高,此时可以直接利用固态物质的升华现象实现气相沉积来制备膜层。蒸发材料蒸气粒子的速率分布满足麦克斯韦速率分布函数,其最可几速率为

$$v_p = \sqrt{\frac{2kT}{M}} = \sqrt{\frac{2RT}{m}} \tag{7-5}$$

式中,M 为气体质量,kg;m 为气体的摩尔质量,kg/mol;R 为摩尔气体常数。对于大部分可以蒸发制备膜层的材料,蒸发温度在 $600 \sim 2\,500$℃,蒸发粒子的平均速率约为 10^3 m·s^{-1},对应的平均动能约为 $0.04 \sim 0.2$eV。

在真空蒸发过程中,气相与液相或固相处于动态平衡状态,原子或分子不断从蒸发源表面蒸发,同时有相当一部分蒸发原子或分子因碰撞而返回液相或固相蒸发材料表面,即出现凝结现象。显然,只有蒸发速率高于凝结速率,即满足净蒸发时,才可能实现在基片表面制备膜层。

2. 真空蒸发镀膜层的生长

(1) 膜层的生长过程

真空蒸发沉积膜层的形成不是蒸发材料的原子或分子在基片表面的简单随机性堆积,而是随沉积条件的改变按不同的生长模式形成多晶体、单晶体、非晶态膜层。膜层的形成包括成核与长大两个阶段。形成过程主要有如图 7.10 所示的三种基本类型,即核生长型(Volmer-Weber 型)、单层生长型(Frank-Van der Menwe 型)、单层上的核生长型(Stranslo-Krastanov 型)。

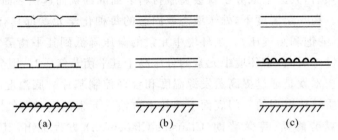

图 7.10 薄膜生长的三种类型

(a)Volmer-Weber 型;(b)Frank-Van der Menwe 型;(c)Stranslo-Krastanov 型

下面以核生长型膜层的形成过程为例说明膜层的形核与长大。核生长型膜层形成过程包括如下环节:蒸发原子在基片表面形核 → 核生长 → 核合并 → 膜层长大。图 7.11 给出了核生长型薄膜的形成过程示意图。

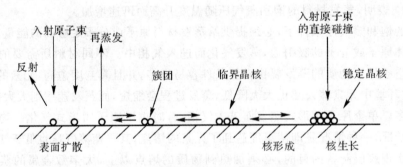

图 7.11 基体表面上的形核与生长

1) 薄膜的形核

从蒸发源逸出的原子和基体碰撞,部分被反射,多数被吸收。吸收的原子在基体表面滞留的时间内做无规则运动、扩散、迁移,或与其他原子碰撞形成原子团,原子团中的原子数目达到一定数量(临界值)后,就形成了稳定的晶核。在光滑基片表面的形核称为均质形核,在表面缺陷或台阶处(这些地方吸附能往往高于光滑表面,而成为优先形核中心)的形核则称为异质形核。

　　能否在基体表面形成稳定的晶核取决于入射基体表面的粒子流量和再蒸发粒子的流量。入射粒子流量取决于蒸发源的温度和真空室气压大小,而再蒸发粒子的流量则取决于蒸发材料在基体温度下的蒸气压,基体温度增大导致再蒸发粒子的流量增加,甚至造成不能形核,对于一定的入射粒子流量存在临界沉积温度。故提高蒸发速率和降低基体温度有利于晶核的形成。最初在基片表面形成的晶核尺寸只有几纳米,并按统计规律分布,晶核间的平均距离为数十纳米。

　　2)膜层的生长

　　稳定的晶核通过捕获表面扩散原子或吸收入射原子而长大,并形成岛状。岛状晶核长大到互相接触时开始合并,并形成网状膜。随着沉积过程的发展,网膜厚度不断增大,开口和沟道被填充,进而形成连续膜。当沉积原子能量较高时,可以在表面充分扩散,而后续来的原子团又细小时,即可以形成平滑的连续膜。反之,如果沉积原子在表面的扩散能力弱,同时沉积来的后续原子团尺寸又较大时,则以半岛晶核的形式存在,岛状的顶部对凹陷的下部产生遮蔽作用,导致阴影效应,突出部分则有利于捕获沉积原子而优先长大,进而增强遮蔽效应,因此,在这种情况下易于形成堆状晶或柱状晶。堆状晶或柱状晶膜层空隙高,表面较为粗糙。随着真空度的降低,蒸发原子沉积基体前发生的碰撞次数增多,消耗的能量增加,因而膜层愈来愈粗大。当真空度降低到 $10^3 \sim 10^2$ Pa 时,则得不到膜层,沉积在基片上的是由许多原子团组成的纳米尺度的粉体,因其空隙多,比表面积大,吸光强,因而成为黑色粉末。这是获得超细粉末的重要方法之一。

　　当沉积原子与基体原子的相互作用较强(结合力大),并大于沉积原子的凝聚力时,则以层状生长模式形成膜层。当沉积原子与基体表面原子的相互作用强,同时沉积原子的凝聚力也很大时,就会发生单层上的核生长型膜层形成过程。

　　一般真空蒸镀制备的膜层为多晶薄膜,即膜层由细小的多晶粒组成,晶粒尺寸通常在 $10 \sim 100$ nm,在某些情况下可以达到数纳米大小。在单晶基片上通过外延的方法可以制备出单晶膜层。当基体温度低于某临界条件时,则可以沉积出非晶态膜层。

　　(2)影响膜层生长的因素

　　1)基体温度

　　当基体温度高于沉积的临界温度时,再蒸发速率大于沉积速率,不能形成膜层。在临界温度以下,当基体温度过低时,沉积粒子依靠自身能量难以进行表面长程扩散与迁移,得到的膜层组织以粗大堆状晶、柱状晶为主。提高基体的温度,沉积原子的扩散和迁移能力增大,晶核细化,生长为细柱状晶。当基体温度高于膜材的再结晶温度时,膜层组织为再结晶等轴晶。图 7.12 给出了 B. A. Movchan 和 A. V. Demchishin 提出的基体温度对真空蒸发镀膜层组织结构影响规律的 M - D 模型。设 T_M 为膜材的熔点,当基材温度高于 $T_1 (= 0.3 T_M)$ 时,膜层由堆状晶转化为细致的柱状晶;当基材温度高于 $T_2 (= 0.5 T_M)$ 时,细致的柱状晶组织转化为再结晶等轴组织。因此,可以通过控制基材温度获得所需要的膜层组织结构。

　　2)真空度

　　当真空度较低时,蒸发气体原子彼此之间或与残余气体的碰撞概率增大,平均自由程缩短,沉积速率降低,并易于形成原子团。同时,碰撞也使沉积原子的能

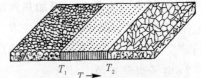

图 7.12　温度对膜层结构影响的
M - D 模型

量降低,沉积在基体表面的低能原子或原子团难以迁移、扩散,致使形成粗大的堆状晶。真空度低还会使膜层内混入残余气体,影响膜层的纯度。此外,若真空度过低则难以形成膜层。

3)蒸发速率

在一定的真空条件下,残余气体碰撞基体的概率是一定的,因此提高膜材的蒸发速率和沉积速率,有利于提高膜层的纯度。真空蒸镀膜层的沉积速率比溅射沉积高得多,可以达到100nm/s,如真空度保持在 10^{-5} Pa,则可以获得纯度很高的膜层。

4)基材和膜材

基体材料与膜层材料原子亲和力大,膜层初始形核率高,晶粒细化,膜基结合强度高。基材表面污染度高则不利于膜层的沉积和获得结合良好的膜层。因此,除了保障基片装炉前具有良好的表面清洁状态外,在膜层沉积前还需要采用离子轰击和加热基片的方法进一步清洗基材表面,去除污染物和吸附气体,以保证良好的膜基结合。此外,当基材和膜材的热膨胀系数不同时,结合界面会产生残余应力,影响膜层结合强度及力学性能。

3. 真空蒸发镀技术方法

(1)蒸发源

图 7.13 给出的真空蒸发镀装置中最重要的组成部分之一是膜材的蒸发源。根据加热方法的原理不同,蒸发源的类型主要包括电阻加热式、电子束加热式、高频感应加热式、电弧放电式、空心阴极加热式及激光加热式等,常用的是电阻加热式和电子束加热式。

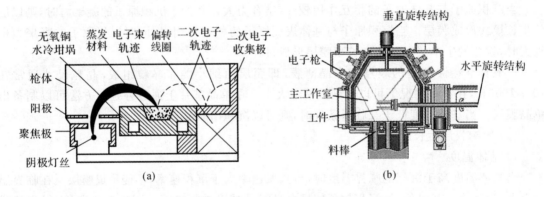

图 7.13 e 型电子枪的结构与蒸镀设备原理图

(a)e 形电子枪的结构和工作原理图;(b)电子束蒸发镀设备工作原理图

1)电阻加热蒸发源

电阻加热蒸发源一般采用 W(熔点为 3 380℃),Mo(熔点为 2 580℃),Ta(熔点为 3 000℃)等高熔点金属制成丝状、舟状或块状,或采用导电的氮化硼舟,把待镀材料放置其上,采用低电压(数伏)、大电流直接对电阻加热器加热,也可以把待蒸发材料放入 Al_2O_3,BaO 等坩埚内进行电阻间接加热。优点是简单、成本低,不足之处在于仅适用于低熔点材料,同时蒸发材料易于与蒸发源材料反应,不仅会污染膜层,蒸发源的寿命也较短。

2)电子束蒸发源

电子束蒸发源采用的是电子枪,其突出优点是束流密度高,功率密度大(10^4 ~ 10^9 W/cm²),能够克服电阻蒸发源的不足,不污染膜材、坩埚材料,特别适合于高熔点、高纯度膜层的制备。根据电子束轨迹的不同,电子枪分为直式枪、环形枪、e 形枪。电子束蒸发源的常用结构形式为 e 形电子枪(见图 7.13(a)),该类蒸发源主要由发射热电子的阴极(发射体)、加速电子运动的阳极、使电子汇聚成束的汇聚极、使电子束偏转的电磁线圈、水冷坩埚、散射电子的吸收极以及中和正离子的吸收极组成,其正常工作真空度高于 10^{-2} Pa。发射热电子的阴极一般由钨丝制造,连接低电压、大电流电源,加热到白炽状态发射热电子。电子被 $6 \sim 30$kV 的加速电场加速,并被聚焦,形成 $0.1 \sim 1$A 的束流。电子束被电磁线圈偏转形成"e"形轨迹,轰击到水冷坩埚内的待蒸发材料,将动能转化为热能而将膜材蒸发。电子束蒸发不仅可以对 W,Mo,Ta 等高熔点金属进行蒸镀,还可以蒸镀金属氧化物膜层。在同一蒸镀装置中可以安置多个坩埚(如图 7.13(b) 所示为电子束蒸发(EB-PVD)制备热障涂层的装置,采用了 3 个坩埚和 4 把电子枪,其中 3 把电子枪用于蒸发镀料,1 把电子枪用于加热工件),实现同时或分别蒸发,制备出不同物质的膜层、多层膜或化合物膜层。

(2)真空蒸发镀膜工艺

图 7.14 给出了典型的真空蒸镀装置示意图,由镀膜室(钟罩)、抽真空系统(机械泵、扩散泵及控制阀)、蒸发源、基片架、基片加热装置、轰击电极、镀料挡板、真空测量系统等组成,匹配有蒸发电源、加热电源、轰击电源和进气系统等。

(3)膜层质量的控制

真空蒸发膜层的性质取决于膜层的质量,而影响膜层质量的因素较多。蒸发沉积膜层的结构和膜基结合强度受基体温度、真空度、蒸发速率、基材和膜材性质及表面状态等因素的影响。膜层厚度的均匀性则受蒸发源结构及基片布局的影响。膜层的纯度则与真空度、所选蒸发源类型密切相关。

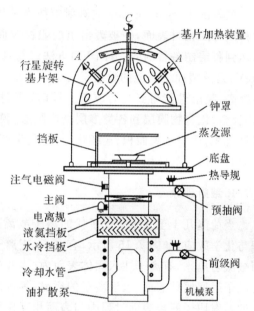

图 7.14 典型真空蒸发镀装置示意图

1)膜层厚度的均匀性

对于点状蒸发源蒸发出来的原子,在到达基片前不发生任何碰撞的条件下,在上方平面基片表面沉积形成的膜层的厚度按余弦定律分布,即在源的正上方膜层最厚,距离中心愈远膜层愈薄。当基片放置在球面卡具上时则能获得厚度较为均匀的膜层。为了在平面基片上获得均匀的膜厚,可以采用多个点源配置和工件相对于蒸发源旋转的方法来达到。

2)合金膜层的蒸镀

采用电阻加热蒸发源进行合金镀料的蒸发,易于产生分馏现象,即因合金中各元素的蒸气压或蒸发温度的不同,而导致膜层与镀料成分的偏差。为了获得预期成分的合金膜层,可以采用合理调整镀料成分、瞬时蒸发法(闪镀)、多蒸发源蒸发法、合金升华法等。其中镀料成分的调整举例如下:采用蒸镀法拟制备含 80%A 元素、20%B 元素的 A 和 B 二元合金膜层(表示为 A_4B_1),而 A 和 B 的饱和蒸气压之比是 100:1,为此需要将镀料的成分调整为 A_1B_{25}。另外,采用电子束和激光束蒸发源进行蒸发镀膜也能够避免分馏现象,制备出与镀料化学计量比一致的膜层。

3）化合物膜层的蒸镀

化合物蒸镀时除少数不发生分解（MgF，B_2O_3，SnO）外，多数会产生分解现象，如 Al_2O_3 加热蒸发后会分解成 Al，AlO，Al_2O，O 和 O_2，这些分解产物到达基片表面结合成缺氧的 Al_2O_{3-x}，为了获得 Al_2O_3 膜，则需要向真空室内通入少量氧加以弥补。化合物蒸镀膜层的另一制备途径是反应蒸镀法，即将活性气体导入真空室，在一定的反应气氛中蒸发金属或低价化合物，使之在沉积过程中发生化学反应而得到预期化学计量比的化合物蒸镀膜层。为了保证反应的充分性，蒸发源宜采用电子束或激光束蒸发源，使蒸发原子获得足够高的能量。反应蒸发镀不仅适用于易分解的材料，而且可用于因饱和蒸气压较低而难于蒸镀的膜材。

7.2.3 溅射沉积技术

溅射沉积（Sputtering）或溅射镀技术是指在真空环境中，利用荷能离子轰击欲沉积膜层材料制备的靶材表面，使被轰击出的靶材表面原子以一定的动能沉积在衬底（基体）表面，从而达到膜层制备目的的一种 PVD 方法。与真空蒸镀相比，由于被溅射出的原子荷能较高（$1 \sim 30 eV$，是蒸镀原子荷能的数倍至百倍），因此可以获得较高的膜基结合强度，膜层致密度也明显提高，膜层性能得到显著改善。同时，溅射沉积可以方便地在各种基材上制备几乎各种金属、合金、化合物膜层和各类多层结构膜层，膜层均匀性高，膜层成分易于控制，方便进行反应溅射沉积，适应于大面积、连续化、自动化生产，因此，在新材料开发、新功能应用、新器件制备方面有着广泛的应用。

1. 溅射现象

当荷能几十至几十千电子伏的离子或离子束轰击固体材料（靶材）表面时会产生许多物理与化学效应，如图 7.15 所示，有电子、正离子、负离子及中性原子或化合物分子等从固体表面被溅射出来，有离子注入固体表面内层，并使靶材加热或引起靶材晶格变化，还有被溅射出的粒子返回固体表面，入射离子的反射，等等。二次电子的产生有两个途径，一种是处于激发态的溅射原子脱离表面过程中与表面相互作用放出的，另外一种是入射离子直接激发靶材表面原子释放电子的。处于激发态的原子还会释放光辐射。在薄膜沉积中利用的是溅射出的原子和分子，有意义的效应包括原子或分子的溅射、二次电子发射、气体的解吸与分解、靶材表面加热、局部区域原子扩散、产生晶格变化与离子注入。对应一个入射离子所能溅射出的靶材原子数定义为溅射产额或溅射系数，溅射产额数值一般在 $0.1 \sim 10$ 原子／离子，溅射出的原子能量通常在数十电子伏以下，多数为电中性的原子，少数为离子态（二次离子）（约占 $1\% \sim 10\%$）、原子团和分子。

溅射原子的发射包括以下主要环节：入射离子到达靶材表面与靶材原子发生弹性碰撞，将其部分动能传递给靶材原子，当靶材原子获得的动能超过周围原子所形成的势垒时，会离开晶格并进一步与周围其原子发生级联碰撞，当受级联碰撞的表面附近原子获得的能量足以超过表面结合能时（对于金属材料一般为 $1 \sim 6 eV$），这些靶材原子就会离开表面而进入真空中。目前普遍认为溅射机制归于轰击离子与靶材原子之间动量和能量转移的结果。靶材上溅射出来的原子可能的去向有被散射返回靶材表面；被电子或荷能离子电离，进一步溅射靶材；以荷能中性粒子的形式沉积到附近基片（或工件）表面，形成膜层。溅射沉积膜层即利用后一现象。

当入射离子的能量达到 $10^4\,\text{eV}$ 时,离子注入效应显著,轰击离子深入到靶材内部,造成晶体缺陷、掺杂和表面合金化,此过程即实现了离子注入表面改性。

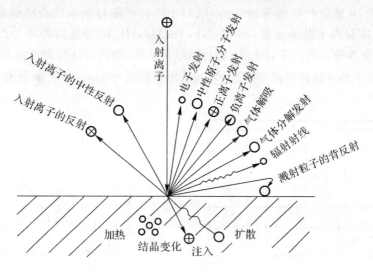

图 7.15　伴随离子碰撞的各种现象

溅射沉积膜层制备技术中研究溅射现象时需要关注如下主要问题:

① 入射离子:入射离子的能量、入射角度、入射离子质量 M_1 与靶材原子质量 M_2 的比值 M_2/M_1,入射离子的种类。

② 靶材:靶材的原子序数(原子量及其在周期表中所处位置)、靶材表面原子结合状态、结晶取向、纯度、成分及所处温度高低等。

③ 溅射产物:溅射产物种类和状态、能量分布、空间分布等。

2. 溅射产额的影响因素

入射离子和靶材情况对溅射产额有重要影响,而溅射产额是离子溅射最为重要的参数。

(1)入射离子能量的影响

图 7.16 给出了入射离子能量对溅射产额的影响规律。可以看到,入射离子能量大小对物质的溅射产额影响显著,入射离子的能量只有超过一定的阈值以后才会产生物质的溅射现象,溅射阈值与入射离子种类关系不大,但是与被溅射物质的升华热有关,多数金属的溅射阈值在 $10\sim40\,\text{eV}$ 范围,约为其升华热能的几倍;随入射离子能量增加,溅射产额呈现先增大后减小的变化趋势,对应溅射产额降低的入射离子能量大约在 $10^4\,\text{eV}$,因为此时离子注入效应已较为明显。

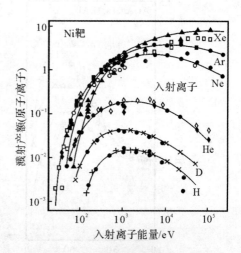

图 7.16　Ni 的溅射产额与入射离子种类及能量间的关系

（2）入射离子种类和被溅射物质种类的影响

图 7.17 给出了入射离子及被溅射元素的种类对溅射产额的影响规律。可以看到,在加速电压为 400V 的 Ar 离子轰击下,各元素的溅射产额呈现出明显的周期性变化规律,随着最外 d 壳层电子的充满,其溅射产额逐步增大(原因归于溅射产额与表面结合能成反比)。Cu,Ag,Au 的溅射产额明显高于其他元素,而 Ti,Nb,Ta,Mo,Hf,W 等元素的溅射产额则较低。用 45kV 的电压加速各种入射离子轰击 Ag 靶材的结果表明,重离子的溅射产额明显高于轻离子,同时惰性气体离子具有较高的溅射产额,为此从经济角度考虑,实际中多采用 Ar 作为工作气体进行离子溅射。

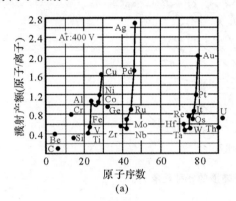
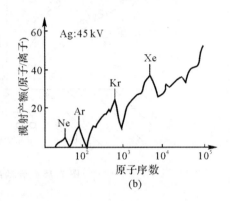

（a）　　　　　　　　　　　　　（b）

图 7.17　入射离子种类和被溅射物质种类对溅射产额的影响

(a)Ar 离子在 400V 加速电压下对各种元素的溅射产额;(b)45kV 加速的离子对 Ag 靶的溅射产额

（3）离子入射角度的影响

图 7.18 给出了离子入射角度对元素溅射产额的影响规律。可以看到,随着离子入射方向与靶材表面法线间夹角 θ 的增加,溅射产额呈现出先增大(遵从 $1/\cos\theta$ 规律)后降低的变化规律,即 60°～70° 倾斜入射有利于提高溅射产额。

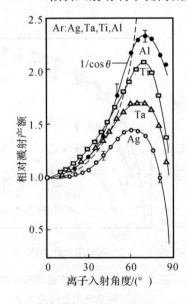
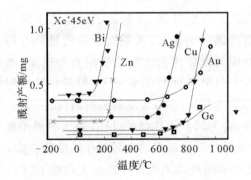

图 7.18　溅射产额随离子入射角度的变化　　　**图 7.19　溅射产额与靶材温度的关系**

（4）靶材温度的影响

如图 7.19 所示为 45kV 电压加速的 Xe 离子入射不同金属靶材时溅射产额的变化规律。可以看到,在一定的温度范围内,溅射产额保持恒定,温度高到一定水平后,溅射产额急剧增大,可能是物质中原子键合力降低、溅射能量阈值减小进而促进了溅射过程的缘故。因此,膜层制备中应注意合理地控制靶材温度。

（5）合金和化合物的溅射

对于合金和化合物的溅射,与对其构成原子的单元素靶材的溅射有所不同,一是单元素原子的结合状态与处于合金或化合物中同一元素的原子的结合状态不同,二是不同的元素本身溅射产额有差异(即发生选择性溅射)。但是与蒸发镀相比,溅射法却能制备出与合金靶材成分一致的合金膜层来,原因在于:与不同元素溅射产额间的差别相比,元素之间在平衡蒸气压方面的差应更大;溅射过程中靶材表面物质的扩散远低于蒸发状态的液相,选择性溅射造成的靶材表面成分的偏离很快会使靶材表面的成分趋于某一平衡成分,从而在随后的溅射过程中保持一种成分的自动补偿效应,即经过一定时间溅射后产额高的物质已贫化,溅射率下降,而溅射产额低的物质表面富集,故溅射速率上升,最终达到动态平衡,保证了溅射物质成分与靶材成分的一致性。达到上述平衡过程需要一定的预溅射时间(一般需要数百个原子层的溅射深度),故实际膜层沉积中应予考虑。

（6）溅射原子的能量与空间分布特征

从靶材溅射出的原子通常获得 2 ～ 30eV 的动能,原子能量的分布范围较宽,并依赖于入射离子的能量大小,随入射离子能量的增加,溅射原子的平均能量增大。溅射原子具有较高的能量,有利于沉积基片后的表面扩散和膜层生长。图 7.20 给出了不同能量的 Hg 离子溅射 Cu 靶时溅射出的 Cu 原子的能量分布状况。

靶材被溅射后释放出的原子的运动方向呈现出图 7.21 所示的角分布特征,与蒸发条件下的原子分布(呈余弦函数分布)有所不同,即在表面法线方向上的溅射产额稍低(呈欠余弦函数分布),并且入射离子的能量愈低,欠余弦函数分布特征愈加明显。

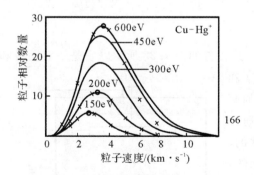

图 7.20　溅射原子的能量分布随入射
　　　　　离子能量的变化

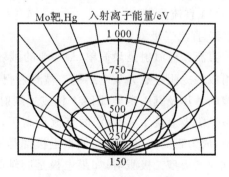

图 7.21　原子溅射方向的角分布

3. 溅射沉积方法的特点

溅射沉积方法与蒸镀方法相比具有如下特点:

① 沉积原子具有较高的能量,使膜层的致密性和膜基结合强度显著改善。

② 利用合金靶材制备合金膜层时成分易于控制。

③ 适用难熔材料膜层的制备。采用反应溅射可以制备各种成分复杂的化合物膜层。

④ 膜层的均匀性易于保证,膜层结晶细致、表面平整,特别适合于制备多层膜。

表 7.3 综合对比了溅射沉积与真空蒸镀法在原理和成膜特性方面的异同性。

表 7.3　溅射沉积与真空蒸镀法的原理和成膜特性的对比

过程	溅射沉积	真空蒸发镀
气相产生过程	离子轰击和碰撞动量转移机制; 较高的溅射原子能量(2 ~ 30eV); 溅射速率较低; 溅射原子运动具有方向性; 可保证合金成分,化合物可能有分解; 靶材纯度与靶材种类有关	原子的热蒸发机制; 原子能量较低(温度 1 200K 下约为 0.1eV); 蒸发速率较高; 蒸发原子运动具有方向性; 易出现蒸发元素的贫化或富集,化合物可能有分解; 蒸发源纯度通常较高
气相过程	工作压力稍高(1 ~ 10^{-3}Pa); 原子平均自由程小于靶与衬底间距,原子沉积前要经过多次碰撞	高真空环境(10^{-3} ~ 10^{-4}Pa); 原子不经碰撞,径直沉积在衬底表面
沉积过程	沉积原子具有较高能量; 沉积过程会引入部分气体杂质; 膜层结合强度较高; 多晶取向倾向大	沉积原子能量较低; 气体杂质含量低; 膜层结合强度较低; 晶粒尺寸大于溅射沉积膜层,膜层取向易控

4.溅射沉积技术方法

依据设备和工艺特点可以将溅射沉积法分为:直流溅射、射频溅射、离子束溅射、磁控溅射、偏压溅射、反应溅射、中频溅射、脉冲溅射等。具体的溅射设备功能的实现则根据使用目的将上述几种方法有机结合在一起,如在直流溅射方法中采用磁控溅射技术,并引入活性气体实现反应溅射,由此构成了直流磁控反应溅射方法。

(1)直流溅射

1)直流二极溅射

直流二极溅射是最简单、最经典的溅射方法,其装置如图 7.22 所示。它是一对阴极和阳极组成的冷阴极辉光放电结构。被溅射靶(阴极)和成膜的基片及其固定架(阳极)构成了溅射装置的两个极。阴极上接 1 ~ 3kV 的直流负高压,阳极通常接地,成为直流二极溅射。如果电极都是平板状的,就称为平板型二极溅射;如果电极是同轴圆筒状的,就称为同轴型二极溅射。

工作时,通常用机械泵和扩散泵机组将真空室抽到 6.65×10^{-3}Pa,然后通入氩气,使真空室内压力维持在($1.33 \sim 4$)$\times 10^{-1}$Pa,而后逐渐关闭主阀,使真空室内达到溅射气压,即 10^{-1} ~ 10Pa,接通电源,阴极靶上的负高压在两极间产生辉光放电并建立起

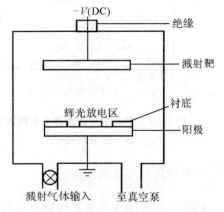

图 7.22　直流二极溅射装置示意图

一个等离子区,其中带正电的氩离子在阴极附近的阴极电位降的作用下,加速轰击阴极靶,使靶物质表面溅射,并以原子或分子状态沉积在基体表面,形成靶材料的薄膜。

直流二极溅射的优点是结构简单、操作方便。但缺点也较突出:第一,沉积速率低。这是由于直流二极辉光放电的离化率低,只有百分之几的气体原子被电离,放电电流通常只能维持在 $0.2 \sim 1\,mA/cm^2$,沉积速率在 $0.1\,nm/s$ 左右。第二,离子轰击阴极,产生大量的二次电子直接轰击基片,使基片温升过高,高能电子轰击又会造成基片损伤。第三,工作气压高,本底真空和氩气中的残留气氛(O_2,H_2O,N_2 等)对膜层造成严重沾污,并影响沉积速率。直流二极溅射现已不用做独立的镀膜工艺方法,但仍作为辅助手段使用。例如,在磁控溅射镀膜中,镀膜前先用直流二极溅射清洗基片。这时,以基片为阴极,受离子轰击,清除表面吸附的气体和氧化等污染层,以增加膜层与基片的结合强度。

2) 直流三极溅射

为了克服二极溅射的缺点,发展了三极溅射,它是在二极溅射装置的基础上附加第三极 —— 热阴极,由此极放出热电子强化放电,它既能使溅射速率有所提高,又能使溅射工艺参数的控制更为方便,同时放电气压可以维持在较低水平,因而有利于提高膜层沉积速率和减少气体杂质的污染。第三极为发热电子的炽热灯丝(热阴极),其电位比靶电位更低。热阴极能充分供应维持放电用的热电子,电子朝向靶轰击,穿越放电空间时可增加工作气体原子的电离数量,从而有助于增加入射离子密度。三极溅射通常在 $10^{-1} \sim 10^{-2}\,Pa$ 的低气压下进行,并且可以在主阀全开的状态下工作,因此可以制取高纯度的膜,如超导薄膜等。

直流三极和四极溅射方法还是不能抑制由于靶产生的高速二次电子对基片的轰击,基片温升过高。同时热电子发射很难获得大面积均匀的等离子区,而且灯丝寿命短,灯丝具有的不纯物质使膜层沾污。此外,沉积速率仍然较低。因此,这种设备应用逐渐减少。

(2) 射频溅射

直流溅射只能溅射良导体,不适用于绝缘材料靶的溅射,因为以绝缘体为靶材,入射 Ar^+ 离子会在靶表面积蓄,从而使靶电位升高,导致放电停止。当在绝缘材料背面的金属板电极(把绝缘材料紧贴在金属电极上)上通以 $5 \sim 30\,MHz$ 的射频电源时,由于在靶上的电容耦合,就会在靶前面产生高频电压,使靶材内部发生极化而产生电流,使靶面交替接受正离子 Ar^+ 的轰击。在靶电极处于负半周时,Ar^+ 在电场作用下使靶材溅射;而在正半周时,开始是电子跑向靶电极,中和了靶材表面的正电荷并迅速积聚大量电子,使靶面呈负电位,仍然吸引 Ar^+ 撞击靶材而产生溅射。如图 7.23 所示为典型的射频溅射装置示意图,射频电压通过匹配阻抗以及隔离电容 C 耦合到溅射靶上,处于阳极电位的衬底、工件台及真空室接地,该装置中阳极面积远大于靶材,故称为非对称电极结构。射频溅射使用最多的射频电源频率是美国联邦通信委员会建议的 $13.56\,MHz$。射频溅射不仅适用于绝缘材料,同样适用于半导体材料和金属材料的溅射沉积。射频溅射法的典型工作条件:气压为 $1.0\,Pa$,靶电压为 $1\,000\,V$,靶电流密度为 $1.0\,mA/cm^2$,膜层沉积速率约为 $0.5\,\mu m/min$。射频溅射的方法已成功地应用

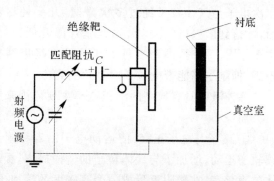

图 7.23 射频溅射装置示意图

到石英、蓝宝石、金刚石、氮化物、硼化物、氧化物等膜层的制备中。

（3）离子束溅射

利用辉光放电产生正离子轰击靶面的溅射方法难以将离子的产生过程与靶材的溅射过程截然分开，因而气压普遍较高，膜层易于污染和损伤。离子束溅射镀膜则克服了上述不足，Ar离子束（如数毫安至数十毫安，$0.5 \sim 2.5 keV$）由离子源独立产生，真空度可以保持在 $10^{-1} Pa$ 左右，靶和基片置于高真空（$< 10^{-3} Pa$）镀膜室中，从离子源引出并被加速到高能的离子束轰击靶材，产生溅射作用，溅射原子或分子沉积在靶材附近的衬底表面形成膜层。

离子束溅射镀膜与等离子体溅射方法比较，具有以下特点：

① 溅射镀膜在高真空环境中进行，从靶上放出的溅射粒子到达基片沉积过程中，不与气体粒子发生碰撞，沿直线方向沉积衬底，并带有较高的能量，使沉积膜层和基片之间具有良好的附着力。通过变化射向基片的入射角，并结合掩膜，能够改变膜层的二维或三维结构。工作气压低减少了镀膜室中的残留杂质气体对膜层的污染，提高了沉积膜层的纯度。

② 膜层不遭受等离子体的轰击作用，因而基材温升小，沉积膜层的损伤轻。

③ 离子源、靶、基片三者都是独立的，因此，离子束的能量和束流、溅射的参数、基片温度可以独立控制，从而易于实现对所制膜层的力学、晶体学、光学及电磁学性质进行调整。

④ 离子束的能量、束流大小与方向可精确控制，适用于精细结构膜层制备和研究。

⑤ 离子束溅射沉积成膜速率较慢，设备成本较高。

（4）磁控溅射

磁控溅射沉积技术具有沉积速率较高、工作气体压力较低的特点，它是将磁控原理与直流二极溅射技术有机结合产生的一种沉积工艺。所谓磁控原理就是利用磁场的特殊分布控制电场中的电子运动轨迹，以此改进二极溅射的不足。与二极、三极、四极直流溅射技术相比，磁控溅射具有基片温升低、损伤小、沉积速率快等优点，从而得到广泛运用。

图 7.24 为平面磁控溅射装置结构示意图。磁控溅射装置与直流二极溅射装置大体相同，所不同的是在阴极靶的后面设置了磁场线圈（或磁铁），磁铁使阴极靶上形成一个闭合的环形磁场，如图 7.25 所示。环形磁场区域称为跑道，磁力线由跑道的外环指向内环，横贯跑道。磁场与电场垂直，形成正交电磁场。从靶面发出的二次电子处于正交电磁场（$E \times B$）中，受洛仑兹力的作用，在靶表面沿跑道跨越磁力线做旋轮式运动，并以这种方式沿跑道运动，这样就会使电离碰撞的次数增加。即使在比较低的溅射电压和低气压下也能维持放电。由于电子运动路程足够长，二次电子与气体粒子经过多次碰撞，几乎耗尽其能量后，才落到阳极（基片）上，这是基片温升低、损伤小的主要原因。同时，高密度等离子体被磁场束缚在靶面附近，抑制了高能带电粒子对基片的轰击。

磁控溅射具有较高的沉积速率主要原因来自以下三方面：

① 磁场与电场正交，使运动电子沿着靶附近的连续轨道运动，增加了与气体粒子的碰撞概率，提高了气体的离化率，在靶附近形成一个高密度的等离子区，可以获得非常大的离子电流。因此，靶表面的溅射刻蚀

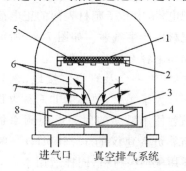

进气口 真空排气系统

图 7.24 平面磁控溅射装置示意图

1—屏蔽罩；2—圆形基片架（阳极）；3—圆形靶（阴极）；4—线圈盒；5—基片；6—电场；7—磁力线；8—磁场线圈

速率与基片上的沉积速率都很高。

② 提高了溅射功率的效率。靶的溅射速度与靶的功率密度之比,称为溅射功率效率,单位为 $nm \cdot min^{-1} / (W \cdot cm^{-2})$,其含义是入射功率贡献给溅射的份额。其他的份额则贡献给靶材发热、γ 光子和 X 射线的发射。磁控溅射的靶电压在 $200 \sim 1\,000V$ 范围内,常用的靶电压为 $600 \sim 700V$,正好处在功率效率最高的范围内,磁控溅射沉积速率达到热蒸发的沉积速率。

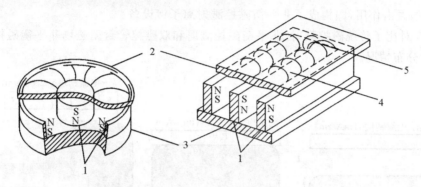

图 7.25　圆形及长方形平面磁控溅射靶
1— 永久磁铁;2— 阴极;3— 极靴;4— 跑道区;5— 磁力线

③ 减少溅射原子或分子向靶散射。直流二极溅射气压高,溅射原子或分子有 $2/3$ 左右会返回到靶材。磁控溅射电离效率高,工作压力可降低到 $10^{-1} \sim 10^{-2}Pa$ 范围,减少了溅射粒子与气体分子之间的碰撞及由此引起的溅射粒子向靶的散射,提高了沉积效率。

影响沉积速率的因素依据主次包括功率密度、靶尺寸、靶-基距离、靶材料及气压,其中沉积速率与靶功率成正比。为尽可能提高沉积速率,基片应靠近溅射靶,但不能小于阴极到负辉区的距离,以保证异常辉光放电的正常进行。通常,两者的最小间距为 $5 \sim 7cm$。不同成分的靶材有不同的溅射率,故沉积速率与靶材有关。在功率不变的条件下,气体压力对沉积速率的影响有一个最佳气体压力值。压力过高,沉积速率下降,这是由于被溅射材料和气体原子的碰撞增加所致。压力较低时,沉积速率也较低,这是因为放电减弱或阴极捕集离子的效率降低的缘故。限制沉积效率的主要原因是不能超过靶材允许的最大功率。靶材所加功率超过所能承受的最大值时,靶材会变形、开裂甚至熔化,因此,实际中应注意避免这种现象。

磁场的提供可采用永久磁铁或电磁铁。永久磁铁的优点表现为构造简单、体积小、质量轻、无电磁干扰,也没有附加热耗。缺点在于,磁场不能快速调变或关断,因磁体本身耐蚀性差需要加装保护层(靶上总有磁场吸引铁磁性杂质形成"磁性污染")。电磁铁可以通过线圈电流大小改变磁场,便于调节。

除上述平面磁控溅射装置外,还有圆柱形磁控溅射装置和 S 型枪形等。圆柱形磁控溅射装置分内圆柱状(用电磁铁产生磁场)和外圆柱状(用永磁铁)两种。圆柱状磁控溅射装置用于在管型工件的内外壁镀制薄膜尤为合适。

在某些情况下,为了改善沉积膜层结构和性能,需要引入一定量的离子流轰击衬底表面,为此近年来推出了非平衡磁控溅射方法。非平衡磁控溅射靶在保证靶材表面磁场强度的同时,有意加大靶周边位置处的磁体体积,由此造成部分磁体的磁力线发散至衬底附近,一部分电子被电磁场加速直接射向衬底,导致气体分子电离并轰击衬底表面。当采用两个或两个以

上的非平衡磁控管配置成极性相反的对置磁控管时,就构成了闭合场非平衡磁控溅射装置
(CFUBMS),这种磁控溅射沉积技术大大改进了溅射沉积膜层的结构和特性,因而成为近年
来的研究热点。闭合场非平衡磁控溅射技术利用非平衡磁场分布将磁场区域延伸到基体表
面,闭合场磁力线为等离子体中的电子构成了一个封闭的陷阱,阻止电子流失到炉壁,因而极
大地提高了离子电流密度,衬底受离子轰击的效果增强,可获得更好的镀层质量。在闭合场非
平衡磁控溅射装置中,对工件施加负偏压,加速离子(包括惰性气体离子和沉积膜层材料的离
子)对衬底的轰击作用,即构成了非平衡磁控溅射离子镀设备。

　　图 7.26 对比了传统磁控溅射、非平衡磁控溅射和双磁控管封闭磁场非平衡磁控溅射系统
中磁力线的分布情况。

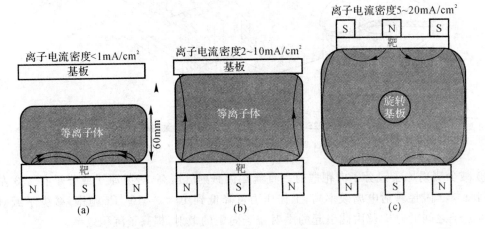

图 7.26　　传统磁控溅射、非平衡磁控溅射和双磁控管封闭磁场系统中磁力线的分布
(a) 传统磁控溅射;(b) 非平衡磁控溅射;(c) 封闭磁场非平衡磁控溅射

　　采用闭合场非平衡磁控溅射技术对工业生产而言具有独特的优势:

　　① 非平衡闭合磁场提高了气体离化率,可在较低的气压、基体偏压下获得高离子电流密
度,明显提高了膜基结合强度。

　　② 膜层性能优异,膜层致密、均匀性好、空洞少、晶粒细小、机械性能好。

　　③ 采用多磁控管 CFUBMS 系统特别适合于沉积多元化合物。因为每个磁控靶可以是不
同的材料,而且可以用不同的速度对靶材溅射,通入反应气体即可以进行反应溅射沉积,故
CFUBMS 可以获得任何所希望组分的膜层。

5. 溅射沉积薄膜的结构与影响因素

　　溅射沉积膜层的生长过程与真空蒸发镀膜类似,所不同的是溅射沉积原子的能量远高于
蒸发原子,由此使得溅射沉积膜层表现出自身的一些特点,即膜基结合强度高、膜层致密性好,
膜层的结晶较为细致,会形成准稳态相的膜层(如类金刚石膜层和非晶态膜层)。选择性附着
和反溅射效应还会引起膜层组分的变化。高能粒子打入膜层,会使膜层混入杂质气体原子、产
生缺陷和增加膜层内应力。

　　影响膜层结构的因素较多,如溅射方法、溅射电源参数、真空室气压、基体温度等,其中溅
射气压和基体温度的影响最为显著。图 7.27 给出了膜层结构与氩气压力 p_{Ar} 和基体温度 T 对

膜材熔点 T_m 比值的关系模型(针对磁控溅射沉积 $25\mu m$ 厚的 Mo,Cr,Ti,Fe,Cu,Al 膜)。 I 区对应的沉积温度低,原子迁移率低,加之阴影效应,形成由锥形晶粒组成的多孔结构膜层,膜层结合力较低。过渡区由密排纤维状晶粒组成,结晶细致,膜层致密性提高。 II 区由晶界致密的柱状晶组成,随温度增大,晶粒尺寸增大,表面微观粗糙度增加。 III 区组织由等轴晶粒组成,由于对应的沉积温度高,因而主要由体扩散再结晶过程形成。

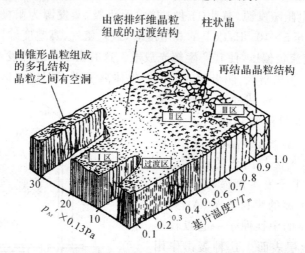

图 7.27 基体温度和氩气压对溅射沉积金属膜结构的影响

7.2.4 离子镀

离子镀(IP)是在真空条件下,在基体或工件上施加负偏压,利用低压气体放电原理将工作气体和膜材原子电离,基材和沉积膜层受到负偏压加速离子的连续轰击作用而制备膜层的气相沉积技术。离子镀过程的实现需要具备的条件包括真空环境、基体施加负偏压、提供膜材原子、等离子体参与膜层沉积。离子轰击引起如下效应:溅射清洗基体表面吸附的杂质;离子注入基体和膜层;轰击溅射掉基体表面沉积的疏松原子;使基材与膜层材料原子混合。真空离子镀将辉光放电、等离子体技术、真空蒸发镀技术及真空溅射技术有机地结合在一起,因而除兼有真空蒸镀、真空溅射沉积技术的优点外,突出的特点是膜层结合强度高、致密性好、绕镀能力强。

基体施加偏压的方法主要有直流偏压、射频偏压、脉冲偏压、直流叠加射频偏压、直流叠加脉冲偏压、自偏压等。

沉积材料源包括蒸发(热蒸发、电弧蒸发、激光蒸发)、溅射、化学气相前驱体。

等离子体产生途径有直流辉光放电、热电子发射灯丝增强、空心阴极弧、阴极电弧等。

将上述偏压方式、沉积材料源与等离子体产生方法有机结合即可组成各种各样的真空离子镀技术,获得预期性能的膜层。

根据沉积材料源方式的不同可将离子镀分为蒸发源离子镀和溅射源离子镀两大类,后者是在溅射镀装置中增加基体负偏压而实现的,其主要特点是基材沉积温度较低。一般所说的离子镀常指热蒸发源离子镀,主要包括热蒸发直流放电离子镀、空心阴极放电离子镀、活性反应蒸发式离子镀、真空电弧放电离子镀、离子团束离子镀等。

1. 离子镀的原理和特点

(1) 离子镀的原理

离子镀技术最早是由 D. M. Mattox 于 1963 年提出来的,他采用的是直流二极型离子镀装置(见图 7.28),采用电阻蒸发源,基片(工件)接电源负极,蒸发源为阳极,构成二极辉光放电结构。当真空室被抽至 5×10^{-3} Pa 以上的真空度时,通入氩气,真空度维持在 $1 \sim 10^{-1}$ Pa,基片电极施加 $1 \sim 5$ kV 直流负偏压,使其产生辉光放电。这时在基片和蒸发源之间形成低温等离子区,在基片附近形成阴极暗区、阴极辉区。惰性气体离子进入阴极暗区被电场加速,并以较高的能量轰击基片表面,对基片进行溅射清洗。经一定时间的溅射清洗后即可开始镀膜。开启电阻蒸发电源,使镀料蒸发,气化后的镀料原子进入等离子区与离化的或被激发的惰性气体原子以及电子发生碰撞,部分原子被电离成正离子,被电离的膜材离子、Ar 离子受到电场加速,和荷能的中性原子一起以较高的能量轰击基片和镀层表面。这种轰击作用一直伴随着离子镀的全过程。离子轰击作用不仅能改善膜层结合强度,而且对膜层形核、生长和结构产生重要影响。由于镀料原子及离子在基片上沉积形成膜层的过程中同时还遭受气体离子和镀料粒子的溅射作用,因此只有当沉积速率大于溅射剥离速率时,才能形成薄膜。

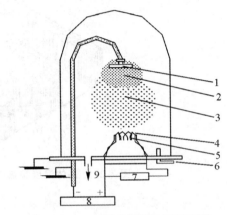

图 7.28　二极型离子镀装置示意图
1—基片;2—阴极暗区;3—辉光区;4—电阻丝蒸发源;
5—镀料;6—进气管;7—电阻丝加热电源;
8—负偏压电源;9—抽气系统

(2) 离子镀的特点

离子镀兼有真空蒸发镀膜和溅射镀膜的优点,因此具有以下特点:

1) 膜层附着力强

离子轰击效应是膜层获得高的附着强度的保证。膜层沉积前荷能离子对基体的轰击,产生阴极溅射清洗,去除了表面污染和氧化物,并对表面刻蚀,为膜材原子嵌入奠定了基础。镀膜过程中的溅射净化减少了杂质的污染,提高了镀层的纯度。阴极溅射可以将基材表面原子溅射下来,与膜材原子一起被电离或散射,再返回到基片,达到膜材与基材成分的混合,在膜-基界面形成"伪扩散层"。轰击效应使基材加热、产生缺陷,促进膜基原子的相互扩散,部分高能离子注入基体表面,与"伪扩散效应"共同作用,使得膜基之间形成一定厚度(数纳米至数微米)的冶金结合层,由此保证了良好的膜基结合强度。当基材和膜层应力不匹配时,不匹配性被分散在成分呈梯度变化的过渡层内,从而得到缓解。

2) 绕镀性能好

离子镀和真空蒸发镀、溅射镀相比,具有良好的绕镀性。一般离子镀的工作压力为 $1 \sim 10^{-1}$ Pa,气体分子平均自由程比蒸发源到基片的距离短,膜料蒸气原子在到达基片过程中,受气体离子碰撞的散射作用,会向各个方向飞散,使被蒸发的原子能够绕射沉积到工件背对蒸发源的区域。此外,离子镀工作过程中,部分膜材原子被电离成正离子,在电场作用下可沉积在施加负偏压基片的正面与背面。离子镀良好的绕镀性可以对形状复杂的工件(表面带有浅孔、凹槽等)进行表面处理,并形成较为均匀的膜层。

3) 膜层致密

在薄膜生长过程中,由于粒子轰击的结果,表面原子扩散和迁移增强,成核率高,结晶细致。几何形状凸起的区域或沉积疏松的原子被优先溅射,被溅射的原子填充凹陷位置,而且起初被溅射离开粗糙表面的原子,经气体散射和离化过程的影响又部分返回,而使薄膜表面变得光滑。膜层易于形成结晶细致的致密堆积结构。

4) 沉积速率高

离子镀成膜速度快,可镀厚膜。离子镀的沉积速率通常为 $1 \sim 50 \mu m/min$,而二极型溅射沉积速率只有 $0.01 \sim 1 \mu m/min$。

5) 适用材料广泛

离子轰击效应有利于促进参与膜层沉积的原子或粒子活化、发生化学反应,因此离子镀不仅可以制备金属、合金、非金属单元素膜层,也十分有利于制备各类化合物膜层。工件材料可以是金属、陶瓷、玻璃、塑料、橡胶等各种无机或有机材料。

(3) 离子镀膜层的结构特点

离子镀膜层的结构与离子轰击作用密切相关。离子轰击基体表面造成表面形貌变化,可提供更多的膜层形核位置,故成核概率高,膜层结晶细致。高能离子轰击作用会破坏粗大柱状晶的形成条件,促进细晶结构的形成。离子轰击还会影响膜层的内应力,通常蒸发沉积膜层的内应力为张应力,而溅射沉积膜层为压应力。离子轰击能够使膜层内应力释放,并可在基材内部引入压应力,这通常有利于基材疲劳抗力的提高。

在影响离子镀膜层的结构的诸多因素中,入射粒子能量和基体温度是两个最为重要的因素。图 7.29 给出了基体温度、入射粒子能量与膜层结构的一种关系模型,该模型基于直流二极型离子镀 Cu,Zn,Ge 薄膜,厚度约为 $1.5 \mu m$。可以看到,当入射粒子能量和基体温度较低时,膜层为无定形结构;当入射粒子能量在 350eV 以上,基体温度较低,或入射粒子能量,而基体温度 T 与膜材熔点 T_m 的比值在 0.4 左右时,为细小的柱状晶结构(Ⅱ区);当入射粒子能量在 500eV 以上,或基体温度 T 与膜材熔点 T_m 的比值在 0.4 以上时,形成疏松的粗大柱状晶结构(Ⅲ区)。当入射离子能量足够高时,粗大柱状晶的形成条件会被破坏,进而可导致细晶结构的形成。当然,入射离子能

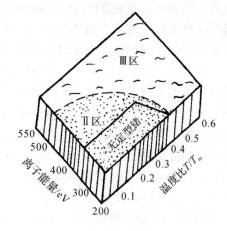

图 7.29　直流二极离子镀 Cu,Zn,Ge 薄膜结构模型

量过高,不仅会造成膜层的损伤,而且会降低膜层的沉积速率。而当基材温度过高时,会导致再结晶现象的发生,同时离子轰击效应通常使膜层再结晶温度下移。

2. 活性反应离子镀

活性反应离子镀是在镀膜过程中,通入与金属蒸气起反应的气体,如 O_2,N_2,C_2H_2,CH_4

等以代替 Ar 或混合在 Ar 中,气体放电使金属蒸气和反应气体的分子或原子激活、离化,促使其活化,促进金属原子与反应气体原子间的化学反应,生成的所需要的化合物沉积在基片(工件)表面上。采用上述二极离子镀装置,实现反应离子镀工艺较为困难,原因是这种装置的离化率低,难以促进化合物的形成。1972 年 R.F.Bunshah 发明了活性反应离子镀技术,也称活性反应蒸镀(ARE),并成功地镀制了以 TiN,TiC 为代表的硬质镀层,促进了离子镀技术的发展。

（1）活性反应离子镀的原理

典型的活性反应离子镀装置如图 7.30 所示。图中蒸发源采用 e 型电子枪。因电子枪须在 $10^{-2} \sim 10^{-3}$ Pa 真空条件下才能正常工作,而离子镀的放电气压为 $1 \sim 10^{-1}$ Pa,因此在真空室内设置了差压板,差压板的下方为电子枪室,上方为镀膜室。一般采用各自独立的抽气系统,保证在工作时,两室有一定的压差。差压板还能防止蒸发的飞溅物落入电子枪室。在蒸发源与基片之间加一探测电极(这是活性反应离子镀的放电关键件),也叫活化电极或离化极,它一般用 $\Phi 2 \sim 5$ mm 的钼丝加工成环状或网状。探测极上通常带 $25 \sim 40$ V 的正偏压,由烘烤源将基片加热至所需温度。反应气体从蒸发源和探测极之间送入。电子束经磁偏转线圈作用,聚焦在坩埚中的镀料上。由于电子束的加速高压可调,高达数千伏,其功率不仅能熔化镀料,而且能在镀料表面激发出二次电子,二次电子受到探测极电场的吸引被加速。镀料蒸气以及反映气体受到探测极电场加速的初次电子和二次电子的轰击而激发、电离。为了提高化合物膜层与基体的附着力,基体通常还要附加 $0 \sim 3$ kV 的负偏压。被激发、电离的镀料原子和反应气体在探测极周围进行化学反应形成化合物,再通过等离子区沉积在上方的工件表面形成化合物膜层。探测极在膜层沉积中起了两个关键作用:一是将蒸发源(坩埚)上面的初次电子和二次电子引入反应区,促进电子与蒸发的金属原子和反应气体发生碰撞而离化;二是促使反应物激活,促进化合物的形成。通入不同的反应气体,可以得到不同的化合物。要获得碳化物镀层,则导入碳氢化合物气体,如 CH_4,C_2H_2,C_3H_3;氮化物镀层可通入 N_2 或 NH_3;氧化物镀层则通入氧气。若要获得 TiC 和 TiN 混合镀层,可同时通入 C_2H_2 和 N_2。

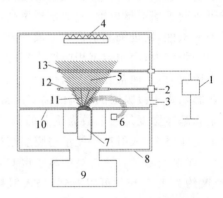

图 7.30　典型的活性反应离子镀装置示意图

1—电源;2—反应气体;3—接真空机组;4—基板;5—等离子体;6—电子枪;7—电子束蒸发源;8—真空室;9—真空机组;10—压差板;11—镀料蒸发原子束流;12—反应气体导入环;13—探测电极

在活性反应离子镀中,能发生以下几种化学反应:

① 直接化合:$2Ti + N_2 \xrightarrow{\text{电离}} 2TiN$　（TiN 沉积在基片上）。

② 置换式化合:$Ti + \frac{1}{2}C_2H_2 \xrightarrow{\text{电离}} TiC + \frac{1}{2}H_2$　（TiC 沉积在基片上,H_2 被抽走）。

③ 互换式化合:$TiCl_3 + NH_3 \xrightarrow{\text{电离}} TiN + 3HCl$　（TiN 沉积在基片上,HCl 被抽走）。

反应离子镀的成膜与一般的化学反应平衡有所不同,形成的化合物的化学组成可以是连续的。例如反应离子镀氮化钛膜层,当钛的蒸发速率为 2×10^{-3} g/s 时,系统中氮气压从 1.5×10^{-4} Pa 变化到 5×10^{-2} Pa,则膜层中氮与钛的原子比可以从 0.5 连续增加到 1.0。若再进一步增加氮气压力,膜层中氮与钛的比例还可以提高。

实验表明,反应离子镀化合物膜层的化学组分与反应气体的气压、蒸发速率、放电状态、放电参数及基片温度有关,其中主要因素是反应气体的气压和反应物的离化程度。化合物膜层的化学组分不同,膜层的结构和性质也不相同。

活性反应离子镀的特点表现在:基体沉积温度较低,且可调整;可以在金属、非金属基材上获得多种化合物膜层;沉积速率高;化合物的生成反应与膜层的生长过程独立进行,且可控制;沉积过程清洁,安全可靠。

(2) 活性反应离子镀的种类

除上述基本的活性反应离子镀(ARE)法外,还有多种其他形式的活性反应离子镀。

① 低压等离子体沉积(LPPD)。它是将基片与探极合二为一,在基片上直接加 10V 交流或直流电压。其结构简单,效果也有所改进。

② 增强的活性反应离子镀(EARE)。由于 ARE 法沉积速率快(约每分钟几微米),控制膜层厚度较困难,因此对于一些光学、通信中须严格控制膜层厚度的薄膜器件须采用 EARE 法。它是在低沉积速率下运行,沉积速率可低到 $0.1 \mu m/min$。它是在 ARE 装置中的探测极下方附设一发射低能电子的增强极。由于低能电子的碰撞电离效率高,在受探测极吸收的过程中,会与被蒸发的镀料及反应气体原子发生碰撞电离,增强离化,从而可以对金属的蒸发以及等离子体的产生和维持进行独立地控制,实现低蒸发功率、低速率的活性反应蒸镀,故能精确控制镀层厚度和化学成分,可以获得致密、细晶粒、均匀平整的高质量膜层。

③ 双电子枪活性反应膜。它是在普通电子束蒸发真空镀膜机中,附设一个低压电子枪和一个吸收极。低压电子枪发出低能电子,在磁场和吸收极的共同作用下,在蒸发坩埚上方做螺旋式前进运动,与被蒸发的金属以及反应气体分子发生碰撞电离,增强离化。它同样具有增强 ARE 法的优点。

此外,高频离子镀、空心阴极离子镀、电弧离子镀都可实现活性反应离子镀膜工艺。

3. 空心阴极离子镀

1972 年莫莱(Moley)和施密思(Smith)最先把空心热阴极放电技术(简称 HCD 法)用于薄膜制备,后来用于沉积金属(如银、铜、铬等)、非金属以及化合物(如氮化物、碳化物)膜层。

HCD 法利用空心阴极电子枪使膜料蒸发并离化,实现膜层沉积。图 7.31 为 HCD 离子镀装置的示意图。它主要由 HCD 枪、坩埚、沉积基片和真空系统等组成。由 HCD 枪引出的电子束经初步聚焦后,在偏转磁场作用下通常偏转 90° 射向坩埚,坩埚四周的聚焦

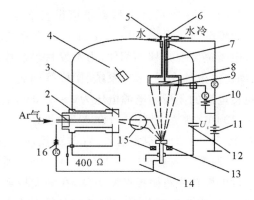

图 7.31 HCD 离子镀装置示意图

1—阴极钽管;2—空心阴极;3—辅助阳极;4—测厚装置;
5—热电偶;6—流量计;7—收集极;8—基片;9—抑制栅极;10—抑制电压;11—基片偏压;12—反应气体入口;
13—水冷坩埚;14—真空机组;15—偏转聚焦极;
16—主电源

线圈对电子束进行聚焦并控制电子束的束斑大小,以调整功率密度。高密度的电子到达坩埚,把动能转换成热能,使金属材料蒸发,当金属蒸气通过等离子体电子束区域时,受到高密度电子流中电子的碰撞而离化。因此,离子镀设备中的HCD枪既是蒸发源又是离化源,是HCD装置中的关键部件。

HCD电子枪用高熔点的钽管作阴极,坩埚作阳极。钽管一般直径为$\Phi3\sim5mm$,壁厚$0.5\sim2mm$,长度为$60\sim80mm$。在阴极钽管附近装有辅助阳极,用辅助阳极来引燃电弧。真空室真空度抽至$10^{-1}\sim10^{-2}Pa$后,钽管中充入一定流量的氩气,在阴极和辅助阳极之间施加上直流电压,引发辉光放电,产生Ar离子。氩离子不断地轰击钽管表面,使钽管温度升高,当钽管温度上升到$2\,300\sim2\,400K$时,表面发射出大量的热电子,辉光放电转变为弧光放电,此时,在阴极-坩埚阳极之间接通主电源($30\sim50V$),就引出高密度的电子束,加热坩埚中的镀料,使其蒸发。HCD枪发出的是数十电子伏、数百安培的电子束,由气体放电理论可知,能量为$50\sim150eV$的低能电子对原子碰撞电离的效率比能量为千电子伏的高能量电子要高$1\sim2$个数量级,其电子束流又比直流二级离子镀方法高出两个数量级,因此HCD离子镀的离化率高达$20\%\sim40\%$,同时在蒸镀过程中产生大量金属高速中性粒子,这是由于大量的金属离子同金属蒸气原子之间的共振型电荷交换碰撞而产生的,能量交换方式如下:

$$M^+(高速离子)+M°(热运动原子)=M°(高速中性原子)+M^+(低速离子)$$

交换能量后的低速离子被电场加速,能量再次增大,重复上述过程,结果使每个粒子一般都带有几个至几十电子伏的能量。由于大量离子和高速中性粒子的轰击作用,即使在低的基片负偏压下,也能达到很好的溅射清洗效果。这些高能离子和中性粒子共同作用于工件表面,改变了工件表面成膜条件,促进膜材原子与基材之间的结合和相互扩散,使膜层附着力提高,膜层均匀性、致密性高。

4. 电弧离子镀

(1) 电弧离子镀的原理

如图7.32所示为电弧离子镀设备的示意图,它由阴极电弧蒸发源、基材(工件)、真空系统等组成。电弧蒸发源是核心部件,由蒸发材料制成的阴极、固定阴极的支架、水冷系统、阳极等构成。镀膜室也接电源的阳极。电源电压为$0\sim220V$,电流为$20\sim100A$。基材接$50\sim1\,000V$的负偏压。抽真空至$10^{-2}Pa$后向真空室通入Ar气或反应气体(如N_2气),调整室内真空度在$10^2\sim10^{-1}Pa$。通常采用触发电极首先将阴极触发短路,在触发极离开阴极表面时,引发电弧放电。阴极放电后表面产生大量金属蒸气,局部气压升高,气体自由程缩短,促使大量等离子产生,并在阴极表面形成正离子堆积的双鞘层,自动维持场致发射型弧光放电。触发电路断开后,阴极靶材与镀膜室之间仍可维持弧光放电。场致发射的大量微小弧斑(阴极斑点)在阴极

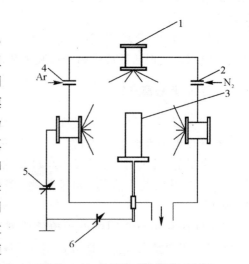

图7.32　电弧离子镀装置示意图

1—电弧蒸发源;2—反应气体进气系统;
3—基材;4—氩气进气系统;
5—主弧电源;6—基片负偏压电源

靶材表面迅速游动,阴极弧斑电流密度可达 $10^5 \sim 10^7 \mathrm{A/cm^2}$,使靶材金属蒸发,并使蒸发原子离化,离化率达 $60\% \sim 80\%$。这些金属等离子体一方面维持着电弧放电,另一方面在基材上形成膜层。

电弧离子镀的原理基于冷阴极真空电弧理论,属于封闭容积中的强电流放电,放电的电子发射机制主要是场致发射,而场致发射需要在阴极表面建立很强的电场,为此需要引弧。引弧的方法主要有喷气引弧法、预电离引弧法、接触短路引弧法。在电弧离子镀中则主要采用接触短路引弧法,即用与阳极等电位的金属触头与阴极接触短路,在分离时引燃电弧。因为在触头刚分离的瞬间,电流将收缩到触头分离前的某一点或数点上,表现出电阻的剧烈增大和温度迅速提高,直至发生金属的蒸发,同时形成极高的电场强度,这样就会导致强烈的场致发射和间隙的击穿,继之形成了真空电弧。真空电弧一旦形成后,同时出现高电流密度的阴极斑点。它一般在 $10^4 \mathrm{A/cm^2}$ 以上,使阴极表面局部区域的金属不断熔化和蒸发,以维持真空电弧。即真空电弧是一种靠金属蒸气被电离来维持的电弧。真空电弧起源于阴极,阴极斑点是非常重要的,也是电弧离子镀技术的基础。阴极斑点的直径极小(在 $100\mu\mathrm{m}$ 以下),电流密度很大。阴极斑点在阴极表面高速游动,它在表面任何一点上仅停留极短暂的时间,因而表面上极薄的一层金属被熔化,只要阴极斑点一离开,被熔化的金属表面马上凝固。因此,阴极表面不会出现大面积熔化区域,这对多弧离子镀工作十分有利。每个斑点上都可视为形成高度电离的金属等离子体,当一个斑点熄灭时,其他斑点会分裂,以保持电弧放电的总电流。

阴极斑点产生的原因可用 T. E. Daolder 给出的模型解释:被吸到阴极表面上的金属离子形成空间电荷层,由此产生强电场,使阴极表面上功函数小的点(晶界或裂痕)开始发射电子;个别发射电子密度高的点,电流密度高,焦耳热使温度上升又产生热电子,进一步增加电子发射,这个正反馈作用使电流局部集中;由于电流局部集中产生的焦耳热使阴极材料局部爆发性地等离子化,并留下放电痕,同时也蒸发出熔融的阴极材料粒子;发射的离子中的一部分被吸回阴极表面,形成空间电荷层,产生强电场,又使新的功函数小的点发射电子;上述过程反复进行,阴极斑点在阴极表面上激烈地、无规则地游动。弧光辉点通过后,在阴极表面上留下分散的放电痕。研究表明,阴极斑点的产物是金属离子、中性原子及熔化的液滴,其中中性原子的比例很小,$60\% \sim 80\%$ 是离子,离子中通常不仅含有 1 价的,而且还含有高阶离子,同时离子的能量很高。阴极斑点产物直接影响膜层的质量,其中熔融粒子(也称熔滴)对膜层性能常常是不利的。熔滴的直径一般从几分之一微米到几十微米,其分布主要在阴极平面上方 $20°$ 或 $30°$ 的立体角内。

电弧蒸发源需要设置磁场线圈,在阴极表面产生磁场,磁场所起的作用包括:

① 稳弧作用。磁场使阴极发射出来的带电粒子受到一定的约束,从而起到稳弧作用。

② 磁场能使阴极靶面刻蚀均匀,提高靶材的利用率。磁场使阴极表面大弧斑分散成许多小网状弧,磁场强度适中时,网状微弧布满整个阴极表面,实现均匀刻蚀。

③ 减少金属熔滴。加磁场后能增加阴极弧斑的运动速度和弧斑的数量,阴极斑点明显变得细碎,稳定工作电流也显著下降,由此也减小了由于局部过热而爆裂的液滴尺寸和数量。

(2) 电弧离子镀的特点

① 电弧离子镀不需要坩埚(熔池),也不需要制造任何辅助电离装置,结构简单,操作方便。电弧蒸发源可以任意放置,也可以根据需要采用多个电弧蒸发源同时工作,有利于形状复杂或体积大的工件均匀镀膜,基板转动结构简化。在多个蒸发源工作模式下每个蒸发源上放

置不同的膜材,可获得多种成分的膜层。

② 离化速率高,一般可达 60% ~ 80%,有利于镀层的均匀性和附着力的提高,是实现反应离子镀的理想工艺方法。

③ 一弧多用,既是蒸发源,又是工件的加热源,同时还兼顾工件预轰击净化源和蒸发原子及气体分子的离化源。

④ 沉积速率高,如镀 TiN 膜可达 10 ~ 1 000nm/s。靶基间距大,通常在 200 ~ 400mm。

⑤ 不足之处是膜层表面存在大颗粒结构缺陷,粗糙度较大。在电弧放电蒸发过程中伴随着金属熔滴的发射和在基体上的沉积,由此影响了膜层的质量和性能。

(3) 膜层中大颗粒的抑制方法

电弧离子镀膜层中大颗粒的抑制有两个途径,即减少金属液滴的发射或在大颗粒的输运过程中进行滤除。

1) 大颗粒发射的抑制

阴极斑点上大颗粒的发射抑制方法有:受控电弧技术、阴极冷却技术、阴极旋转技术、阴极表面形成高温反应层等。其中前两者较可取。

2) 输运过程中大颗粒的抑制

在等离子体输运过程中一个减少大颗粒的简单方法是阻止大颗粒从阴极表面到基体表面的运动。可将屏蔽物放到阴极和基体之间,还可采用更高的工作气压来增加离子和中性粒子的输运效率。在等离子体流中减少或消除大颗粒的依据是基于离子、原子和大颗粒基本参数(尺寸、速率、荷电等)的显著差异来使大颗粒与离子、原子流分离。常用的分离技术是用等离子体光学系统过滤等离子体(即磁过滤器法),利用大粒子与金属离子质荷比的差异将大粒子阻挡在沉积区之外。采用弯管弧源即可达到这一目的,弯管弧源中磁场呈弯曲分布,电子和离子会被迫沿着磁力线方向运动,呈现弯曲轨迹。尽管大颗粒会轻微带电,但是质量和电荷之比与电子和离子相比是很大的,因此,大颗粒因惯性而沿着直线轨迹运动。这样大颗粒就和等离子体分离,从而从等离子体流中去除。这种大颗粒去除方法需要考虑如下问题:大颗粒从弯管壁上反弹后可能输送到基体;等离子体在过滤器中的大量损失;等离子体-粒子的交互作用所造成的纳米粒子向基体的输运。

7.3　化学气相沉积(CVD) 技术

化学气相沉积(CVD) 技术是通过在活化环境(热、光或等离子) 中使含有构成膜层元素的挥发性化合物分解或与其他气相物质的化学反应,产生固相物质并沉积在基片上,形成所需求的薄膜或涂层材料的一种方法。CVD法可以制备金属、合金及化合物膜层。CVD方法包括传统的热激活 CVD(TACVD),等离子体增强(或辅助)CVD(PECVD 或 PACVD)、金属有机化合物 CVD(MOCVD)、激光辅助 CVD(LACVD)、气溶胶辅助 CVD(AACVD)、火焰辅助CVD(FACVD)、原子层外延(ALE)、化学气相渗渍(CVI) 和电化学气相沉积等现代技术。根据沉积膜层的用途还可以将 CVD 技术分为低温、中温、高温三种类型。与 PVD 技术方法相比,CVD 方法有如下特点:覆盖性好,绕镀能力强,可以在深孔、阶梯、凹槽等复杂的三维形体上沉积较为均匀的膜层;可以在较宽的范围内控制所制备膜层的化学计量比;成膜速度较高,附着力较好；设备成本和操作费用相对较低；传统 CVD 方法沉积温度一般在 800 ～ 1 000℃，应用受到了一定的限制。

7.3.1　化学气相沉积原理

图 7.33 给出了化学气相沉积的原理图，其基本过程：通过加热液相或固相前驱体产生所需要的气相反应物（前驱体为气相时则直接引入），在压差作用下进入加热的反应器，在炽热的衬底表面通过化学反应沉积膜层，反应的副产品（气态）和未反应的气体一同排出反应器，并经过处理后排入大气中。具体步骤包括：

①产生气相活性反应物（直接提供气态或由液相蒸发、固相升华得到）；

②将气相反应物引入反应器；

③气相反应物发生气相反应生成中间产物；

④气相反应物在加热的衬底上吸附，并在气固界面（加热衬底表面）上发生非均匀形核反应，沉积固体物质并释放气相副产品；

⑤沉积原子或分子在衬底表面扩散，形成结晶中心，并使薄膜生长；

⑥气相副产品通过扩散或对流穿越边界层；

⑦未反应的气体及气相副产品被输送到反应室外。

上述步骤中最慢的步骤决定整个反应的沉积速率。

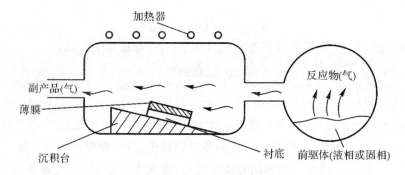

图 7.33　化学气相沉积原理

常用的前驱体包括沉积元素的氢化物、卤化物和卤氢化物，如 SiH_4，$TiCl_4$，$SiCl_2H_2$ 以及金属有机化合物（如 $(CH_3)_3Al$）等。卤化物和卤氢化物通常比相应的氢化物稳定。金属有机化合物则具有反应和沉积温度比卤化物和氢化物低，毒性和易燃性低等优点，因此在沉积某些功能膜层时显示出突出优势。然而，金属有机化合物通常是易挥发性液体，因此要求非常准确的压力控制。前驱体应具备如下条件：室温下稳定；气化温度低，饱和气压高；产生的气体沉积反应前稳定；沉积速率适当；沉积反应温度低于衬底的熔点和相变点；毒性、爆炸性和可燃性低；成本低；容易提供电子级高纯度产品。

化学气相沉积所依据的化学反应类型主要包括：分解反应、还原反应、氧化反应、歧化反应、水解反应、形成化合物、金属有机化合物反应、等离子体激发反应、光激发反应等，举例如下（以 s 表示固态，以 g 表示气态）：

①分解反应：$SiH_4(g) \rightarrow Si(s) + 2H_2(g)$　　　　　　　　　　　（650℃）

② 还原反应:$SiCl_4(g) + 2H_2(g) \rightarrow Si(s) + 4HCl(g)$ (1 200℃)

③ 氧化反应:$SiH_4(g) + O_2(g) \rightarrow SiO_2(s) + 2H_2(g)$ (450℃)

④ 水解反应:$2AlCl_3(g) + 3H_2O(g) \rightarrow Al_2O_3(s) + 6HCl(g)$

⑤ 歧化反应:$2GeI_2(g) \xrightarrow[600℃]{300℃} Ge(s) + GeI_4(g)$

⑥ 形成化合物:$TiCl_4(g) + CH_4(g) \rightarrow TiC(s) + 4HCl(g)$ (1 400℃)

⑦ 金属有机化合物反应:$2Al(OC_3H_7)_3(g) \rightarrow Al_2O_3(s) + 6C_3H_6(g) + 3H_2O(g)$

CVD 技术过程必须满足进行化学反应的热力学和动力学条件以及自身的特定要求,即:必须达到足够高的沉积温度,各涂层的沉积温度可以由热力学计算得到;在沉积温度下,参加反应的各物质必须有足够高的蒸气压,而沉积物和基材蒸气压要足够低;参加反应的各物质必须为气态(如为液态或固态,则需要加热转化为气态),产物除了沉积膜层材料为固态外,其他副产品也必须为气态。

7.3.2 化学气相沉积过程热力学

一个给定的 CVD 化学反应在特定条件下能否进行取决于化学热力学因素,故为了沉积所需要的膜层,需要事先进行化学热力学相平衡分析,判定选定的化学反应在给定条件下能否进行,进行的程度如何,并确定合适的沉积工艺条件(温度、压力和反应物浓度范围)。现讨论如下的分解反应:

$$A(g) \rightarrow B(s) + C(g)$$

其反应的平衡常数 K_p 与 A,C 两气体物质的分压 p_A,p_C 存在如下关系:

$$K_p = \frac{p_C \alpha_B}{p_A} \qquad (7-6)$$

式中,α_B 为固体沉积物的活度(数值为1)。要实现在基片上沉积 B 固体膜层,则要求 $\lg K_p$ 应是较大的正值,但要想 B 进入气相,即在原料区(CVD 的前驱体),则要求 $\lg K_p$ 应是较大的负值。对于通过 $A(g) \rightarrow B(s) + C(g)$ 的反应过程制备 B 固体膜过程,希望输入的气体 A 能大部分转变成固体膜层 B。假设上述反应在密闭容器中进行,通入 1×10^5 Pa 的气体 A,希望 99% 的 A 转变为 B 和 C,达到平衡时应是 0.99×10^5 Pa 的 C 和 0.01×10^5 Pa 的 A,此时有

$$\lg K_p = \lg \frac{P_C}{P_A} = \lg \frac{0.99}{0.01} \approx 2$$

要分别达到 99.9% 和 99.99% 的 A 转变为 B 和 C,则 $\lg K_p$ 值分别为 3 和 4。$\lg K_p$ 与标准状态下自由能 ΔG^0,焓 ΔH^0 和熵 ΔS^0 有如下关系:

$$\lg K_p = -\frac{\Delta G^0}{2.303RT} = -\frac{\Delta H^0}{2.303RT} + \frac{\Delta S_0}{2.303R} \qquad (7-7)$$

上式表明 $\lg K_p$ 与 $1/T$ 为直线关系,如图 7.34 所示,直线斜率为 $\frac{\Delta H^0}{2.303RT}$,截距为 $\frac{\Delta S_0}{2.303R}$。图 7.34 给出的 I ～ V 直线代表五个假设反应的 $\lg K_p$-$1/T$ 变化关系,可以用来选择传输-沉积反应。由于 $\lg K_p = 3$ 已达到了 99.9% 的转化率,因此可以认为 $\lg K_p \geqslant 3$ 的区域(虚线下方)为最佳沉积区,而 $\lg K_p \leqslant -3$ 的区域(虚线上方)为最佳原料区。反应 I 是理想的从热到冷的放热传输-沉积反应,其原料区温度控制在 950 ～ 1 100K 为宜,而沉积反应控制在 750 ～ 850K 为

宜。反应 III 虽然斜率太小,但还可以采用。其他反应则由于温度过高或较低等原因,难以实现或者得不到满意的沉积膜层。目前已采用计算机辅助分析 CVD 工艺的平衡热力学数据的方法绘制 CVD 相图来帮助人们确定合理的 CVD 沉积工艺条件。

CVD 过程的实现需要气体反应物从外界吸收能量,得到活化而完成向固体膜层的转化,目前激活 CVD 反应气体的方法主要包括热激活、等离子体激活和激光激活等途径,图 7.35 给出了 CVD 反应过程中能量的变化(图中 ε 表示化学反应的激活能)。

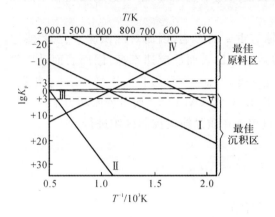

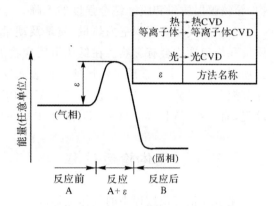

图 7.34　几种假设反应的 lgK_p - 1/T 变化曲线　　　图 7.35　CVD 反应过程中能量的变化

7.3.3　化学气相沉积过程动力学

化学气相沉积多属于非平衡过程,是一种复杂的化学系统。即使表面看似简单的 CVD 反应系统,也会涉及多个化学反应和多种形式的化合物形态。因此,在较宽广的温度和压力范围内没有任何理论模型可用于表面控制的生长机制、反应级别及总激活能的分析。实际中一般通过实验测试薄膜沉积速率与沉积参数(沉积温度、压力、反应物浓度等)的依从关系,然后将获得的数据与可能的速率限制反应对照来确定 CVD 的动力学数据。图 7.36 给出了采用 $TiCl_4$,BCl_3 和 H_2 气氛沉积 TiB_2 时的沉积速率 r_m 与沉积温度 T 的关系,符合 Arrhenius 规律:

$$r_m = A\exp(- E_b/RT) \tag{7-8}$$

式中,A 是常数;E_b 是表观激活能;R 为气体常数。由图 7.36 可以看到,在不同的温度范围内膜层的沉积机制不同。当温度从 1 050℃ 升高到 1 350℃ 时(对应图中的 a 段),沉积速率以指数规律快速增大,这表明表面化学动力学(包括化学吸附和 / 或化学反应、表面迁移、晶核形成与连接、表面脱附等)可能是沉积速率的限制环节,相应的表面过程与沉积温度之间有强烈的依从关系。从图 7.36 的 a 段的斜率可以得出这些过程的表面激活能为 144kJ/mol。当温度超过 1 350℃ 时(图 7.36 的 b 段),表面动力学过程的速率已很高,此时气相反应物通过边界层到达生长表面的扩散过程成为速率的限定环节,此时温度对沉积速率的影响减小,沉积速率由低温的界面过程控制向高温

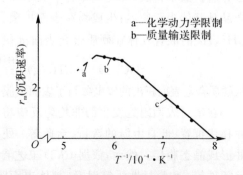

图 7.36　TiB_2 膜层沉积的 Arrhenius 曲线

的输运过程控制转变。在更高温度下沉积速率可能随温度升高而呈现出下降的变化规律(对应图7.36的 c 段),原因在于温度过高后,反应物浓度降低,或表面脱附现象加剧。另外,在高温下腐蚀性反应物(如 $TiCl_4$)和副产品(如 HCl)会对沉积膜层(如 TiB_2)产生较为强烈的刻蚀作用,从而降低沉积速率。如果进一步增加温度,除在衬底上非均质形核外,还会导致气相中均匀形核和固体颗粒的形成,不仅降低膜层沉积速率,而且干扰膜层的生长,使膜层粗糙、疏松,并降低膜层的附着强度。当然沉积温度过低,会使反应不完全,产生不稳定结构和中间产物,导致膜层质量和膜基结合强度的下降。

　　沉积室气压对沉积室内热量、质量及动量传输有重要的影响,因而对沉积速率、沉积膜层质量和均匀性均会有影响。在低压下反应物的输运速率比表面反应速率高,因而表面动力学为控制过程;在常压下质量输运速率比表面反应速率低,因而 CVD 过程受质量输运(或扩散)环节控制。多数 CVD 过程(包括 TACVD,PECVD,LACVD,ALE 等)均属表面动力学控制的过程,而一些 CVD(如 MOCVD、部分 TACVD)过程则在质量输运控制区域进行。

7.3.4　气体输运过程

　　化学气相沉积过程中的气体输运现象包括如下环节:

　　① 反应气体的流动:气相反应物从气源供给装置到反应器的流动,质量传输和热传输。

　　② 接近衬底表面的质量输运:气相反应物(前驱体)通过扩散穿过边界层(附面层)到达衬底表面,副产品从衬底表面脱附,穿过边界层输运出去。

　　影响气体在 CVD 反应器中流动的因素包括:反应器的温度及其分布情况;反应器的压力;气体的流速;气体的性质(如密度、黏度、扩散系数等);反应器的结构形状。

　　气体在反应器中的流动受流体力学原理支配,衬底表面形成的边界层厚度及状态对气体输运过程及衬底表面的反应过程与成膜过程均有重要的影响,而这又依赖于气体流速、压力、气体性质、反应器几何结构及衬底温度等因素。

7.3.5　CVD 膜层结构特点及影响因素

　　化学气相沉积膜层的形成大致经历如下过程:反应气体到达基体(衬底)表面附近,经由边界层扩散至衬底;反应气体分子被基体表面吸附;在基体表面进行化学反应并形核;气体副产品从基体表面脱离;生成物在表面扩散、迁移、聚集和膜层长大。图7.37给出了采用 $TiCl_4$,CH_4,H_2 的混合气体在硬质合金表面沉积 TiC 膜层的过程示意图,涉及的主反应方程为

$$TiCl_4(g) + CH_4(g) \xrightarrow{H_2(950\sim 1\,050℃)} TiC(s) + 4HCl(g)$$

从硬质合金表面析出的碳也参与了表面成膜反应,这会导致硬质合金表面脱碳,不利于基材性能。

　　在基材表面附近发生的非均匀反应将会在衬底表面产生迁移性原子,通常这些原子向表面择优位置(低自由能的弯折、台阶等)处扩散形成晶坯,再发展成稳定的晶核,晶核生长、合并形成晶态膜层。然而,依据 CVD 工艺参数(温度、压力、前驱体种类、反应气体浓度、气体输运条件等)和膜材性质等因素,基体表面既可以形成单晶体(外延生长)、多晶体膜层,也可以得到非晶态膜层,甚至还可能形成晶须结构。外延生长需要在较低过饱和度和较高温度下进

行,并且要求基体表面无污染、无缺陷。当沉积温度过低时,吸附原子的表面迁移能力很低,难以向低自由能位置迁移,而发生形核时,就有可能形成非晶态组织。晶须结构的形成则是选择性生长的结果。在通常情况下 CVD 膜层以多晶生长为主,多晶生长时形核发生在衬底表面的不同位置,导致岛状生长、合并和长大,从而形成多晶结构膜层。

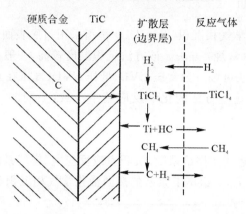

图 7.37　硬质合金表面沉积 TiC 膜层过程示意图

　　CVD 多晶膜层可能出现三种典型结构,即柱状晶、有刻面特征的柱状晶、细的等轴晶。柱状晶组织的形成归于"竞争性生长"。CVD 沉积初期在衬底表面形成一层无择优取向的细小等轴晶组织,随后处于有利取向位置的晶粒优先生长,进而导致具有明显择优取向的柱状晶组织的形成。柱状晶组织的形成条件是具备高的气相饱和度和低的沉积温度,使得表面扩散受到一定的限制。当进一步提高气相饱和度和降低衬底温度时,由于反应气体供给充分,二次形核易于发生,形核率增大,同时表面扩散受到限制,晶核长大较为困难,因此,此时会形成细小的随机取向的等轴晶组织。在适当的沉积温度和压力条件下,则会得到有刻面特征的柱状晶结构膜层。

　　CVD 膜层的结构还受膜料性质的影响,如 SiO_2,Al_2O_3,Si_3N_4 等陶瓷和介电材料膜层倾向于形成非晶态和微细等轴晶组织,而金属膜层倾向于形成柱状晶。不同组织结构的膜层具有不同的功用,对于防腐和耐磨 CVD 膜层,希望得到微细等轴晶组织,对于热障涂层、磁性膜层、铁电膜层则均希望获得柱状晶组织,而用于半导体功用的膜层则要求形成外延单晶组织。实际中沉积的厚膜层往往不是单一的组织形式,而是包含两种甚至三种组织结构。

　　为了对基材有良好的保护作用,保证 CVD 膜层厚度的均匀性十分重要,采取的具体措施包括:衬底在反应室内移动或旋转;搅拌反应气体或周期性地改变气体流动方向,使反应气体混合均匀;将衬底相对于气流方向倾斜放置,增加边界层沿气流方向的投影面积,或形成跨越衬底的温度梯度。

　　获得高的膜层与衬底的结合强度对于充分发挥 CVD 膜层的功用十分关键,为此需要采取如下措施:镀前对基体表面充分清洗,保障基体表面无氧化、无污染;避免衬底被前驱体或反应产物腐蚀或反应后形成结合薄弱的过渡层;避免发生气相形核反应(这种类型的均匀形核反应可能在较高温度或较高过饱和度条件下发生),在基体表面形成结合力低的粉体结构;保障前驱体的充分供给,避免气相成分的变化和膜层厚度的不均匀及内应力的产生;恰当地匹配衬底材料-膜层材料,避免因膜基热膨胀系数的过大差异而引入较高的膜层热应力;采用离子辅助等手段,净化衬底、优化膜层组织。

7.3.6　典型化学气相沉积技术

1. 热激活化学气相沉积

热激活(或热化学)化学气相沉积(TACVD)是指采用衬底表面热催化方式进行的化学气相沉积,这是 CVD 的经典(常规)方法。该方法沉积温度较高,一般在 $800 \sim 1\,200℃$,对衬底选择有一定的限制。该方法可细分为常压 CVD、低压 CVD(气压在 $0.01 \sim 1.33kPa$)、高真空 CVD(气压 $< 10^{-4}kPa$)。这些方法的化学反应基本一致,不同的是控制环节和膜层结构有差异。

(1) 装置

TACVD 装置通常包括气体供给系统、沉积室或反应室、排气系统、抽真空系统(适用于低压或高真空 CVD)等。图 7.38 给出了典型的热激活化学气相沉积装置。

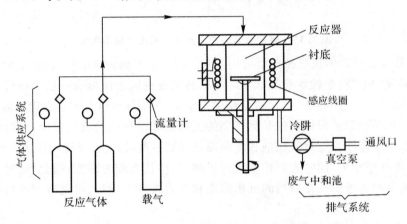

图 7.38　典型的热激活化学气相沉积装置

1) 气体供给系统

供给反应室的气体由反应气体和载气组成。当反应气体为气态时,由气瓶、减压阀、流量计构成供气系统进行气体供给。当反应气体来源于液态前驱体时,可将液体通入蒸发容器,同时将载气从温度恒定的液面上通过而把蒸气携带进入反应室中。当反应气体由固态形式供给时,把固体放入蒸发容器中,加热使其蒸发或升华,然后送入反应室中。进入反应室的气体量的大小由质量流量计和控制阀来决定。

2) 反应室

反应室的类型较多,依据开放程度的不同可分为开放型、封闭型、近间距型;根据反应器的外部结构可分为卧式、直立式和筒形式反应器;根据反应器的工作特点则分为间歇式和连续式反应器;根据反应器壁是否加热,又可分为热壁式反应器和冷壁式反应器。这些不同类型的反应器各有自身的特点,如卧式反应器气流方向与衬底基座平面平行,生产效率高,但是沿气流方向膜厚分布、浓度分布存在不均匀问题,为克服该缺点,可将工件相对气流方向倾斜放置(见图 7.39(a))。直立式反应器沉积膜层的均匀性较好(见图 7.39(b)),但是生产效率低。筒形式反应器(见图 7.39(c))则是立式和卧式反应器的混合形式,故具有两者的综合优点。热壁式反应器加热均匀,但是衬底和器壁表面均会沉积膜层,冷壁反应器则仅局限于衬底表面沉积膜层,同时热的衬底与冷的器壁之间因温度梯度导致的对流还会促进反应气体的输运过程。衬底和器壁的加热方法有电阻加热、高频感应加热、红外加热等方式。

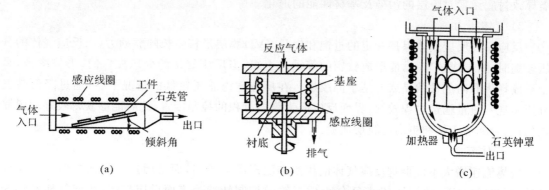

图 7.39　热化学气相沉积反应室的几种形式

(a) 水平式反应器；(b) 直立式反应器；(c) 圆筒式反应器

3) 排气系统

排气系统既有助于将未反应的气体和副产品排出反应室,同时还可提供一条反应物越过反应区的通畅路径。排气系统应配置尾气处理装置,将有毒气体进行吸收或中和处理。

热激活 CVD 形成膜层过程的示意图如图 7.40 所示。把反应气体导入反应室,并尽可能均匀地送到加热的基体表面上,反应气体在基体表面吸附,发生分解、还原、氧化、水解或置换等化学反应,并在基片表面形成膜层。未反应的气体和二次生成物(气体)被排气系统排到反应室之外。

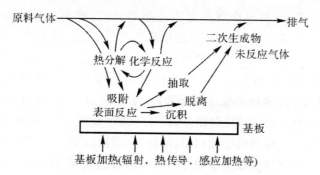

图 7.40　热激活 CVD 膜层形成过程示意图

(2) 膜层质量影响因素

影响 TACVD 膜层质量的因素主要包括化学反应类型、沉积温度、气体压力、气体流速、衬底和反应系统装置等,这些因素对 CVD 反应的热力学与动力学均有影响。

1) 化学反应

沉积同一成分的膜层材料,采用的化学反应不同,沉积速率、沉积过程不同,沉积膜层的结构、组织状态、杂质含量都会有差异,其物理、化学和机械性能也会不同。

2) 沉积温度

沉积温度是影响沉积膜层质量的最重要因素之一,它对气体的质量输运过程、膜层形核率和膜层生长的控制过程有直接的影响,进而影响膜层的组织和性能。沉积温度升高可导致沉积表面反应控制向质量输运控制转化,膜层结构由等轴晶转化为柱状晶组织;衬底温度过高可能导致衬底元素对膜层的污染及基材性能的退化。

3) 气体压力

反应室内反应气体保持一定的过饱和度是 CVD 膜层形核生长的驱动力,当反应气体的分压较高时,膜层成核率高,能形成致密的等轴晶组织,当反应气体的分压较低时,形核率低,易于形成择优取向的柱状晶或外延单晶膜层。在反应室内总压较低的情况下(可通过降低载气分压实现),质量输运过程较快,界面反应成为膜层沉积的控制因素,此时能够获得较好的膜厚均匀性、阶梯覆盖性和更高的膜层质量。

4) 气体流速

气体流速增大不仅促进反应气体的供给和副产品的排出,而且因边界层的减薄使得质量迁移过程加快,CVD 膜层的生长可能由质量输运控制转变为表面反应控制,膜层结构和性能也随之改变。

5) 衬底

衬底表面清洁程度对膜层结构和附着力有重要的影响,对于外延膜层生长情况,衬底表面缺陷及结晶学取向对沉积膜层的结构、位错密度和表面质量有重要影响。

6) 反应系统装置

反应系统装置对气体流动状态有直接影响,进而影响膜层的均匀性,故设计或选择 CVD 装置时,应使气体流动状态和压力分布最佳化。

2. 等离子体增强化学气相沉积

为了克服热激活 CVD 技术中沉积温度过高的缺点,等离子体增强化学气相沉积技术(PECVD)应运而生。等离子体增强 CVD 是依靠等离子体的能量激活 CVD 反应,利用在等离子体中产生化学性质活泼的离子、原子团和激发态分子,增强反应气体的活性,因此,可以显著降低衬底的温度,并使在热激活 CVD 中进行得十分缓慢或不能进行的反应得以进行。PECVD 中应用的等离子体多属于低压辉光放电,少数在弧光放电区进行。辉光放电等离子体为非平衡等离子体,电子温度或能量很高,而原子温度较低,当高能电子与气体分子或原子发生非弹性碰撞时,将产生受激的中性粒子、活性基(激发原子、分子等)、离子一类的反应活性物质以及更多的电子,而气体的温度增加并不明显,由此导致在较低温度下即可实现原本在热力学平衡态下需要相当高温才能发生的化学反应。PECVD 是低压等离子体物理与 CVD 的有机结合,拓宽了 CVD 的应用领域,提高了 CVD 膜层质量。

(1) 装置

PECVD 装置中的气体供给系统、排气系统、温度与压力控制系统、真空系统等与热激活 CVD 相似,但需要专门的等离子体激发装置。PECVD 中应用的等离子体可以通过直流高压放电、直流脉冲放电、高频(兆赫以上)放电、射频放电(450kHz 或 13.56MHz)、微波放电(2.45GHz)等方式产生。多数 PECVD 装置中都采用射频(RF)辉光放电的方法产生等离子体。RF 放电的耦合方式有电感耦合和电容耦合两种,如图 7.41 所示是平板式电容耦合方式产生等离子体的 PECVD 装置示意图,属于冷壁式 CVD 装置,在 450kHz 或 13.56MHz 的频率下工作,反应器内壁可以用石英绝缘体或不锈钢制作,两者放电方式不同,在后者情况下,面向高频电极(阴极)的阳极接地,并和不锈钢腔体等电位,形成非对称电极结构,此时阴极的负电位将增加,形成较大的自偏压,从表面上看形成了类似于直流辉光放电的空间正离子电荷。在这种情况下,阳极和阴极表面均可以形成膜层。由于衬底通常直接与等离子体接触,因此不能忽略等离子体对衬底的刻蚀作用。通过对等离子体施加直流偏压或外部磁场的方法,能够使等离子体远离壁面。如图 7.42 所示是 PECVD 沉积膜层的原理示意图,与热激发 CVD 不同的是等离子体中的电子与反应气体碰撞促进了电离、活化和化学反应过程,此外,处于等离子体环境中的衬底表面因发生溅射作用而得到清洗或活化,这将有助于膜层结合强度的提高。

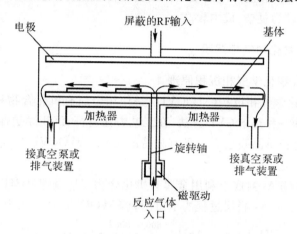

图 7.41　径向流动射频等离子体 CVD 反应器

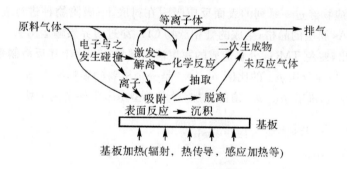

图 7.42　PECVD 沉积膜层原理图

（2）PECVD 的特点

与常规热激活 CVD 技术相比,PECVD 技术具有如下特点:

① 膜层沉积温度低。PECVD 中的化学反应不是依靠加热使反应气体激发,而是靠温度或能量很高(1～10eV)的电子碰撞实现反应气体的激发和离解,通常能够使 CVD 反应的温度降低数百度,由此大大拓宽了基体材料的应用范围。此外,由于沉积温度降低,也抑制了基材与膜层之间的扩散,避免了基材对膜层的污染。低的沉积温度还有利于非晶态膜层和微晶膜层的制备。

② 膜层制备种类广泛。PECVD 技术能够沉积 TACVD 技术难以制备的膜层,包括各种金属膜、非金属膜、有机聚合物膜等。

③膜层内应力低。由于沉积温度降低,可以大大减小由于膜层与衬底热膨胀系数不匹配所引入的膜层内应力,有利于膜层结合强度和力学性能的改善。

④膜层沉积速率高,膜层均匀性好。PECVD在真空或低压条件下进行,边界层薄,质量输运过程快,膜层均匀性也得到改善。

⑤较难得到准确化学计量比的膜层。等离子体中电子的能量分布范围宽,因此激发的化学反应未必是选择性的,很可能同时存在多种化学反应,使反应产物的控制变得困难。此外,由于衬底温度较低,反应副产品解吸不彻底,会残留在膜层中。

⑥等离子体对衬底和膜层产生的轰击作用会使衬底损伤和在膜层中引入缺陷。

⑦膜层制备装置较为复杂,成本较高。

3. 金属有机化合物化学气相沉积

(1) 金属有机化合物化学气相沉积原理

金属有机化合物化学气相沉积(MOCVD)是使用金属有机化合物和氢化物(或其他反应气体)作为原料气体的一种热解CVD方法,在工艺方法特征、沉积膜层性能方面有别于其他方法,尤其在制备外延生长单晶膜层方面具有独特的优势。MOCVD反应的热力学和动力学原理与常规热激活CVD是一致的。

图7.43给出了在GaAs衬底上利用金属有机化合物三甲基镓$((CH_3)_3Ga,TMGa)$与砷烷(AsH_3)反应外延生长GaAs膜层过程的示意图,该MOCVD反应式为

$$(CH_3)_3Ga + AsH_3 \xrightarrow{600 \sim 800℃} GaAs + 3CH_4$$

GaAs膜层的生长过程包括如下基本步骤:TMGa与砷烷以氢气为载气,经由边界层扩散至GaAs衬底表面;气相反应物经过一系列的表面反应吸附在衬底上;吸附物种进行表面扩散化学反应,继而进入固体GaAs膜层的晶格;生成的气相产物CH_4穿过边界层输运出去。载气H_2能够促进CH形成CH_4逸出,避免TMGa分解造成的膜层渗碳现象。利用上述反应制备GaAs膜层时,气相中的砷分压p_{As}与镓分压p_{Ga}的比值p_{As}/p_{Ga}是一个重要的影响因素,p_{As}/p_{Ga}值较小时,GaAs外延薄膜呈p型导电,随着p_{As}/p_{Ga}值的增加,导电类型由p型转变为n型。

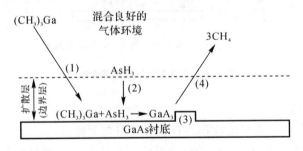

图7.43　GaAs膜层的生长过程

(2) 金属有机化合物化学气相沉积的特点

金属有机化合物化学气相沉积具有如下优点:

①MOCVD前驱体可在热解或光解作用下,在较低温度下沉积出各种无机材料薄膜,如金属、氧化物、氮化物、碳化物、氟化物和化合物半导体等膜层材料,沉积温度处于高温TACVD和低温PECVD之间,属于中温CVD工艺;

② 装置结构简单,可大面积沉积处理,易于实现批量化生产;

③ 在外延膜层制备上具有独特优势,即使膜层与衬底组分明显不同,所沉积的外延膜层仍具有很高的韧性,即使化学性质完全不同,只要晶格常数足以与衬底匹配,也能沉积外延膜层;

④ 可制备出厚度薄至几个原子层、可精确控制掺杂水平和合金组分、界面变化陡峭的多层结构。

金属有机化合物化学气相沉积也有一些不足之处:

① 沉积速率慢,较低的沉积速率虽然有利于微调控制多层结构的尺寸和组分,但是却不利于防护用途的厚膜层制备;

② MOCVD 所用气体或前驱体多数属于有毒、易燃、易爆、可自然或有腐蚀性物质,因此,必须十分小心防护和操作;

③ 供气回路较为复杂,且要求很高;

④ 原料价格昂贵,供应受到一定的限制。

MOCVD 技术目前主要用于制备各种化合物半导体膜层材料,如 GaAs,GaSb,InAs,ZnS,ZnSe,CdS,PbTe,SnTe 等。

7.4　气相沉积技术的应用

气相沉积技术作为表面工程技术的一个重要组成部分,具有自身的诸多特点,能够生产制备抗磨、抗氧化、耐腐蚀、耐热(热障)膜层;固体润滑膜层;特殊用途的电子、光学、生物医学用膜层;装饰与包装用膜层等。表 7.4 给出了气相沉积技术制备的典型膜层材料、可采用的沉积技术方法及其工业应用范围。

表 7.4　气相沉积技术制备的典型膜层及其工业应用

应用分类	膜层材料	适用的基体材料	主要沉积方法[①]	应用范围
高硬度、耐磨损、抗冲蚀	TiN,ZrN, HfN, TaN,NbN,CrN,BCN,Si$_3$N$_4$,TiC,ZrC,Cr$_7$C$_3$,Ti(C,N),Ti(B,N),SiC,(Ti,Al)N,TiN/VN多层,WC/TiC,TiN/Ti,β-C$_3$N$_4$,c-BN,金刚石,类金刚石等	高速钢、磨具钢、硬质合金、金属陶瓷、钛合金、不锈钢等	离子镀、磁控溅射、活性反应蒸镀、IBED、CVD、PECVD等	机械加工工具、磨具、发动机叶片、机械零件等
润滑	Au,Ag,Pb,Cu-Au,Pb-Sn,MoS$_2$,MoTe$_2$,WS$_2$,MbS,MoS$_2$-BN,MoS$_2$-石墨,Ag-MoS$_2$,CuNiIn 等	高温合金、结构金属、轴承钢等	电阻蒸发、电子束蒸发、离子镀、非平衡磁控溅射、IBED、PECVD等	超高真空、高温、超低温、射线辐照、腐蚀、高负荷、无油润滑条件工作、喷气发动机轴承、人造卫星轴承、航空航天高温旋转器件
耐高温、抗氧化	Pt,W,Ti,Ta,Mo,Al$_2$O$_3$,Ni-Cr,MCrAlY,ZrO$_2$ 等	不锈钢、耐热合金、碳钢、Mo合金、有色金属等	电子束蒸发、离子镀、磁控溅射、IBED、CVD、PECVD等	汽轮机和发动机叶片、排气管、喷嘴、航空航天器件、原子能工业耐热构件等

续 表

应用分类		膜层材料	适用的基体材料	主要沉积方法①	应用范围
耐腐蚀		Al,Cd,Ti,Cr,TiN,TiC,Al$_2$O$_3$,Al－Zn,Cr$_7$C$_3$,Ni－Cr,Fe－Ni－Cr－B－C非晶等	钢、不锈钢、有色金属等	电阻蒸发、电子束蒸发、离子镀、磁控溅射、IBED、CVD、PECVD等	飞机、轮船、汽车、化工管道等构件、紧固件表面防护
装　饰		TiN,TiC,TaN,TaC,ZrN,Cr$_7$C$_3$,Al$_2$O$_3$,Al,Ag,Ti,Au,Cu,Ni,Cr,Ni－Cr等	钢、黄铜、铝、不锈钢、塑料、陶瓷、玻璃、纸箔等	电阻蒸发、电子束蒸发、离子镀、磁控溅射、IBED、CVD、PECVD等	首饰、表壳、表带、钟表、灯具、眼镜、五金零件、汽车配件、电器零件等
电子器件	导体膜	Al,Au,Mo,W,Re,Ta$_2$N,Ta－Al,Ta－Si,Ni－CrAl,MoSi$_2$,WSi$_2$,TaSi$_2$,TiSi$_2$,Ag－Al－Ge,Al－Al$_2$O$_3$－Au等	Si片、陶瓷、塑料、玻璃、合金等	电阻蒸发、电子束蒸发、离子镀、磁控溅射、IBED、CVD、PECVD等	薄膜电阻及引线、电子发射器件、隧道器件等
	介质膜	SiO$_2$,Si$_3$N$_4$,Al$_2$O$_3$,BaTiO$_3$,PbTiO$_3$,ZnO,AlN,LiNbO$_3$等	——	电子束蒸发、离子镀、磁控溅射、IBED、CVD、PECVD等	表面钝化、层间绝缘、电容、电热体等
	半导体膜	Si,α－Si,Au－ZnS,GaAs,CdSe,CdS,PbS,InSb,Ge,Pb－Sn－Te等	——	离子镀、磁控溅射、IBED、CVD、PECVD等	光电器件、薄膜三极管、发光管、磁电器件、传感器等
	超导膜	Pb－B/Pb－Au,Pb－In－Au,PbO/In$_2$O$_2$,YBaCuO	——	电子束蒸发、离子镀、磁控溅射、IBED、CVD、PECVD等	超导器件
	磁性材料及磁记录介质	γ－Fe$_2$O$_3$,Co－Ni,Co－Cr,Mn－Bi,GdCo,GbFe,TbTe,Ni－Fe,V$_{13}$Fe$_5$O$_{12}$,Co－Zr－Nb非晶膜等	合金、塑料等	电子束蒸发、离子镀、磁控溅射、IBED、CVD、PECVD等	磁记录、磁头材料、磁阻器件、光盘、磁盘等
	显示器件膜	ZnS,Y$_2$O$_3$,Ag,Cu,Al,SiO$_2$,Al$_2$O$_3$,Si$_3$N$_4$,ITO等。	玻璃等	电阻蒸发、电子束蒸发、离子镀、磁控溅射、IBED、CVD、PECVD等	荧光显示管、等离子显示、液晶显示
光学及光通信		Si$_3$N$_4$,Al,Ag,Au,Cu,TiO$_2$,ZnO,SnO$_2$,GdFe,TbFe,InAs,InSb,PbS,金刚石等。	塑料、玻璃、陶瓷等	电阻蒸发、电子束蒸发、离子镀、磁控溅射、IBED、CVD、PECVD等	保护、反射、增透膜、光开关、光变频、光记忆、光传感器等
太阳能		AlN－Al,CdS－Cu$_2$S,SnO－Al,ITO等	玻璃、不锈钢	离子镀、磁控溅射、IBED、CVD、PECVD等	太阳能热水器、太阳能电池、光电池、透明导电膜等

续　表

应用分类	膜层材料	适用的基体材料	主要沉积方法^①	应用范围
包　装	Al,Ag,Ni,Cr,TiN 等	纸、塑料、金属等	电阻蒸发、电子束蒸发、离子镀、磁控溅射、IBED、CVD、PECVD 等	包装材料表面金属化

① 注:所给出的每一沉积方法并不一定适用于制备所有对应列出的膜层。

7.4.1　物理气相沉积技术的应用

真空蒸发镀的优点是沉积速率高、膜层纯度高,缺点是结合强度较低,不太适用于复杂成分的合金与化合物膜层的沉积。真空蒸发镀技术目前已在装饰、防腐、抗氧化、耐磨、热障、光学与通信、电子器件、包装、润滑、信息技术等多种功用方面发挥了重要作用。例如防腐蚀真空蒸发镀层有 Cd,Al,抗氧化镀层有 MCrAlY(M 代表 Fe,Co,Ni 等),耐磨镀层有活性反应蒸镀立方氮化硼(c-BN) 硬质耐磨镀层等。

溅射薄膜按其不同的功能和应用可大致分为物理功能膜和机械功能膜两大类。前者包括电、磁、声、光等功能的薄膜材料;后者包括耐磨、减摩、耐热、抗蚀等表面强化薄膜材料。

(1) 在半导体器件中的应用

硅半导体器件电极引线材料要求电阻率低,与氧化物层结合性能好,刻蚀方便,价格低,一般多采用溅射铝膜。溅射铝膜比蒸镀铝膜做成的引线寿命要高一个数量级,原因是溅射铝膜表面平整,空隙率低,具有良好的光反射率,所得膜层的电阻率和大块材料接近。若在 Al 中加入微量的 Cu,Si 等元素,其寿命可进一步增加。为防止元件表面引线的腐蚀和有害物质的侵入,元件表面采用溅射 Si_3N_4 绝缘膜加以保护。

(2) 在透明导电膜中的应用

溅射法制备的透明导电膜有 ITO(In_2O_3:Sn),nesa 膜(由 SnO_2,Cd_2SnO_2 等金属氧化物和 Au,Ag,Pd 等金属组成) 以及由金属和 TiO_2 相组成的夹层膜等。透明导电膜在液晶平板显示器件(LCD)、薄膜晶体管液晶平板显示器(TFT-LCD)、等离子体平板显示器件(PDP) 等装置中都有广泛应用。

(3) 在集成电路制造中的应用

利用射频溅射制备的 Ta_2O_5 薄膜电容器能够提高介电常数和减小介电体的厚度,增加电容器的电容量。利用射频溅射沉积的 SiC,$PbTiO_3$ 温度传感器薄膜材料分别可以用来制备负温度系数热敏电阻、射线温度传感器。钽薄膜广泛应用于电阻、电容、钽薄膜集成电路和绝缘体的金属化等。

(4) 在信息存储领域的应用

溅射薄膜磁信息记录介质与传统的铁磁性材料存储介质相比具有高矫顽力、低剩余磁化强度及低介质噪声。利用溅射沉积法得到的 FeAlN,FeAlVNbON 等用于制备感应式薄膜磁头的磁极材料具有软磁性材料的性能,即高的饱和磁化强度和磁导率、低的矫顽力和磁致伸缩系数以及优良的抗腐蚀和耐磨性能,是新一代高密度磁记录磁头材料的最佳选择。用射频溅射方法制备的单轴各向异性垂直于膜面的 Gd-Co 非晶态磁性薄膜可用做磁光信息存储薄膜。采用 Al_2O_3 溅射膜则可以防止硬盘磁头的磨损。

(5) 在耐磨硬质涂层方面的应用

采用非平衡磁控溅射技术可以制备各类氮化物(如一元金属氮化物 TiN,CrN,Mo_2N,HfN,二元金属氮化物 TiAlN,AlCrN,三元金属氮化物 CrTiAlN),碳化物(如 TiC),氧化物(如 Al_2O_3),硼化物(如 TiB)等硬质膜层,这些膜层普遍具有优良的耐热、耐磨、抗氧化、耐冲击等功能,可以显著提高刀具、模具等工作特性和使用寿命。TiAlN 膜层由于 Al 元素的加入,高温下可以形成一层较薄的、化学性能非常稳定的 Al_2O_3,因此工作温度可达 800℃,高温性能优于 TiN 膜,可用于高速切削、干切削以及难加工材料的刀具的防护。AlCrN 与 TiAlN 相比,韧性好,更适合用于铣削、滚削等断续切削加工刀具。AlCrSiN 具有超强耐氧化能力,膜层在高温下具有低摩擦因数,更适合铝、不锈钢等黏性强的材料加工刀具。

纳米多层膜具有独特的机械性能,而溅射沉积特别适应于制备纳米多层膜,采用磁控溅射技术把 TiN 和 AlN 膜层交替相互重叠 2 000 层,每层调制周期的厚度控制在 $1\sim2nm$,膜层硬度大于 4 500HV,极大地提高了膜层材料的高温抗磨损能力,使刀具的使用寿命较一般 TiN 和 AlN 膜层刀具寿命提高 3 倍以上。通过对膜层成分和结构、膜层厚度的综合设计,研制出 TiC/TiCN/TiN,$TiC/Al_2O_3/TiN$,TiC/TiBN/TiN 等多层复合膜层,充分发挥各膜层的优势,大大提高了硬质合金刀片的耐用度。

(6) 在耐蚀膜层方面的应用

非平衡磁控溅射 TiN,TiC,Al_2O_3 等膜层化学性能稳定,在许多介质中具有良好的耐蚀性能。燃气涡轮机叶片要求具有良好的高温抗氧化性能和高温强度,在燃气轮机叶片上溅射沉积 Ni/ZrO_2＋Y 等陶瓷／金属复合镀层,具有较好的效果,有效延长了叶片的使用寿命。

人们采用离子镀技术在切削工具、模具和摩擦学领域中应用,可以使刀具、量具、模具、滚动轴承以及其他一些零件表面要求具有良好的耐磨性能。采用离子镀技术制备硬质膜提高表面硬度是改善耐磨性能的有效途径。离子镀具有工艺温度较低(通常在 500℃ 以下)、沉积速率快、膜基结合强度高、绕镀性好的特点,较其他高温表面改性方法有突出优势,可以保证刀具、模具及零件的尺寸精度、表面光洁度及基材性能。目前采用各类反应离子镀法(活性反应法、HCD 法、电弧离子镀、非平衡磁控溅射离子镀等)制备的 TiN,CrN,TiC,VC,NbC,(Ti,Al)N,ZrN/TiN 复合膜层,立方氮化硼(c-BN),金刚石膜,类石墨等高硬度镀层成功应用于高速钢切削工具、模具、钻具及其他零部件的表面防护,使其使用寿命提高数倍至 20 多倍,生产效率显著提高。通过溅射石墨靶的离子镀法制备的类石墨膜(以 sp^2 键为主)经金属元素改性,其硬度可在 $16\sim30GPa$ 之间调整,与金属基材结合强度高,不仅在大气中有良好的固体润滑效果,而且在水介质中也有良好的润滑性能(摩擦因数约为 0.05),性能优于类金刚石膜,因此在零部件固体润滑和干切削、液体切削刀具上有很好的应用前景。离子镀纳米多层结构超硬膜(如 TiN/VN(硬度 56GPa)、TiC/VC(硬度 52GPa)、(Ti,Al)N/Mo 等)和纳米晶复合超硬膜也在摩擦学领域有广阔的应用前景。

另外,离子镀技术在功能膜层、耐腐蚀、装饰膜层方面的应用也越来越受到人们的欢迎,如多弧离子镀可以制备金黄色的 TiN、黑色的 TiC 膜、棕色的 TiAlN 膜和绿色的 ZrO 膜等,膜层附着力强、不易脱落、绕射性好、厚度均匀,在钟表表壳、表带、瓷砖、卫生洁具、楼梯扶手、大厅圆柱及汽车零部件装饰、耐磨和耐蚀性能改善方面得到了广泛应用。

7.4.2　化学气相沉积技术的应用

传统的热激活 CVD(TACVD) 应用范围较广,适用于低温、中温和高温膜层制备,可以制备很多金属、非金属和化合物(如碳化物、氮化物、氧化物、硼化物、硅化物、金属间化合物等)膜层,在腐蚀防护、摩擦磨损控制,刀具、模具及结构零件表面保护,集成电路和其他半导体器件的制作,以及光电子和光学器件上有重要用途。例如,早在 1968 年 CVD 制备的 TiC 硬质涂层已应用到硬质合金刀具上,20 世纪 70 年代、80 年代和 90 年代又相继推出了由第二代涂层 TiC-Al$_2$O$_3$、第三代涂层 TiN-Al$_2$O$_3$-TiN,以及性能更加优异的 TiN-MT-TiCN-Al$_2$O$_3$-Ti 等复合 CVD 涂层保护的刀片,使刀具的寿命大幅度提高,取得了显著的经济效益。表 7.5 给出了 CVD 技术制备的典型膜层特性、制备方法及应用实例情况。

表 7.5　典型 CVD 膜层特性、制备方法及应用实例

膜层材料	膜层材料特性	CVD 反应	应用实例
Cr	耐蚀、耐磨、抗氧化、导电	$CrCl_2 + H_2 \xrightarrow{Ar(1\,200℃)} Cr + 2HCl$	抗氧化、耐腐蚀、耐磨损防护,半导体集成电路金属化接触层等
Mo	熔点高、强度高、延展性好	$MoCl_6 + 3H_2 \xrightarrow{400\sim1\,350℃} Mo + 6HCl$	集成电路金属化接触层,炮筒抗冲蚀涂层,太阳能光热转化涂层,激光器反射镜涂层等
Ir	熔点高,优异的耐蚀和抗氧化性能	$IrF_6 + 3H_2 \xrightarrow{775℃} Ir + 6HF$	火箭发动机的耐蚀、抗氧化涂层,热阴极涂层等
Ta	熔点高,耐酸蚀	$2TaCl_5 + 5H_2 \xrightarrow{Ar(900\sim1\,300℃,1\,330Pa)} 2Ta + 10HCl$	薄膜电容器,耐腐蚀涂层,兵器制造等
B	密度低,熔点高,耐腐蚀,中子吸收截面大	$2BCl_3 + 3H_2 \xrightarrow{900\sim1\,300℃} 2B + 6HCl$	钨芯和碳芯硼纤维,聚变堆第一壁涂层等
C(石墨)	石墨具有各项异性,耐蚀,润滑,生物相容性好	$CH_4 \xrightarrow{1\,100℃,\,数百至101\,320Pa} C + 2H_2$	聚变堆和核燃料涂层,航天器防护罩,火箭喷嘴,汽车刹车盘,碳纤维,生物医学制品(如心脏瓣膜、人体植入器官)等
Si	半导体材料,优良的红外渗透性能	$SiCl_4 + 2H_2 \xrightarrow{1\,150\sim1\,299℃,\,硅单晶衬底} Si(单晶) + 4HCl$ $SiH_4 \xrightarrow{610\sim630℃,\,133Pa} Si(多晶) + 2H_2$	半导体器件,太阳电池
TiB$_2$	熔点高,硬度大	$TiCl_4 + 2BCl_3 + 5H_2 \xrightarrow{800\sim1\,100℃,\,数百至101\,325Pa} TiB_2 + 10HCl$	硬质合金工具、泵、阀门等耐磨涂层等

续 表

膜层材料	膜层材料特性	CVD 反应	应用实例
TiC	熔点高,硬度大	$TiCl_4 + CH_4 \xrightarrow{H_2(950 \sim 1\,050\,℃)} TiC + 4HCl$	硬质合金工具、滚珠轴承、挤压模和喷枪嘴涂层等
Ti(C,N)	硬度高,耐磨	$TiCl_4 + xHCl_4 + 1/2(1-x)N_2 + 2(1-x)H_2 \longrightarrow$ $TiC_xN_{1-x} + 4HCl$	轴、轴套等耐磨涂层
TiN	熔点高,硬度大	$TiCl_4 + 1/2N_2 + 2H_2 \xrightarrow{850 \sim 1\,200\,℃} TiN + 4HCl$ $TiCl_4 + NH_3 + 1/2H_2 \xrightarrow{800\,℃} TiN + 4HCl$	硬质合金工具涂层,半导体器件扩散屏障层等
HfN	熔点高,抗氧化,耐腐蚀	$2HfCl_4 + N_2 + 4H_2 \longrightarrow 2HfN + 8HCl$	切削工具涂层,摩擦磨损和抗腐蚀涂层,微电子器件扩散屏障层等
Al₂O₃	硬度高、耐蚀、抗氧化	$2AlCl_3 + 3H_2 + 3CO_2 \xrightarrow{1\,000\,℃} Al_2O_3 + 3CO + 6HCl$	硬质合金工具涂层(TiN 和 TiC 等的打底层),半导体器件膜层等
Cr₂O₃	抗氧化,耐腐蚀	$Cr(C_5H_7O_2)_3$ 或 Cr 的羟基化合物的分解	耐腐蚀、抗冲蚀涂层的中间层等
GaAs	优秀的半导体性质	$(CH_3)_3Ga + AsH_3 \xrightarrow{600 \sim 800\,℃} GaAs + 3CH_4$	微波器件,光化学电池,固体中子探测器,场效应晶体管等用膜层
ZnS	优良的光学性能	$H_2S + Zn \xrightarrow{600 \sim 800\,℃} ZnS + H_2$	红外光学窗口

习题与思考题

1.等离子体有何特点? 如何分类? 为何在气相沉积中主要利用的是低温等离子体?

2.真空蒸镀法制备薄膜必须具备哪些基本条件? 为什么? 膜层沉积前和沉积过程中为什么需要对基体(或基片)进行加热? 是否加热温度愈高愈好?

3.试比较真空蒸发沉积、溅射沉积、离子镀和离子辅助沉积制备膜层技术的特点及其应用状况。

4.采用什么技术措施能够获得厚度均匀的蒸镀膜层、合金蒸镀膜层和化合物蒸镀膜层?

5.溅射产额的影响因素有哪些? 其影响规律如何?

6.试比较溅射沉积与真空蒸镀的原理和成膜特性。

7.溅射沉积薄膜的结构有何特点? 受哪些因素影响? 规律如何?

8.试比较各种溅射沉积方法的原理和特点,实际应用中如何选择这些方法? 如何在不明显影响溅射沉积效果的前提下达到增大磁控溅射靶材和工件(基材)间距的目的?

9.离子镀为何能够获得较高的膜基结合强度和良好的绕镀性?

10. 为什么说空心阴极离子镀的空心阴极电子枪既是蒸发源,又是离化源?

11. 离子增强(或辅助)沉积技术如何分类? 沉积源与辅助离子源如何匹配更为合理?

12. 离子束辅助沉积、溅射沉积和离子镀各是如何利用等离子体的? 其中等离子体的作用有何异同?

13. 化学气相沉积如何分类? 热激活 CVD 技术和等离子体增强 CVD 技术各有什么特点?

14. 化学气相沉积中为何要求膜层的沉积反应必须在基材或衬底表面进行? 如果在气相中提前进行会有什么后果?

15. 试比较蒸发镀、溅射沉积、离子镀沉积膜层的结构特点与成膜特点及影响因素。

16. 为何采用不同的气相沉积技术获得的同一膜层却往往具有不同的性能或功能?

第8章 三束表面改性技术

采用激光束、离子束、电子束这三种高能束流对材料表面改性处理或表面合金化的技术是近 20 年来迅速发展起来的材料表面处理新技术,是材料科学最新领域之一。高能束流技术对材料表面的改性处理是通过改变材料表面的成分或组织结构实现的,成分的改变包括表面合金化和熔覆,组织结构的改变包括组织和相的改变,特别是离子注入技术具有基体结合牢固、注入层薄,不受固溶度限制等优点,既能节省贵重金属,又能达到耐蚀的目的,因此受到腐蚀与防护技术界的普遍关注,并已逐步用于改善钢铁、有色金属等材料表面的耐腐蚀、耐磨、抗氧化性能等。

由高密度光子、电子、离子组成的激光束、电子束、离子束有一个共同特点,就是通过特定装置可以聚焦到很小甚至非常微细的尺寸,形成极高能量密度($10^3 \sim 10^{12}$ W/cm^2)的粒子束,将其作用于材料表面,可以在极短的时间内以极快的加热速度使材料基体表面特性发生改变。实际上,激光表面淬火和熔凝技术、脉冲激光沉积技术、电子束蒸发镀膜技术、离子束溅射镀膜技术等,都属于高能束表面改性的范畴。它们还可以作为微细加工技术,在材料表面形成各种图案和形状,获得各种特殊的功能的方法。尤其是近年来高能束流材料表面改性和微细加工在电子、核工业、能源、航空、航天等高科技领域受到了人们的关注并得到了广泛应用。

8.1 三束表面改性技术概况

8.1.1 激光表面改性技术

1. 激光处理技术的特点

激光是一种相位一致、波长一定、方向性极强的电磁波,激光束由一系列反射镜和透镜来控制,可以聚焦成直径很小的光(直径只有 0.1mm),从而可以获得极高的功率密度($10^4 \sim 10^9$ W/cm^2)。激光与金属之间的互相作用按激光强度和辐射时间分为几个阶段:吸收光束、能量传递、金属组织的改变和激光作用的冷却等。它对材料表面可产生加热、熔化和冲击作用。随着大功率激光器的出现以及激光束调制、瞄准等技术的发展,激光技术在材料表面处理和表面改性技术方面得到了迅速发展。

激光加工技术研究始于 20 世纪 60 年代,到 20 世纪 70 年代初研制出大功率激光器后,激光表面技术才获得实际应用。激光表面处理技术是在材料表面形成一定厚度的处理层,改善材料表面的力学性能、冶金性能、物理性能,从而提高零部件的表面耐磨、耐腐蚀、抗疲劳等一系列性能。

激光表面改性技术的分类方法很多,通常可以根据其改变基材成分与否分成两大类(见图

8.1），如激光表面硬化、激光表面熔覆、激光表面合金化、激光冲击硬化、激光非晶化和激光诱导沉积等。

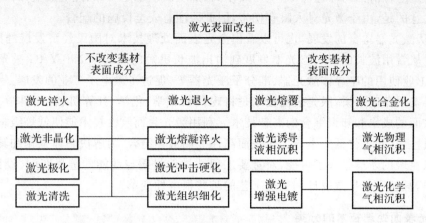

图 8.1　激光表面改性技术的分类

激光表面处理采用大功率密度的激光束以非接触性的方式加热材料表面，并借助于材料表面本身的传导冷却，以实现其表面改性。而且激光表面改性具有高效率、高效益、高增长及低消耗、无污染的特点，符合材料加工的发展需要。经过多年研究和实际应用，与其他传统表面处理技术相比，激光表面技术具有以下一些特点：

① 可在零件表面形成细小均匀、层深可控、含有多种介稳相和金属间化合物的高质量表面强化层。可大幅度提高其表面硬度、耐磨性、抗接触疲劳的能力以及制备特殊需要的耐腐蚀功能表层。

② 激光强化层与零件本体形成最佳冶金结合。

③ 易与其他表面处理技术复合，可以方便地与其他表面技术结合，形成复合表面改性技术，可以综合其他表面改性技术与激光表面改性的优势，弥补甚至消除各自的局限性。

④ 由于高能量密度的激光作用，可实现工件快速加热到相变温度以上，并依靠零件本体热传导实现急冷，无需冷却介质，而冷却特性优异。形成的表面强化层硬度比常规方法处理的高 15%～20% 左右，添加合金元素和特殊的工艺方法，可显著提高处理部件的综合性能。

⑤ 激光束能量密度高，能量作用集中，对非激光照射部位影响很小，作用时间短，热影响区小，激光处理后工件变形也就小，后续加工余量小，甚至有些工件经激光处理后，可直接使用。

⑥由于是无接触加工，激光束的能量可连续调整，并且没有惯性，可以配合数控系统，实现柔性加工。另外激光束的可控性好，能量传递方便，可实现精确的可选择的材料局部表面改性。即特定部位及其他方法难以处理的部位以及表面有一定高度差的零件，可进行灵活的局部强化。

⑦无需真空条件，即使在进行特殊的合金化处理时，也只须吹保护性气体即可有效防止氧化及元素烧损。

⑧易于实现信息化、智能化，引入计算机、机器人等高技术可实现复杂形状立体工件的多种类表面处理。另外配有计算机控制的多维空间运动工作台的大功率激光器，特别适用于生产率很高的机械化、自动化，对于表面形状复杂的零部件，也可以实现自动化生产。

⑨利用激光可以实现无模具成型加工,如激光切割、焊接和激光成型加工等。

⑩激光是一种清洁的绿色能源,生产效率高、加工质量稳定可靠、经济效益和社会效益好。需要注意的是,由于激光对人眼有伤害,因此要注意安全设施的配套。

另外,从激光器本身的发展,也可以看出激光表面处理技术对国民经济发展的巨大贡献。如激光装置从常用波长的 CO_2 激光器发展到输出波长更短的高功率 Nd:YAG 激光器以及电子、微电子工业使用的半导体激光器、准分子激光器等,促进了微电子工业的发展。

从学科发展角度来讲,激光表面技术是将现代物理学、化学、计算机、材料科学、先进制造技术等多方面的成果和知识综合的高新技术。利用激光表面改性技术能使低等级材料实现高性能表层改性,达到零件低成本与工作表面高性能的最佳结合,为解决整体强化和其他表面强化手段难以克服的矛盾带来了可能,对重要工程结构件材质与性能的选择匹配、设计、制造产生有利影响,甚至可能导致设计和制造工艺的某些根本性变革。

2. 激光表面处理技术的分类

(1) 激光表面淬火技术

激光淬火又称为激光相变硬化,是指以高能密度的激光束照射工件表面,使其需要硬化部位瞬间吸收光能并立即转化为热能,从而使激光作用区的温度急剧上升形成奥氏体,经随后的快速冷却,获得细小马氏体和其他组织的高硬化层的技术。其主要特点有:

①激光淬火处理后的工件表面硬度高,比常规淬火的硬度高 5%~20%,可获得细的硬化层组织。

②由于激光加热速度快,因而热影响区小,淬火应力及变形小(几乎不产生变形),而且相变硬化可使表面产生大于 4 000MPa 的压应力,有助于提高零件的疲劳强度;但厚度小于5mm 的零件其变形仍不可忽视。

③可对形状复杂的零件(如有沟槽的零件)和不能用其他方法处理的零件进行局部硬化处理。

④激光淬火工艺周期短,生产效率高,工艺过程易实现计算机控制,自动化程度高。

⑤激光淬火靠热量由表及里的传导自冷,无需冷却介质,对环境污染小。

由于上述特点,激光淬火获得了广泛的应用,如发动机缸套表面激光淬火,可使缸套耐磨性提高 3 倍以上;热轧钢板剪切机刃口淬火与未处理的刃口相比寿命提高了 1 倍。激光表面淬火还应用在机床导轨、齿轮齿面、发动机曲轴的曲颈和凸轮部位局部淬火以及各种工具刃口激光淬火,可以大大提高淬火零件的耐磨性,使用寿命可提高 10 倍左右。

激光表面淬火工艺随材料的不同参数也不同,需要试验来制定合理的工艺参数,同时要考虑激光表面淬火的数值模拟对材料相变后的组织分布,性能对温度场的相互影响等。随着计算机的发展及计算方法的进展,激光处理理论正向预测淬火材料性能、硬化层深度等方向发展。

(2) 激光表面熔覆技术

激光表面熔覆技术是在激光束作用下将合金粉末或陶瓷粉末等材料与零件基体表面迅速加热并熔化,光束移开后自激冷却的一种表面强化方法,具有如下特点:

①冷却速度快(高达 106 K/s),金相组织具有快速凝固的典型特征;

②激光熔覆的热输入和畸变较小,涂层稀释率低(一般小于 5%),与零件基体呈冶金结合;

③熔覆的粉末种类几乎没有任何限制,特别是在低熔点金属表面熔覆高熔点合金方面更

有优势；

④能进行选区激光熔覆，材料消耗少，具有优越的性能价格比；

⑤光束瞄准可以使难以接近的区域熔覆；

⑥激光熔覆过程易于实现自动化。

进入 20 世纪 80 年代，激光熔覆技术得到了迅速的发展。正是由于激光表面改性理论研究的深入，激光熔覆技术的应用领域才得以变宽，它可以用于机械制造与维修、汽车、航海、航天、航空和石油化工等领域。在刀具、模具、阀体上熔覆各种合金层、陶瓷层等方面的应用效果显著。如对灰铸铁的汽车发动机排气阀进行 Cr 的激光合金化熔覆，使其硬度达 HRC60，并节约成本 80％左右。

（3）激光表面合金化技术

激光表面合金化是在高能量激光束的照射下，使基体材料表面一薄层与根据需要加入的合金元素同时快速熔化、混合，形成 $10\sim1\,000\mu m$ 厚的表面熔化层，熔化层在凝固时获得的冷却速度达 $10^5\sim10^8\,℃/s$，相当于急冷淬火所达到的冷却速度，又由于熔化层液体内存在着扩散作用和表面张力效应等物理现象，使材料表面仅在很短时间内（$50\mu s\sim2\,ms$）内就形成了具有要求深度和化学成分的表面合金层。

激光表面合金化层与基体之间为冶金结合，具有很强的结合力。而且激光表面合金化仅在熔化区和很小的影响区内发生成分、组织和性能的变化，对基体的热效应可减少到最低限度，引起的变形极小。它既可满足表面的不同使用需要，同时又不牺牲结构的整体特性。另外是所用的激光功率密度很高（约 $10^5\,W/cm^2$）。熔化深度由激光功率和照射时间来控制。在基体金属表面可形成 $0.01\sim2mm$ 厚的合金层，由于冷却速度高，偏析小并显著细化晶粒。

（4）激光冲击硬化技术

当短脉冲（几十纳秒）高峰值功率密度（$>10W/cm^2$）的激光辐射金属靶材时，金属表面吸收层吸收激光能量发生爆炸性气化蒸发，产生高温（$>10\,000K$）、高压（$>1GPa$）的等离子体，该等离子体受到约束层的约束时产生高强度压力冲击波，作用于金属表面并向内部传播。当冲击波的峰值压力超过被处理材料动态屈服强度时，材料表层就产生应变硬化，残留很大的压应力。这种表面强化技术就是激光冲击硬化，由于其强化原理类似喷丸，也被称作激光喷丸。

激光冲击硬化具有应变影响层深，冲击区域和压力可控，对材料表面粗糙度影响小，易于自动化等特点。与喷丸处理相比，激光冲击处理获得的残余压应力层可达 1mm，是喷丸的 $2\sim5$ 倍。而挤压、撞击强化等技术只能对平面或规则回转面进行。另外，激光冲击处理能很好地保持强化位置的表面粗糙度和尺寸精度。

激光冲击处理能有效地强化钢、铝、钛、镍等金属材料，特别是 2024 - T3 铝合金经激光冲击强化后，疲劳寿命得到明显提高。

另外，激光冲击处理可用于多种金属板材结构、焊接结构的表面强化或粉末冶金零件表面的致密化处理，以提高金属表面显微硬度、耐磨性、疲劳性能等表面力学性能。激光冲击处理的发展方向是发展高频率、强脉冲的激光器，清洁高效的约束方式和光路设置，降低运行成本和开拓新的应用领域。

（5）激光非晶化技术

激光非晶化是利用激光熔池所具有的超高速冷却条件使某些成分的合金表面形成具有特殊性能的非晶层。与其他非晶化方法比较，激光非晶化可望在工件表面大面积形成非晶层，而且形成非晶的成分也可扩大。随高功率连续 CO_2 激光器的商品化，人们开发了连续激光非晶化的研究，以实现高覆盖率和较大面积的非晶层。该技术通常用高功率 CO_2 激光器，由于要求聚光斑功率密度高，激光束的质量要求也相应提高。如有人对 FeCSiB 共晶合金层用连续 CO_2 激光器处理，采用"激光合金化＋激光预处理＋激光快速熔凝"的方法，获得了大块的非晶层。

3. 准分子激光表面技术

准分子激光的波长范围为 $193\sim351nm$，比红外激光波长短得多的准分子激光既可以被更细地聚焦，也可被许多材料(金属、玻璃、陶瓷、塑料等)大部分吸收。脉宽 $30\sim50ns$，脉冲能量 $2\sim4J$/脉冲的准分子激光很容易达到适于材料表面处理的典型能量密度 $10\sim100MJ/mm^2$，在重复频率为 $100Hz$ 时，可实现较大面积的表面处理。它的处理层为微米数量级，主要应用于电子元件的表面改性。准分子激光表面技术的应用范围包括：电子元件的表面薄层退火而不影响基体性能；进行超细晶的薄层上釉处理，对 Mo，W，Ag，Au 等对红外激光有高反射率的金属进行表面薄层快速熔凝处理；清除垂直于辐照表面的材料(约 $1\mu m$)，实现在金属表面的受控快速书写或打标，而不影响基体性能等。

准分子激光表面技术的应用体现在：如用准分子激光束抛光贵重金属及清洗载体材料的表面污染；用准分子激光处理触头材料，节省大量贵重金属；对 Ag－Pd 合金进行准分子激光辐照可以降低它的接触电阻；经过准分子激光处理可以阻止在腐蚀性环境下材料的硫化和氧化作用；用准分子激光照射高分子纤维，使纤维产生表面纹理化，改变纤维的表面粗糙度和黏着性，提供了一种改变高分子纤维性质的方法。另外利用准分子激光沉积光电薄膜，在透明导电衬底 $SnO_2:In_2O_3$(ITO) 及 Si(111) 单晶衬底上沉积 WO_3 多晶电致变色薄膜和 V_2O_5 光电薄膜。

准分子激光处理还是用于陶瓷材料表面改性的一种有效方法。用准分子激光照射陶瓷材料，可以引起表面形貌、结构及化学组成的改变，使陶瓷材料的表面导电性、催化活性、抗弯强度等性能得到提高。采用准分子激光照射后，表面缺陷消除，形成连续分布的光滑平整的熔化层，并由于表面形貌的改善和结构的变化，陶瓷材料表面韧性得到了提高。

4. 半导体激光表面改性

半导体激光器体积小、质量轻、效率高、能耗小、寿命长、使用维护方便，适合于现场、野外和运载使用，而且产生的光束是非常独特的矩形形状。和 YAG 及 CO_2 激光器产生的光斑相比，半导体激光器焦点的光斑面积相对来说要更大一些。因此，矩形光斑更适宜于激光熔覆。而 YAG 和 CO_2 激光器更适合用来切割或焊接零件。

高效半导体激光熔覆技术的开发能够加快激光材料处理在现代工业中作为先进加工工具的发展。和 YAG 及 CO_2 激光相比，半导体激光能够制备无溅射的熔覆层。另外，熔覆层的熔道更宽，稀释度更低而且 HAZ 宽度也比较窄。熔道的变宽和稀释度的降低对于在零件破损部位产生良好的熔覆层是绝对必要的。如用半导体激光熔覆技术在双相不锈钢表面制备高质量 Co 基合金熔覆层，以便用于零件损坏部分的修复。

5. 集成化激光智能制造及柔性加工

利用激光与材料相互作用原理并结合智能测量技术形成的激光智能制造系统可以大幅度

提高汽车冲压模的使用寿命。该系统集成了数控千瓦级工业固体激光器、大范围高精度五轴框架式机器人、模具表面快速智能测量和曲面重构、模具成型工艺参数的数值和物理模拟软件、高功率激光束的空间变换和柔性传输技术、汽车模具激光表面强化技术及其物理数学模型、底层控制和 CAX 过程数据库等,可满足 3D 激光加工和快速成型的需求,实现了激光机器人制造与加工过程的智能化、柔性化和模块化以及信息过程的数字化和控制过程的集成化,为汽车、化工、航空等国民经济的发展提供了关键技术支持。如阀门作为流体输送的控制元件,其质量的优劣直接影响生产系统的可靠性和安全性。高参数截止阀的密封面长期在较高的温度和压力下承受介质的各种腐蚀和冲蚀,有的还承受密封面之间的擦伤磨损,因此通常采用堆焊或喷焊对密封面进行强化。但是这些工艺普遍存在组织性能不均匀、熔层缺陷多、废品率高、生产工序繁多、劳动条件差等缺点。对于口径小、密封面位置较深的截止阀阀座,还难以保证密封面的质量要求。采用激光熔覆工艺对截止阀密封面进行强化,可以克服堆焊和喷焊工艺的缺陷,改善密封面质量是提高截止阀使用期的可靠性和安全性、延长使用寿命的有效途径。采用激光熔覆小口径高参数阀门密封面,发挥了激光非接触柔性加工的特点,激光熔覆层可达 3mm,熔层表面光整,加工余量小,熔层与基体冶金结合,基体受热影响小,基本无变形。另外,激光熔覆层组织致密晶粒度细小,气孔、裂纹和夹杂物等缺陷少,激光熔覆的阀门密封面在恶劣的工况条件下具有更好的耐摩擦磨损、抗冲蚀气蚀、抗腐蚀疲劳和抗高温冲击疲劳等性能。

激光柔性加工是由计算机控制系统实现对不同批量、不同种类的产品采取不同激光加工方式(切割、焊接、表面处理等),进而提高设备利用率,缩短产品周期,提高对市场的响应速度和竞争能力的一种自动化加工。激光加工方式不同,与材料的作用机理亦不同,因此不可能建立一个可以囊括所有机理的物理模型。但虚拟加工平台是针对柔性设备而建的,故可以建立一个统一的虚拟激光加工平台、统一的体系结构,将不同激光加工方式的物理模型嵌入虚拟平台中进行完整的过程仿真。

8.1.2　离子束表面改性技术

1. 离子束处理技术的特点

与激光束一样,采用离子束这种高能束流对材料表面改性处理或表面合金化的技术也是近 30 年来迅速发展起来的材料表面处理新技术。通过这种高能束流技术对材料表面的改性包括改变处理材料表面的成分或组织结构,特别是离子注入技术具有基体结合牢固,注入层薄,不受固溶度限制等优点。

离子注入是将气体或金属蒸气通入电离室后形成正离子,将正离子从电离室引出进入高压电场中加速,使其得到很高的速度而射入固体材料表面的物理过程。其注入深度一般在几纳米到几百纳米,注入深度取决于注入离子的质量、能量及靶材的种类。

离子注入与离子镀和离子溅射的区别在于三者的离子能量大小不同。离子能量在 $1\sim5\times10^3\,eV$ 范围内的处理方法一般叫离子镀,离子能量在 $100\sim5\times10^4\,eV$ 范围内的处理方法一般叫离子溅射,离子能量在数万到数十万电子伏的处理方法叫离子注入。

离子注入技术是将从离子源中引出的低能离子束加速成具有几万到几十万电子伏的高能

离子束后注入到固体材料表面,形成特殊物理、化学或力学性能表面改性层的过程,它具有原子冶金特征。如图8.2所示是离子注入过程的原理示意图。从离子源中引出的离子束经加速管中加速电压的加速后获得很高能量,经过磁分析器使离子纯化,分析后的离子可再加速以提高离子的能量,经过两维偏转扫描器使离子束均匀地注入到材料表面。经两次加速的离子束射入靶中后,与靶中的晶格原子不断发生碰撞而损失能量,最后停留在靶内。离子注入可以将需要掺杂或者合金化的元素直接作为高能离子注入靶材表面,还在基材(或者衬底)表面产生注入、损伤和溅射效应(见图8.3)。当离子源引出的离子束在电场作用下得到加速并注入到材料表面时,可以改变材料的表面特性。

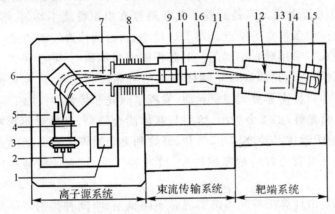

图 8.2　离子注入过程的原理示意图

1—气罐;2—气管;3—离子源;4—A/D电极;5—泵;6—磁分析器;7—可变光栏;8—加速器;9—四极透镜;
10—Y扫描板;11—X扫描板;12—掩膜板;13—主法拉第杯;14—靶;15—真空锁;16—靶室

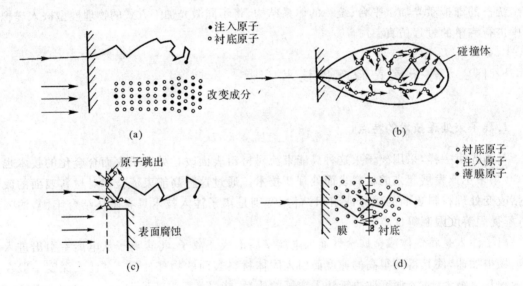

图 8.3　不同入射离子在注入过程中导致的物理效应

(a)离子注入;(b)注入损伤;(c)溅射;(d)原子混合

　　在 20 世纪 70 年代中期,离子注入技术就进入到半导体材料的表面改性,用离子注入精细掺杂取代热扩散工艺,使半导体从单个晶体管加工发展为平面集成电路加工。20 世纪 70 年代末期离子注入、离子刻蚀和电子束曝光技术的结合,形成了集成电路微细加工技术,它的发展促进了集成电路的飞速发展,实现了现代超大规模集成电路,从而促使电子工业、计算机和光通信技术的全面发展。这就是离子注入对材料进行表面改性后所做出的贡献。20 世纪 80 年代初离子束混合的出现,对离子束冶金学的发展做出了巨大贡献。

在 20 世纪 80 年代中期,金属蒸发真空弧离子源(MEVVA)和其他金属离子源的问世,为离子束材料改性提供了强金属离子束。与此同时,为克服注入层浅的问题,开始研究离子束辅助沉积技术(IBAD),又称离子束增强沉积技术(IBED)。在 20 世纪末发展起来的"等离子体源离子注入"技术(PSII)克服了常规注入的缺点,可对成批工件同时进行全方位的离子注入而引起人们的关注。由于工件直接"浸泡"在被注元素的等离子体内,也有人称之为"等离子体浸没离子注入"。

离子束金属材料表面改性技术有许多优点,如注入的元素多且任意选取,无须改变零部件材料的整体特性,就可有选择地改变材料的表面特性;注入或添加到零件基体中的原子不受基体固溶度的限制,不受扩散系数和结合力的影响;强流氮和强流金属离子束的束流强度可达 $5\sim50\text{mA}$,提高了注入效率;离子注入不改变工件尺寸,适合于精密机械零件;离子束增强沉积可获得厚度大于 $1\mu m$ 的改性层或超硬层,适于这些零件恶劣环境条件下应用;另外,离子注入无废液处理等污染;离子注入可以比较准确地控制离子注入的深度和浓度,有较好的工艺一致性和重复性等。

从工程的角度来讲,对结构部件用高能离子轰击,注入的离子最终停留在金属晶格的转换或间隙位置,形成置换固溶体或间隙固溶体。这一技术提供了一种制造单相固溶表面合金而不受平衡相图成分约束的方法,从而为制造新型表面合金提供了可能性,通过慎重选择注入元素,能大大提高工程结构零件表面的耐磨、耐腐蚀及抗高温氧化等性能。

离子注入技术的主要特点:

① 离子注入是一个非平衡过程,注入元素选择不受冶金学的限制,注入的浓度也不受平衡相图的约束,可将任何元素注入到任何材料基体中去。注入所得的表面合金层往往是亚稳态结构,如过饱和固溶体、非晶态,或一些难以用通常方法获得的新的相及化合物。

② 离子注入具有直接性,横向扩展性小,注入过程不受温度限制,可根据需要在高温、低温和室温下进行,比常规的冶金过程有明显优势。被处理的部件不会受到处理环境的污染及氧化,受热变形小,特别适宜于零件和产品的最后表面处理。

③ 注入和添加到靶材中的原子不受靶材固溶度的限制,不受扩散系数和化学结合力的影响,因此,可以获得许多合金相图上并不存在的合金,为研究功能新材料提供了新的途径。

④ 可以精确控制掺杂数量、掺杂深度与位置,掺杂的位置精度可以达到亚微米级,掺杂的浓度最低可以到 $5\times10^{15}\sim1\times10^{16}/\text{cm}^3$,实现低浓度掺杂材料的制备。

⑤ 离子注入过程横向扩散可以忽略,深度均匀,大面积均匀性好,掺杂杂质纯度高,因此,特别适合半导体器件和集成电路微细加工的工艺需求。

⑥ 直接离子注入不改变工件尺寸,因此特别适合于精密机械零件的表面处理,如应用于电子、汽车、航空、航天等领域。注入元素的离子被注入到材料内部,注入原子与基体金属之间没有明显界面,注入层与基体结合比较牢固,不会出现类似镀层或涂层脱落的现象。

离子注入的应用也有一些局限性。首先,如离子束只能直射到零件的表面,对于内表面或具有复杂形状表面的离子注入效果不好。其次,对于大的工件,必须要有大的靶室和强束流的离子注入机,注入机价格较贵,维护技术复杂,因而受到一定的限制。另外,由于注入层较薄,一般以纳米为单位进行计量,离子最大注入深度也只有几微米。因此,应用场合也受到一定的限制。

2. 离子束表面改性技术的分类

离子束加工技术在几十电子伏到几百电子伏范围内为离子束沉积区;$1\sim5keV$ 为离子束刻蚀区;$10keV\sim30MeV$ 为离子注入区;$1\sim10MeV$ 为核分析能区。但随着离子束增强薄膜沉积技术的发展和等离子体浸没离子注入的发展,上述分界变得逐渐模糊起来。在等离子体中,带有几十电子伏能量的正离子也能起到注入作用。

人们通常根据离子束处理的功能性对这种技术进行分类,可分为:

① 离子注入技术,即将某种元素的原子电离成离子,使其加速到较高速度后,注入到零件的表层,并引起材料各种物理、化学和结构性能的变化。

② 离子束镀膜技术,即用各种离子束技术包括离子束辅助沉积、磁控溅射、离子镀等方法在零件表面获得镀层,实现表面改性的目的。离子束辅助沉积是一种将离子注入技术和物理气相沉积技术相结合的真空沉积技术。它是指在同一真空系统中,以离子束溅射沉积或蒸发薄膜的同时,用几百电子伏到几万电子伏能量的离子束对其进行轰击,利用沉积原子和注入离子之间的一系列物理化学作用,来增强膜层与基体的结合,改善膜层质量。与其他薄膜制备方法相比,采用这种方法能够获得附着力极好的薄膜。正因为离子束辅助沉积的特殊作用和优点,使得该技术在合成新材料、制备功能膜层等方面得到了人们的广泛关注。如利用该技术可合成立方氮化硼、类金刚石薄膜(DLC)、TiN 等多种优质膜层及陶瓷材料,提高被处理零件的耐磨性能等。

③ 离子束复合强化技术,是与其他技术相结合对零件表面进行处理获得复合镀层的技术,如对工件进行离子镀膜后,再进行离子束注入以获得所需的各种功能薄膜。离子束混合就是将所需的几种元素交替地镀在基体上,组成多层薄膜,每层约 10nm 厚。它的主要优点在于弥补了离子直接注入过程的不足,可以明显提高其性能。还有,离子束反冲注入就是指将所需要的元素,特别是难于熔化的金属元素,经真空蒸发或离子溅射,在零件表面形成镀膜,然后用惰性离子如 Ar^+ 等轰击,将镀层原子撞击反冲到基体中去,起到对所需元素进行间接注入的作用。

3. 离子束技术的应用

(1) 离子镀

20 世纪 80 年代以来,离子镀技术就开始得到快速发展。它主要用于在高速钢和硬质合金工具上形成 TiN 或相关体系的耐磨镀层,在不锈钢制品上形成 TiN 仿金装饰镀层等。它采用的是热丝电弧离子沉积设备,应用于刀具、模具、不锈钢板及各种五金制品等的离子镀加工。在电弧放电沉积过程中,发生高能量离子的轰击、溅射、混杂、注入等多种过程,能制备结合力非常好的表面膜层,高能量粒子的轰击还会对膜的特性产生多重影响。与化学气相沉积相比,离子镀技术可以大幅度降低膜沉积温度,满足发展高性能特种镀层的需要。如 TiB_2 抗空蚀镀层,Ti(C,N)抗冲蚀镀层,以韧性好的 TiN 为过渡层的复合耐磨耐腐蚀镀层等相继获得成功,促进了机械产品零件性能的提高。用阴极电弧等离子体沉积技术制备类金刚石膜,可以显著提高零件的表面硬度和耐腐蚀性能。

（2）离子注入

在经典离子注入基础上发展起来的束线离子注入（IBII）对改进材料表面的磨损、腐蚀、疲劳和摩擦等特性是十分有效的。电冰箱、洗衣机等产品的活塞门就是使用的普通低碳钢，采用了离子注入技术，其使用寿命可以提高几倍到几十倍。有的钢铁材料经离子注入后耐磨性可提高 100 倍以上。但是，由于氮离子注入钢所形成的固溶强化的热稳定性差，工件在 400～500℃ 高温下使用时，氮离子会很快扩散而失去强化效果，从而限制了其应用。随着强流金属离子注入设备和技术的迅速发展，离子注入技术的应用也得到了快速发展。

（3）离子束混合

离子束混合是真空溅射制膜过程中辅以离子束轰击的过程。衬底上沉积的膜层经离子轰击后出现注入原子与膜原子和衬底原子的混合，膜和基体界面的原子之间发生级联碰撞和辐射增强扩散，从而导致不同原子间的相互混合和渗透，形成新的化合物和合金相，实现了膜、界面和衬底的改性，增强了膜层的结合特性，同时也可以提高处理零件的其他性能。

（4）离子束增强沉积

这是在离子注入的同时进行膜的沉积的过程。离子注入时先在零件表面进行清洗，然后再蒸镀，注入的离子同沉积的原子相碰撞，致使沉积的原子团分解，并使沉积原子具有一定的能量而均匀地沉积到基体表面，使得沉积层均匀致密、无针孔，而且与基体结合牢固。

（5）等离子体浸没离子注入

等离子体浸没离子注入（PⅢ）以其设备结构简单、成本低和效率高等优点而受到人们的密切关注。在 PⅢ 过程中，工件直接被外部等离子体源产生的等离子体所浸没包围，在对工件加上负高压脉冲时，工件周围的电子就会立即被排斥开，随后鞘层中的正离子在鞘层位降的作用下得到加速，从各个方向同时注入工件，如图 8.4 所示。PⅢ 克服了 IBⅡ 固有的视线限制，适用于处理体积较大、形状复杂的工件，同时因为离子注入过程包含高压脉冲间隔，工件表面与等离子体之间鞘层电位形成的低能离子沉积和负高压脉冲持续期间高能离子注入过程的混合，对某些材料的改性具有 IBII 处理达不到的效果。采用 PⅢ 技术对 Cr12MoV，Ti6Al4V，W18Cr4V 等材料处理后，表面显微硬度提高了 42%～88%。但不含 Ti，Cr，V 等元素或其含量很低的金属及合金，氮离子注入仍不能取得显著效果。

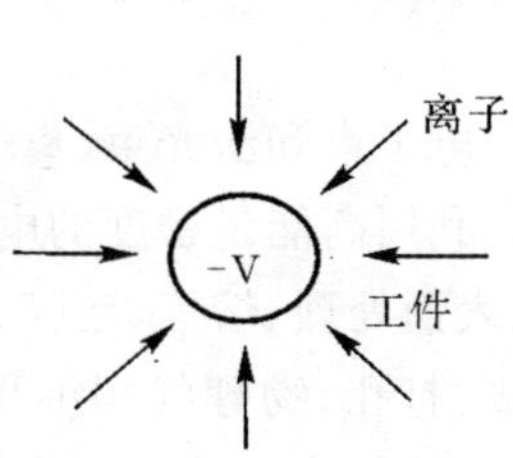

众所周知，多相合金材料易于在不同活性相间造成局部电池腐蚀，因此，表面合金总是设法制成单相，并保持单相合金的化学均匀性。离子注入可形成浓度远远大于平衡值的单相固溶体，通过热的快速吸收和合适的注入参数来阻止第二相沉淀。另外，材料表面的耐腐蚀性不仅与注入的原子种类有关，如注入 Cr，P，Ti，Mo 等元素，而且还与注入浓度的分布有关，通常需要确定最优浓度，可以用电荷积分仪精确测定注入离子的数量，调节注入离子的能量精确控制离子的注入深度等。

图 8.4　等离子体浸没离子
注入示意图

从材料的防腐蚀角度来看，在钢的表面上进行 Cr 的注入对于提高钢的防腐蚀性是很重要的，就连 B，N 这些间隙原子，经常被注入到钢铁材料中以改善其表面强度，但是 B^+ 和 N^+ 的注入一般也有助于降低钢在酸性和酸性氯化物介质中的腐蚀速率。Mo 在 Al 中是不可溶的，但是在 20keV 下 Al 中注入 10^{17} 个/cm² Mo^+ 可得到单相固溶体，使纯 Al 的腐蚀性能和抗点腐蚀的能力有了较大提高。在 Ti 中注入 Pd 的零件，在沸腾的 1mol/L H_2SO_4 溶液中的腐蚀速率较未注入 Ti 降低 99.9%。

实际工程应用表明,注入多种离子比注入一种离子能更好地提高金属材料的抗腐蚀性能。在纯 Fe 及合金钢中分别注入 Cr^+,Mo^+,B^+,N^+ 或先后组合注入 Cr^+,Mo^+,B^+ 等,发现注入离子后形成的材料表面具有更好的耐腐蚀性能。

将 W 离子和 C 离子多重注入 H13 钢,在注入层中形成超饱和浓度的 W 和 C 原子分布,分布形状为类高斯分布,并在注入层中形成 W 的碳化物 WC 和 W_2C 相、合金相 Fe_2W 和 Fe_6W_6C 等,这些弥散相不但可以使注入层表面强化,而且也可使表面钝化,从而增强这种钢的耐腐蚀性能。

奥氏体不锈钢具有良好的抗腐蚀性能,但因其硬度低、耐磨性差而限制了其在某些环境条件下的应用。离子注入作为一种新的材料表面处理技术,可使不锈钢的硬度、摩擦因数、耐磨性、抗氧化性、抗腐蚀性、耐疲劳性等发生显著变化,有着常规表面处理技术无法比拟的优点。通过单离子和双离子注入的方法,使这种材料的表层化学成分和组织结构发生改变,以达到在不降低奥氏体不锈钢耐蚀性的基础上,提高其表层硬度和耐磨性的目的。

除此之外,离子注入还可提高钢的抗氧化性(如注入 Ce,Y 等),提高钢表面硬度、耐磨性(如注入 Mo,V,Ti,Co),降低钢表面的摩擦因数(如注入 N,Ti,Co,Ta 等)。在抗磨损的应用方面,离子注入还有一种特殊的性能,即尽管注入层很薄,但在比注入层厚上百倍的范围内即几微米至几十微米,都能发挥离子注入改性的作用。

零部件的疲劳性能是一种非常重要而敏感的性能。在航空等工程系统中,许多零部件对抗疲劳特性的要求是十分严格的。可以通过离子注入技术改善零部件材料表面状态、滑移特性和各向同性,同时由于固溶强化、析出相弥散强化和残余压应力的形成,增强零部件材料的抗疲劳特性。

离子注入还可以改进陶瓷表面韧性,对高分子材料来说,可以引起高分子聚合物的交联、降解等。

8.1.3　电子束表面改性技术

电子束和激光束、离子束技术在表面工程技术中的应用一样近年来受到了人们的广泛关注。利用高能量密度的电子束对材料进行处理的方法统称为电子束技术,包括电子束焊接、打孔、表面处理、熔炼、镀膜、物理气相沉积、雕刻、铣切、切割以及电子束曝光等。其中以电子束焊接、打孔、物理气相沉积,以及电子束表面处理等在工业上的应用较为广泛,已用于批量生产、零件制造以及复杂零件的加工,尤其是在材料表面改性方面显示出其独特的优越性。

电子束技术在金属表面的改性研究始于 20 世纪 70 年代初,最早用于薄钢带、细丝的连续真空退火处理,采用电子束连续退火炉来处理钛、铌、钽、铝及核反应堆用的金属材料。工业发达国家都先后开展了电子束表面改性的研究和应用,比起激光表面改性技术的发展,电子束表面改性技术的发展要慢些,其原因在于电子束改性设备、工艺的工业化应用进展较慢。

随着科学技术的迅速发展,人们对工程产品抵御环境作用的能力和服役运行的可靠性、稳定性提出了更高的要求。因为材料的失效如磨损、腐蚀、疲劳断裂等一般都从表面开始,在许多情况下,零部件的性能和质量主要取决于材料表面的性能和质量,因此通过改善材料表面及近表面区的形态、化学成分、组织结构以提高材料性能的表面改性技术越来越成了人们研究的热点,尤其是电子束表面改性技术更引起人们的广泛关注。

1. 电子束表面改性技术的特点

利用电子束的加热和熔化技术可以对材料进行表面改性。经表面改性的表层一般具有较高的硬度、强度以及优良的耐腐蚀和耐磨性能。利用高能电子束的热源作用可使材料表面温度迅速升高,表层成分和组织结构发生变化,进而提高材料表面硬度,增强耐磨性,改善耐腐蚀性能,从而延长处理零件的服役寿命。其主要优点是设备功率大、能量利用率高、加热和冷却速度快、定位准确、参数易于调节。

电子束表面改性的特点如下:

①快速加热淬火可以得到超微细组织,提高材料的强韧性;

②处理过程在真空中进行,减少了氧化等影响,可以获得纯净的表面强化层;

③能进行快速表面合金化,在极短时间内取得热处理几小时甚至几十小时的渗层效果;

④电子束的能量利用率较高,可以对材料进行局部处理,是一种节能型的表面强化手段;

⑤表面淬火是自行冷却,无需冷却介质和设备;

⑥能对复杂零件的表面进行处理,用途广泛;

⑦电子束功率参数可控,因此,可以控制材料表面改性的位置、深度和性能指标。

电子束加工技术特点如下:

①电子束能够极其微细地聚焦,是一种精密微细加工方法;

②电子束能量密度高,足以使被轰击的任何材料迅速熔化或气化,易对钨、钼或其他难熔金属及其合金进行加工,用电子束可以对某些熔点高、导热较差的非金属材料(如石英和陶瓷)进行打孔或焊接;

③电子束加工速度快,加工生产率高,能量密度高向基体散失的热量少,工件热变形小;

④电子束本身不产生机械力,无机械变形问题,这对打孔、焊接以及零件的局部热处理非常重要;

⑤通过调节加速电压、电子束流和电子束的汇聚状态来调节电子束能量和能量密度,整个过程易于实现自动化;

⑥电子束加工是在真空条件下进行的,既不产生粉尘,也不排放有害气体和废液,对环境几乎不造成污染,加工表面不产生氧化,适合于加工易氧化的金属及合金材料,以及纯度要求极高的半导体材料;

⑦电子束可将 90% 以上的电能转换成热能,电子束的能量集中,损失较小;

⑧电子轰击材料时会产生 X 射线,并且电子束加工需要一整套专用设备和真空系统,价格贵,成本高,生产和应用受到局限。

2. 电子束表面改性技术的分类

通过控制电子束处理参数以及不同的处理工艺,可以达到不同的表面改性效果。如图8.5所示是电子束表面改性技术分类,包括电子束表面相变强化(表面淬火)、电子束表面重熔处理、电子束表面合金化、电子束表面熔覆、电子束表面非晶化处理、电子束表面薄层退火等。

(1)电子束表面相变强化(表面淬火)

电子束表面相变强化主要针对有相变(主要是马氏体相变)过程的合金,电子束加热温度超过相变温度但未及熔点温度,其工艺过程关键是控制电子束加热金属工件表面时电子束斑平均功率密度在 $10^4 \sim 10^5\,\mathrm{W/cm^2}$ 的范围内,加热速度为 $10^3 \sim 10^5\,\mathrm{℃/s}$,使金属表面加热到相变点以上,此刻基体仍处于冷态,在电子束停止加热后,表面层所获得的热量通过工件自身的热传导迅速散去,使加热表面很快冷却,冷却速度可达 $10^4 \sim 10^6\,\mathrm{℃/s}$,这样就可以获得"自淬火"的效果。

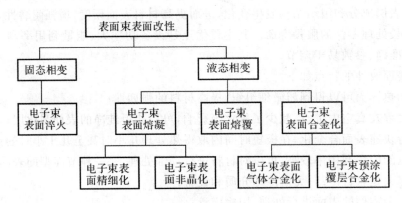

图 8.5　电子束表面改性技术分类

　　齿状 9SiCr 冷作模具钢通过电子束表面处理的淬火组织及性能表明,电子束处理可以显著提高淬火层的硬度。电子束淬火组织中碳化物的溶解度远高于常规淬火,这是由于电子束快速熔凝造成过饱和固溶强化,并形成超细化马氏体的缘故,因此硬度提高,处理表面呈残余压应力,材料的耐磨性能得到提高。

　　利用电子束对材料表面加热,可使其温度超过奥氏体的转变温度,通过冷态的基体金属进行自淬火,可以获得超细晶粒组织而使表层具有较高的强硬性和耐磨性。由于其基体没有受到加热温度的影响,因此,可以保持其原有的性能,如较好的塑性和韧性。

　　(2)电子束表面重熔处理

　　电子束表面重熔处理是利用电子束轰击工件表面使表面温度瞬间达到熔点以上,产生局部熔化后并快速凝固,从而细化组织提高材料表面性能的一种工艺方法。电子束重熔可使某些合金各组成间的化学元素重新分布,降低某些元素的显微偏析程度,从而改善工件表面性能。电子束重熔多用于工模具及高温合金的表面处理,在保持或改善工模具韧性的同时,提高其表面强度、耐磨性和热稳定性等。

　　采用电子束处理高速钢(W6Mo5Cr4V2)表面,可以得到几微米厚的熔凝层,该层组织明显细化。强流脉冲电子束处理 45 钢,发现随电子束轰击次数的增加,表面显微硬度、耐磨性得到提高。对钛镍合金、镍合金进行电子束熔凝处理发现,改性后的合金组织细化、成分均匀,抗高温氧化能力提高。

　　由于电子束重熔是在真空条件下进行的,有利于防止材料表面的氧化,因此电子束重熔处理特别适用于化学活性高的镁、铝、钛合金材料的表面处理。纯铝及铝合金经电子束处理后晶粒细化,甚至形成微晶、非晶组织;镁合金经过电子束处理后,表面重熔层中 Al 元素的过饱和固溶及成分均匀化可以使其耐腐蚀性得到改善;钛合金经电子束处理后的组织发生细化,成分更均匀。

　　(3)电子束表面合金化

电子束表面合金化是将合金粉末涂覆在金属表面上,然后控制电子束与表面的作用时间,使表面涂覆层熔化,基体材料的表面也会微熔,形成局部区域的冶炼而得到新的合金,从而提高工件的表面性能。可以根据需要向基体表面预先涂覆能改善工件表面性能的金属合金甚至陶瓷粉末,然后利用电子束加热将其熔化,在工件表面形成具有某些特殊性能的覆盖层。一般选择 W,Ti,B,Mo 等元素及其碳化物作为合金化原料来提高材料的耐磨性,选择 Ni,Cr 等元素来提高材料的抗腐蚀性能,而 Co,Ni,Si 等元素能改善合金化的效果。

采用预引入法对 45 钢涂覆 WC,Co,TiC,Ti,Ni,NiCr,Cr$_2$C$_3$,B$_4$C 等合金粉末,再进行电子束表面强化,经处理后的材料回火稳定性、表面硬度和耐磨性等均显著提高,使其可替代模具钢来制造部分模具工件。

通过使用高能量密度的电子束高速扫描预先涂有 Si 粉的 TiAl 合金表面,"原位"制得以高硬度金属间化合物 Ti$_5$Si$_3$ 为增强相和以 TiAl,Ti$_3$Al 为基体的复相合金改性层。该改性层具有较高的硬度,显微硬度达基体的 3 倍。

(4)电子束表面非晶化处理

利用聚焦的电子束所特有的高功率密度以及作用时间短等特点,将电子束的平均功率密度提高到 $10^6 \sim 10^7$ W/cm^2,作用时间缩短至 10^{-5} s 左右,使金属工件表面很薄的一层(几微米)熔化,传入工件内的热量可忽略不计,从而在基体与熔化的表层之间产生很大的温度梯度,在停止电子束照射后,由于热量向基体扩散,金属表面立即以极快的速度冷却($10^7 \sim 10^9$ ℃/s),如此高的冷却速率远远超过常规制取非晶所需要的冷却速率($10^3 \sim 10^6$ ℃/s),因此,利用强流脉冲电子束处理获得非晶不失为一个好的选择,所获非晶的金相组织致密,具有优异的抗疲劳及耐腐蚀性能。

非晶的性能与电子束处理表面的熔凝速率及熔化层等有关,研究表明,电子束与基体的交互作用时间愈短,加热和冷却速率愈大,冷却速率的增大可使凝固组织细化,熔凝层显微硬度增大,为一般结构材料的表面直接转变为非晶表面开辟了新的途径。

(5)电子束表面薄层退火

当电子束作为表面薄层退火热源使用时,所需的功率密度要低,以此降低材料的冷却速度。对于金属材料,此法主要应用于薄带的表面处理。另外,电子束退火还可应用于半导体材料上。离子注入是进行半导体掺杂的有利手段,不但可以控制掺杂深度及杂质浓度,而且还能得到特殊的杂质浓度分布。然而,高能量的离子注入会造成晶格损伤,使半导体表面出现无序和大量位错,严重影响其使用性能。而通过脉冲或扫描电子束表面薄层退火处理,半导体表面通过固态或液态外延作用消除损伤和杂质的扩散作用,使电激活率接近 100%。

8.1.4 三束表面改性技术的发展

高能束流加工技术的应用与发展和高能束流束源品质有着密切的关系。随着科学技术的不断发展,无论是电子束还是激光束、离子束,其束流品质越来越好,能量密度、功率等参数越来越高,加工改性能力和改性质量都有所提高。以电子束束流品质为例,其控制束流和高压的稳定性、束流的形态和能量分布的高压电源及相应控制系统,电子枪及其电磁聚焦系统等都得到了极大的提高。

近年来,一些新型激光器相继进入激光加工领域(如准分子激光器、发射约 5μm 激光波长的 CO 激光器等），这将拓展激光焊接设备的新领域，促进激光加工技术向前发展。特别是光纤激光器的出现，无论是束流品质还是输出功率，都应该说是激光表面改性技术的一场革命性变化。

高能束流表面改性技术按照涂层来划分，可分为无涂层的表面改性技术（激光冲击强化、电子束毛化、精密局部热处理）、$10\mu m$ 以下的涂层（薄膜）制备技术（离子注入及沉积、激光合金化等）、$100\mu m$ 以上的涂层制备技术（电子束物理气相沉积及激光熔覆等）。

另外，三种高能束流技术在各自发展的同时也出现了交叉发展的趋势。如将离子注入与激光表面强化技术相结合，先进行激光表面硬化处理，然后用 Ne 离子注入以在其表面区域产生压应力，而弥补因拉应力产生的负作用，并使激光硬化表面的耐磨耐腐蚀性能得以显著提高。新的离子束辅助沉积技术（IBAD）或离子束增强沉积技术（IBED），将离子注入和常规气相沉积技术结合起来，在气相沉积的同时用一定能量的离子轰击被沉积物质，使沉积膜的原子与基体原子互相混合，在界面上溶为一体，达到无界面过渡，从而大大改善膜与基体间的结合强度；同时，由于离子束的轰击作用，形成的薄膜完全不同于基体且具有一定厚度的优质薄膜。该技术具有离子注入技术和物理气相沉积技术的优点，同时又避免了两者的缺点。

总之，高能束流表面改性技术已在国民经济的多个制造领域取得了较为广泛的应用，是先进制造技术中不可缺少的特种表面加工技术。随着激光、电子束、离子束等高能束流品质的发展，高能束流表面改性技术及其设备将不断改进，其零件表面改性与加工质量会更高。

8.2　激光束表面改性技术与工艺

激光束具有高单色性、高相干性、高方向性和高光强四大特性。激光加工主要利用其高方向性、高光强和高单色性，具体表现在时域（波长与频率）和空域（模式）两个方面，它们对材料的吸光能力、加工类型和加工质量起着关键作用。

图 8.6 给出了典型金属表面激光反射率与激光波长的关系。可见，金属对红外与可见波段的激光反射率很高，而对紫外波段的很低。因此，对于 CO_2 激光和 YAG 激光来说，一般需要添加激光吸收涂层才能进行表面处理。而准分子激光具有紫外波段，吸收率高，可以直接对金属材料进行各种加工，包括表面改性等。

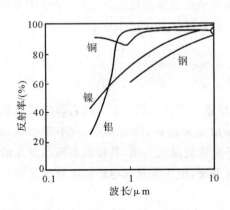

图 8.6　金属表面对激光束的反射率

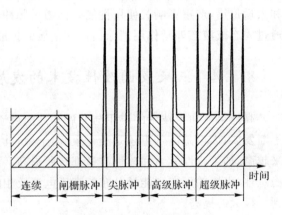

图 8.7　激光束的输出方式

激光束的输出方式与模式对材料表面改性质量影响很大。激光输出方式包括连续与脉冲两种方式,而脉冲输出方式又包括闸栅脉冲、尖脉冲、高级脉冲和超级脉冲 4 大类(见图 8.7)。连续激光一般用于激光焊接、切割和表面改性等,其关键工艺参数主要有激光功率、光斑直径、光束扫描速度、激光功率密度(单位面积工件表面注入的功率,即输出总功率与光斑面积之比,单位为 W/cm^2)和能量密度(单位面积单位时间注入工件表面的能量,即输出总能量与所处理的总表面积之比,单位为 J/cm^2)等。脉冲激光加工主要用于打孔、切割、焊接和薄膜沉积,其关键工艺参数有峰值功率、单脉冲能量、脉冲重复频率、光斑直径、能量密度、功率密度和激光束扫描速度。

不同的激光模式,激光束的能量分布状态是不同的。如图 8.8 所示为激光束的模式分布图,其中,TEM_{00} 模称为基模,它的能量集中,可以聚焦到很小的尺寸。高斯模与低阶模主要用于激光切割、打孔和焊接等。而多模激光束的能量分布范围较宽,通过聚焦方式很难获得狭窄的光斑,一般用于材料的激光表面强化,如激光淬火、激光表面熔凝、激光熔覆与合金化等。对产生多模输出的横流 CO_2 激光器谐振腔进行改造,可以使激光束以低阶模式输出,进行激光焊接与切割。

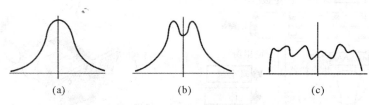

图 8.8　激光束输出模式

(a)高斯模;(b)低阶模;(c)多模

8.2.1　常用工业激光器及激光加工系统

用于材料表面改性的激光处理系统由激光器、导光聚焦系统和加工工作台组成。有些特殊的激光加工系统还必须附有其他装置,如真空系统等。

1. 常用激光器

应用最多的工业激光器有三类,即 CO_2 激光器、掺钕钇铝石榴石(YAG)激光器和准分子(Excimer)激光器。

(1) CO_2 气体激光器

气体激光器主要由工作物质、光学谐振腔、风机、热交换器、电源、真空泵等几部分组成。CO_2 激光器以 CO_2 气体作为放电介质,在直流高压下,大量 CO_2 气体分子获得能量后,激发、跃迁到高能态,并使处于高能态的粒子数多于基态的粒子数,即实现所谓的"粒子数反转"。然后,高能态粒子向低能级跃迁,发射光子,经谐振腔振荡放大后,输出激光束。谐振腔是激光器的重要部分,由全反射镜和部分反射镜组成。受激辐射光通过反馈,在谐振腔中放大与振荡,并由部分反射镜输出。CO_2 激光器的主要特点是高功率、高转化效率(总效率达 14% 以上)和高光束质量。

根据放电方式的不同,CO_2 激光器又分为:

①封离型激光器。CO_2工作气体在谐振腔内不流动,结构简单,维护方便,但注入功率和激光功率受工作气体温升的影响,输出功率较小(约 $50 \sim 70W/m$),且输出功率随时间的延长逐渐下降。

②快速轴流 CO_2 激光器。由细放电管、谐振腔、高压放电系统、高速风机、热交换器及气流管道等部分组成,如图 8.9(a)所示。快速轴流 CO_2 激光器的谐振腔中,气流运动方向、电场方向和激光束输出方向三者一致。这种激光器的电光效率高(达 26%),功率密度高,光束质量好,可以连续或者双脉冲运行,常用于激光切割和焊接等加工。

③横向流动 CO_2 激光器。其基本构成单元与轴流激光器类似,但工作气体在谐振腔中沿着垂直于光轴输出方向流动,温度低,放电效率高,如图 8.9(b)所示。因此,单位有效谐振腔长度的激光输出功率可以高达 $10kW/m$。横流 CO_2 激光器的缺点是很难聚焦到直径很小的光斑,使其在激光切割与焊接领域中的应用受到限制,但用于激光表面改性处理则可以收到理想效果,是材料表面改性常用的激光器。

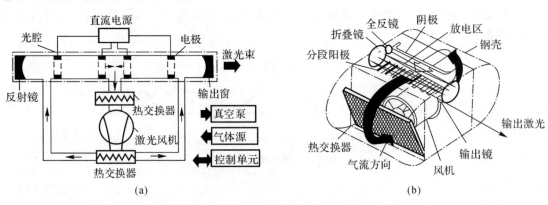

图 8.9　CO_2 激光器原理示意图
(a)轴流激光器;(b)横流激光器

(2)YAG 激光器直流电源

　　YAG 激光器是以掺钕的钇铝石榴石为工作物质,其波长为 $1.06\mu m$,比 CO_2 激光器小一个数量级,因而与金属的耦合效率高、加工性能好,由工作物质、泵浦源、聚光腔、光学谐振腔、冷却滤光及激光电源等主要部分构成,其装置结构原理如图 8.10 所示。其中,工作物质是固体激光器的核心。YAG 激光器使用的泵浦源一般为惰性气体放电灯,常使用脉冲氙灯,经电触发后输出高能量,为工作物质中的粒子数反转提供光能。聚光腔的作用是将泵浦源辐射的光能有效、均匀地会聚到工作物质上,以获得高的泵浦效率,产生高功率激光。YAG 激光器结构紧凑、质量轻、使用简便可靠、维修要求较低。YAG 激光器的峰值功率可达几十千瓦,平均脉冲功率可达数千瓦,单棒连续 YAG 激光器最高功率为600W。因此,YAG 激光器正得到越来越广泛的应用,主要包括激光切割、焊接、打孔、

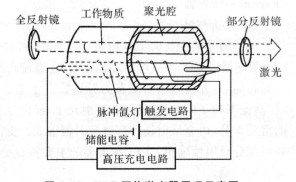

图 8.10　YAG 固体激光器原理示意图

材料表面改性处理和微细加工等。

（3）准分子激光器

准分子是指在激发态能够暂时结合成不稳定分子，而在基态又迅速离解成原子的缔合物，因而也称为受激准分子。准分子激光器是一种气体激光器，依据工作物质不同分为四类，即稀有气体类（如 Xe_2，Kr_2），稀有气体氧化物类（XeO），稀有气体卤化物类（XeF，KrF，XeCl，ArF 类等）和金属蒸气卤化物类。

准分子激光器的基本特点为输出波长短，单光子能量高，重复性好，波长可调谐运转。准分子激光为紫外超短脉冲激光，波长范围在 $193\sim351$ nm，约为 YAG 激光波长的 1/5 和 CO_2 激光波长的 1/50。单光子能量高达 7.9eV，比大部分分子的化学能都要高，因此，可以直接"切断"分子之间的化学键，而不是像 YAG 和 CO_2 激光加工那样，主要依靠激光束与物质之间交互作用时产生的热能来实现加工。

准分子激光加工常称为冷加工，而 YAG 和 CO_2 激光加工对应地称为"热加工"。准分子激光器主要用于脉冲激光沉积、激光微细加工、激光光化学加工和生物医学等领域。

准分子激光器的缺点是工作气体有毒，并且成本较高，目前制备较大输出功率的准分子激光器还有一定困难。由于 4 倍频的 YAG 固体激光波长与准分子激光的相当，且不需要有毒的工作介质，因此 YAG 激光在微细加工领域也具有很大优势。

2. 导光系统和加工机床

无论是采用哪种激光器进行激光加工，都需要有相应的导光系统，将激光束从激光器的出光窗口传送到待加工的零件表面，并可以根据工况需求方便地调整光斑尺寸和形状。激光传输的距离与光损耗成正比，在满足加工件性能要求的前提下，应尽量缩短光束传输的距离。

工业上常用的导光系统主要有两类：一类由一系列的反射镜和聚焦镜组成，它又分为投射聚焦式和反射聚焦式两种（见图 8.11）。反射聚焦通常采用铜、铝、钼和硅等材料制成一定凹面形状的反射镜来聚焦激光束。透射聚焦则利用一般凸透镜聚焦原理，通过控制透镜的曲率半径来调整光斑直径。CO_2 激光的聚焦镜一般采用砷化镓、硒化锌、氯化钠材料制作，YAG 激光的聚焦镜则采用石英玻璃等材料制成。另一类导光系统采用光导纤维传输，但限于波长为 $1.06\mu m$ 的 YAG 固体激光器。由于光纤传输可以方便地将激光束传输到不同方位，因而在激光加工领域中得到了广泛应用，如汽车制造行业中大型覆盖件的焊接等。其局限性是激光束可以聚焦的最小光斑有限，因此，用于精密加工时的精度往往受到限制。

激光加工机床实际上是与激光器和导光系统密不可分的。常用的激光加工机床主要有两类：一类是数控系统控制机床运动，实现激光加工；另一类是工件在加工过程中不动，数控系统控制导光头运动，实现材料的激光加工。当前，更多的是将这两种方式组合起来，以便使设备造价更低，也更加实用。

激光加工机床一般分为通用型和专用型两大类。通用型激光加工机床按光束与工件相对运动的维数分为三坐标加工机（X，Y 与 Z 轴）和五坐标加工机（X，Y 与 Z 轴，XY 平面绕 Z 轴的转动，XY 平面在 Z 方向上±180 的摆动）等，原则上可以适合各类复杂零件小批量的加工。近年来，激光微细加工和激光精密加工技术发展很快，其中使用的导光系统和加工机床比上述的三轴或五轴坐标系统的加工精度更高。特别是各种振镜光扫描、光成像技术的应用，可以在材料表面快速、精确地加工出各种所需要的图形。

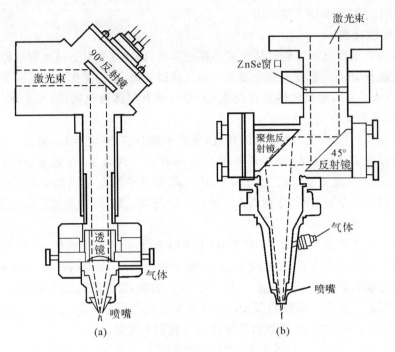

图 8.11　激光加工导光系统原理示意图

(a)透射聚焦式；(b)反射聚焦式

除了通用激光加工机床,还有为某些特定或单一产品进行激光加工而设计制作的专用激光加工机床,如专用的发动机缸体激光淬火机床、发动机排气门激光熔覆生产线、汽车底板激光拼焊生产线等。

8.2.2　激光表面改性技术的应用

1.激光表面合金化技术

把合金元素、陶瓷等粉末以一定方式添加到零件表面上,通过激光加热使其与基体表面共熔而混合,形成新的合金表面,实现激光改性的功能。

激光表面合金化的主要目的是:利用快速加热和快速冷却制造特殊的亚稳合金,赋予基体表面以特殊的性能,制成理想的表面新合金。

在某些情况下,钢中加入 Cr,Ni,Mo 等元素是为了提高材料表面对服役环境损伤的防护性能,此时采用表面合金化可降低成本,如用输出功率 $500\sim2\,000$ W 连续可调 CO_2 激光器对20 钢表面进行 Cr 与 C 的合金化,得到有较好耐酸腐蚀性能的马氏体不锈钢表面。对 45 钢进行激光处理,实现 Cr,Mo 合金化,通过表面固溶大量的 Cr 元素,同时 Mo 能促进 Cr 的均匀分布,使这种钢的抗高温氧化性能显著提高。

激光表面合金化也可以在高能激光束作用下,以预置涂层法或同步送粉法方式,将其他元素的物质熔入基材表面。与激光熔覆层不同,激光合金化时基材大量熔入,与添加的合金元素混合,共同决定表面合金化层的性质。

　　激光合金化层的成分均匀性是决定其表面性能的关键因素之一,而控制成分均匀性的关键在于控制激光合金化熔池横截面的形状因子,即合金化层的宽度与深度之比。而合金化层的宽度一般决定于光斑直径,深度则取决于激光功率密度、扫描速度和合金元素的加入方式与质量分数。

　　表 8.1 列出了常用金属材料激光合金化后的表面硬度等性能,可见,激光合金化可以使材料表面的显微硬度与耐磨性提高。

表 8.1　常用金属材料表面激光合金化层的性能

基体材料	添加的合金元素	硬度 HV
Fe,45 钢,40Cr	B	1 950～2 100
45 钢,CCr15	MoS_2,Cr,Cu	耐磨性提高 2～5 倍
Y10	Cr	900～1 000
ZAlSi9Mg	Fe	480
Fe,45 钢,T8A	Cr_2O_3,TiO_2	1 030
Fe,CCr15	Ni,Mo,Ti,Ta,Nb,V	1 650
$1Cr_{12}Ni_{12}MoV$	B	1 225
	胺　盐	950
Fe	TiN,Al_2O_3	2 000
45　钢	WC+Co	1 400
	We+Ni+Cr+B+Si	700
铬　钢	WC	2 100
	TiC	1 700
	B	1 600
铸　铁	FeTi,FeCr,FeV,Fe,Si	300～700
304 不锈钢	TiC	58HRC
5052 铝	TiC	TiC 含量达到 50%(体积分数)时,耐磨性与标准耐磨材料相当
Al-Si 合金	镍　粉	合金化层显微硬度为 HV300
Ti-6Al-4V	TiC	合金化层中 TiC 可达 50%(体积分数)
Ti 合金	C,Si	40%H_2SO_4 溶液中耐蚀性提高了 40%～50%

　　在激光熔化铝或钛合金材料表面的同时通入氮气、氧气或者乙炔气体,可以使材料表面与气体发生反应成为合金化,即所谓激光气体合金化。如 Ti-6Al-4V 合金就可以依据通入的气体成分不同,分别获得 TiN,TiC,Ti(C,N) 和 TiO_2 等不同的化合物层,因而表面的显微硬度、黏着磨损性能等也得到相应提高。

　　激光合金化除了提高材料的硬度、耐磨性之外,还可以大幅度提高激光合金化材料的耐腐蚀性能。如对 45 钢经调质后喷涂或涂刷 200 目的纯铬粉(厚 $100\mu m$～$150\mu m$),在 2kW 激光束(直径为 1.5mm)的光斑作用下,以 1.5mm/s 的速度进行扫描,可获得表面 Cr 含量大于 20%、不平度小于 $80\mu m$ 的合金化层,使其抗酸腐蚀性能大幅提高。对 60 号钢进行表面 Cr,C 激光合金化处理后,其耐酸、耐碱的效果更佳。

众所周知,镀 Cr 炮钢失效的主要形式是烧蚀,严重时镀 Cr 层成片剥落。用激光处理,可使镀 Cr 层与基体界面处发生熔化,形成 Fe-Cr 合金中间层,而 Cr 层表面仅是微熔(大部分镀 Cr 层并未熔化),从而改善镀 Cr 层的抗高温剥落、高温裂纹扩展和抗酸蚀的能力。

在高磷铸铁表面喷涂一层厚 $0.1\sim0.2$mm 的 Ni 基合金粉末,在 5kW CO_2 激光器上进行激光表面合金化,因 Ni 等耐蚀元素的加入,使表面组织发生变化,提高了其抗空化腐蚀的能力。用 Co 基合金粉对 Ni 基涡轮发动机叶片进行激光合金化处理,获得平均粗糙度为 $16\mu m$ 的钴基强化层,可以明显提高镍基涡轮发动机叶片的耐腐蚀性。

激光表面合金化应用及发展从偏重于工艺参数、组织和性能的研究,到解决激光合金化层中存在的表面不平整、出现裂纹及气孔等实际问题方面。如采用激光合金化工艺来强化新型高温结构材料——TiAl 金属间化合物,提高其耐磨性。采用共晶合金化涂料,在凸轮的桃尖部分进行激光合金化处理,使其硬度达 HRC60～67,合金化层深 $1.3\sim1.5$mm,对凸轮的其他部分进行激光快速熔凝处理,获得的硬度为 HRC55,硬化层深 $0.1\sim1.0$mm。这样获得的凸轮强化表面平整均匀,无气孔和裂纹,实现了合理连续的组织与硬度搭配,经过实际使用考核,这种激光强化的凸轮具有优异的耐磨性和抗疲劳性能。

2. 激光熔覆技术

激光熔覆亦称激光包敷或激光熔覆,是材料表面改性技术的一种重要方法。采用激光束在选定工件表面熔覆一层特殊性能的材料(预涂一层金属、合金或陶瓷粉),在其表面进行激光重熔(即利用激光束在金属零件表面辐照),通过迅速熔化和迅速凝固,在表面熔覆一层具有特殊物理、化学或力学性能的材料,从而构成一种新的复合材料。这种复合材料能充分发挥两者的优势,弥补互相的不足。对于某些共晶合金,甚至能得到非晶态表层,从而具有优良的抗腐蚀性能。激光熔覆需要控制能量输入参数等,使预涂材料熔化并使基体材料的表面微熔,从而得到一外加的熔覆层。这种方法与激光表面合金化的不同在于母材微熔而预涂材料全熔,这样就避免了熔化基体对预涂层的稀释。

激光熔覆是一个动态的熔化过程,熔池尺寸小,不仅存在传热现象,而且也存在对流、质量传递等,它们会直接影响熔池的宏观形貌、偏析、组织和成分的均匀性及其他物理冶金性能,因而研究熔覆过程中的热传导、对流、质量传递等问题,对于理论研究和实际工业应用都具有重要的价值。

由于激光熔覆采用的激光功率高,加热和冷却的速率极大,同时熔池的尺寸较小,温度较高,用实验的方法测量熔池中的实际温度分布有一定困难,对激光作用下的材料温度场可以采用模拟计算的方法,包括解析法和数值计算法。随着计算机技术和红外线测量技术的发展,人们开始用红外热成像技术实际测量激光熔覆的温度场,减少了测量值与真实值之间的偏差,并且利用专门的软件对红外热图像进行分析,得到最高温度、单点温度、多点温度、等温分布、冷却速度等激光熔覆温度场参数,为激光熔覆技术获得更高性能的零件表面开辟了新的方向。

决定激光熔覆的宏观、微观质量的主要因素是激光参数、材料特性、加工工艺及环境条件、激光束、粉末和基体间的相互作用时间等。良好的熔覆层应该具有较低的稀释率,无开裂、无气孔、无夹渣,熔覆层与基体材料呈冶金结合,性能均匀,外观平整,能满足预定的实际使用性能要求,如耐磨、耐腐蚀、抗高温氧化、高硬度、高强度等。

从另外一个角度看,激光熔覆过程类似于普通热喷焊或堆焊过程,只是所采用的热源为激光束而已。因此,采用与热喷焊或堆焊相同的技术指标评价其工艺特点,如熔覆速率、稀释率等。与火焰喷焊、等离子喷焊及其他堆焊工艺相比,激光熔覆技术具有如下优点:

①熔覆层稀释率低,且可以精确控制,覆层的成分与性能主要取决于熔覆材料自身的成分和性能。因此,可以通过激光熔覆各种性能优良的材料,对基材表面进行改性。

②激光束的能量密度高,作用时间短,零件基材热影响区及热变形均可降低到较低程度。

③激光熔覆层组织致密,微观缺陷少,覆层与基体结合强度高,性能更优。

④激光熔覆层的尺寸大小和位置可以精确控制。通过设计专门的导光系统,对深孔、内孔、凹槽、盲孔等部位处理,采用一些特殊的导光系统可以使单道激光熔覆层宽度达到20~30mm,最大厚度达3mm以上,使熔覆效率和覆层质量进一步提高。

⑤激光熔覆过程对环境无污染,无辐射,低噪声,使劳动条件得到较大程度的改善。

依据材料的添加方式的不同,激光熔覆工艺也可以分为预置涂层法(见图 8.12(a))和同步送料法(见图 8.12(b))。预置涂层法是先用某种方式(如黏结剂预涂覆、火焰喷涂、等离子喷涂、电镀等)在基材表面预置一层金属或者合金,然后用激光使其熔化,获得与基材冶金结合的熔覆层,该过程与两步法热喷焊过程类似。同步送料法是在激光束照射基材的同时,将待熔覆的材料送入激光熔池,经熔融、冷凝后形成熔覆层的工艺过程,类似于一步法热喷焊工艺。激光熔覆材料包括金属、陶瓷或各种化合物陶瓷等,材料的形式可以是粉末、丝材或板材。

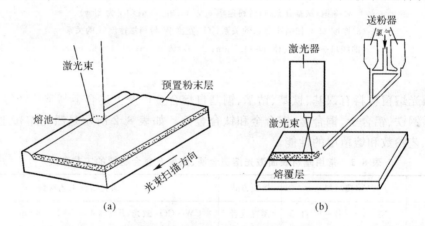

图 8.12 两种送料方法激光熔覆示意图
(a)预置涂层法;(b)同步送料法

评价激光熔覆层质量的主要指标有:熔覆层厚度、宽度、形状系数(宽度/厚度见图 8.13 典型熔覆层的断面示意图)、稀释率、硬度及其沿深度分布、基板的热影响区深度及变形程度等。从热力学和外延生长的角度出发,系统研究激光熔覆快速凝固行为,包括各种亚稳相的形成规律、组织特征及溶质在凝固过程中的分配规律,借以进一步完善快速凝固理论;建立更接近实际的熔池中的能量、动量和质量传输模型,通过数值分析来得到熔池中的定量信息,以期进一步理解该技术的相变规律;研究激光熔覆对材料力学、耐腐蚀、高温蠕变及摩擦磨损性能的

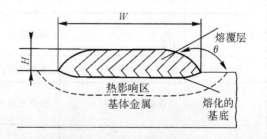

图 8.13 激光熔覆层断面示意图

影响;结合大功率激光器的开发和激光光学系统的设计,解决大面积熔覆的工艺问题,并进一步提高零件表面熔覆层的质量。

影响上述指标的主要工艺参数除了激光功率、光斑直径、功率密度、扫描速度等参数外,还有送粉速率(或预置层厚度)、熔覆材料对基材的浸润性、熔覆材料-基材固溶度、熔覆材料对光束吸收率、多道搭接时的搭接率、保护气体种类和预热-缓冷条件等。如图 8.14 所示为激光熔覆铁基合金粉末时的熔覆层厚度与宽度随激光扫描速度的变化规律。可见,激光熔覆层的宽度主要决定于光斑直径,而激光熔覆层的厚度与送粉量、扫描速度、功率密度等参数密切相关。

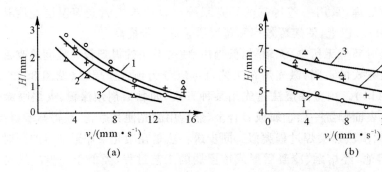

(a)　　　　　　　　　　　　　(b)

图 8.14　不同光斑直径下熔覆层厚度与宽度随激光束扫描速度的变化规律

(A3 钢;铁基合金粉;送粉速率 v_g 为 11.9g/min;功率为 2kw)

(a)厚度 H 与扫描速度 v_s 的关系; (b)宽度 W 与扫描速度 v_s 的关系

(曲线)1—(光斑直径)$D=4.5$mm; 2—$D=5.0$mm; 3—$D=6.0$mm

常用激光熔覆材料有镍基、铁基、钴基、铜基自熔合金以及上述合金与碳化物等材料,常用的基材包括钢铁、铝合金、铜合金、镍合金和钛合金等。如表 8.2 所示是激光熔覆上述常用材料的主要工艺参数和熔覆层的性能。

表 8.2　常用基材表面激光熔覆金属、陶瓷及复合材料的工艺参数

基体材料	熔覆材料	熔覆方式	激光熔覆工艺参数
2Cr13 钢、18-8 不锈钢	Ni-Cr-B-Si 自熔合金	预置或者同步送粉	$CW-CO_2$ 激光,$P=2$kW,$v_s=2\sim18$mm/s,$D=5$mm,厚度:0.5~1.5mm
A3 钢	Ni-Cr-B-Si+50%WC(质量分数)	同步送粉	$CW-CO_2$ 激光,$P=2$kW,$v_s=2\sim6$mm/s,$D=5$mm,层厚:0.5~2mm
软钢	70Ni-14Cr-Fe+SiC 等	预置涂层	$CW-CO_2$ 激光,$P=6$kW,振镜频率=100Hz,单道扫描宽度 $D=30$mm,$v_s=0.1\sim0.2$mm/s,层厚:1mm
2Cr13	Co-Cr-B-Si 自熔合金	预置涂层	$CW-CO_2$ 激光,$P=2$kW,$D=2\sim4$mm,$v_s=5\sim18$mm/s,层厚:0.2~0.8mm
20 钢	Co-Cr-B-Si+WC	预置涂层	$CW-CO_2$ 激光,$P=1.2$kW,$D=3.5$mm,$v_s=6$mm/s
A3 钢	铁基自熔合金	预置涂层	$CW-CO_2$ 激光,$P=1.6$kW,$D=3\sim4$mm,$v_s=4\sim6$mm/s
工具钢	粉末高速钢	同步送粉	$CW-CO_2$ 激光,$P=1.5$kW,$D=5$mm,$v_s=3\sim15$mm/s,硬度可达 HV750~850

激光熔覆技术自 20 世纪 70 年代以来就得到了广泛的应用,包括发动机排气门密封面和发动机缸盖头锥面激光熔覆钴基合金、发动机涡轮叶片表面激光熔覆抗高温氧化涂层、汽轮机末级叶片叶尖迎风面激光熔覆耐空蚀合金等,以及将激光熔覆技术应用于冶金行业的轧辊表面强化等,都取得了显著的经济效益与社会效益。

航空航天工业是最先采用激光熔覆的产业部门,因为激光熔覆不仅要用于加工零部件,而且要用于修理零部件。如航空发动机钛合金和镍基合金摩擦副的接触磨损是发动机使用和维修中的一大难题,通过激光熔覆技术则可获得优质的涂层,为燃气涡轮发动机零件的修复提供了新的方法。

在 A3 钢表面涂覆 79.18%Ni,13%Cr,0.72%C,3.5%Si,3.0%B(质量分数)后,用 CO_2 激光器进行熔覆处理,发现弥散细小的 Ni3Si 粒子从 $\gamma - NiCr$ 中大量析出,从而提高了其抗腐蚀能力。如果用 46.9%Fe,45%Cr,4.8%C,1.2%Si,2.1%B(质量分数)激光熔覆处理,在快冷下得到微细的碳化物,使 A3 钢的抗腐蚀性能达到 18-8 不锈钢的水平。

在镍基高温合金表面激光重熔包覆 $Ni - Cr - Al - H_f$ 合金,其组织细化,H_f 在基体的溶解度明显增大,形成富 H_f 析出物和新的亚稳相,从而提高了 Ni 基合金在高温下的抗氧化性。2Cr13 钢汽轮机末级叶片进气边采用激光重熔或熔覆处理,由于快速熔化-凝固这一特征的控制,激光熔覆层组织出现定向生长枝晶细化,熔覆层的强化可以减缓和削弱应力腐蚀和腐蚀疲劳,同时也提高了这种材料的抗冲蚀能力。

在不锈钢基体上用 CO_2 激光熔覆制备 Ni 基纳米碳化钨复合涂层。观察这种复合涂层的显微组织发现,涂层中的孔隙及裂纹消失,涂层与基底呈冶金结合。在原子力显微镜下观察这种涂层中含相当多的粒度≤100nm 的碳化钨颗粒,涂层结合强度比传统的热喷涂方式高,耐磨性也得到了提高。尤其是采用压痕法对此涂层的断裂韧性进行测试,发现这种复合涂层的断裂韧性比常规喷焊 Ni 基 WC 复合涂层高,证实了在激光熔覆纳米陶瓷复合涂层中的纳米颗粒的作用。另外,在铸铝材料表面制备的含纳米 Al_2O_3/TiO_2 颗粒的陶瓷涂层可以实现消除内裂纹的目的,这是激光快速熔凝及纳米材料的"纳米效应"综合作用的结果。

从激光表面改性处理所用的激光器来说,激光熔覆与合金化的激光器主要为多模输出的 CO_2 激光器和 YAG 激光器。

3. 高分子材料表面的激光改性

由于高分子材料的燃点和熔点较低,采用 CO_2 激光器容易导致高分子材料表面分解,而短波长激光可以使高分子材料表面在极短时间内发生烧蚀,并将表面改性区局限于浅表层,因此,对高分子材料进行激光改性主要用准分子激光器或者经过倍频的短波长 YAG 激光器。

如图 8.15 所示是用准分子激光辐照 PES 和 PEN 材料后的表面微观形貌。激光辐照后的高分子材料表面形成了许多波纹或者微凸起结构,这样就可以使 PEN,PES 等塑料表面的活性大幅提高。聚四氟乙烯是一种理想的绝缘材料,对水溶液的润湿性很差。如果对这种材料进行化学镀实现表面金属化,或者采用电镀的方法在其上沉积一导电层,就必须进行亲水处理。可以先将刻有一定图形的掩膜放置于 PTFE 材料表面,然后经过激光辐照,再放入化学镀溶液中。经激光辐照的区域因表面活化,就会沉积出所需的图形,而未辐照的区域则不会有金属的沉积。因为激光辐照处理后聚四氟乙烯表面亲水性增强,经激光照射后接触角可从处理前的超过 100°降到十几度,成为亲水表面。如图 8.16 所示为激光辐照后化学镀制备的印制电路板。

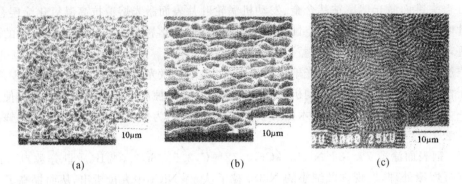

图 8.15　激光辐照高分子材料表面形貌($500mJ/cm^2$,辐照 10 个脉冲)

(a)PEN 材料；(b) PEN 材料；(c) PES 材料

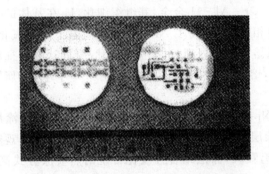

图 8.16　激光选区辐照 PTFE 后化学镀　　印制电路板

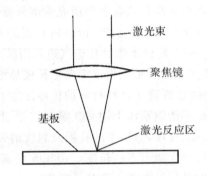

图 8.17　LCVD 原理示意图(整个系统置于　　真空室中)

4. 激光诱导化学反应沉积技术

通常人们将激光诱导化学反应沉积技术分为激光诱导化学气相沉积技术、激光诱导液相反应沉积技术和激光诱导固相反应技术三种。

(1)激光诱导化学气相反应沉积技术

激光诱导化学气相反应沉积(简称 LICVD 或 LCVD),是先将基材预置于充满活性气体的反应室中,然后采用激光束照射,诱导化学反应发生并沉积出薄膜的过程。当激光束沿着一定的轨迹扫描运动时,即可以获得一定图形的沉积膜。显然,LCVD 属于光化学 CVD 工艺的特殊形式之一,只是所采用的光源为激光束。LCVD 一般采用准分子激光器,有时也用 CO_2 激光器与 YAG 激光器。LCVD 的原理如图 8.17 所示。

与普通 CVD 方法相比,LCVD 在低温甚至室温的条件下实现局部或者选区薄膜沉积,沉积层的宽度主要取决于激光束光斑直径。当激光束按一定路径扫描时,就可沉积出所需要的导电图形,完成线路板的布线任务。20 世纪 80 年代初期以来,用 LCVD 法在 SiO_xN_y,TiN,GaAs,多晶硅-二氧化硅-单晶硅等复合基板表面沉积 Au,Ag,Cu 等多种纯度高、致密、线宽窄(最小可达 $2\mu m$)的金属线,甚至可以在氧化铝基材上制备微型电动机和三维结构。由于该技术可以在绝缘材料基片表面直接制备导电线路,因此又被称为激光直写技术,主要用于超大规模集成电路芯片中线路的修复和微机械系统的制造。但 LCVD 法的主要缺点为成套设备昂贵、布线速度低和导线厚度难控制等。

（2）激光诱导液相反应沉积技术

该技术又被称为激光诱导化学镀（简称 LIEP），是由激光束直接辐照浸在液态化学介质中的基板，使激光辐照区与基片接触的溶液活化，发生选择性反应，反应产物沉积在基片表面。显然，LIEP 也是一种选择性沉积薄膜工艺，可以用于直写电路。该技术最早出现于 1979 年，后在原有直接诱导化学镀的基础上，发展出了激光预置晶种-化学镀复合法、激光直接照射选区活化基板-化学镀复合法（也称为两步法）等工艺。前者是采用激光束先在基材表面预置一些化学镀所需要的晶种，然后将基材放入化学镀液中进行镀覆；后者则是采用激光束对基材选区辐照，使基材激活，再进行化学镀，获得所需要的图形。

采用激光诱导化学镀工艺已在 Al_2O_3，ZrO_2，金刚石，SiC，PPQ 高分子材料表面制备出 Al，Cu，Pt，Pd，Ni－P 合金等金属线，最小线宽可达 $2\mu m$。LIEP 法的优点是不需真空、设备投资比 LCVD 少、布线速度比 LCVD 快。但是，由于基片必须浸入镀液中，其他的影响因素（如溶液温度、浓度等）使导线的尺寸精度、重复性及质量稳定性欠佳，加上布线速度仍然偏低、化学镀液对环境的严重污染等原因影响了其应用。

在激光诱导液相沉积过程中充满了物理和化学过程。化学过程主要是热分解沉积，主要发生在液相环境中。它是由溶液局部温度升高超过金属化合物的分解阈值而引起的。而物理过程主要指基材表面的熔融活化以及金属渗透沉积：激光扫描溶液时，溶液吸收能量并使溶液温度升高，溶液里的金属离子在一定温度下发生化学反应而被还原为金属原子；另外，在激光作用下，基材表面发生局部"熔融"现象，金属颗粒在局部范围内横向渗透的同时，也向基材深处渗透。横向渗透影响沉积线的宽度，纵向渗透影响金属线的厚度。

（3）激光诱导固相反应技术

激光诱导固相反应法是将导电金属或其（有机）化合物的固体粒子与有机相混合后，预置于基板表面，激光加热后将固态粒子沉积在基板上的过程。1979 年美国学者将 CuO，NiO 等金属氧化物与环氧树脂等有机物混合后预置于绝缘基材表面，利用 CO_2 激光辐照使金属氧化物还原，形成金属导线，开启了绝缘材料表面激光熔覆金属导线的先河。1991 年美国某公司研究人员采用甩胶法在基片表面先预置一定厚度的金属有机化合物导电胶，激光辐照使化合物分解出纯金属粒子，最小线宽可以达到 $1\mu m$ 左右。但由于必须呈梯度增加激光功率才能控制金属有机化合物分解速度，因此获得涂层的最大速度不超过 $5\mu m/s$。此外，由于激光诱导金属有机化合物分解反应速度较慢，容易在覆层中产生"毛刺"与"爆炸"现象，使覆层均匀性变差。因此，人们在后续的研究中逐渐采用其他熔覆材料来代替金属有机化合物。

5. 激光快速原型制造技术

激光快速原型制造技术（选择性激光烧结技术）是利用数控系统控制激光束运动轨迹，选择性对粉末材料进行薄层烧结，形成各种零件尺寸的工艺过程。其最大优点是可供选择的材料广泛，根据不同的用途可选择不同的粉末。同时，所采用的粉末无毒，可循环利用。另外，未烧结的粉末能自然地承托工件，激光烧结过程中不须支承。

选择性激光烧结可处理的粉末材料有：

①标准的铸造蜡材，可用于失蜡铸造，制造金属原型、模具等。

②聚碳酸脂。标准的工业热塑性塑料，可建造功能模型及原型、坚固的铸芯（代替蜡材用

于快速铸造法中建造金属原型及模具)、复导光系统制母模、制作砂模铸造用的铸芯。选择性激光烧结聚碳酸脂具有坚固、耐热、建模速度快、能造出细微轮廓及薄壁等特点。

③尼龙。标准的工程热塑性塑料,可制造功能测试用的原型;耐用、耐热、耐腐蚀;纤细尼龙,可制造功能原型、砂模铸造用的铸芯以及有装嵌需求的原型。

④金属。钢、铜合金、钛合金等,适于制作模腔及模芯的镶块以及大型结构部件。

选择性激光烧结工艺过程:先在工作台上均匀地铺上一层很薄($100 \sim 200 \mu m$)的热塑性粉末,也可以是金属粉末外覆盖一层热塑性材料而形成的粉末团;然后,利用辅助加热装置将其加热到略低于熔点的温度,在这个均匀的粉末面上,激光束在计算机程序的控制下,按照设计零件在该层的几何信息进行选择性的烧结(零件的空心部分不烧结,仍为粉末状态);完成一层以后,再在原有一层上进行下一层烧结,如此重复,直至整个工件完成为止;全部烧结完后,工件从工作室里取出,用较低的压缩空气将多余的松散粉末吹掉,有些还要经砂纸打磨;去除多余的粉末即可。如图8.18所示为选择性激光烧结原理示意图。

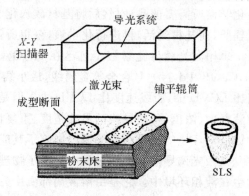

图8.18 选择性激光烧结原理示意图

6.激光冲击强化技术

随着航空航天工业的发展,人们对飞机、航天飞行器上的零部件的精度、性能和安全可靠、使用寿命等提出了越来越高的要求,其服役环境条件也变得越来越苛刻。飞机上许多零部件必须在高温、高压、高磨损和严酷腐蚀的外部条件下使用,但是零部件在加工过程中难免会出现各种裂纹、缺陷和应力集中,从而导致零部件的破损或失效,威胁飞行安全。为此人们研究和开发了各种表面处理技术来改善零部件材料的表面性能,其中激光表面处理包括激光冲击强化由于其本身的特性而受到航空制造业的重视。

(1)激光冲击强化理论分析

激光冲击强化(简称LSP技术)是一种利用激光冲击波对材料表面进行改性,提高材料的抗疲劳、磨损和应力腐蚀等性能的技术。与一般用于材料改性处理的方法如锻打、喷丸硬化、冷挤压、激光热处理等相比,激光冲击强化处理具有非接触、无热影响区及强化效果显著等突出优点。利用激光的力学效应进行表面处理主要是激光冲击强化,原理是当短脉冲(几十纳秒)的高峰值功率密度(大于10^9 W/cm²)的激光辐射金属靶材时,金属表面吸收层吸收激光能量发生爆炸性气化蒸发,产生高温(大于10 000K)、高压(大于1GPa)的等离子体,该等离子体受到约束层的约束时产生高强度压力冲击波,作用于金属表面并向内部传播。当冲击波的峰值压力超过被处理材料动态屈服强度时,材料表层就产生应变硬化,残留很大的压应力。

激光冲击强化主要从以下两方面提高零件材料的性能:

①表面残余应力对疲劳寿命的影响。研究表明,经激光冲击强化后的材料获得高的表面残余压应力,影响范围为$1 \sim 2mm$。在激光与材料相互作用过程中产生平行于材料表面的压应力,并使材料发生塑性变形。随着激光功率密度增加,残余压应力值越高,表面塑性变形也越大。残余应力在疲劳载荷中起着平均应力的等效作用,残余压应力相当于负平均应力,对叠

加在外部的正值应力起到抵消作用,从而减小了有效局部负载,提高了疲劳强度。因此,冲击处理后由于压应力的存在,使材料的抗疲劳寿命得以延长。

②位错密度对疲劳寿命的影响。激光冲击强化后位错密度显著提高,并出现缠结结构。在位错密度达到一定值后,再继续增大就会使材料的屈服强度大幅度提高,这也必然导致材料抗疲劳寿命的提高。

(2) 应用与发展

1972 年美国巴特尔学院用高功率脉冲激光诱导的冲击波来改变 7075 铝合金的显微结构组织和力学性能,使材料屈服强度产生明显的提高,而且激光冲击强化在强化效果、可控性和无污染方面比传统的喷丸强化也显示出很大优势。1995 年,美国空军授权将激光冲击强化工程技术应用于国防。1997 年 GEAE(通用电气航空发动机厂)将 4 台激光冲击强化系统用于 B—1B/F101 发动机叶片生产线。1998 年后,GE 公司开始利用激光对涡轮叶片和 F110—GE100,F110—GE129 的风扇第Ⅰ级工作的叶片进行冲击强化,以提高叶片表面压应力,防止叶片裂纹,并且取得了理想的效果。研究发现,2024—T3 铝合金经过高能激光冲击强化处理后其疲劳寿命是常规喷丸处理的 50 倍,可用于提高许多关键零部件的服役寿命,如喷气发动机的叶片、F16 机舱壁桁架上弦与斜端杆接点等。

国内从 20 世纪 90 年代开始了激光冲击处理技术的研究,针对航空铝合金材料进行了基础研究试验。发现激光冲击处理可以大幅度提高 LY12 铝合金的疲劳寿命,其微观机理是激光冲击后的位错密度提高了 21 倍。

总之,激光冲击强化技术的应用取得了很快的发展,目前在航空领域中的应用主要体现在:

激光强化处理可用来维修飞机上的紧固件(已有裂纹)等。使用激光冲击强化技术对飞机机体疲劳关键区、铆钉紧固件等进行处理可以有效延长飞机的使用寿命,提高飞机使用期内的安全可靠性。

激光冲击强化能提高关键零部件的耐磨性和疲劳寿命。激光冲击强化能在材料内部产生较大的残余压应力,较大的残余压应力对诸如涡轮叶片一类的部件的关键区域有着至关重要的作用,可防止裂纹扩展,延长叶片寿命。激光冲击强化还特别适合于强化有应力集中的局部重点疲劳区,如孔、槽、圆角等。

适合于激光冲击强化处理的材料为碳钢、合金钢、不锈钢、可锻铸铁、球墨铸铁、铝合金、钛合金、高温合金等。适合处理的零件如齿轮、轴承连接杆、凸轮轴、曲轴、喷气发动机风扇叶片、涡轮叶片、摇臂以及轴等精加工后的工作面,可阻止处理部分材料的裂纹扩展。

激光冲击处理还可以用来改善粉末材料的性能,可使疏松层局部变密或使粉末致密,特别在粉末冶金零件致密化方面有着很好的发展潜力。

激光冲击处理还可以改善材料的非机械性能,如抗腐蚀性和延缓高温氧化速度等。

另外,人们对激光冲击强化的微观机理、强化效果的无损检测及激光冲击处理对金属性能的影响及工程应用等方面进行了研究。由于激光冲击的应力波持续时间极短(微秒),特别是有效处理成品零件上具有应力集中的局部区域,如提高成品零件上拐角、孔、槽等局部区域的疲劳寿命,因而以这种技术的工程应用前景较好。

7. 与其他方法结合的激光表面改性技术

激光表面改性用于材料表面熔覆及合金化时,覆层在缺陷、致密度、晶粒度、与基体结合力等方面与传统热喷涂相比有了明显改善,加上激光加工的高柔性、高效率、低消耗、无污染及易实现计算机控制等特点,使之具有很强的竞争力。纳米材料的小尺寸效应和表面效应,再加上纳米材料及其应用技术的发展,已经发现:纳米微粒的熔点、开始烧结温度和晶化温度比常规粉体低很多,由于颗粒小,纳米微粒表面能高,表面原子数多,这些表面原子近邻配位不全,活性大且纳米微粒体积远小于普通粒径材料,因此纳米粒子熔化时所增加的内能小得多,这就使纳米微粒熔点急剧下降。纳米结构材料中有大量界面,这些界面为原子提供了短程扩散途径,其固溶扩散能力提高。增强的扩散能力产生的第一个结果是纳米材料的熔凝温度大大降低,纳米粒子高的界面能成为原子运动的驱动力,有利于界面中的孔洞收缩达到致密化。另外,纳米粒子可作为异质形核的核心,细化一次结晶组织及改变凝固组织的形态等。由上述纳米材料的特征效应,可以预见在激光熔覆及合金化中添加适量的纳米材料有可能突破开裂瓶颈,而且纳米颗粒优异的性能有可能进一步改善激光熔覆合金化层的服役性能。

激光表面改性有非常明显的特点,与其他适当的表面工程技术巧妙地结合起来,优势互补。例如激光相变硬化+离子氮化及激光化学气相沉积(L-CVD)等,就是利用激光相变硬化在精加工后氮化前进行而不产生畸变,并且提高了处理层的峰值硬度,增大了氮化处理的有效层深。

在预先覆层(用黏结剂预先涂覆固相添加物、热喷涂等)上进行激光合金化。如覆层材料常采用 Ni 基、Co 基或 Fe 基材料,也可添加陶瓷材料。基材可选用廉价的碳钢或铸铁,也可选用 Al 合金、Ti 合金甚至 Ni 基高温合金,满足耐磨、热障、耐腐蚀等多种苛刻条件下的服役性能要求。但这种复合表面技术的主要问题是制备的覆层材料易产生空隙及裂纹。

对球铁材料先用激光快速熔凝处理,再在 750℃ 石墨化退火,使快速凝固共晶渗碳体亚稳相部分转变为石墨,制得既含硬质耐磨快速凝固共晶渗碳体又含弥散石墨的新型铁基多相耐磨材料,通过改变退火时间来调节渗碳体和石墨的相对量,并且利用石墨的自润滑提高其抗摩擦性能。

渗硼可在金属表面获得具有特殊物理性能的硼化物层。但表面硼化物属金属间化合物,硬度高、脆性大,在冲击载荷下硼化物易产生裂纹和剥落。激光重熔处理可使渗硼层的相对脆性降低,这是通过改变渗硼层的形貌和组织结构,消除 FeB 和渗层内的缺陷,改善界面结合强度和适当降低表层硬度,从而使硼原子得到重新分布来降低表层的脆性。

对于金属间化合物、硬质合金等硬脆特种材料,采用传统加工方法比较困难或难以实现。激光作用下熔池内更有利于完成许多在一般条件下不易实现的冶金反应,造成了良好的动力学和热力学条件,这就使得特定材料成分组元之间比较容易通过原位合成反应形成新化合物。其中组元成分的添加和添加比例的精确控制以及激光参数的精确调节为新型优异性能合金的直接合成与制造创造了必要的条件。用于激光合成制备的粉末材料可采用其他方法制备好的预合金粉末,也可用元素粉末按照设计成分要求配比混合均匀而成。如用激光熔覆工艺对 Ni,Al 元素粉末原位合成制备 Ni-Al 系金属间化合物,就是利用激光使 Ni,Al 金属粉末迅速熔化,通过 Ni,Al 间的反应热对原位合成反应起重要作用,根据自蔓延合成反应速度估算,Ni-Al 间的合成反应在 $1.5\mu s$ 内完成,因而激光作用下的熔池中可以瞬间合成出 Ni-Al 金属间化合物。

8.3　离子束表面改性技术

8.3.1　离子注入设备

离子注入设备是材料表面改性、半导体集成电路制造中极为复杂且昂贵的仪器之一。其工作原理结合了加速器物理、真空系统、机械传送和系统控制等,离子注入是在一种叫做离子注入机的设备上进行的。离子注入机是由于半导体材料的掺杂需要而于 20 世纪 60 年代问世的。离子注入机虽然有一些不同的类型,但一般注入系统由以下几个主要部分组成(见图 8.19):离子源,用于产生和引出某种元素的离子束,这是离子注入机的源头;加速器,对离子源引出的离子束进行加速,使其达到所需的能量;离子束的质量分析器(离子种类的选择);离子束的约束与控制(聚焦透镜、束流扫描装置);靶室;真空系统。

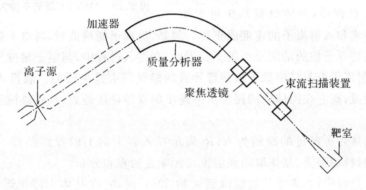

图 8.19　离子注入系统示意图

1985 年美国发明了金属蒸发真空弧离子源(MEVVA),系强金属、宽束离子源,图 8.20 给出了这种装置的工作原理示意图。MEVVA 源主要由金属蒸气等离子体弧放电室、漂移空间和离子引出系统三部分组成。等离子体弧放电室由阴极、阳极和触发器组成。离子引出系统是普通的三电极系统。离子源工作为脉冲方式,占空比为 1。在每个脉冲前端加上几个微秒的脉冲触发电压,用触发器触发阴极,引起阴极和阳极间的弧光放电,从而将阴极材料蒸发到放电室中,被蒸发的原子在等离子体放电过程中被电离形成正离子,采用磁场约束等离子体,以减少离子在室壁上的损失。正离子通过阳极和多孔的引出极而形成宽的金属离子束,再经过加速电压加速注入到材料表面。在离子源中引入合适的磁场可以使电荷量明显增加。为了得到多电荷离子束,需要在阴极下方安放磁铁,以增加等离子体中离子的电离机会。这种离子束束流中主要为多电荷离子,该离子源可引出从低熔点到难熔的金属离子,从一般金属到贵重金属和稀土金属,同样可引出导电的化合物离子团,还可以引出对于金属强化具有非常重要作用的离子。该离子源结构简单,束流密度高,束斑大,因此可以加工大的工件,可以在一个大靶内,使用两三个源,以形成全方位注入,从而提高注入效率。也可以同时注入几种金属元素,来研究合金生长规律。这种离子源由于不采用钨丝发射电子,而采用连续推进阴极结构形成等离子体,使离子源的寿命得到了明显提高。由于 MEVVA 源既可以用于原子级冶金规律的研究,又可以应用于工业生产,因此它广泛地应用于金属材料耐磨抗腐蚀表面的改性、生物医用材料表面改性、陶瓷表面改性、高分子聚合物改性等方面。

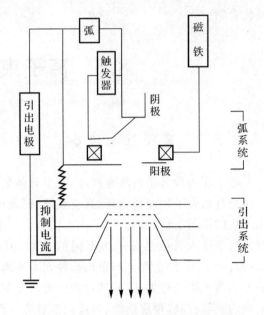

图 8.20　MEVVA 源离子注入装置示意图

8.3.2　离子注入原理

在离子注入过程中,被电离的离子在电场的作用下加速运动,离子靠本身的动能进入基体表面,在表层中运动的离子与基体原子相互作用而损失能量后在一定位置处停留下来。

在离子注入过程中,基体材料晶格电子所引起的能量损失率和入射离子的速度成正比。但是,当离子能量低时,与电子碰撞导致的能量损失比传递给晶格原子核的动能要小很多。因此,在注入过程中,与电子碰撞导致能量损失将是次要的,而入射离子束与晶格原子核碰撞导致的能量损失是主要的。假设入射粒子一次只同一个靶原子碰撞,则它在固体中的路径由一连串的双体碰撞造成,这些碰撞遵守能量守恒和动量守恒定律。

离子注入基体后所经过的路线为 R,R_P 表示在入射方向上的投影路程。入射离子的能量、离子和基体材料的种类、晶体取向和温度均影响着射程和分布。

在离子注入过程中,当离子的能量降到大约 20eV 时,它在基体中停止运动,离子从表面上的进入点到停止位置之间的总距离为 R,它是能量损失率的函数:

$$R = \int_0^E \frac{\mathrm{d}E}{-(\mathrm{d}E/\mathrm{d}x)_总} \qquad (8-1)$$

如果知道 $(\mathrm{d}E/\mathrm{d}x)_总$,便可计算 R 值。

注入离子与基材原子核之间的碰撞过程是随机的,各个离子射程大小不一样。对于注入元素在基体中分布估算,人们普遍采用 Lindhard,Scharff 和 Schiftt 建立的射程理论(又称 LSS 理论)。注入离子浓度 $N(Z)$ 随注入深度 Z 的变化呈高斯形分布(见图 8.21),这一结果实际上也可计算出注入离子的浓度分布近似为高斯形式。

如果基体材料是晶体,则原子在空间呈规则排列。当离子注入是沿着基材的晶向注入时,高能离子与基体原子发生碰撞。离子沿晶体的主晶轴方向注入时,它们可能与晶格原子发生类似的碰撞,但每次碰撞时,离子运动偏转很小,离子顺着原子排列的方向,可以注入固体较深的距离,此种现象为沟道效应。显然,沟道效应影响离子注入晶体后的射程分布。研究结果还表明,沟道离子的射程分布随离子注入剂量的增加而减少,并随基材的温度升高而减弱,这是因为晶格的损伤或者无序化阻碍了沟道效应的产生。

如果离子注入剂量很高,将会使浓度分布偏离高斯分布,峰值向表面一侧偏离,在极限情况下表面浓度最高。这是由于离子注入的同时,还会导致近表面层的靶原子和已经注入原子的溅射。随着注入离子剂量的增大,被溅射掉的比例也增大;当注入的原子与被溅射掉的原子达到动态平衡时,注入离子的浓度为极限浓度。

$$N(x) = \frac{N_1}{\sqrt{2\pi}\,\Delta R_p} e^{-\frac{1}{2}\left(\frac{x-R_p}{\Delta R_p}\right)^2} \tag{8-2}$$

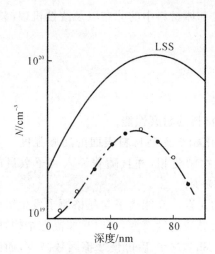

图 8.21 注入离子 $N(Z)$ 随注入深度 Z 的变化

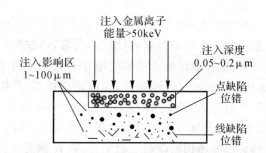

图 8.22 基体表面被高能离子轰击后的影响区域

设 N_a 和 N_b 分别表示极限浓度下近表面区中注入元素的原子浓度与靶材原子浓度;n 为靶材总的溅射系数,即每个入射离子可溅射出的靶材上的原子数目(包括靶材原子和已注入原子);s 为近表面区靶材的溅射概率和已注入原子的溅射概率之比值,则平衡时的极限浓度为

$$\frac{N_a}{N_b} = \frac{n}{s-1} \tag{8-3}$$

注入元素最大相对浓度可以随剂量的增加而增加,但并不是无限制地有一个极限值,当剂量达到某个值时,如再增加剂量,由于溅射等因素的作用,元素最大相对浓度不再提高,因此,过高的注入剂量对金属表面改性是无济于事的。

如图 8.22 所示是高能离子轰击后的基体表面产生两个区域示意图。第一个区域是离子注入区域。注入离子停留在该区域内,并与基体原子以化学作用相互结合在一起,形成了与基体的化学成分和结构不同的注入层,该层大约 $0.1\mu m$ 深。正是这个薄层起到了改善材料表面性能的作用。下面的是离子轰击力学效应所产生的影响区,在该区内产生了许多位错结构,这层的深度大约为 $100\mu m$ 左右。

高速离子注入金属材料后,与金属中的原子、电子发生弹性碰撞、非弹性碰撞,逐渐把离子的动能传递给反冲原子和电子,完成能量的传递和沉积;如果反冲原子获得的反冲能量远远超过移位能量,它会继续与晶格原子碰撞,产生新的反冲原子,发生级联碰撞。在级联碰撞中,金属原来的晶格位置上会出现许多"空位",形成辐射损伤(即损伤强化);离子注入金属表面后,有助于析出金属化合物和合金相,形成离散强化相、位错网。因此,人们可以灵活地引入各种强化因子,即掺杂强化和固溶强化,并且通过这些离子的注入,增强材料表面功能,如提高表面的润滑性、耐磨、耐腐蚀、抗疲劳、抗氧化等性能。

在离子注入过程中除沟道效应之外,还有如下几个问题需要重视:

辐射损伤:载能离子入射晶体后,形成许多缺陷,这些缺陷可以重叠,构成复杂的损伤,甚至使晶体结构完全被打乱而形成无序的非晶层。

增强扩散:由于离子轰击造成晶体结构的缺陷,使得注入离子在基体中的扩散现象增强,这是一种区别于正常热扩散的反常扩散效应。

离子注入过程所产生的这些效应对于注入离子在基体材料中的分布以及改性机理都有很大影响。

8.3.3 离子注入表面强化机理

一般情况下,离子注入通过两种不同的机制改善材料的耐磨性能。

第一是注入可提高表面硬度的元素,通过析出硬化相来提高材料表面的屈服强度。如注入像 N,C 这类活性离子可形成细小的碳化物和氮化物硬化相,并且随着注入离子数量的增加,这些硬化相粒子不断聚集,表面硬度提高,磨损量减少。

第二是注入可减小摩擦因数和使耐磨损性稳定的元素。高能离子与晶格原子发生级联碰撞后,会引起大量原子从原来的点阵位置上离开,从而导致高度畸变,有时呈非晶态结构,因此使材料表面摩擦因数降低。试验发现,在钢表面注入 Sn^+,Mo^+ 后可使摩擦因数减少,而注入 In^+,Pb^+ 可使表面摩擦因数加大。而 Ar^+,S^+ 的注入则变化不大,N_2^+ 与 O_2^+ 的注入也会使其摩擦因数降低。

离子注入金属强化过程是点缺陷、位错和析出相产生的过程,也是注入原子与基体原子相互作用的过程。这些过程进行的激烈程度取决于注入能量、注入剂量、离子种类、基体原子种类和结构、注入时的温升等。在激烈的碰撞过程中,金属材料中产生了饱和固溶体、密集位错网、激烈的增强扩散、晶粒细化、新的析出相和无序相等。如将 Ti 离子注入 H13 钢中就观察到了高密度的位错网的形成,同时在位错网中发现了析出相,这种位错网和析出相使钢材料得到了强化。离子注入过程中激烈的碰撞所引起的热效应可使局部区域骤然熔化,然后急冷,在合适的条件下,基体会发生马氏体相变强化。

大量实验结果表明,在采用高能量离子注入机将各种离子大剂量注入基材表面后,基材表面性质会发生很大变化,主要表现在硬度与强度升高,耐磨性与抗疲劳强度等性能增加。

归纳研究结果认为,离子注入时材料表面的强化机理主要为:

(1) 固溶强化效应

依据注入原子的种类及其与基材原子直径比值大小差别,离子注入层的固溶强化机理有间隙固溶强化与置换固溶强化。间隙固溶强化主要发生在注入原子与基材原子直径之比低于 0.15 时(如注入 N,C 离子到钢铁材料表面),置换固溶强化则发生在注入原子与基材原子直径之比为 0.15 以上时。

(2) 晶粒细化效应

一般而言,离子注入层的晶粒尺寸较离子注入之前大幅度减小。根据材料的强度与硬度随晶粒尺寸的关系,注入层的晶粒细化导致注入材料的硬度与强度大幅度提高。

(3) 晶格损伤效应

高能量离子注入金属表面后,将和基体金属离子发生碰撞,使晶格大量损伤,产生大量空位和高密度位错。当注入的离子是 C,N,B 等元素时,它们将和高密度位错发生作用,对位错产生钉扎作用,阻碍位错的运动,使注入层表面强度提高,类似于喷丸强化效应。

(4) 弥散强化效应

由于离子注入过程中激烈的原子碰撞热效应使基体升温很快,当注入元素有一定活性(如 N,B,C)并且达到一定浓度时,会与金属形成 $\gamma' - Fe_4N$、$\varepsilon - Fe_3N$、CrN、TiN 等氮化物,Ti_2B 等硼化物和 TiC 等碳化物,呈星点状嵌于基体材料中构成硬质合金弥散相,使基体强化。特别是分别或者同时注入硬质相形成元素如 Ti^+ 和 C^+,使它们在改性层中直接形成 TiC,强化效果更加明显。

(5) 晶格变换效应

当注入的元素含量超过一定程度时,有可能使基材的晶体结构由一种形式(如面心立方)向另一种形式(如体心立方)转换,并导致注入层的性能发生变化,实质上也可以认为是形成了新材料。

(6) 压应力效应

离子注入能把 $20\% \sim 50\%$ 的材料加入到近表面区域,使材料表面成为压缩状态。这种压缩应力能填实表面裂纹,阻碍微粒从材料表面剥落,从而提高材料的耐磨损和抗疲劳破坏的能力。

另外,离子注入还可以大幅提高零件的疲劳强度。例如,在 AISIl018 钢表面注入 N^+,可以使基材的疲劳强度提高 200% 甚至更高。众所周知,轴承是转动机械最关键的部件,改善轴承使用寿命是提高机械零件可靠性的关键。采用离子注入技术对轴承套内环、外环、轴承套顶面、滚柱柱面和滚珠等进行处理,可以大幅度改善上述零件的接触疲劳性能,因而轴承的使用寿命有很大程度的提高。此外,离子注入促进了黏附性表面氧化物的生长,提高了表面的润滑性能,因此,作为固体润滑膜对降低太空中运行的机械零件之间的黏着磨损起到关键作用。

如表 8.3 所示是典型工具、模具零件表面离子注入后的性能变化,可见离子注入可以大幅度提高这些工模具的使用寿命。实际上,除金属材料外,在一些典型陶瓷如 Al_2O_3,SiC,Si_3N_4,ZrO_2 和 MgO 基片表面注入一些金属离子(即陶瓷材料表面金属化)如 N^+,Al^+,Ni^+,Cu^+,Y^+,Zr^+,Mo^+,Cr^+,Ti^+,Fe^+ 等,也可以使陶瓷材料的表面硬度、断裂韧度、摩擦因数、耐热性和耐磨性等得到改善。

表 8.3　典型工具、模具零件表面离子注入后的性能变化

零件名称	基　材	注入元素	被加工材料	使用环境	使用结果
钻塑丝锥	高速钢	N	塑　料		寿命提高 5 倍
人工橡胶切刀	WC - 6%Co	N	人工橡胶		寿命提高 2 倍
铜杆拉模	WC - 6%Co	N	铜		产量提高 5 倍
钢丝模	WC - 6%Co	N	低碳钢		磨损速度降至原来的 1/3
汽车环型冲压模	工具钢	N	碳　钢		产量提高 10 倍
压延模	WC - 6%Co	C,O	碳　钢		产量提高 6 倍
印花模板		Ti,C,N			提高印花质量
汽轮机轴承	440C 不锈钢	Ti + C		卫　星	延寿 100 倍

续　表

零件名称	基　材	注入元素	被加工材料	使用环境	使用结果
航空仪表轴承	52100 钢	Pb,Ag		航天、航海	固体润滑
燃料喷嘴		Ti,B		航　天	延寿 10 倍
铣　刀	高速工具钢	Ti＋C	不锈钢		延寿 16 倍
模　具	H13 钢	Ti,Ti＋C	铝型材		挤压力降低 15%

8.3.4　离子注入对材料耐腐蚀、抗氧化性能的影响

大量的研究结果表明,离子注入可以大幅度提高注入材料的耐腐蚀、抗氧化性能,而改善材料耐蚀性和抗高温氧化性能的途径有:

① 离子注入改变了材料表面的成分,使其电极电位发生变化,特别是注入一些耐蚀性好的合金元素,如 Cr,Mo,Ti 等元素,它们在金属表面可以形成性能优良的氧化物薄膜,或者形成与不锈钢成分相似的亚稳态合金,从而大幅度提高耐腐蚀性和抗高温氧化性能。即使是常用于改善钢铁表面强度的 B,N 等离子的注入,也被证明有助于降低钢在酸性和酸性氯化物介质中的腐蚀速率。

② 离子注入改变了材料表面组织,选择合适的注入工艺参数,可以形成浓度远大于平衡值的单相固溶体,从而避免腐蚀微电池的形成。尤其是对一些合金材料来说,注入工艺条件合适时,获得的注入层甚至可以以非晶态方式存在,因此可以大幅度提高材料表面的耐腐蚀性能和抗高温氧化性能。

材料表面的耐腐蚀性不仅与注入的物质原子种类有关,而且与注入浓度的分布有关,通常需要确定最优浓度。在低剂量注入情况下,常用 LSS 理论来预示最终的原子分布,但在高剂量注入的情况下,注入分布可明显偏离此理论预测的结果。同时被注入材料的自身成分也明显地影响注入原子的最终分布。

众所周知,合金的显微组织可显著影响其腐蚀行为,多相合金易于在不同活性相间造成局部腐蚀微电池,导致腐蚀性能下降。因此,人们总是设法制成单相材料,并保持单相合金的化学均匀性以提高耐腐蚀性能。离子注入可形成浓度远大于平衡值的单相固溶体,热的快速吸收和选择合适的注入参数,可阻止第二相的沉淀,从防腐蚀的角度看,在钢的表面上进行 Cr 的注入对于提高钢的防腐蚀性是很重要的。在一些研究中,人们把表面合金的一般钝化及点蚀行为同正常的二元合金的行为进行比较,结果发现注入离子的表面合金与同成分的正常合金的耐腐蚀性能接近。

将 Mo 注入到 Al 中,可得到单相固溶体,使纯 Al 的耐腐蚀性能和点蚀抗力有了较大的改善。在 Ti 中注入 Pd 元素,可以大幅度提高这种材料在沸腾的 $1mol/L\ H_2SO_4$ 溶液中的耐腐蚀性能。

离子注入的结果表明,注入多种离子比注入一种离子能更好地提高金属材料的耐腐蚀性能,将 P^+,B^+,Mo^+,Pd^+,N^+ 等多元离子注入到不锈钢(如 Cr13 和 Cr18Ni19 钢)中,其表面钝化性能、抗点腐蚀的性能提高非常明显。

另外,将离子注入与离子束混合,能获得比离子注入层厚得多的表面层,可以更有效地提高材料表面的耐腐蚀性能。如 N^+ 离子注入再进行离子束轰击获得的钢铁材料的致钝电流密度和维钝电流密度均降低了一个数量级,主要是 N^+ 离子注入的化学效应和离子束轰击形成的亚稳相氮化物作为阻挡层,阻止了基体金属的阳极溶解过程,提高了其耐腐蚀性能。

8.3.5　离子注入技术在生物和医疗方面的应用

离子注入技术在电子、机械等工业领域获得很好的应用,实际上在生物与医疗领域中离子注入技术也引起了人们的广泛关注。离子注入最典型的应用为人工植入关节材料的表面改性。人造髋关节、人造膝盖一般是用 Ti-6Al-4V 和 Co-Cr 等合金制造,这些材料的强度高、韧性好,其成分与人体器官相容,因此作为重要的人造假肢材料而广为应用。一般情况下,这些材料与 PMMA 高分子臼组成人工关节。作为人造假肢,人们希望其使用寿命尽可能长,要求它们在血浆条件下具有尽可能高的耐腐蚀、耐磨损性能,并且与 PMMA 有较低的摩擦因数。研究表明,在 Ti-6Al-4V 表面注入氮离子,形成 TiN 层,使 Ti 合金表面容易钝化,可以明显降低与 PMMA 的摩擦因数,并使 Ti-6Al-4V 在血浆环境下的耐磨性提高 40 倍。同样在 Co-Cr 表面注入 N 离子,在其表面形成 Cr_2N 层,可有效地阻止有害元素 Cr,Co,Ni 的溶解,使其与 PMMA 的摩擦因数大幅度减少,耐磨性明显提高。

在医疗领域中广为应用的另一种生物医学材料是高分子材料,因为它们与人体各种器官及体液的相容性好,可用做人工血泵膜和人造心瓣膜。但这些材料的致命缺点是机械强度低、耐磨性差。人们在硅橡胶和聚氨酯表面注入特定的离子,就可以克服上述缺陷。此外,采用离子注入直接作用于细胞、微生物等表面,也会取得一些意想不到的效果。

8.4　电子束表面改性技术

8.4.1　电子束的产生与工作过程

用电子束进行材料表面改性的方法包括电子束淬火、电子束表面合金化、电子束熔覆、电子束制备非晶态层等方面。电子束淬火即利用钢铁材料的马氏体相变进行表面强化,美国于 20 世纪 70 年代中期用于生产。电子束表面合金化与电子束熔覆的概念与激光表面合金化及激光熔覆类似,只是把激光束换成电子束即可。同样,电子束快速熔凝也可以在材料表面制备非晶态薄层。此外,电子束蒸镀(见图 8.23,通过电子枪直接加热镀膜材料,从电子枪出来的电子束在磁场的导引下以大约 10 keV 的运动能轰击镀膜材料使之加热蒸发,在基板表面成膜),电子束溅射也属于电子束表面改性的范畴。

与激光表面改性技术类似,电子束表面改性一般不需要特别的冷却装置,零件变形小;还有电子束功率等参数可以精确控制,因此,表面改性的位置、深度等工艺和性能指标也能严格控制。

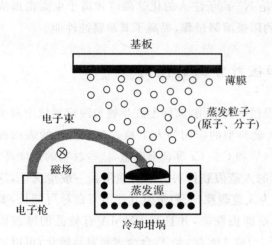

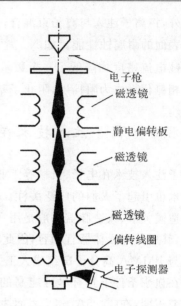

图 8.23　电子束加热式真空镀膜原理　　　　图 8.24　　电子束光学产生及工作过程示意图

如图 8.24 所示是电子束的产生及工作过程示意图,从阴极灯丝发出的电子束经过加速与聚焦后,成为高能量密度的电子束流,将其直接照射在工件表面,使其发生组织与成分变化,从而可以改善材料表面的耐磨性、耐腐蚀性等性能。高能量密度电子束由电子枪产生,电子枪的阴极发射出电子,并汇聚成电子束,在电子枪的加速电场作用下,电子的速度被提高到接近或达到光速的一半,因而具有很高的动能。电子束再经电磁透镜的聚束作用,汇聚成为更细的束流,束斑直径为数微米至 1mm,而在某些特殊场合,束斑直径可小至几十个纳米,因此,其能量非常集中。

与激光表面改性相比,电子束表面改性的最大优点是它比激光更易被固体金属吸收,因此其有效功率比激光高。在真空中进行表面改性,电子束的工作效率要比激光优越得多。但其缺点在于,处理必须在真空中进行,这虽然可以减少氧化、渗氮的影响,可得到纯净的表面处理层,但真空系统的庞大与复杂,使电子束表面改性的工作效率大幅度降低,尤其是对大批量生产来说更是困难。

利用高能量密度的电子束对材料进行处理的方法可以分为电子束加工技术和电子束表面改性技术。电子束加工包括电子束焊接、打孔、熔炼、雕刻、铣切、切割、电子束曝光等;电子束表面改性技术包括电子束镀膜、物理气相沉积、电子束表面合金化与电子束熔覆等,都在工业中获得了广泛的应用。

8.4.2　电子束表面改性作用原理

作为一种特种加工方法,其机理是利用电子束的能量对材料进行表面改性和加工,是一种完全不同于传统机械加工的新技术。按其对材料的作用原理分为两大类。

（1）电子束热效应的利用

当电子束轰击材料时,其能量大部分转化成热能,使材料局部区域温度急剧上升并且熔化,甚至气化而被去除,从而实现对材料的表面改性处理和加工。利用电子束热效应将电子束的动能在材料表面转化成热能以实现对材料的表面改性与加工的技术包括:电子束精细加工,可完成打孔、切缝和刻槽等;电子束焊接,除高真空电子束焊机外,还有低真空、非真空和局部真空等类型;电子束镀膜,可蒸镀金属膜等功能膜;电子束熔炼,包括难熔金属的精炼、合金材料的制造以及超纯单晶体等;电子束热处理,包括金属材料的局部热处理以及对离子注入后半导体材料的退火等。

(2)电子束化学效应的利用

电子束化学效应是利用电子束代替常规的紫外线照射抗蚀剂以实现曝光,其中包括:扫描电子束曝光,用电子束按所需的图形,通过计算机控制进行扫描曝光,其特点是图形变换的灵活性好,分辨率高;投影电子束曝光,这是一种大面积曝光法,由光电阴极产生大面积平行束进行曝光,其特点是效率高,但分辨率较差;软 X 射线曝光,软 X 射线由电子束产生,是一种间接利用电子束的投影曝光方法。电子束曝光利用电子束对电致抗蚀剂产生化学作用,因此,电子束的能量应能使材料曝光而又不产生熔化或热变形,否则,会影响曝光精度,甚至导致工件报废。

8.4.3　电子束表面改性技术的应用与发展

利用电子束的加热和熔化技术可以对材料进行表面改性。例如,电子束表面淬火、电子束表面熔凝、电子束表面合金化、电子束表面熔覆和制造表面非晶态层等。经表面改性的表层一般具有较高的硬度、强度以及优良的耐腐蚀和耐磨性能等。从电子束表面改性技术的应用范围来讲,主要体现在:

(1)工模具的表面涂层

在工模具表面通过电子束作用沉积一层硬的耐磨涂层(如 TiN,TiC),可以使工模具的寿命提高 $4 \sim 6$ 倍,这些耐磨涂层由其组成成分和电子束处理的工艺决定。利用离子束辅助 EB-PVD 技术制备的涂层,其性能可以得到进一步的提高。

(2)防腐蚀涂层

电子束物理气相沉积(EB-PVD)是利用高速运动的电子轰击沉积材料表面,使材料升温变成蒸气而凝聚在基体材料表面的一种表面技术。根据沉积材料的性质,可以使涂层具有优良的耐腐蚀、耐磨和耐冲刷等性能,从而对基体材料有一定的保护作用。利用 EB-PVD 技术,得到的沉积涂层致密无孔,当服役环境中的腐蚀介质对其作用时,这层涂层其防腐蚀能力非常有效。除了涂层的组成和结构外,EB-PVD 所制备涂层的形貌和残余应力也明显地提高了其抗腐蚀性能。

由于电子束的产生和传输都是在真空室中进行(电子枪和工作室处于真空),电子束物理气相沉积也是在真空中进行,因此,可以防止涂层的污染和氧化。具有柱状结构的涂层在高温条件下抗剥落的能力较高。在控制电子束工艺条件的前提下,可以使涂层与蒸发材料中的相和元素含量保持一致,从而提高涂层的防腐蚀性能。

(3)热障涂层

热障涂层(TBCs)又称隔热涂层,是由绝热性能良好的陶瓷材料构成的。热障涂层主要应用于燃气涡轮发动机,显著提高发动机的功率、降低油耗、延长部件的使用寿命。随着飞机发动机推重比的提高,发动机热端部件承受的温度也大幅度提高,由于材料本身承受温度能力所限,因此在应用先进冷却技术的同时,TBCs 作为减少冷却气体、延长部件寿命的一种重要手段而备受青睐。同时,TBCs 还具有抗腐蚀和抗氧化的作用,与等离子沉积的热障涂层相比,EB - PVD 沉积热障涂层的寿命提高了 8 倍。

同样采用 EB - PVD 技术制备飞机发动机的涡轮叶片热障涂层,涂层厚度最大可达 $300\mu m$,涂层显微结构明显有利于抗热震性,涂层无须后续加工,空气动力学性能明显优于等离子喷涂涂层,因此涂层寿命大大高于等离子喷涂涂层的寿命。目前,EB - PVD 还可用于制备结构涂层,例如叶片和反射镜的冷却槽等也可采用 EB - PVD 方法加工,刀具、带材、医用手术刀、射线靶子及材料提纯均可用 EB - PVD 方法进行。

从发展前景来看,脉冲电子束表面改性是一个新的未来发展的电子束表面改性方向,与传统的高能束(利用连续束或类稳束) 方法相比,它具有瞬时能量更高、作用时间短、可控性高等优点。与此同时,瞬态能量沉积(高能辐照) 所引发的快速熔凝及蒸发、热击波、能量膨胀、增强扩散等效应为其赋予新的特性和功能。

另外,电子束表面处理从宏观性能的改变到微观作用机理的研究得到了进一步的深入,即通过数值模拟的方法分析了电子束处理过程的温度场、浓度场和应力场的分布及变化。有学者探讨了电子束处理后改变表层金属和合金的微观结构,通过获得过饱和固溶体等非平衡结构,实现了提高材料表面性能的目的。还有就是在控制电子束流的稳定性进而控制电子束处理表面性能的稳定性方面也将成为电子束表面改性技术发展的重要方向之一。

习题与思考题

1. 三束表面改性技术的含义是什么,其共同的特点又是什么?

2. 激光束的四大特性是什么? 试比较激光表面合金化和激光熔融技术的主要异同。

3. 激光合金化层的成分均匀性是决定其表面性能的关键因素之一,控制成分均匀性的关键在于什么?

4. 请举例说明激光表面改性技术的应用。

5. 离子注入的基本原理是什么? 什么是沟道效应? 什么是极限浓度?

6. 请简述离子注入表面强化机理。

7. 请结合实例分析离子注入对材料耐腐蚀、抗氧化性能的影响。

8. 请举例说明离子注入技术在材料表面改性方面的应用前景。

9. 试比较电子束表面改性技术与激光表面改性技术的优缺点。

10. 请简述电子束表面改性作用原理,并举例说明其应用领域。

第9章 金属表面转化膜技术

为了提高铝、镁、钛、铜、钢铁等材料制备的零件表面防护性能,除了前面介绍的表面涂、镀层之外,对其表面进行化学(或电化学)转化处理也是一种重要的手段。与其他表面防护技术不同,表面转化膜是基体金属与特定的介质进行化学反应,在材料表面生成转化产物(原位生成),化学反应可以是金属与介质间的纯化学反应(如化学氧化、磷化、钝化等),也可以是在外加电源的条件下进行的电化学反应(如阳极氧化、微弧氧化等)。

可以说表面转化是将零件置于化学处理液中,在金属表面发生化学或电化学反应,生成稳定薄膜的一类表面处理技术。

这种技术又包括化学氧化、阳极氧化、磷化、钝化等,所需处理装置和设备简单,操作方便,生产效率高,成本低,适用范围广,尤其适用于各种不同形状的复杂零件或组合件的表面防护处理。

获得的表面转化膜层可以应用于防腐蚀、装饰、绝缘、耐磨、耐热、高硬度等功能,金属表面转化膜技术目前在机械、航空、航天、汽车、五金、建筑、交通等行业获得了广泛的应用。

9.1 概　　述

表面转化膜是金属表层原子与选定介质中的阴离子相互作用(反应),在金属表面生成的附着力良好的一类特殊功能膜层。

关于金属表面转化膜的生成,Biestek 和 Weber 提出了如下的反应式:

$$mM + nA^{z-} \rightarrow M_mA_n + nze \qquad (9-1)$$

式中,M 为金属表层的原子;A^{z-} 表示介质中价态为 z 的阴离子。

在上述反应式中,电子是作为反应产物来表征的。如果表面转化膜的形成过程是金属与介质之间的纯化学反应,则反应式所产生的电子将交给介质中的氧化剂;如果表面转化膜的形成过程是在施加外电流的条件下进行的电化学反应,则电子将交给与外电源接通的阳极,并在阳极表面反应形成膜层。

上述反应式只是金属表面转化膜反应的基本形式,实际上金属表面转化膜的形成过程要复杂得多,一般包含多步化学反应和电化学反应,也包含多种物理化学的变化过程,是一个复杂的多相反应。

金属和转化膜处理液进行的界面反应,有时还有二次产物的生成,这种二次产物还可能是表面转化膜的主要成分。例如钢铁零件在磷化过程中所得到的膜层主要组成就是二次反应的产物,即锌和锰的磷酸盐。

9.1.1　表面转化膜技术的分类

几乎所有常用的金属材料都可以在某些特定的介质中通过化学转化处理得到不同用途的

表面转化膜。因此,表面转化膜技术的分类也不统一,有按施工方法分类的,也有按用途进行分类的。

在实际生产中通常按基体材料的不同,分为铝合金转化膜、镁合金转化膜、钛合金转化膜、钢铁材料转化膜、铜及铜合金转化膜等。

也有按用途分类的,如涂装底层转化膜、塑性加工转化膜、防护转化膜、装饰性转化膜、减摩或耐磨性转化膜及绝缘性转化膜等。

此外,还有按生产习惯分类,如阳极氧化膜、化学氧化膜、磷化膜、钝化膜及着色膜等。

按照表面成膜物成分分类,如铬酸盐膜、磷酸盐膜、草酸盐膜、钼酸盐膜等。

按获得表面转化膜的处理方法进行分类,如化学浸渍法、阳极氧化法、喷淋法、刷涂法等,还有在工业上应用的滚涂法、蒸汽法、三氯乙烯综合处理法等。

表 9.1 列出了金属表面转化膜的常用方法、特点与使用范围。

表 9.1　表面转化膜常用方法、特点及适用范围

方法	定　义	特　点	适用范围
浸渍法	在规定的温度、搅拌等条件下,将金属零件放进含有特定介质的溶液中浸渍一定时间,直至转化膜层完全覆盖整个金属表面	工艺简便,容易控制,成本低	适用于几何形状复杂的钢铁、铝合金等零件,常用于铝合金化学氧化、钢铁氧化或磷化、锌镀层钝化等
阳极氧化法	在规定的温度、电流密度(或电压)条件下,将金属零件作阳极,用耐蚀金属作阴极,放在盛有处理介质的电解槽中一定时间,直至生成所需的阳极氧化膜层	阳极氧化需要外加电源设备、降温设备等;膜层性能优于普通化学氧化膜	适用于铝、镁、钛及其合金材料的阳极氧化处理,可获得多种性能(耐腐蚀、耐磨、绝缘等)的表面转化膜层
喷淋法	在外加动力(泵等压力设备)作用下,将化学转化处理溶液经喷嘴打到被处理的金属零件表面,使溶液与金属零件的表面充分接触,反应生成化学转化膜层,并覆盖整个金属表面	易实现机械化或自动化作业,生产效率高,转化处理周期短,成本低	适用于几何形状简单、表面腐蚀程度较轻的板件、型材等
刷涂法	用毛刷等工具将化学转化处理液均匀地刷涂在金属零件表面,使介质与金属表面充分接触并反应生成转化膜层	无需专用处理设备,工艺灵活简便,生产效率低,转化膜性能差,膜层均匀性不易保证	适用于大尺寸零件的局部处理,以及零件转化膜破损的局部修补

9.1.2　表面转化膜的用途

金属表面的转化膜可以根据化学转化溶液及处理条件,在金属零件表面实现防腐蚀、耐磨、减摩、与漆膜良好结合等功能。其用途主要如下:

1. 表面防护(防腐蚀)

金属表面的转化膜可以单独用于金属零件的防腐蚀(如镀锌钝化膜);也可以与其他防护层(如油漆层下的磷化膜)联合组成复合防护系统,表面转化膜就作为这个复合防护系统的底层,一方面可以使表面防护层同基底金属有良好的结合;另一方面又在表面防护层(如漆层)局部损坏或者被腐蚀介质(例如水、湿气)穿透时,防止表面防护层下的金属材料腐蚀。

2. 耐磨或减摩

用于金属与金属之间互相摩擦部位的耐磨或者减摩转化膜,如铝及铝合金的硬质阳极氧化膜和微弧氧化膜层,其耐磨性与电镀硬铬相当;而钢铁零件上锌锰磷酸盐转化膜层的摩擦因数小,可以减少零件间的摩擦,另外,这种膜层还具有良好的吸油作用,通过磷化膜层的浸油,从化学和机械两方面起到了润滑和减摩的作用。

3. 表面装饰

表面转化膜可以靠其彩色外观,或靠其多孔膜层吸附颜料、染料而实现表面的装饰功能。如铝及铝合金氧化零件的自然着色、电解着色和化学染色等,可使铝合金零件表面形成几十种色彩的装饰效果。其他如铜、镍、钛、不锈钢等金属材料也可以通过表面转化着色而实现表面装饰效果。

4. 塑性加工

将钢铁表面进行磷化处理,形成磷酸盐膜后再进行塑性加工,如钢管、钢丝等在冷拉伸前,进行磷酸盐处理,利用表面获得的膜层减少拉拔加工时的拉拔力,延长拉拔模具寿命,减少拉拔次数。

5. 绝缘

表面转化膜多数是不导电的,因此,有人将磷酸盐膜作为硅钢片的绝缘层来使用,这种绝缘层的特点是占空系数小,耐热性好,而且在冲裁机械加工时可以减少模具的磨损。铝合金阳极氧化膜可以作为铝导线的耐高温绝缘层。

除上述功能外,表面转化膜的功能还有很多,如电、磁、光等功能,在有些情况下,通过一种表面转化处理,就可以实现两种以上的表面功能(如防腐蚀与装饰),钢铁零件的化学发黑处理就可以在表面获得黑色装饰的防腐蚀膜层。有时可以采取复合化学处理获得多种表面功能。

9.2　铝合金的表面转化膜技术

铝是银白色的轻金属,其原子序数是 13,原子量是 27,密度为 $2.7g/cm^3$,熔点为 660℃。铝为面心立方结构,有较好的导电性和导热性;铝的电负性很强,其化学性质活泼,在大气中与氧生成具有一定防护能力的氧化膜,但这种在大气中生成的氧化膜一般只有 $0.01\sim0.05\mu m$,而且膜层多孔、疏松、不均匀,在加工及运输过程中很容易被破坏。

铝合金具有比强度高、质量轻等特点,在航空、航天、汽车、建筑等行业中被广泛应用。由于受环境介质的影响,在使用过程中容易形成腐蚀微电池并加速铝合金材料的腐蚀,如果多相铝合金的组分分布不均匀,那么它的腐蚀速度就会更快。因此,对铝合金材料进行表面处理(如化学转化)非常必要。表面处理除了可提高铝合金的表面防护能力之外,还可以达到提高表面装饰及其他功能性(耐磨、绝缘等)的要求。

铝及铝合金的表面转化膜处理方法有化学氧化和阳极氧化处理两种。化学氧化的膜厚一般有 $1\sim5\mu m$，其质软、吸附力强，耐磨、耐腐蚀性能高于空气中自然形成的氧化膜，又低于电化学阳极氧化膜。普通阳极氧化膜厚 $5\sim20\mu m$，硬质阳极氧化膜厚 $50\sim200\mu m$，同时有较强的吸附能力、耐腐蚀性能、耐磨性能、硬度、绝缘性能以及绝热抗热性能都比较好。

9.2.1　铝合金的化学转化处理

铝合金的化学氧化是通过铝与溶液中的化学成分发生氧化还原反应而在铝合金表面生成氧化膜的过程。传统的铝合金化学氧化处理方法是采用铬酸盐溶液体系，铝合金表面的铬酸盐转化膜呈金黄色，具有自修复性，因此具有优良的防护性能。但由于铬酸盐处理工艺不仅在处理过程中会产生环境污染，而且转化膜中的 Cr^{6+} 还会使被处理的产品在使用及废弃时对环境造成二次污染，因此，铝及其合金等金属的化学转化处理技术的研究和应用已转向溶液的无铬化。

铝合金无铬化学氧化的溶液主要包括磷酸盐、钛-锆盐、钼酸盐、高锰酸盐、锂酸盐、单宁酸盐、稀土盐等，其中的一些化学转化膜层具有与铬酸盐转化膜相当的耐腐蚀性、与漆膜良好的结合力等，但是在溶液的稳定性等方面还有一定差距。

1. 磷酸盐

铝及铝合金的磷化处理方法主要有两种，一种是单纯的磷酸盐处理，又称为锌磷化法；一种是铬酸盐-磷酸盐处理，又称为铬磷化法。

铝的磷酸盐膜层的化学成分主要是磷酸锌，非常适合于处理铝合金与钢铁组成的金属零件。但是铝的磷酸盐膜耐蚀性比较差，一般用做电泳涂漆的底层或者冷变形加工的前处理工序。

2. Ti-Zr 盐

铝合金与含钛酸盐或锆酸盐的处理液发生反应生成的转化膜是由三氧化二铝、水合氧化铝、氢氧化铝、锆或钛与氟的络合物等组成的混合物膜，膜层与基体的结合力强，耐腐蚀性能高，尤其是锆系转化膜的耐腐蚀能力与铬酸盐转化膜非常接近，是一种有前景的代铬酸铝合金化学转化处理工艺。

3. 钼酸盐

铝合金与钼酸钠溶液反应可得到金黄色带蓝色的钼酸盐转化膜。与铬酸盐、磷酸盐等转化膜相比，钼酸盐转化膜的防护性能较差，若与其他无机盐配合，所得的转化膜的耐蚀性会有所提高。

4. 高锰酸盐

铝合金的高锰酸盐转化膜经钝化后，是含锰等 2 种以上重金属元素化合物的无机复合膜，可进一步提高耐蚀性。国内对铝合金表面高锰酸盐转化膜的研究较多，其耐蚀性与铬酸盐转化膜相当。

5. 锂酸盐

铝合金锂酸盐转化膜的结构为 $Li_2[Al_2(OH)_6]_2 \cdot CO_3 \cdot 3H_2O$，这种膜的防护性良好，可抑制阴极反应和点蚀，但处理工艺较为烦琐。

6. 稀土盐

铝合金经铈等稀土盐处理后表面发生钝化，可形成耐腐蚀的稀土钝化膜。如果在铝合金处理液中引入锆离子和铈离子，也可以在铝表面形成均匀、致密、耐腐蚀性的化学转化膜。

9.2.2　铝合金的电化学氧化技术

1. 铝合金电化学氧化膜层的性质

铝合金化学氧化膜或阳极氧化膜的性质，一般取决于溶液的类型、浓度以及氧化时的工艺条件；通常化学氧化膜层的防护性能低于阳极氧化膜层的性能，因此铝合金化学氧化主要用做有机涂层的底层。铝合金阳极氧化膜具有以下主要性质：

（1）氧化膜呈多孔结构

由于阳极氧化的特殊成膜机理，氧化膜一般为多孔蜂窝状结构。这种多孔结构，可使膜层对各种有机物、树脂、染料及油漆等表现出良好的吸附能力，从而将氧化膜染成各种不同的颜色，提高铝合金零件的装饰效果。

（2）氧化膜的机械性质

在不同氧化工艺条件下可以得到不同硬度的氧化膜，例如普通阳极氧化膜层的硬度为 HV100～300，硬质阳极氧化膜层的硬度最高可达 HV400～600，而微弧阳极氧化膜层的硬度可高达 HV900～1 200。

（3）氧化膜的电学性质

铝合金的阳极氧化膜层是电的不良导体，经封闭、清洗和干燥处理后可作为电绝缘体，通常硫酸阳极氧化膜层的击穿电压为 $25～35V/\mu m$。微弧氧化膜层的绝缘性能更好，击穿电压更高。相比之下，铝合金化学氧化膜层是导电的，可以根据使用条件而选择。

（4）氧化膜的热性质

铝合金阳极氧化膜层绝热性能良好，其稳定性可达 1 500℃，因此在瞬间高温下工作的零件由于氧化膜层的存在，可防止铝的熔化，氧化膜层的导热性也很低。

（5）氧化膜的化学性质

铝合金阳极氧化膜层在大气中很稳定，具有较好的耐蚀性。当然只有当氧化膜有足够的厚度和均匀完整的结构时，才具有可靠的防护作用，因此阳极氧化或化学氧化后一般还需要进行封闭处理。

（6）氧化膜与基体的结合性

由于氧化膜是基体金属上直接转化的膜层，因此与基体的结合非常牢固，很难用机械方法将它们分离，即使膜层随基体弯曲直至出现微裂纹，膜层与基体金属仍保持良好的结合。

2. 铝合金的电化学氧化工艺

电化学氧化是指在电场的作用下,将铝合金作为阳极,铝或铅板、石墨等作为阴极,在铝合金表面进行阳极氧化反应得到具有保护或其他功能膜层的工艺方法。

铝合金的阳极氧化按照溶液体系可分为硫酸阳极氧化、硬质阳极氧化、铬酸阳极氧化、草酸阳极氧化、瓷质阳极氧化和微弧氧化等工艺。

(1)硫酸阳极氧化

铝合金的硫酸阳极氧化是指把铝合金浸入一定浓度的硫酸溶液中,并与电源的正极相接,通电后铝合金与溶液发生反应而生成氧化膜的处理过程。硫酸阳极氧化工艺的优点是溶液成分简单、工艺操作方便、生产成本低,所得膜层的透明度高、综合性能好(如硬度高、耐磨性好、耐蚀性好、着色性及装饰效果好),故在建材、水暖五金、航空航天等行业得到广泛应用。

影响阳极氧化膜层质量的因素首先是硫酸的含量。提高溶液中硫酸浓度,膜层的溶解速度加快,所生成的膜层软,而且多孔容易染色,但表面容易起粉;如果硫酸浓度低,则比较适合得到光亮阳极氧化膜层,但是膜层的硬度高且脆、孔隙率较低不易染色。由此可见,应根据产品的要求选择适当的硫酸浓度。

氧化溶液的温度也会显著影响氧化膜层的质量。溶液温度升高,氧化膜的溶解速度增大,阻挡层的厚度变薄,电压降低;同时溶液温度高,膜的孔隙率大,膜层疏松,耐磨性和耐蚀性及厚度下降。因此,应根据对膜层厚度及性能的要求而选择合适的温度,一般来说,应控制在18~20℃比较好。

氧化膜的生成还与阳极的电流密度密切相关。当其他条件一定时,阳极电流密度的增加会加速氧化膜的生成,同时可减少膜层的化学溶解量,使膜层较硬、耐磨性得到提高;但电流密度过高会加速氧化膜的溶解,反而使成膜速度下降。因此,不能通过提高阳极电流密度的方法来增加氧化膜的厚度。一般来说,在200g/L的硫酸电解液中,可使用的阳极电流密度范围为0.8~1.5 A/dm²。

此外,阳极氧化的时间与溶液温度有很大的关系,温度低时可以适当延长氧化时间,温度高时氧化时间可相应缩短;但如果氧化时间过长,由于反应生成热及焦耳热会使电解液升温,造成膜层的溶解速度增加,反而使膜层变薄,因而阳极氧化的时间需要合理控制。

(2)铝合金硬质阳极氧化

铝合金硬质阳极氧化处理是为使铝合金表面硬度和耐磨性得到提高而采取的一种特殊处理工艺。硬质阳极氧化膜层与普通硫酸阳极氧化膜层相比,硬质氧化膜层具有膜厚、硬度高、耐磨性耐腐蚀性强、绝缘隔热效果好、结合强度高等特点(见表9.2)。

表9.2　硬质氧化膜与普通硫酸阳极氧化膜的物理性能

参数 类型	膜厚 μm	无孔层厚度 nm	维氏硬度 HV	孔径 nm	孔隙率 %	比电阻 Ω·cm	击穿电压 V
普通阳极氧化膜	5~20	10~15	180~280	10~20	20~30	10⁹	280~500
硬质氧化膜	30~200	100~120	350~420	10~20	2~6	10¹⁵	800~3 000

硬质阳极氧化工艺具有温度低(一般在0℃左右),需要良好的冷却系统(硬质膜必须在低温下才能完成),需要逐步增大电压(为保持一定的电流密度和氧化),工件尺寸会发生变化(硬

质阳极氧化产生的厚膜可达 $200\mu m$)等特点,主要应用于要求高硬度的耐磨性工件、电绝缘性好的工件、经受瞬间高温的工件或者耐气流冲刷的工件;不适用于厚度小于 0.8mm 的板材、螺距小于 1.5mm 的螺纹件、硅含量高的压铸件、LY11 合金材料。

铝合金硬质阳极化的溶液主体成分也是硫酸。获得硬质氧化膜层的工艺关键是控制氧化溶液的温度,温度越低,获得的氧化膜硬度越高,耐磨性也增加。

另外,在混合酸溶液中也可进行硬质阳极氧化处理,比如在硫酸溶液中加入草酸、甘油、乙酸、硼酸等成分,这些羟基羧酸一般在电极的表面活泼区域即电流集中处被吸附并参与反应,并且由于这些羟基羧酸的溶解和在氧化过程中所起的吸热作用,而使得溶液的工作温度(5~10℃)能够相对较高。

(3) 铝合金微弧阳极氧化

微弧阳极氧化技术也称为等离子体微弧氧化、火花放电阳极氧化和阳极火花沉淀,是近年来国内外兴起的在铝、镁、钛等有色金属表面原位生长陶瓷层的表面处理新技术。铝合金的微弧阳极氧化是将铝合金置于微弧氧化溶液中,通过在两极间施加比较高的电压,使铝合金表面产生火花或微弧放电,从而生成氧化铝陶瓷膜层。

铝合金的微弧阳极氧化膜层具有如下特点:耐腐蚀性能高,可耐 5% NaCl 中性盐雾腐蚀1 000h 以上;膜层的耐磨性好(与硬质合金相当,比硬铬镀层高 75% 以上),硬度可高达HV800~2 500,同时其摩擦因数低;膜层的电绝缘性能好,体绝缘电阻率可达 $5\times10^{10}\Omega\cdot cm$,在干燥空气中的击穿电压为 3 000~5 000V;膜层的导热系数小,具有优良的隔热能力;膜层的外观装饰性好,可按要求加工成各种不同颜色及花纹的膜层,一次成型并保持原基体粗糙度;与基体结合牢固,结合强度可达到 2.04~3.06MPa。

一般认为,铝合金微弧氧化陶瓷膜由结合层、致密层和表面层三层结构组成,总厚度一般为 $20\sim200\mu m$,其形成可分为三个阶段。这一过程涉及很多物理、化学、电化学过程,较为复杂。

第一阶段,即微弧阳极氧化的开始阶段,铝合金溶解同时表面产生大量的气泡,在电场作用下表面逐渐生成一层具有电绝缘性的 Al_2O_3 氧化膜。随着氧化时间的延长,氧化膜厚度逐渐增加,其承受的电场电压也越来越大,再加上铝合金表面有大量的气体生成,为产生等离子体创造了条件。

第二阶段是初生的氧化膜被高压电场所击穿,合金表面形成大量的等离子体微弧,即观察到的不稳定白色弧光,此时,在电场作用下新的氧化物不断生成,氧化膜的薄弱区不断变化,白色弧光点在合金表面高速游动,同时,在微等离子体的作用下又形成瞬间的高温高压微区,其温度可达 2 000℃以上,压力可达数百个大气压,造成表面生成的氧化膜熔融。等离子体微弧消失后,溶液很快将热量带走,表面熔融物迅速凝固,在铝合金表面形成多孔状氧化膜层。如此循环反复,微孔自身扩大或与其他微孔连成一体,形成导电通道,从而出现较大的红色光泽的弧斑。

第三阶段是随着微弧氧化的进行,表面膜层进一步向深层生长,一段时间后,靠近铝基体的内层可能再次形成较完整的 Al_2O_3 电绝缘层,随着氧化膜的加厚,微等离子体造成的熔融氧化物凝固后可能在表面形成较完整的凝固结晶层,导电通道封闭,使红色弧斑减少直至消失。这时表面的微等离子体现象依然存在,氧化并未终止,进入氧化、熔融、凝固的平稳阶段。

铝合金微弧氧化工艺方法根据所使用的电源类型分为直流型、交流型、阳极脉冲型、交变脉冲型等,可根据生产的不同需要选择不同的微弧氧化工艺方法。

微弧氧化使用的设备主要包括专用高压电源、电解槽、冷却系统和搅拌系统等。其具体要求应根据工艺方法和处理零件的形状、尺寸、产量等确定。

铝合金微弧氧化的电解液应有利于维持氧化膜及随后形成的陶瓷氧化层的电绝缘性,又有利于抑制微弧氧化产物的溶解,主要分为碱性电解液和酸性电解液两类。酸性电解液由于其中的溶液成分对环境有污染而受到限制。目前广泛研究和应用的是弱碱性电解液,其 pH 值为 8～11,它具有在阳极生成的铝离子易于转变为带负电的胶体粒子而被重新利用的优点。

微弧氧化选用的工作电压范围一般为 100～1 000V,该电压既要保证在微弧氧化过程中尽可能长时间地维持发育良好的火花或电弧现象,又要防止电压过高而引发破坏性电弧的出现。一般来说,直流法选用的工作电压相对要低一些,交流法则可采用较高的工作电压。

在微弧氧化过程中,铝合金和氧等离子体反应生成氧化铝的过程是吸热过程,适当提高溶液温度有利于氧等离子体向试样表面的扩散,提高成膜速率。但有研究表明,当溶液温度超过 40℃时,成膜速率又会降低。因此为了使反应顺利进行,必须通过冷却系统合理地控制电解液温度。

微弧氧化技术在许多工业领域有着广阔的应用前景。如在石油化工和天然气工业中,微弧氧化陶瓷层可用于石油管道、输气管道、油罐内壁、输气罐内壁等零件,具有好的耐蚀性,尤其是耐硫化氢介质腐蚀的性能;在机械制造和轻工纺织业中,微弧氧化陶瓷层可用于液压伺服系统的阀套、阀芯等零件,也可用于纺织设备中的纺杯、纱锭、纱管、棉条筒等零件,可提高零件的耐磨性;在电子电器行业中,微弧氧化陶瓷层具有良好的绝缘性、磁屏蔽性、吸热性及各种不同的颜色,可用于各种导线、大屏幕投影电视的散热器、电子元件的散热片等零件,既可以发挥陶瓷膜层绝缘,又可体现颜色各异的装饰特性。

尽管微弧氧化技术有着很多优点,但是目前仍然需要深入研究的是:微弧氧化过程是否对基材力学性能(强度、疲劳)造成影响,如果表面微弧氧化膜层的性能提高了,疲劳性能下降了,同样会影响到该技术的应用。

(4)铬酸阳极氧化及硼酸-硫酸阳极氧化

铝合金表面进行铬酸阳极氧化处理可以获得柔软的氧化膜,而且这种氧化处理不降低铝合金基材的疲劳强度,Cr^{6+} 对铝合金有好的缓蚀效果,对于形状复杂的航空零部件,即使由于水洗不完全有残留物,也不用担心会发生腐蚀。

由于 Cr^{6+} 的严重污染,波音公司开发了硼酸-硫酸阳极氧化方法,作为铬酸阳极化的替代技术。硼酸-硫酸阳极氧化槽液为 H_2SO_4(30.5～52.0 g/L),H_3BO_3(5.2～10.7g/L),Al^{3+}(<2.6g/L),Cl^-(≤0.1g/L(以 NaCl 计),槽液温度为(26.7±2.29)℃,槽电压以 5V/min 的速度上升至 15V 后,在(15±1)V 电解 18～22min。

该处理方法具有比铬酸阳极氧化更为优良的抗疲劳特性,而膜层的封孔处理所采用的 Cr^{6+} 浓度仅为 45～50ppm,封孔后不需要水洗,这对环境污染极小,并且充分发挥了 Cr^{6+} 的缓蚀作用。波音公司目前制造的所有机种都采用本工艺进行阳极氧化处理。

(5)铝合金阳极氧化膜层的着色

随着铝合金的应用日益广泛,对其功能性和装饰性的要求也逐渐提高。由此产生了铝合金阳极氧化膜层的着色处理,它可以更好地提高阳极氧化膜层的耐腐蚀性、耐磨性和表面装饰效果。

铝合金阳极氧化膜层的着色可分为自然着色法、电解着色法、吸附着色法。每种着色工艺的特点不同,对于不同种类的阳极氧化膜层,其着色效果也不同。如硫酸阳极氧化膜无色透明,孔隙率大,吸附性好,最适合着色处理;草酸氧化膜本身带有颜色,仅适合染较深的色调;铬酸氧化膜孔隙少而膜层薄,难以着色;铬酸瓷质阳极氧化膜则可以在多种有机染料中进行染色处理,获得既具有瓷釉感又具有不同鲜艳色泽的装饰外观。

1)自然着色

自然着色法,也称整体着色、合金着色、一步电解着色,是指铝合金在阳极氧化的同时着上颜色,即在铝合金阳极氧化膜层形成的同时,生成具有不同颜色的外观。它的显色原理是利用氧化溶液和铝合金发生电化学反应生成的部分产物夹杂在铝氧化膜中而显色,或者是铝合金本身形成彩色的氧化膜而显色。

自然着色膜层具有良好的耐光性、耐热性、耐蚀性、耐磨性及耐久性,适合于建筑材料业和室外装饰;缺点是所获得的氧化膜色调种类较少,色泽也不像有机染料染色那样鲜艳。

目前能够进行自然着色的溶液主要是一些有机酸溶液,如磺基水杨酸、氨基磺酸、草酸等。在以草酸为主的溶液中,添加硫酸、铬酸或其他有机酸,可得到黄至红色调的氧化膜;在以氨基磺酸、磺基水杨酸为主的溶液中添加无机酸及磺基苯二酸等有机酸,可得到青铜色至黑色以及橄榄色一类的氧化膜。

2)电解着色

将已生成阳极氧化膜层的铝合金在含金属盐的溶液中进行电解,使金属离子在膜孔底部还原析出而显色的方法,称为电解着色,又称为二次电解着色或无机电解着色,它包括交流、直流电解着色法。

电解着色膜具有良好的耐光性、耐候性和耐磨性,且成本低于自然着色,受铝合金成分和状态的影响较小,因此在建筑铝型材上得到了广泛应用。

电解着色时采用比铝电极电位正的材料作为对电极,如石墨、不锈钢,或者镍盐着色液中用镍电极,锡盐着色液中用锡电极,其对电极形状可以是棒、条、管或网格状。

3)吸附着色

吸附着色是在阳极氧化之后、封孔之前,利用铝合金多孔氧化膜层的吸附特性,将合金浸入所需颜色的有机或无机染料中,使染料渗入膜层的孔内而着色。它是最早采用的着色方法,其优点是色调宽、色泽鲜艳、工艺简单、操作容易而且成本低,不足之处是吸附不牢、容易褪色或分解后变色,即耐磨性、耐光性、耐热性和耐候性差,一般用做室内的装饰材料。

无机盐着色主要依靠物理吸附作用,使盐分子进入氧化膜层的孔隙发生化学反应而得到有色物质。无机盐的色种较少,色调也不够鲜艳。

有机染料染色是利用有机染料分子对膜层的物理吸附和有机染料分子与氧化铝膜的化学反应吸附作用,使反应生成物进入膜层孔隙而显色。在该过程中,化学吸附起主要作用。有机染料包括媒染染料、直接染料、酸性染料、活性染料等。利用不同色泽的有机染料可配制成几十甚至上百种溶液,从而得到不同装饰外观的铝合金阳极氧化膜零件。

另外,利用电解着色经久耐用和有机染色色彩多的优点并将其结合起来,采取先电解着色再有机染料染色的多重染色方法,可以产生一种底色较暗而面层鲜艳的复合色调,这类色调有数十种,提高了电解着色阳极氧化膜层的装饰功能。

(6)铝合金阳极氧化膜层的封闭

铝合金阳极氧化膜层(包括氧化后着色)除极少数外大部分是多孔的,这种膜层硬度较低、耐磨及耐蚀性能差,容易吸附环境中的污物使表面弄脏,因此铝合金零件经过阳极氧化后,无论是否染色,都要及时进行封闭(填充)处理,以提高阳极氧化膜层的各项性能。

封闭是在热水、无机盐等水溶液中通过水合作用把铝合金阳极氧化膜层的孔隙进行填充,它可以将膜层表面的氧化物转化为它的水合物,使膜孔膨胀直至闭合,堵塞腐蚀介质进入膜孔的通道,从而提高氧化膜层的防护能力。

阳极氧化膜的封闭方法按作用机理可分为:利用水化反应产物膨胀使得氧化膜孔隙封闭,如热水封闭、水蒸气封闭;利用盐水解而吸附阻化进行孔隙封闭,如无机盐(镍、钴、重铬酸钾等)封闭;利用有机物屏蔽进行封闭,如浸涂油漆、树脂、油、腊等。

1)水合封闭

铝合金阳极氧化膜水合封闭包括热水封闭(95℃以上水温)和水蒸气封闭(在密闭的压力容器中)。蒸汽封闭的质量要比热水好,特别是着色膜不会发生流色,但是需要锅炉及压力容器,设备投资和生产成本比较高,因此一般情况都用热水封闭。

热水封闭过程是使铝合金表面氧化膜(非晶态氧化铝)产生水化反应转变成结晶质的氧化铝。水化反应结合水分子的数目与反应温度有关,水温在80℃以上时反应生成一水合氧化铝($Al_2O_3 \cdot H_2O$,勃姆石结构),如果水温低于80℃,则生成三水合氧化铝($Al_2O_3 \cdot 3H_2O$,三羟铝石)。三水合氧化铝稳定性差,且具有可逆性。尤其在腐蚀环境中,三羟铝石不如勃姆石稳定,因此热水封闭最好在95℃以上进行。

由于微量杂质会毒化水化反应,因此阳极氧化膜进行热水封闭应采用去离子水或蒸馏水,水质必须严格控制。去离子水的电导率应低于2×10^{-4} S/cm,有害杂质的允许含量分别为SO_4^{2-} 100 mg/L,Cl^- 50 mg/L,NO_3^- 50 mg/L,PO_4^{3-} 15 mg/L,F^- 5 mg/L,SiO_3^{2-} 5 mg/L。

2)盐溶液封闭

盐溶液封闭包括水解盐封闭、双重封闭和重铬酸盐封闭等。

水解盐封闭主要应用于防护装饰性铝合金氧化膜着色后的封闭,这些金属盐被氧化膜吸附后水解生成氢氧化物沉淀,填充于氧化膜孔内。因为它是无色的,所以不会影响氧化膜的色泽。

双重封闭是将铝合金阳极氧化膜零件依次在50g/L硫酸镍、5g/L铬酸钾溶液中进行封闭处理,从而增强氧化膜封闭处理效果。在硫酸镍溶液中封闭时,膜孔中会吸附大量的镍盐,形成水解产物$Ni(OH)_2$;在铬酸钾溶液中封闭时,镍盐会与铬酸钾反应,生成溶解度较小的铬酸镍沉淀,起保护氧化膜层的作用。同时由于铬酸钾呈碱性,可以中和孔隙中残留的酸液,从而提高了氧化膜的抗腐蚀能力。

3)常温金属盐封闭

由于水合封闭和盐溶液封闭工艺的工作温度都在80℃以上,能耗比较大,因此氧化膜的常温金属盐封闭工艺逐渐受到了人们的欢迎。

常温封闭是基于对氧化膜吸附阻化的原理,主要是盐的水解沉淀、氧化膜的水化反应和形成化学转化膜的综合结果。常温封闭剂多属于$Ni-F$,$Ni-Co-F$溶液体系,其中F^-可以在阳极氧化膜表面与Al^{3+}形成稳定的络离子,中和氧化膜留存的正电荷而使其呈负电位以利于Ni^{2+}向氧化膜孔内扩散,促进反应过程中生成的OH^-和扩散进入氧化膜孔的Ni^{2+}结合生成$Ni(OH)_2$并沉积于氧化膜孔中而堵塞氧化膜的孔隙。

低温封闭技术具有处理速度快、能耗低、封孔效果好等优点,缺点是低温封闭槽液的 pH 值和氟离子频繁调整,给工艺稳定性带来极大危害,由于氟化物的使用,还会对环境造成一定的污染。

除了上述氧化膜的封闭方法之外,最近还有一些关于阳极氧化膜的新型封闭工艺的研究,如有机酸封闭、稀土盐封闭、溶胶封闭、双向脉冲封闭等。

有机酸封闭的原理是氧化膜与有机酸发生化学作用,生成一种铝皂类化合物填充于氧化膜的微孔中并将微孔闭合。铝合金氧化膜经有机酸封闭后,阳极氧化膜的耐蚀性能显著提高,可等价或优于铬酸盐封闭的氧化膜。

铝合金氧化膜稀土盐(铈盐、钇盐等)封闭可以得到与铬酸盐封闭相当的效果。也可以将铝合金氧化膜浸入勃姆石(AlOOH)溶胶中进行封闭,极化曲线显示溶胶封闭膜的腐蚀电流密度比重铬酸盐封闭膜的降低了 2 个数量级,其原因是溶胶不仅封闭了氧化膜的孔隙,而且在氧化膜的表面形成溶胶凝胶涂层。

3. 铝合金电化学氧化过程及成膜机理

铝合金阳极氧化的电解液一般为具有中等溶解能力的酸性溶液,如硫酸、草酸等。其过程是以铝合金为阳极,铅、铝、石墨等为阴极,通电后阴极发生析氢反应,阳极上发生的反应为水放电并析出原子氧,它与铝合金发生反应生成氧化物,反应式如下:

阴极反应:　　$2H^+ + 2e \rightarrow H_2 \uparrow$

阳极反应:　　$H_2O - 2e \rightarrow [O] + 2H^+$

　　　　　　$2Al + 3[O] \rightarrow Al_2O_3 + 放热$

这个放热反应速度很快,通电后几秒钟就可以生成一层很薄的无孔、致密、附着力很强、绝缘性能很好的氧化膜,该膜厚度约为 $0.01 \sim 0.1 \mu m$,称为阻挡层或称为无孔层。随后,膜的继续增长要靠铝离子和电子穿过氧化膜而发生反应,因此反应速度随着膜的不断增厚、电阻增大而减慢。因此如果没有溶解反应,膜的后续增长就会变得很慢,甚至终止。

实际上,在阳极发生上述反应的同时,铝和氧化铝在酸性电解质溶液中都可以发生溶解,反应如下:

$$2Al + 6H^+ \rightarrow 2Al^{3+} + 3H_2 \uparrow$$

$$Al_2O_3 + 6H^+ \rightarrow 2Al^{3+} + 3H_2O$$

氧化铝的生成与溶解同时进行,只有当氧化膜的生成速度大于其溶解速度时,氧化膜才能生长、增厚。氧化膜的形成和生长过程可按照氧化电压-时间曲线(见图 9.1)进行分析,分为如下三个阶段:

①曲线 AB 段(致密层形成)。在通电后的几秒至十几秒时间内,电压随时间急剧上升至最大值,说明在铝合金表面上形成了一层连续、绝缘性很好的无孔薄膜,且随着膜层的加厚,电阻增大,阻碍了膜层的继续增厚,因此该层薄膜又称阻挡层。在这一阶段,氧化膜的生成速度远大于溶解速度。

②曲线 BC 段(多孔层形成)。阳极电压达到最高值以后,开始有所下降,随着氧化膜的生成,电解液开始了对膜层的溶解作用,且阻挡层中被电流击穿的部位首先被溶解,这一过程导致铝合金氧化膜表面局部温度升高,进而加速无孔层的溶解并形成多孔层。

③曲线 CD 段(多孔层生长)。这一阶段发生在阳极氧化大约 20 s 后,此时电压开始趋于

平稳,阻挡层厚度不再变化。此时氧化膜的生成和溶解速度的比值基本恒定,随着电流通过每一个氧化膜孔,氧化物又在孔底重新形成,于是柱形膜胞便沿垂直于铝阳极表面的电场方向成长,而每个膜胞的继续长大,最终将成为6个胞壁彼此相接的六面柱体(多孔结构)。

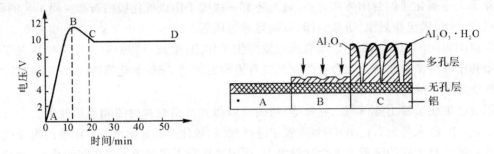

图9.1　阳极氧化过程的电压-时间曲线与氧化膜生长示意图

9.3　镁合金的表面转化膜技术

镁是一种很轻的金属元素,密度仅为 1.74g/cm^3,大约是铝的2/3、钢的1/4。镁在地壳中的储量很丰富,约占地壳表层金属矿含量的2.35%且分布很广。

镁合金的比强度和比刚度高,导电导热性优良,具有良好的阻尼性、切割加工性能、挤压成型性能和焊接性能以及激光切割性能,还具有优良的铸造性能、减震性能,对环境无不良影响,被认为是一种非常理想的现代工业结构材料,已被应用于航空、航天、机械、汽车、电子、电信、光学仪器、音响器材等领域。

但是镁及镁合金的耐蚀性能比较差,很容易被腐蚀介质破坏。提高镁合金耐蚀性的方法除合金化设计外,主要通过表面处理的方法来达到目的。目前使用的方法有化学转化、阳极氧化、有机物涂层、表面镀层、激光表面改性、PVD、离子注入等。这些方法各有特点,所得膜层的防护性能也有差别。其中镁合金表面的表面转化处理方法,因成品率高、投资少,适合电子产品高速更新换代对腐蚀防护和涂装的要求,从而得到了迅速发展。

镁合金的化学转化处理方法中较成熟的是以铬酐酸和重铬酸盐为主要成分的水溶液进行化学转化处理而获得的保护膜,如美国DOW公司开发的一系列镁合金铬酸盐转化膜处理工艺。虽然铬酸盐转化膜的防护效果较好,但其处理溶液中含有的六价铬离子污染环境。因此,研究工作者正在致力于寻找一种防护效果较好的无铬化学转化膜工艺,如磷酸盐、磷酸盐-高锰酸盐、多聚磷酸盐及草酸盐膜等。

9.3.1　镁合金的化学转化处理

与镁合金的阳极氧化膜层比较,化学氧化膜层的厚度、硬度和耐腐蚀性都要低些。但由于化学氧化膜的工艺简便、处理成本低等优点,适合于有机涂层的底层或者工序间防锈。

化学氧化膜层的制备技术主要是利用镁合金零件与化学处理液之间的化学反应在工件表面形成保护膜层的表面处理技术。它主要包括铬酸盐转化、磷酸盐转化、磷酸盐-高锰酸盐转化、植酸转化、锡酸盐转化、稀土盐转化等。

1. 镁合金的铬酸盐转化

铬酸盐转化是较成熟的镁合金化学氧化方法，以铬酸和重铬酸盐为主要成分的水溶液处理镁合金获得保护膜。其形成机理是：基体金属被氧化溶解形成离子进入溶液，有氢气析出，伴随着水或氧的还原，形成氢氧根，引起金属表面与溶液界面的 pH 升高，从而在金属表面沉积一层薄铬酸盐与金属胶状物的混合物。最初形成的胶状物非常软，经过不高于 80℃ 的热处理变硬，形成不亲水、微溶和较耐磨的膜层。

铬酸盐转化工艺的成膜性较好，可获得厚度为 $0.5\sim3\mu m$ 的均匀膜层，且对厚、薄工件均适用，可显著提高镁合金工件的耐腐蚀性。关于镁合金材料的铬酸盐转化处理，早期研究得较多，工艺也较为成熟，但由于六价铬对人体有致癌作用，并且污染环境，因此此种工艺的应用正逐渐减少。

2. 镁合金的磷酸盐转化

磷酸盐转化是镁合金在以磷酸或磷酸盐为主体的溶液中进行浸渍或采用喷枪进行喷淋，使表面产生完整的磷酸盐保护膜层的表面处理技术。磷酸盐转化膜层的厚度较大，作为油漆底层，可使漆膜的黏附力、耐潮湿性和耐蚀能力提高很多。但磷酸盐转化膜层性能不如铬酸盐转化膜好，且磷酸盐转化对工件的表面质量要求较高，通常不适合于表面质量差的薄壁压铸件（壁厚小于 2mm）的表面处理。

在适当条件下，镁合金与不同成分的磷酸盐溶液接触时，可形成两种不同类型的转化膜层。如果用碱金属的磷酸盐作处理液，则在金属表面得到与镁相对应的磷酸盐和氧化物组成的膜层，称为磷化转化膜；如果在含有游离磷酸、磷酸二氢盐以及加速剂的溶液中进行处理，得到的是重金属-氢盐或正磷酸盐所组成的膜层，称为磷化假转化膜。如果在假转化磷化处理液中加入钙离子和氧化促进剂（如氯酸钠和次氯酸钠），还可以提高膜层的耐腐蚀性能。另外，镁合金材料的化学组成对磷酸盐膜的组成、耐腐蚀性能等都有影响。

3. 其他无铬转化

磷酸盐-高锰酸盐转化是一种新型无铬化学转化处理方法，其成膜机理与铬酸盐类似，不同的是高锰酸盐是一种强氧化剂，还原时可形成溶解度较低的低价锰氧化物进入膜层。随着时间的延长，膜层中锰含量逐渐增加，膜的颜色也逐渐加深，形成磷化膜的主要成分为磷酸镁和铝、锰的化合物，膜厚为 $4\sim6\mu m$，其耐蚀性与铬酸盐膜相当。这种膜层均匀，具有良好的吸附性，与涂漆层之间具有良好的结合。但是处理液消耗比较快，前处理采用了高浓度磷酸，使成本有所提高。

锡酸盐转化膜同样适用于耐腐蚀性较差的镁合金，也可用做有机涂层的前处理工艺。在锡酸盐溶液中可以形成厚 $2\sim3\mu m$、主要成分为 $MgSnO_3$ 的转化膜，使镁合金表面腐蚀电位和耐腐蚀能力有一定提高，但膜层在柔软性、抗滑性和耐蚀性等方面有待进一步改进。

在植酸溶液中所得到的镁合金转化膜层性能较好。与铬酸盐、磷酸-高锰酸盐膜层相比，植酸膜层的氢析出速率小，耐蚀性好，而且植酸转化膜层具有绿色环保、颜色可调、膜层平整与有机涂料附着力优异等优点，但是溶液的稳定性差，膜层性能受溶液 pH 值、温度和成膜时间等影响很大。

在镁合金表面获得稀土转化膜也可以提高其耐腐蚀性能,如采用铈盐与镧盐的混合液在镁合金表面获得的镧化学氧化膜,主要由 La_2O_3,MgO 及少量的 Al_2O_3 组成,但耐蚀性仍有待提高。

镁合金有机金属化合物处理工艺也可以提高镁合金表面的耐腐蚀性能和漆膜的附着性能。这类处理溶液主要是金属乙酰基乙酸酯、水溶性无机钛化合物及水溶性锆化合物等成分,形成的膜层是一种有机-无机复合膜层。

总之,镁合金化学转化膜的应用不断向着无铬化的方向发展,除了上述转化之外,还有钼酸盐转化、钴酸盐转化、硅酸盐转化和氟锆酸盐转化等工艺。

9.3.2　镁合金的电化学氧化技术

镁合金的阳极氧化成膜(电化学氧化处理)是指镁合金零件作为阳极,在外加电压的作用下,利用镁合金零件与氧化处理液之间的电化学反应在工件表面形成保护氧化膜层的表面处理技术。阴极通常为槽体或不锈钢板。根据所使用电压的不同可分为普通阳极氧化和等离子体微弧氧化两种。

1. 镁合金的阳极氧化

常规阳极氧化处理就是在较低电压作用下进行的镁合金阳极氧化处理技术。镁合金阳极氧化膜层一般由一层致密的氧化层和一层疏松的多孔层组成,该膜层主要由氧化镁与六方氢氧化镁构成,与基材具有良好的结合。与化学氧化膜层相比,常规阳极氧化膜层的耐腐蚀性、耐磨性、绝缘性、机械强度等性能都有很大提高,而且对镁合金的尺寸精度几乎没有影响。

阳极氧化膜层的多孔结构显然对耐腐蚀性能不利,需要进行封闭处理。封闭处理在提高膜层耐腐蚀性能的同时,也可以利用膜层的多孔性而进行染色处理,来提高镁合金材料的表面装饰效果。在有些情况下,对于要求耐腐蚀性能特别高的镁合金材料,需要在阳极氧化膜层表面再进行多层树脂、油漆的涂装处理。

镁合金电化学氧化处理溶液主要包括含有六价铬化合物的酸性溶液(如 Dow 系列)以及含有氟或磷的碱性溶液(如 HAE,Flomay 等),其中以始于 20 世纪 50 年代的 DOW17 和 HAE 工艺应用最广泛,但这两种工艺的电解液中含有铬、氟和锰等元素,危害人身健康,污染环境,而且废液处理困难。

20 世纪 80 年代以来,出现了许多新的镁合金阳极氧化专利技术。这些专利包括新西兰 Anomag、德国 Magoxid - coat 和 Tagnite 等工艺。Anomag 工艺是一种无火花的阳极氧化,通过使用氨水抑制火花放电,可以得到透明的阳极氧化膜,解决了镁合金的着色问题,能够一步完成阳极氧化和着色处理。Magoxid - coat 工艺是一种硬质阳极氧化工艺,在弱碱性电解液中生成 $MgAl_2O_4$ 和其他化合物,该膜总厚度最高可达 $50\mu m$,通常为白色,具有较高的硬度、良好的耐磨性、良好的结合力和电绝缘性能,但着色处理可能略为降低其防蚀性能。Tagnite 工艺能够在碱性溶液中生成白色硬质氧化物,所得到的氧化膜与基体结合牢固,如对氧化膜再进行封闭处理,其抗蚀能力显著提高,但氧化膜表面粗糙度不很理想。

随着人们环保意识的增强,镁合金阳极氧化的研究向着环保型、无公害的方向发展,而且这些溶液主要是碱性体系。根据阳极氧化液中的主盐,可分为硅酸盐-铝酸盐体系、硅酸盐-硼酸盐体系、铝酸盐-硼酸盐体系、硅酸盐-氟化物体系、磷酸盐-氟化物体系、有机羧酸盐体系等。

2. 镁合金的微弧氧化

镁合金微弧氧化处理技术就是将镁合金常规阳极氧化处理的电压升高到一定值,阳极表面最初生成的绝缘氧化膜被击穿,在阳极区产生等离子体微弧放电,形成瞬间的超高温区,并产生很多激发态物质,在热化学、等离子化学和电化学的共同作用下,使镁合金表面火花放电而生成陶瓷层的过程。

镁合金微弧氧化陶瓷层由过渡层、致密层和疏松层组成,膜层的相组成主要包括 MgO,$MgSiO_3$,$MgAl_2O_4$ 和无定形相。在微弧氧化的初期,膜层主要由致密层组成,随着氧化时间的延长,膜层外侧出现疏松层,最后疏松层达到膜层总厚度的 90% 左右。

镁合金的微弧氧化成膜过程不同于普通阳极氧化的成膜过程。将镁合金放入氧化溶液(如铝酸盐),通电后表面立即生成一层很薄的绝缘膜,当外加电压超过某一临界值时,氧化膜的某些薄弱点被击穿,发生微区弧光放电现象,微弧直径一般在几微米至几十微米之间,在工件表面的停留时间约为几十毫秒,相应的温度可高达几千度,可使周围的液体汽化,形成高温高压区。在电场的作用下,该区域可产生大量的电子和正负离子,因此发生特殊的物理化学作用,微弧区熔融物凝固后形成 MgO 和 $MgAl_2O_4$ 晶体相或非晶态结构。初始阶段镁合金表面游动弧点较大,部分熔融物向外喷出,形成孔隙率高的疏松层。随着氧化时间延长,膜厚度增加,击穿变得越来越困难,表面的弧点逐渐消失。但是膜内部的微弧放电仍在进行,使氧化膜继续向内部生长,形成致密层。此时,疏松层一方面阻挡致密层内部放电时熔融物进入溶液,使其尽量保留在致密层内;另一方面,疏松层外表面同溶液保持着溶解和沉积平衡,使疏松层厚度基本不变。

微弧氧化得到的陶瓷膜层为镁合金基体表面原位生长而成,比较完整、致密,耐磨性、耐腐蚀性、电绝缘性等都比阳极氧化膜强,且与基体和油漆的附着性能都很好。微弧氧化膜层的耐腐蚀性能优于阳极氧化膜层的根本原因在于微弧氧化膜层更加致密且与基体的结合牢固,而阳极氧化膜层的微观结构中有微裂纹的存在,微裂纹处在腐蚀介质的作用下极易诱发腐蚀,并迅速沿微裂纹扩展。当腐蚀产物累积到一定程度时,膜层就会从基体表面脱落。

尽管镁合金微弧氧化技术有着广阔的应用前景,但氧化过程中的能耗大、电解液冷却难等问题还需要不断完善。

3. 镁合金阳极氧化膜的着色与封闭

镁合金阳极氧化膜层的孔隙与铝合金的阳极氧化膜层不同,孔隙大、无规则且不透明,尤其是火花阳极氧化工艺,其孔隙更大而且分布不均匀。因此,为了提高其耐腐蚀性能或装饰性能,有必要对其进行着色与封闭。

(1) 着色

镁合金的阳极氧化膜层不透明,会迅速地被酸腐蚀。因此,许多用于铝阳极氧化的着色方法不适用于镁阳极氧化膜层的着色。

镁合金阳极氧化的着色传统上是采用油漆或者粉末涂层。在缺乏一定的表面处理步骤的情况下,油漆的附着力不佳。由于粉末涂层需要烘烤固化,当温度超过粉末涂层固化温度(即

200℃)时,铸件将产生脱气问题,导致粉末涂层起泡。应采用降低固化温度减小气泡的粉末涂装工艺。

如果采用无火花工艺,用染料在产生广泛的颜色和纹理方面是有效的,而且将增加阳极氧化膜层的耐盐雾性能,即使阳极氧化膜层被划伤或穿透也不会发生腐蚀。有一些彩色染料通过表面化学反应黏附到表面上可以保证好的附着力。

(2) 封闭

镁合金阳极氧化膜的封闭处理可根据阳极氧化工艺的不同选择不同的处理溶液及工艺条件。封孔剂的种类可分为沸水、铬酸盐、硅酸盐、溶胶-凝胶、有机物等。

虽然有研究表明沸水封孔能有效地对镁合金阳极氧化膜层的孔洞起到填充作用,但水合封孔不能完全填充镁合金氧化膜中直径较大的孔洞,因此沸水封闭对镁合金阳极氧化膜层而言应用较少。

铬酸盐封孔适用于著名的 HAE 工艺,该封孔技术简单易行、耐蚀性较好,但其最大的缺点是六价铬毒性大且致癌。

硅酸盐封孔也叫水玻璃封孔,可大大提高氧化工件的耐蚀性。研究认为,其封孔原理是氧化膜如 $Mg(OH)_2$ 与 Na_2SiO_3 反应生成 $MgSiO_3$ 沉淀,另外空气中的 CO_2 会与试样上残留的水玻璃发生反应,生成 SiO_2 从而封住孔隙。该工艺最大的优点是工艺简单,且硅酸盐对人类和环境无危害,符合绿色环保要求。

溶胶-凝胶法为物理封孔方法。与上面几种封孔方法利用氧化膜与封孔剂发生化学反应生成新的物质从而封住氧化膜孔隙的方法不同,该方法先采用溶胶-凝胶方法制得溶胶,然后采用浸渍-提拉法对镁合金氧化膜层进行封孔处理,最后加热制得封孔涂层。已有研究将 Al_2O_3 和 SiO_2 溶胶用于镁合金阳极氧化膜进行封孔,其不仅可使镁合金氧化试样的耐蚀性提高,而且还可显著提高镁合金氧化试样的抗氧化性能。溶胶-凝胶方法的优点是溶胶纯度高,晶相转化温度低,微观结构较易控制,缺点是处理工艺较烦琐。

有机物是镁合金阳极氧化膜层常用的封孔剂,在镁合金阳极氧化膜层表面涂覆有机层,在提高耐蚀性的同时,还对镁合金的电偶腐蚀有良好的抑制作用,而且可以通过有机涂层达到装饰效果。有机物涂层也是利用物理封孔的原理,在膜层上面覆盖上一层膜,如石蜡、热塑性树脂、热固性树脂(如环氧树脂)、氟树脂(如聚四氟乙烯)、有机硅树脂等。

4. 镁合金阳极氧化膜的成膜机制

镁合金的阳极氧化过程与铝合金有很大的不同,不仅所用的电解液不同,而且由于镁更活泼,因而氧化膜生长机制更复杂。在镁合金阳极氧化过程中,随着膜的形成,电阻不断增加,为了保持恒定电流,阳极电压随之增加,当电压增加到一定程度时,会突然下降,同时形成的膜层破裂,故镁合金的阳极电压-时间曲线呈锯齿形。同铝合金的阳极氧化膜相比,镁合金的这种有火花的阳极氧化产生的膜层粗糙,孔隙率高,孔洞大而不规则,膜层中有局部的烧结层。

由于镁合金的化学、电化学反应活性较高,电化学氧化时产生的激发态物质很多,发生一系列的物理与化学变化,使得镁合金的电化学氧化过程相当复杂。

目前比较普遍的观点认为镁合金阳极氧化过程与电击穿有关。在镁合金阳极氧化过程中,电极通电后,阴离子向阳极移动,阳离子向阴极移动,当电压达到一定值时,阳极上形成氧化膜。并且随着氧化时间的延长,膜的厚度不断增加,外加电压也增大。当外加电压大于膜的击穿电压时,膜被击穿,在试样上可以观察到火花放电,同时伴随着气体析出。火花放电使得电化学氧化膜发生部分溶解,产生金属离子,同时溶液中产生等离子氧,同金属离子相结合产生熔融状态的氧化物膜层,由于火花放电时产生大量的热被溶液吸收,熔融状态的金属氧化物被冷却,导致氧化物膜层收缩,使得电化学氧化膜多孔。

除上述的电击穿理论外,还有很多关于镁合金阳极氧化过程的研究观点。

一种理论认为火花放电是电子雪崩的结果,认为火花放电前,偶发的电子放电导致电极表面已生成的薄而致密的无定型氧化膜局部受热,引起小范围晶化,当膜达到某一临界值时,小范围的电子放电发展为大范围的持续电子雪崩,阳极膜发生剧烈的破坏出现火花放电现象。在电极上形成的氧化膜虽然连续但在时间上并不是同时增长,同时电化学氧化时伴随着气体的蒸发,导致了氧化膜多孔。

还有人从反应的热力学和动力学方面来讨论镁合金的阳极氧化过程,认为 MgO 的吉布斯生成自由能比镁合金中其他元素氧化物的小(稀土元素除外),因此镁首先被氧化,其他元素在合金/氧化膜下富集到一定浓度后,开始氧化形成氧化物。从反应动力学方面来看,阳极氧化膜具有不同的结构是由于 MgO 的 PBR 值(Pilling-Bedworth Ratio)与其他氧化物的不同。MgO 的 PBR 值大于 Li_2O,Na_2O,CaO 等氧化物的 PBR 值,因此在镁合金中的上述合金元素氧化后,氧化膜中可能出现空隙或空位。另外,在合金元素氧化成离子后,由于它们和氧的结合能与 $Mg^{2+}-O$ 不同,使得离子的移动速度与镁离子的不同,导致氧化膜的成分发生变化。

9.4　钛合金的表面转化膜技术

纯钛是一种银白色的金属,密度为 $4.54g/cm^3$,比钢轻 43%;机械强度与钢相差不多,比铝大 2 倍,比镁大 5 倍。钛耐高温,熔点为 1 942K,比黄金高近 1 000K,比钢高近 500K。

钛加热时能与 O_2,N_2,H_2,S 和卤素等非金属作用,但在常温下,钛表面易生成一层极薄的致密氧化物保护膜,可以抵抗强酸甚至王水的作用,表现出极强的抗腐蚀性。液态钛几乎能溶解所有的金属,因此可以和多种金属形成合金。

钛合金材料具有化学稳定性好,比强度高,以及在温度高达 $400\sim500℃$ 的环境条件下仍能保持自身的强度等优异性能,已成为广泛应用于航空、航天、化学工业的新型结构材料。但由于钛合金表面自然生成的氧化膜很薄,很容易在加工或运输过程破损,因此,为了提高钛合金零件的耐磨性能和防止与铝、镁合金等材料的接触腐蚀,通常要在钛合金表面进行化学转化、阳极氧化等表面处理。

9.4.1　钛合金的化学转化处理

钛合金属于典型的可钝化金属,在空气及绝大多数酸、碱溶液中表面都存在一层致密的自然氧化膜。如果在其表面涂覆有机涂层则结合力很差,一般需要先进行化学转化处理。

化学转化就是通过改变化学转化溶液的浓度和温度促使钛合金表面氧化成膜并达到一定的厚度,从而提高钛合金表面的耐磨性和耐腐蚀性能的过程。

钛及钛合金表面的化学转化通常在含有一定氟化物的铬酸盐或磷酸盐混合溶液中进行,

所得到的膜层可作为油漆的底层使用,进一步涂装、镀覆或胶接后,可有效地提高工件的耐久性及装饰性。虽然这两种工艺已成功应用,但溶液组成中含有 Cr^{6+},F 及 P,会对环境及人体产生严重危害。

目前研究比较多的是一些环保性的化学转化工艺,如草酸溶液处理、氢氧化钠-过氧化氢处理、过氧化物-钛酸盐处理、氢氧化钠-过氧化氢-稀土处理、三碱处理、阿洛丁处理等。

草酸溶液处理工艺采用适量浓度的草酸溶液,在适宜的工艺条件下,对钛合金表面进行化学转化处理,能得到无光泽、较粗糙的表面。该工艺成分简单,维护容易,成本低廉,适合处理大量的钛工件及外形比较复杂的工件。

采用含有过氧化氢的碱性溶液对钛合金进行化学处理,既环保又简单,而且成本较低。该法特别适用于胶接前的准备,尤其对 TC4 钛合金具有良好的效果。

经过氧化物-钛酸盐处理的钛合金具有良好的结合强度和耐蚀性,且表面粗糙度更高,并具有多孔类蜂巢状形貌。该形貌容易使黏合剂进入孔隙,进一步改善了机械联锁特性,更提高了与基体的结合强度。

阿洛丁工艺可用于轻金属(钛、镁、铝及其合金等)的无铬化学处理,使用方便,可喷涂、浸涂或刷涂,得到的膜层与基体和有机膜层有良好的结合强度,耐蚀性也优良。膜层的颜色可由淡至深,从蓝色至黑褐色。美国已将该处理剂用在钛合金火箭助推器上,主要目的是强化钛合金与油漆的结合及与黏合剂的胶接。

9.4.2　钛合金的电化学氧化技术

与化学转化相比,对钛合金而言阳极氧化的方法在工业上应用较多,通常有普通阳极氧化(交流、直流、脉冲)和微弧氧化等方法。

1. 钛合金的阳极氧化

阳极氧化处理是钛合金最成功的表面保护技术。钛合金的阳极氧化膜可以提高基体的抗大气腐蚀性能,可用于高温成形加工的润滑和抗咬死,作为绝缘膜用于防止电偶腐蚀,用于抗摩擦和作为涂覆固体润滑膜的预处理。有些阳极氧化膜具有鲜艳的色彩,可作为钛合金防腐、装饰性涂层。

钛合金可在各种性质的溶液中通过阳极氧化成膜,如酸性溶液、弱酸性溶液、碱性溶液。

钛合金阳极氧化酸性溶液可采用硫酸体系或者硫酸、磷酸(或草酸)的混合体系,所得到的氧化膜非常薄(0～200nm)、无孔隙、透明,且有光的干涉作用呈彩虹色,颜色鲜艳,具有很好的装饰性。这种氧化膜的颜色是通过氧化膜对光照的散射等物理作用而产生的,因此具有极高的稳定性,在大气中长期暴晒也不会改变颜色。

钛合金阳极氧化的弱酸性溶液以硫酸铵溶液为代表,所得到的氧化膜主要用于清除钛合金表面的铁质污染,以提高钛工件的抗渗氢能力,同时还能加厚钛合金的自然氧化膜,提高耐腐蚀性。

钛合金可以在碱性溶液中得到几微米或 $10\mu m$ 厚的阳极氧化膜,主要用于润滑和作为高温成型加工的抗咬死保护膜,作为抗电偶腐蚀的绝缘膜,以及提供耐磨损和作为涂覆固体润滑膜的底层。

另外,钛合金阳极氧化可以获得彩色的氧化膜层,其颜色随氧化电压变化(10～90V)从土黄色、深蓝色逐渐过渡到玫瑰红、宝蓝色、雅绿色等,而且氧化膜层色彩鲜艳均匀,结合力和耐腐蚀性好。

2. 钛合金的微弧氧化

钛合金微弧氧化是将钛合金置入含有碱金属元素及碱土金属元素的盐溶液中,在较高电压下进行的一种表面处理技术。微弧阳极氧化与普通阳极氧化相比,所得到的陶瓷膜层可以大大提高钛合金零件的表面耐腐蚀性能、耐磨性能、电绝缘性、黏附力、抗疲劳性能等。

采用微弧氧化得到的陶瓷膜层由致密层和疏松多孔层构成,致密层由较耐磨和耐腐蚀的氧化钛变形-金红石、钛酸铝组成,疏松层则由氧化钛的变形金红石和锐钛矿、氧化铝和钛酸铝组成。膜层内的钛酸铝是由于氧化钛与氧化铝等离子化学反应形成的,同样也是铝酸盐分解形成的。

钛合金微弧氧化使用的电解液主要是碱性溶液体系,如磷酸盐体系、硅酸盐体系和铝酸盐体系等。

磷酸盐体系是目前研究最多的钛合金微弧氧化电解质成分,将钛合金在含有钙、磷元素(人体必须)的电解液中进行微弧氧化,可以得到具有一定生物活性的薄膜。有人将乙酸钙、磷酸氢二钠的水溶液作为电解液,通过微弧氧化方法获得了与钛基体紧密结合、表面均匀分布 $10\mu m$ 左右微孔的 TiO_2 陶瓷膜,陶瓷膜内的 Ca 含量达到 16％,Ca 与 P 比约为 1.67,这与骨组织内的 Ca 与 P 比非常接近,这些以非晶磷酸钙形式存在的钙、磷可通过水热处理后转变为羟基磷灰石,提高了钛合金的生物活性。

在硅酸钠以及铝酸盐体系中,对钛合金进行微弧氧化的研究中发现,生成氧化膜的抗磨减摩性能优良,在干摩擦条件下同 GCr15 钢对磨时呈现出轻微磨粒磨损和黏着磨损特征。从膜表层到膜内部,硬度和弹性模量逐渐增加。

为了拓展微弧氧化的应用范围,最近也有将酸性溶液作为微弧氧化电解液的研究,主要集中在硫酸。例如将钛合金在硫酸中进行微弧氧化并做相应处理后,可以得到具有较高敏感性的 CO 感应薄膜,利用这种薄膜制备的一氧化碳传感器相比于 SnO_2 传感器,受潮湿环境的干扰程度更小。

微弧氧化是在较高电压下进行的,因此电参数对微弧氧化膜层的影响规律成为研究的重点。有研究表明,随着电压的增加,微弧氧化膜层中的微孔数量逐渐减少、尺寸变大,它们的形状越来越不规则,分布也越来越不均匀,膜表面的粗糙度也逐渐增加。随着电压增加,氧化膜的生长速率先增加后减小,膜层主要由锐钛矿和金红石相 TiO_2 组成,由于锐钛矿相和金红石相 TiO_2 的硬度都比较大,因而经过微弧氧化后,钛合金表面的硬度大大增加,从而增强了钛合金表面抗磨损的能力。

脉冲频率也是钛合金微弧氧化过程中的一个重要参数,对膜层生长、相组成及表面形貌都有很大影响。如果将占空比固定,增大频率,会使单脉冲的放电时间缩短,导致能量减小,从而使成膜速率降低。当频率较高时,一方面使某些大弧点在同一区域的放电时间缩短,另一方面使单脉冲作用时间内同一放电通道产生多次放电的次数减少,从而降低了微孔尺寸。此外,频率的增大使得相同处理时间内单脉冲的个数增加,导致样品表面不同微区的放电数量增加,从而使微孔密度增加。

在恒电压和恒电流两种方式下,占空比对电流密度和电压的作用是相反的,增大占空比,电流密度增大而电压降低。在恒电压方式下,增大占空比,氧化膜的生长速率增大,表面逐渐变得粗糙;在恒电流方式下,占空比对氧化膜的影响没有恒电压下显著。

3. 钛合金的氧化成膜机理

钛合金阳极氧化的机理研究没有镁合金和铝合金多,但一般来说,其氧化膜的生长过程也分为阻挡层形成、多孔层形成和多孔层生长三个阶段,以含氟离子(作为活化剂)的溶液中钛合金的阳极氧化为例:在刚开始通电的几分钟内,无孔氧化膜(阻挡层)迅速生成,造成槽压急剧上升,同时 TiO_2 的高电阻阻碍了电流的通过和氧化反应的继续进行;电压增加到一定的数值后,氧化膜会因电解液中的 F^- 而溶解,于是局部出现孔隙,同时阻挡层减薄、电阻下降,电化学成膜反应继续进行;槽电压下降到一定数值后趋于平稳,表明阻挡层的生成速度和溶解速度达到平衡,多孔层的生长不断进行,但膜层厚度保持不变。

就钛合金本身所参与的反应来说,在氧化过程中,首先在 Ti/TiO_2 的界面产生 Ti^{4+},接着 Ti^{4+} 离子由氧化膜内层向外扩散,于是在膜的外表面发生成膜反应,形成钛的氧化物;与此同时,由于溶液中的 F^- 作用,膜层还会发生溶解,生成 $(Ti \cdot F \cdot OH)^{2+}$,由此得到了氧化膜为阻挡层+多孔层的结构。如图 9.2 所示为钛合金表面氧化膜层生长过程示意图。

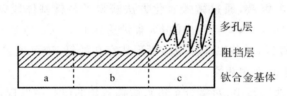

多孔层
阻挡层
钛合金基体

a　　b　　c

图 9.2　钛合金表面氧化膜层生长过程示意图

9.5　钢铁材料的表面转化膜技术

钢铁材料具有机械强度高、冷热加工性能好、价格比较便宜、材料来源广泛等优点,因此被广泛应用在各行各业特别是机械制造业上。据统计,用于制造各种机械零部件及管道容器等设备的钢铁总量约占各种金属用量的 2/3。但是由于钢铁的自然腐蚀电位低(约为 $-0.5V$),在各种含氧的介质中均会遭受严重的腐蚀,特别是在潮湿的大气环境中很容易生锈,既损害了零件设备的装饰性,也降低了其使用性能,甚至缩短了其使用寿命。因此,钢铁零件及设备在投入工作前都必须进行防护处理,对于长期处于大气环境中工作的零件及设备,最常用的防护方法就是进行化学转化处理,如磷化、化学氧化、钝化、着色等。

9.5.1　钢铁的磷化处理

磷化是指将金属零件放在含有磷酸盐的溶液中进行处理,在金属表面形成磷酸盐化学转化膜的过程,把所形成的金属磷酸盐化学转化膜称为磷化膜。

磷化工艺广泛应用于航空、航天、汽车、电子、机械等领域,其主要用途是防锈、耐磨、减摩、润滑,作为涂装底层等,也可作表面装饰。

1. 钢铁磷化膜的性质

钢铁表面进行磷化处理,会因溶液的组成、工艺和搅拌的差异,影响磷化膜的质量,磷化膜重可在 $0.1 \sim 45 g/m^2$ 之间变化。

厚 $10 \mu m$ 的磷化膜,其电阻约为 $5 \times 10^7 \Omega$,因此其绝缘性能很好。如果磷化膜再经浸油或覆以漆膜,则其绝缘性能将会更高。

磷化膜对油类和皂类物质具有良好的吸收能力。这一性质不但可使膜的防护性能有所提高,而且使它得以用于某些特殊的场合,如冷变形加工和电绝缘等。

磷化膜本身的耐蚀性不高,当用 3% NaCl 溶液进行盐雾试验时,仅几个小时膜的表面就会出现腐蚀。在酸和碱的溶液中,磷化膜容易被溶解,甚至弱酸和弱碱的溶液都可以引起膜的显著变化。但是,磷化膜与其他涂膜(油类或漆类)组成的复合涂层对基底金属却具有十分良好的防护作用。

2. 钢铁磷化处理工艺

(1) 磷化液的基本组成

磷化液的基本组成包括主成膜剂、促进剂、重金属离子和络合剂。单一的磷酸盐配制的磷化液反应速度极慢,结晶粗大。

主成膜剂是形成磷化膜的主要组成部分,包括磷酸二氢锌、磷酸二氢钠、马耳夫盐等,这类物质在磷化液中是作为磷酸盐主体而存在的,同时,它也是总酸度的主要来源。

促进剂可以缩短磷化的反应时间,降低处理温度,促进磷化膜结晶细腻、致密,减少 Fe^{2+} 离子的积累等。促进剂主要有三种类型:一是铜和镍促进剂,铜的作用是在金属表面镀出微量的金属铜,从而增加阴极面积。二是氧化型促进剂,可以促进磷化膜的生成和控制溶液中的铁含量,并和新生态的氢立即反应,把钢铁材料的氢脆减至最小程度;最常使用的氧化型促进剂有硝酸盐、亚硝酸盐、氯酸盐、过氧化物和硝基有机物。三是物理促进作用,与浸渍法制备钢铁的磷化膜相比,当把磷酸盐溶液猛烈地喷射到钢铁材料表面时,能更快地生成磷化膜。

在磷化液中添加多种重金属离子成分与单一的 Zn^{2+} 相比,磷化膜的外观质量和耐蚀性都有很大的提高。合适含量的 Zn^{2+} 能形成更多的结晶核,加快磷化反应速度,并使磷化膜结晶细致,晶粒饱满有光泽;Ni^{2+} 可使磷化成膜的速度加快,改善磷化膜的结晶形态,显著提高磷化膜的耐蚀性能;Ca^{2+} 能调整磷化膜的生长,细化晶粒;溶液中一定量的 Fe^{2+} 有利于成膜,并影响到晶核的大小和数量;一定量的 Cu^{2+} 与其他氧化剂并用时,不仅能催化硝酸盐的分解,还能加速氧化反应,扩大钢铁表面的阴极区,加速磷化膜的形成。

磷化液中的络合剂一般为柠檬酸($C_6H_8O_7$),起络合作用。它能使磷化膜减重,延缓初期磷化沉渣出现的时间,但对后期降低沉渣效果不明显。

需要注意的是磷化液中还可能出现对磷化有破坏作用的杂质离子,如 Al^{3+},SO_4^{2-} 等。Al^{3+} 达到一定浓度时,磷化膜会发花且不均匀,甚至完全无膜;如果磷化液中带入了 SO_4^{2-},会使磷化时间延长,磷化膜疏松,多孔,严重时可能会磷化不上。因此,要严格控制磷化液中这些离子的含量。

（2）钢铁磷化膜的后处理

为了满足钢铁磷化膜适应工作环境的需要，钢铁磷化后还应对其膜层进行防护处理，这样才能使用。目前钢铁磷化膜的后处理主要包括铬酸盐溶液封闭、浸油处理、浸憎水剂处理、与油漆组合等。

为了减少磷化膜的孔隙并提高其耐蚀性，磷化膜干燥后可用铬酸或铬酸盐稀溶液进行封闭处理。需要注意的是铬酸浓度不能过高，有资料介绍当铬酸浓度超过 0.05％时，只能对磷化膜的耐蚀性略有改善，而铬酸浓度高于 0.2％时，则导致磷化膜的溶解破坏；另外，为防止封闭液中带来的杂质影响钢铁表面磷化膜层的耐蚀性能，封闭溶液必须用去离子水配制。

钢铁表面的磷化膜层也可以通过浸油处理进行封闭，以提高膜层的耐大气腐蚀性能。油类既可用植物油，也可用矿物油。其中以干性植物油效果好，采用矿物油时可在油中添加适量的缓蚀剂。

除了采用浸油之外，也可以采用憎水处理，即将磷化好的零件浸入憎水剂的溶液中，获得具有无色透明、耐腐蚀性能优良的薄膜层（目视看不出有膜层）。

另外，磷化膜与合成树脂漆或硝基漆组成的防护层，对钢铁具有很好的防护效果。这样的双防护层要比单独在钢表面涂漆的耐蚀性高达十至数十倍。

3. 钢铁磷化的基本原理

磷化反应是一个复杂的化学或电化学过程，涉及电离、水解、氧化还原、沉淀、络合等诸多的化学反应过程，因此有关磷化处理的反应式也有多种说法，目前较为普遍认同的观点是如下的反应过程：

将钢铁零件放入以某些酸式磷酸盐为主的磷化液（由磷酸二氢铁、磷酸二氢锰或磷酸二氢锌组成）中时，就会发生磷化反应，在钢铁表面生成磷化膜。其反应式如下：

$$3Zn(H_2PO_4)_2 \rightarrow Zn_3(PO_4)_2 \downarrow + 4H_3PO_4$$

或　　$$3Mn(H_2PO_4)_2 \rightarrow Mn_3(PO_4)_2 \downarrow + 4H_3PO_4$$

钢铁零件在磷酸作用下，Fe 和 FeC_3 形成无数微观原电池。

在阳极区，铁开始失去电子，同时溶解生成 Fe^{2+}，反应式如下：

$$Fe + 2H_3PO_4 \rightarrow Fe(H_2PO_4)_2 + H_2 \uparrow$$

$$Fe - 2e \rightarrow Fe^{2+}$$

钢铁表面溶液中的 Fe^{2+} 不断增加，当 Fe^{2+} 与 HPO_4^{2-}，PO_4^{3-} 的浓度大于磷酸盐的溶度积时，就会产生沉淀，在钢铁零件表面生成磷化膜，反应式如下：

$$Fe(H_2PO_4)_2 \rightarrow FeHPO_4 \downarrow + H_3PO_4$$

$$Fe + Fe(H_2PO_4)_2 \rightarrow 2FeHPO_4 \downarrow + H_2 \uparrow$$

$$3FeHPO_4 \rightarrow Fe_3(PO_4)_2 \downarrow + H_3PO_4$$

$$Fe + 2FeHPO_4 \rightarrow Fe_3(PO_4)_2 \downarrow + H_2 \uparrow$$

在阴极区放出大量氢气：

$$2H^+ + 2e \rightarrow H_2 \uparrow$$

总反应式：

$$3Zn(H_2PO_4)_2 \rightleftharpoons Zn_3(PO_4)_2 \downarrow + 4H_3PO_4$$

$$Fe + 3Zn(H_2PO_4)_2 \rightleftharpoons Zn_3(PO_4)_2 \downarrow 2FeHPO_4 \downarrow (磷化膜) + 2H_3PO_4 + 2H_2 \uparrow$$

在磷化反应过程中,磷酸二氢锌不断消耗,在钢铁表面生成磷化膜,因此需要定期补充磷酸二氢锌,以便保证磷化反应的顺利进行。

9.5.2　钢铁的氧化处理

钢铁的氧化,也称发蓝或发黑,其实质是通过化学或电化学方法,在钢铁表面生成一层氧化膜。

钢铁的氧化处理方法,按处理溶液的性质分,有碱液氧化法、酸液氧化法、无碱氧化法、无硒氧化法、电解氧化法等;其中碱性氧化法用得最多、最广泛。碱性氧化时,因不析出氢,故不会产生氢脆。氧化膜很薄,对零件尺寸精度不会有显著影响,膜的颜色一般为蓝黑色或深蓝色。另外,按氧化的工艺条件分,可以分为高温氧化法、常温氧化法等。

钢铁零件通过氧化处理,表面可以生成一层具有一定耐大气腐蚀性能的氧化膜,膜层的颜色取决于零件的表面状态、材料的合金成分以及氧化处理液的配方和工艺条件等,一般都呈黑色或蓝黑色。光滑的零件表面经氧化成膜后,色泽光亮美观,具有一定的装饰性。铸钢和含硅量较高的特种钢,氧化膜呈褐色或黑褐色。氧化膜的厚度很薄,约为 $0.6\sim1.0\mu m$,膜的主要成分为 Fe_3O_4。钢铁氧化处理主要用于机械零件、精密仪器、光学仪表、电子设备和国防武器设备、日常用品的防护和装饰,特别适用于不允许电镀或涂装的零件及设备,以及在油性介质中工作的精密机械及零部件的表面防护。

1. 钢铁的碱性高温氧化

(1) 碱性高温氧化膜的性质与工艺

钢铁的碱性高温氧化膜由四氧化三铁组成,膜的结构和防护性能都随着氧化膜厚度的变化而变化。极薄的膜($2\sim4nm$)不会影响工件的外观,但也起不到防护作用;比较厚的膜(超过 $2\mu m$)无光泽,一般呈黑色或灰黑色,耐机械磨损性能差;厚度为 $0.6\sim0.8\mu m$ 的膜有最好的防护性能和耐磨损性能。钢材的化学组成对所得氧化膜层的外观和结构也有显著影响,合金钢和低碳钢一般难以得到带光泽的深黑或蓝黑色膜,且膜内易夹有红色的氧化铁挂灰。

无附加保护的钢铁氧化膜的耐蚀性低,并与操作条件有关。如果工件氧化处理后,再涂覆油或蜡,其抗盐雾性能从几小时增加至 $24\sim150h$。

影响膜层厚度的主要因素是溶液的苛性碱浓度和温度。由于氧化实际上是在溶液的沸点或接近于沸点的温度下进行的,而溶液的浓度与沸点又存在着对应的关系,因而这两个因素的影响其实是统一的。温度越高,膜的成长速度越快,最终获得的膜厚也越大。需要说明的是,钢的化学氧化不宜在高于 $145℃$ 的沸腾温度上进行,因为如此高的温度会促使铁酸盐加速水解而形成含水氧化铁的红色挂灰,导致膜层质量下降。当溶液温度高达 $175℃$(相当于苛性钠浓度为 $1\,500g/L$)时,钢上将无膜层形成。

溶液中氧化剂的浓度对膜层厚度也有一定的影响。随着氧化剂浓度的提高,膜的厚度降低,但浓度提高到某一极限之后,这种影响就不明显了。

(2) 碱性高温氧化机理

钢铁的高温氧化是指材料表面的金属层转化为最稳定的氧化物 Fe_3O_4 的过程,可以认为这种氧化物是铁酸 $HFeO_2$ 和氢氧化亚铁 $Fe(OH)_2$ 的反应产物。Fe_3O_4 可以通过铁与 $300℃$ 以上的过热蒸气反应得到,在温度达到 570℃ 之前,反应生成 Fe_3O_4(磁铁),而在超过魏氏体温度时,形成 FeO(魏氏体)。在温度升高至 570℃ 以上时,磁铁并没有突然地转化为魏氏体,而是产生混合的氧化物,其成分取决于操作温度。

应用最普遍的钢铁氧化方法是在含有氧化剂(如硝酸钠或亚硝酸钠)的强碱溶液中,于 100℃ 以上的温度进行处理,其机理如下所述:

钢铁氧化是个电化学过程,在微观阳极上,发生铁溶解为 Fe^{2+} 的反应;在有氧化剂存在的强碱性溶液里,Fe^{2+} 按照下述方程式转化成氢氧化铁:

$$2Fe^{2+} + 2OH^- + O^{2-} \rightarrow 2FeOOH$$

在微观阴极上,这种氢氧化物可能被还原为铁酸,反应式如下:

$$FeOOH + e \rightarrow HFeO_2^-$$

因为氢氧化亚铁的酸性明显低于铁酸的酸性,于是在操作温度下,继而发生氢氧化亚铁作为碱、铁酸作为酸的中和反应。反应式如下:

$$2FeOOH + HFeO_2^- \rightarrow Fe_3O_4 + OH^- + H_2O$$

同时,另一部分氢氧化亚铁可以在微观阴极上按照下列反应式直接氧化成四氧化三铁,氧化过程的速度,取决于能氧化二价铁离子的亚硝基化合物的形成速度。

$$3Fe(OH)_2 + O \rightarrow Fe_3O_4 + 3H_2O$$

从氧化膜的生成过程来看,在开始时,金属铁在碱性溶液里溶解,在金属铁和溶液的接触界面处,形成了氧化铁的过饱和溶液,然后在金属表面上的个别点生成了氧化物的晶胞。这些晶胞逐渐增长,导致在金属铁表面形成一层连续的氧化膜。氧化膜完全覆盖住金属表面之后,就将溶液与金属隔绝,铁的溶解速度与氧化膜的生成速度随之降低。

2. 钢铁的常温氧化(发黑)

钢铁的高温氧化成膜工艺由于处理温度高、能耗大、操作环境恶劣、成本相对较高,于是在 20 世纪末开发了常温发黑工艺。

钢铁的常温发黑,又称常温发蓝或低温发黑(发蓝)。与碱性高温发黑工艺相比,常温发黑工艺不受钢材种类限制,同时具有节能、高效、操作方便等诸多优点,在许多场合可以用来替代碱性高温发黑。

(1)常温发黑工艺

常温发黑剂的主要组成物质是主成膜剂、辅助成膜剂、缓冲剂、稳定剂、速度调整剂、成膜促进剂和表面润湿剂。

无论是硒化物系还是非硒化物系的常温发黑剂,Cu^{2+} 都是生成黑色膜的基本成分。可溶性铜盐和二氧化硒(或亚硒酸)是硒化物系常温发黑剂的必要成分,而可溶性铜盐和催化剂(或黑化剂)是非硒化物系常温发黑剂的必要成分。

在发黑剂中加入辅助成膜剂后,可在进行主成膜反应的同时发生辅助成膜反应,从而改变发黑膜的组成和结构,提高发黑膜的附着力和耐蚀性。

加入适当的 pH 缓冲剂,可维持发黑液的 pH 值基本稳定,避免 pH 值变化过大引起的发黑膜质量或发黑溶液稳定性变差的不良后果。

加入稳定剂,可以阻止溶液中因为铁的溶解而存在的大量 Fe^{2+} 向 Fe^{3+} 的转化,从而避免这一转化引起的溶液变浑浊并产生沉淀,维持发黑液的稳定,从而延长槽液寿命。

速度调整剂主要用于控制成膜反应的速度,防止产生没有附着力的疏松膜层,以便形成均匀、致密、结合良好的膜层。

在发黑剂中加入成膜促进剂,可以显著提高成膜速度与膜层质量。

加入适当的表面润湿剂,可以提高钢铁表面与发黑剂的润湿性,从而提高发黑膜的性能。

常温发黑膜呈多孔网状结构,易残留酸性发黑液和水分。因此,为防止放置引起的锈迹产生,发黑件经水清洗后必须立即进行脱水封闭处理。脱水封闭处理能显著提高发黑膜的耐蚀能力,并增加色泽、提高装饰性。

(2) 常温发黑机理

常温发黑工艺主要分两类,一类是 SeO_2 和 $CuSO_4$ 组成的酸性溶液体系,另一类是由 $CuSO_4$ 和氧化剂(如氯酸钾、杂多酸等)组成的体系。

1) 硒化物类发黑成膜机理

关于硒化物的发黑成膜机理,目前主要有如下几种观点。

一是氧化还原反应机理。该观点认为常温发黑实质上是钢铁表面的氧化还原反应。当钢铁零件浸入发黑液中时,零件表面的铁原子在酸的作用下发生溶解,同时发黑液中的 Cu^{2+} 离子在零件表面发生置换反应,表面产生金属铜,于是亚硒酸和金属铜发生氧化反应,得到黑色的硒化铜($CuSe$),其以化学键的形式与钢基体牢固结合,形成黑色膜。

二是扩散-沉积机理。该观点认为钢铁的活化表面在常温发黑液中会自发地进行铜的置换反应。当处于表面的铁原子与本体失去平衡时,就会引起铁原子由本体向界面扩散,这些扩散出来的铁原子或离子具有较高的反应活性,从而在界面处被亚硒酸氧化生成氧化铁,其沉于工件表面成为黑色膜的组成部分,而亚硒酸则被还原为 Se^{2-},其与 Cu^{2+} 生成 $CuSe$ 后在钢铁表面沉积成膜。

三是化学与电化学反应机理。该观点认为钢铁表面在 H_2SeO_3 溶液中的发黑过程是化学和电化学反应的综合过程,它们同时进行,不可分割。当钢铁件浸入发黑液中时,首先是钢铁基体与铜离子发生置换反应,置换出的铜沉积或吸附于基体表面,形成 Fe-Cu 原电池:

$Cu^{2+}+2e \rightarrow Cu$ 形成阴极区

$Fe-2e \rightarrow Fe^{2+}$ 形成阳极区

在阴极区还伴随下列反应:

$H_2SeO_3+4H^++4e \rightarrow Se+3H_2O$

$Se+Cu \rightarrow CuSe$

$Se+2e \rightarrow Se^{2-}$

$Se^{2-}+Cu^{2+} \rightarrow CuSe$

电化学和化学反应连续并行,最终形成稳定的 $CuSe$ 沉积于钢铁表面,形成发黑膜。

2) 非硒化物系成膜机理

有关非硒化物的成膜机理,目前有以下两种观点。

一是催化剂原理。该观点认为常温发黑是在基体表面覆盖一层黑色物质,尽管不排除基体参与反应,但不是主反应,发黑膜的主要成分不是 Fe_3O_4,而是 Cu_2O。钢铁件浸入发黑液后,同时存在三种反应使铜离子被分别还原为 Cu 金属、砖红色的 CuO 和黑色的 Cu_2O。由于受到催化剂的影响,生成黑色 Cu_2O 的反应得到加速,而 Cu 和 CuO 的生成反应则被抑制。因此,在钢铁表面形成 Cu_2O 的发黑膜,其含量决定了膜层的黑度。

二是电化学反应机理。该观点认为钢铁表面常温发黑膜的形成,本质上是钢铁在特定介质中处于自腐蚀电位下的电化学反应,即共轭的局部阳极氧化反应和局部阴极还原反应的综合结果。在发黑体系中,主成膜剂是硫酸铜和黑化剂。黑化剂在电化学反应体系中,作为一种在局部阴极发生还原反应的氧化剂,必须与 $CuSO_4$ 按适当比例配比后,才能形成合格的发黑膜。$CuSO_4$ 的作用是提供 Cu^{2+} 在钢铁表面还原,并沉淀出具有催化活性的微铜粒子,作用于局部阴极促使黑化剂的还原,以及自身在局部阴极还原形成黑色的 Cu_2O,沉积于钢铁表面参与成膜,从而和黑化剂的还原反应一起,在短时间内形成黑色转化膜。

9.6　其他金属的表面转化膜技术

9.6.1　不锈钢的表面转化膜技术

不锈钢表面有一层自然生成的致密氧化膜,使其在大气环境中比一般钢铁耐腐蚀。因此,不锈钢已广泛应用于机械制造设备及日常的生活用具,特别是在高级工业设备、医疗器械、国防军工产品、食品加工设备、仪器仪表以及建筑装饰行业上应用很多。

由于不锈钢表面的自然氧化膜很薄,容易在运输及加工过程中损坏,被损坏的部位就成为表面的活性点,甚至成为表面的锈蚀源。因此不锈钢制品在投入使用前,必须进行表面处理,以提高不锈钢制品的耐蚀性、耐磨性和装饰性。

在不锈钢表面可通过化学或电化学的方法形成一层无色透明的氧化膜层,在光的照射下,膜层对光线产生反射、折射而显示出干涉色彩。用这种方法得到的不锈钢氧化膜层很薄,但颜色鲜艳、耐紫外线照射不变色、装饰效果很好,且具有优良的耐腐蚀性能和一定的耐磨性。

另外,用一些化学溶液对不锈钢进行处理,可以得到不锈钢与溶液中的成分反应生成的有色化合物,这些化合物的真实颜色就是膜层所显示的颜色。例如不锈钢表面的 Fe,Cr 等元素与化学溶液作用可生成具有不同颜色的转化膜,成分包括 Fe_3O_4 为黑色,Fe_2O_3 为红色,CrO_3 为棕红色,Cr_2O_3 为绿色。通过使用不同溶液配方和工艺条件处理不锈钢的表面,可以得到含有不同比例上述氧化物成分的转化膜,从而使得膜层显示各种不同颜色,同时可使膜层具有耐腐蚀、耐磨的性能。

由于不锈钢表面新生的转化膜层有孔、不够致密、膜层的硬度不够大、耐磨性及耐蚀性稍差,因此必须对膜层进行后续的封闭处理,以使膜层由多孔疏松变成闭孔致密并提高其硬度、耐蚀性和耐磨性能。

1. 不锈钢的化学转化

（1）铬酸化学转化膜

用铬酸对不锈钢进行转化处理应用很广泛,由欧洲因科公司研制成功而命名为因科法(INCO),其工艺规范为铬酐(CrO_3)为 $200\sim400g/L$,硫酸(H_2SO_4)为 $35\sim700\ g/L$,溶液温度为 $70\sim90℃$。

此工艺可得到深蓝色膜,处理 $20\sim25min$ 得到以紫红色为主的彩虹膜,再延长时间可得到绿色膜。

（2）草酸盐转化膜

不锈钢和普通钢一样，在含草酸盐的溶液中表面可生成难溶的草酸盐膜。它主要用于润滑剂的载体，以利于冷变形加工（如拉管、拉丝、挤压）。它可以提高拉速、降低工具的磨损、减少中间退火次数。

不锈钢草酸盐膜的密度和附着力受前处理的影响，在含氢氟酸的溶液中进行浸蚀效果最好。如 $40 \sim 50 ℃$ 下，在 $11 ％ HNO_3 + 2 ％ HF$ 或 $20 ％ HNO_3 + 4 ％ HF$ 的混合液中进行浸蚀处理时，浸蚀液及用冷水冲洗的表面，应保持其冷水膜放入转化液中，否则膜与基体的结合力会变差。

（3）硝酸钝化

不锈钢在硝酸中有很好的耐蚀性能，特别是在稀硝酸中非常耐蚀。虽然稀硝酸的氧化性差些，但是由于不锈钢含有许多易钝化元素，因而比碳钢更容易钝化。因此不锈钢是硝酸的生产系统及储存、运输中大量使用的耐蚀材料。经钝化后的不锈钢表面保持其原来色泽，一般为银白或灰白色。

不锈钢在硝酸溶液中进行钝化处理后，应用水彻底清洗干净表面的残留酸液，清洗水中的泥沙含量应低于 2×10^{-4}（质量分数）。可用流动水逆流清洗，也可用喷淋水冲洗。

（4）不锈钢转化处理的其他工艺

除前面提到的酸液处理方法之外，还可以用碱液及硫化物进行处理，使不锈钢生成各种颜色的转化膜，既提高不锈钢表面的机械性能及耐腐蚀性能，又使制品的外表美观亮泽。

不锈钢碱性转化膜处理方法是在含有氧化剂和还原剂的强碱性溶液中，使不锈钢表面上原有的自然氧化膜继续增长（即不必除去零件表面的自然氧化膜，但不能有油污），随着膜厚的增加，表面的颜色也从黄→黄褐→蓝→深藏→青色依次变化。

硫化物处理不锈钢与上述方法不同，它是把活化后的不锈钢浸入碱性硫化物溶液中，使不锈钢表面产生硫化反应，生成黑色的硫化物膜层。这种膜层的抗蚀性能较差，成膜以后需要涂上罩光涂料保护。

（5）后处理

不锈钢转化膜比较疏松多孔，耐蚀性与耐磨性均不理想。因此必须进行化学或电解固化处理，以使膜层牢固，提高和改善膜层的硬度、耐磨性和耐腐蚀性。

转化膜经固化处理后仍有许多小孔未完全闭合，还需要进行封闭处理，以填充封闭膜层的小孔。封闭可用无水防锈油或防锈蜡浸渍处理，也可以在沸腾温度下用 $10g/L$ 硅酸盐（$NaSiO_3$）处理 $4 \sim 6min$。

2. 不锈钢的着色

20 世纪 70 年代欧洲因科公司研制成功因科法（INCO）后，不锈钢着色技术开始大规模应用。彩色不锈钢具有色彩鲜艳、耐紫外线照射、耐磨、耐蚀、耐热和加工性能良好等突出优点，适合在航天、航空、原子能、海洋工业、建筑材料和太阳能等多个领域应用。

（1）着色膜的性质

不锈钢着色膜具有稳定的光学性能，可长期经受紫外光线照射而不改变颜色。黑色不锈钢能吸收光能的 $90 ％$ 以上，具有优越的吸热特性，是太阳能吸热设备的良好材料。

彩色不锈钢的耐蚀性能显著高于一般不锈钢钝化。这是因为彩色不锈钢的着色膜厚度（几十至几百纳米）比一般不锈钢的钝化膜的厚度（$2\sim3nm$）大得多，且经坚膜处理后，着色膜的铬铁含量比远远高于不锈钢基体，还可能（如果使用钼酸盐坚膜）形成钼保护层。

彩色不锈钢的耐热性能优良，可承受在沸水中浸泡 28 天并在 200℃以上的空气中长期暴露，或者加热到 300℃，其表面色泽和着色膜的附着性均无明显变化。

彩色不锈钢可承受一般的模压加工，深拉延、弯曲加工和加工硬化，可承受 180°的弯曲试验和深冲 8mm 的杯突试验。

彩色不锈钢着色膜的耐磨性和抗擦伤性能很好，能经得住负荷 5N（500gf）的橡皮摩擦 200 次以上。

（2）着色工艺

不锈钢表面形成彩色的方法主要包括化学着色法、电化学着色法、高温氧化法、有机物涂覆法、气相裂解法及离子沉积法。这里主要介绍不锈钢的化学着色法。

化学着色法是将不锈钢浸在含有一定成分的溶液中，因化学反应而使不锈钢表面呈现出色彩的方法。化学着色法又可分为碱性着色法、硫化法、重铬酸盐氧化法和酸性着色法。

碱性着色法是不锈钢在含有氧化剂及还原剂的强碱性水溶液中进行着色的方法。此方法的特点是在自然生长的氧化膜上面，再生长氧化膜（即着色前不必除去不锈钢表面的自然氧化膜）。随着氧化膜的增厚，表面颜色逐渐由黄色变化为黄褐色，再进一步变化为蓝色、深藏青色。

硫化法是不锈钢表面经过活化后，再浸入含有氢氧化钠和无机硫化物的溶液中，使不锈钢表面发生硫化反应，生成黑色、均匀、装饰效果好的硫化物。这种膜层的耐蚀性能比较差，还须涂覆罩光涂料。

重铬酸盐氧化法是经过活化后的不锈钢浸入高温熔化的重铬酸钠中，进行浸渍强烈氧化，生成黑色氧化膜，但金属失去光泽，难以得到均匀的色泽，不适用于装饰方面的应用。

酸性着色法是经过活化的不锈钢在含有氧化剂的硫酸水溶液中进行着色。这种方法容易控制，着色膜的耐磨性较高，适合于进行大规模生产。前面提到的因科法就属于酸性着色法。

在实际生产过程中，保证不锈钢色彩的可重复性是非常重要的。影响色彩可重复性的因素很多，比如各种牌号不锈钢材料的电化学性能不一致，着色的温度、浓度和时间的变化等，都会使不锈钢的色彩发生变化。不锈钢着色的控制方法主要包括温度时间控制法和电位差控制法。

温度时间控制法比较简单，但不适用于工业生产。电位差控制法是工业生产最常用的方法，该方法以饱和甘汞电极或铂电极作为参比电极，测量着色过程中不锈钢的电位-时间变化曲线。某一电位和起始电位之间的电位差与一定的颜色对应，这个关系几乎不随着色液的温度和组成的变化而变化。

不锈钢着色一般要求表面粗糙度较低。除在预处理时，加强电解抛光外，还可以在着色时，加入适量的光亮剂，使不锈钢的表面粗糙度明显降低。

（3）着色的后处理

不锈钢经着色处理后，所获得的鲜艳彩色膜疏松多孔，孔隙率为 20%～30%，膜层也很薄，柔软不耐磨，容易被污染物污染，因此还必须进行坚膜处理并封闭。

坚膜处理是利用在电解坚膜阴极表面上析出的氢，将着色膜孔中残留的六价铬还原为三价铬沉淀,形成尖晶石填入细孔中,使疏松、柔软的彩色膜硬化,并具有耐磨和耐腐蚀性能。如果加入适当的催化剂,还可使耐磨性和耐腐蚀性进一步提高,耐磨性可提高 10 倍以上。

坚膜处理可用化学方法或电解方法,比较常用的是电解坚膜,其影响因素包括温度、时间、电流密度和促进剂。温度较高时,坚膜速度快,效果好,其颜色易变深,但色调不易控制;温度低时,坚膜速度慢,效果差。时间一般控制在 $5\sim10\text{min}$。电流密度(一般为 $0.2\sim0.5\text{A}/\text{dm}^2$)高时坚膜速度快,但颜色易变深。促进剂可采用 SeO_2,H_3PO_4,H_2SO_4 等,可起到稳定色彩和缩短坚膜处理时间的效果。

不锈钢着色膜进行坚膜处理后,虽然其硬度、耐磨性、耐腐蚀性能得到了一定改善,但表面仍为多孔结构,容易污染。如果在电解坚膜处理后,继续用沸腾温度下的 1%(质量分数)硅酸盐溶液封闭,将使膜层的耐磨性进一步提高。

(4)着色原理

彩色不锈钢的着色原理是不锈钢表面经着色处理后,形成一层无色透明的氧化膜,对光干涉产生色彩,即不锈钢氧化膜表面的反射光线与通过氧化膜折射后的光线干涉,而显示出色彩,如图 9.3 所示。

从图 9.3 中可以看出,入射光 L 从空气中以入射角 i 照射到氧化膜表面 A 点处。一部分成为回到空气中的反射光 L_1,另一部分成为在氧化膜中的折射光 L_2。当折射光 L_2 遇到不锈钢表面 A′点时会发生全反射,成为反射光 L_3。在氧化膜表面 B 点处,反射光 L_3 一部分成为折射光 L_4 折射回空气中,另一部分为仍在氧化膜中反射的反射光 L_5。当反射光 L_1 和折射光 L_4 相遇时,由于两束光之间存在着光程差而出现干涉现象,显示出干涉色彩。

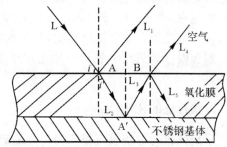

图 9.3　不锈钢表面着色的
光干涉原理

在不锈钢表面氧化膜折射率一定的情况下,干涉色彩主要取决于氧化膜的厚度和自然光的入射角。如果氧化膜的厚度一定,不锈钢表面的色彩就会随入射角的改变而发生变化;如果入射角一定,不锈钢表面也会随着不同的膜层厚度而显示出不同的色彩。一般来讲,随着膜层厚度逐渐增加,干涉色彩会由蓝色或棕色转变为黄色,进一步会变化为红色或绿色,共可显示出十几种色彩。

9.6.2　铜合金的表面转化膜技术

铜是淡红色带光泽的金属,熔点为 1 083℃,沸点为 2 595℃,密度为 $8.9\text{g}/\text{cm}^3$。铜在干燥空气中稳定,在潮湿空气中易氧化,溶于硝酸及热浓硫酸,稍溶于盐酸和稀硫酸,与碱也起反应,具有良好的导电性和导热性。因此,它已应用于电器、电线、化学药品、工艺品、合金及各种耐用日用品。

虽然铜合金比钢铁有较好的耐蚀性,但在实际使用过程中,仍会变色或发生腐蚀,为了提高其装饰防护性能,除可采用电镀层或涂漆保护外,还可对其进行化学氧化、钝化或者着色处理。

1. 铜合金的化学氧化

铜合金在含有氧化剂的苛性碱溶液中进行化学氧化可以得到具有装饰外观和一定防护性能的氧化铜膜层。

一般认为,铜合金化学氧化过程的进行包含金属溶解、中间产物生成以及氧化物结晶三个步骤。

在含过硫酸盐的苛性碱溶液中得到的氧化膜,其主要组成物是氧化铜 CuO。同时由于氧化溶液中氧化剂的浓度和温度不同,氧化膜中会含有一定量的氧化亚铜 Cu_2O,其含量的多少会影响膜层的色泽,随着氧化亚铜的含量逐渐增多,氧化膜的颜色可从棕色或黑色逐渐转变为黄、橙、红或紫色乃至棕色。

铜合金化学氧化膜层的厚度是由溶液中各组分的浓度和工作温度决定的。当氢氧化钠浓度为 5% 和工作温度为 65℃ 时,一般随过硫酸盐含量的提高,铜上形成氧化物膜的厚度将降低。提高溶液中苛性钠的含量,可使膜的厚度增加,但金属的溶解量也将增大;与此同时,还会加速氧化剂的自发分解。另一方面,若苛性钠浓度过低,会形成绿色或灰色的不良膜层。

当铜在 5%NaOH 和 1%$K_2S_2O_8$ 的溶液中进行化学氧化时,升高温度可以提高成膜速度,但与提高苛性钠含量的情形相似,此时也将加速金属的溶解和氧化剂的自发分解。

铜和铜合金的化学氧化一般适用于要求黑色外观的零件、仪表内部零件和要求散热的零件。

2. 铜合金的钝化

采用钝化的方法也可提高铜合金的耐蚀性能。

对于在较好介质中使用的铜合金,酸洗钝化的方法不但可提高其耐蚀能力,同时还能防止硫化物侵蚀发暗,并具有一定的装饰功能。该工艺操作简便,生产效率较高,成本低。

铜合金的钝化工艺一般常用铬酸法、重铬酸盐法、钛酸盐法及苯骈三氮唑法。

将铜合金材料浸入含有铬酸盐或者重铬酸盐的钝化溶液中时,首先发生铜合金的溶解。该过程会消耗铜合金与溶液相界面的酸,使在界面处溶液的 pH 值升高,形成碱式盐及水合物,覆盖在金属表面上成为膜层。同时溶液中的阴离子穿过碱性区和膜层继续发生对膜和金属的溶解,而使碱性区不断扩大,pH 值继续升高,因而使钝化膜的形成速度加快,随时间的增长膜层不断加厚。膜达到一定厚度以后,形成保护层,使阴离子无法再穿过,此时膜的溶解与生成速度接近,膜不再增长。需要注意的是,由铬酸法和重铬酸盐法生成的钝化膜,需要及时用冷水清洗并吹干,再在 70~80℃ 条件下烘干进行老化处理。

铜合金钝化膜的生成速度及最大厚度与溶液配方和工作条件等因素有关。溶液中的铬酐或铬酸盐是主要成膜物质,其浓度高,氧化能力强,可使钝化膜光亮。钝化膜的厚度和形成速度与溶液中酸度和阴离子种类有关。在仅有硫酸的钝化液中生成的膜很薄,防锈性能很差,只有在加入穿透能力较强的氯离子以后,才能得到厚度较大的膜层。当硫酸含量太高时,膜层疏松,得不到光亮及厚的钝化膜;当含量太低时,膜的生成速度较慢。温度对钝化的影响较大,当温度较高时,应使硫酸的含量降低,反之则应提高其含量。

3. 铜合金的阳极氧化

铜合金在氢氧化钠溶液中进行阳极氧化可以得到黑色的氧化铜膜层,该膜层薄而紧密,同基底金属结合良好。阳极氧化处理几乎不影响铜件的尺寸精度,因此作为防护装饰的方法之一被广泛应用于仪器仪表的制造。

有观点认为,铜合金在碱液中阳极氧化成膜的过程,是电化学步骤和化学步骤相继串联进行的。在氧化开始阶段,OH$^-$在阳极上放电,析出的氧与铜作用使其表面形成氧化亚铜薄膜。后者导致阳极钝化和电位提高,于是发生二价铜的电化学溶解,并在紧靠电极面的溶液中生成铜酸钠 Na$_2$CuO$_2$(氢氧化铜在浓苛性钠溶液中的溶解产物)。该中间产物经水解反应生成二次产物氧化铜。这样就形成了黑色膜层。

但有学者认为,上述观点过于简单化地看待并忽视了所假设生成的铜酸钠的物理化学性质,并指出,铜在氢氧化钠溶液中阳极化成膜,纯属电化学过程。在阳极化的条件下,由于温度和电流通过电解的焦耳热都相当高,不可能生成铜酸钠,而形成氧化物膜应该是金属表面上直接发生阳极反应的结果,反应式如下:

$$2Cu+2OH^- \rightarrow Cu_2O+H_2O+2e$$
$$Cu_2O+2OH^- \rightarrow 2CuO+H_2O+2e$$

当温度和电流密度不变时,较高的氢氧化钠含量,可得到较厚的膜层,但所需时间较长;过高的浓度会造成膜层粗糙且疏松。当氢氧化钠浓度偏低时,膜层变薄,工件表面会因电流分布不均而导致膜层不均匀,即在电流密度较低的部位呈现厚的黑膜,而在电流局部集中的部位呈现微带红色的氧化物膜。

适当地提高工作温度可以扩大电流密度的许用范围。一般来说,工作温度不应低于60℃,否则所得到的膜层中除氧化铜外还会含有氢氧化物,使膜层呈微绿色。

习题与思考题

1. 表面转化膜技术的主要特点是什么? 主要包括哪些类型?

2. 铝、镁、钛合金表面主要采用的防护技术是什么? 为什么?

3. 请简述铝合金表面阳极氧化膜层的形成过程。

4. 铝合金微弧氧化处理与普通阳极氧化处理有何异同,请简述铝合金电化学氧化过程的成膜机制。

5. 铝、镁、钛合金的氧化膜是否都可以进行着色或封闭处理? 为什么? 常用的方法有哪些?

6. 何谓"磷化",钢铁磷化处理过程中可用到的促进剂包括哪些类型? 为什么?

7. 钢铁的高温氧化和常温氧化成膜有何本质区别?

8. 为什么钢铁的常温氧化常被称为发黑(或发蓝),哪种离子是生成黑色膜的基本成分?

9. 请简述不锈钢着色的基本原理。

10. 一般认为铜合金化学氧化过程包括哪几个步骤? 为什么氧化膜会呈现不同的颜色?

第10章 零部件表面防护涂、镀层设计

在零部件表面采用前述的多种方法,制备各种防护涂、镀层,可提高产品在服役环境中的耐磨、耐腐蚀、抗疲劳断裂等性能。实际上,可选择的涂、镀层种类很多,可采用的表面改性、涂覆方法也很多,合理和适当地选择这些方法可大幅度提高产品的质量、性能和寿命。同时,只有将表面涂、镀层和产品零件作为一个整体,系统布局、统一设计,才有可能取得理想的表面改性结果。因此,为了更有效地发挥表面防护涂、镀层技术的效果,必须做好表面涂覆工艺技术和涂、镀层设计,要根据零件(产品)的服役环境条件和使用性能要求,综合运用失效分析和表面防护技术方面的研究成果,正确进行零件(产品)的表面涂、镀层体系设计。只有为各种复杂的环境条件选择出最适宜的表面防护技术,并进行正确的施工工艺设计,才能实现零部件表面涂、镀层进行防护的目的。

10.1 零部件表面防护设计的目的

对于工程结构零件的表面涂、镀层来说,其设计是产品零件实现功能的关键。如果零件表面的涂、镀层设计不够全面,或忽略了其中某些部分,就会影响到零部件的应用。

10.1.1 设计目的

通过材料表面涂、镀层的设计,实现对零部件、产品表面的涂覆和改性,其目的有:

①提高零件的耐磨减摩性能。调整相对运动表面的摩擦因数,减少磨损和表面损伤,提高零件耐疲劳等力学性能,提高产品零件的运行可靠性,延长其使用寿命。

②提高零件的耐腐蚀性能。适应服役环境的要求,耐各种介质的腐蚀,延长零件、产品的使用寿命。

③赋予材料表面其他性能。如赋予表面某些电学、光学、磁学性能,耐特殊介质、催化、防辐射、改善润湿、改善钎焊等性能。

④美化材料表面。美化装饰表面,提高艺术效果,如色泽美观、光亮化等。

10.1.2 综合设计

对零部件材料表面的涂、镀层应当全面考虑综合设计,主要包括:

①表面涂、镀层的体系设计。要根据零部件的服役环境和功能要求设计表面涂、镀层的结构、类型、成分构成,满足其表面相关使用性能指标,如耐磨性能或者耐腐蚀性能等。

②表面涂、镀层的工艺设计。根据表面涂、镀层体系要求,选择最适宜的表面工艺技术,并设计工艺技术路线及工艺规程;因为实现某种涂、镀层的工艺路线有多个,如在某些零件表面

选择锌镀层保护,可采用热喷涂的方法,也可采用热镀锌或者电镀锌的方法。

③零件的材料选择与设计。应当根据表面所需要涂、镀层的要求,来选择和设计不同表面处理技术所用的零部件基体原材料,还要考虑与涂、镀层的结合特性,考虑整个材料、施工成本和施工工艺难度等。

④表面工艺技术装备的选择与设计。选择合适的施工工艺场地、工艺装置(固定装备及表面处理装置)等对于保证表面涂、镀层的质量非常重要,有时候尽管也选择了某种涂、镀层,但是由于施工工艺装置没有保障所获涂、镀层的质量和功能,因此就不能完全实现设计的目的。

⑤表面防护技术的质量控制。拟定表面处理施工过程的质量控制体系,选择和设计表面层质量的检测方法和检验标准,既要考虑成熟工艺的国家标准,同时也要考虑新的表面处理工艺(新工艺的标准还没有制定出来的情况下)获得膜层的国际标准和实践需要。

⑥表面工程技术经济分析。计算不同零部件表面涂、镀层的各种技术经济指标,对所选表面防护技术及施工工程进行全面技术经济性评价,计算获得表面涂、镀层的性价比等。

⑦表面工程技术的环境影响评价及废弃物处理技术设计。计算在零部件表面采用的工艺技术过程中是否产生对环境影响的废弃物(三废),是否采取相应的环境处理措施,废弃物处理的设计和要求是否符合国家环境标准等。

10.1.3　设计前的准备

为了零件产品的表面防护设计,必须对所要处理的零件和拟采用的表面防护技术有深刻的了解,包括以下几方面:

(1)掌握了解零件的服役环境特点与要求

①零件的要求和特点。尺寸形状、材料、热处理状态、表面成分、组织、硬度、加工精度、相对位置精度和表面粗糙度等要求;是否是薄壁、细长等易变形零件,对受热的适应程度如何等。

②零件的服役环境条件。载荷的性质和大小、相对运动速度、润滑条件、工作温度、压力、湿度、介质情况等。

③零件的环境失效情况。失效形式,损坏部位、程度及范围(如磨损量大小、磨损面积、深度),裂纹形式及尺寸,断裂性质及断口形貌,腐蚀部位、尺寸、形貌、状态及腐蚀产物等。由于表面防护技术既可用于机器设备零件和材料的制造,也可用于零件的修复,因而深入分析零件的失效情况,对于修复零件的修复和强化显得尤为重要。

④零件的制造(或修复)工艺过程。当表面技术的使用只是作为零件制造(或修复)工艺流程中的一个或一组工序时,要明确它在其中所处的位置,与前后工序衔接的要求及应采用的工艺措施。

(2)熟悉了解不同材料的不同表面处理技术的原理、工艺及特性

对常用的表面防护技术,要熟知其原理、工艺过程、所获得的涂、镀层的性能(包括耐磨、耐蚀、耐高温、抗疲劳等使用性能及硬度、应力状态、孔隙率、涂层缺陷等),与基体材料的结合形式及结合强度,对基体材料的热影响程度,覆层的厚度范围、对前后处理(加工)的要求与影响、防护技术对生态环境的影响等。

10.2　零部件表面防护设计的原则

　　尽管零件表面防护技术的种类很多,特点各异,但使用某些不同的表面防护技术却能达到同一目的。如为了在普通材料的轴颈上获得具有较高耐磨性的表面,可以采用电镀、电刷镀、热喷涂、真空镀膜、表面热处理、激光处理等方法制备耐磨覆层(涂层、镀层)或改性层来实现;如常用钢材结构的表面耐大气腐蚀,可用涂装、电镀、热浸镀、热喷涂等方法制备某些耐腐蚀涂、镀层来实现。对于具体的零件产品,如何在多种可用的表面防护技术中选择一种或加以复合的几种表面处理工艺技术,以充分发挥其长处,并满足零件服役的需要,以获得最佳的技术经济效果,这是材料表面防护设计者遇到的十分重要的问题。

10.2.1　零件服役寿命

　　零件表面开展防护的目的是为了提高其在服役过程中的性能,包括力学性能、物理/化学性能和环保性能等。力学性能有表面涂覆层与基体的结合强度、耐磨性、耐腐蚀性、抗疲劳性等。物理/化学性能有摩擦因数、磁学性能、电学性能、光学性能、光电转换性能等。环保性能是指从表面涂覆层制备到使用再到零件退役的全周期都要有利于环境保护。

　　另外,零件表面服役性能是表面功能与表面寿命的综合性指标,零件的功能与寿命密不可分。设备产品的结构不同、使用要求不同、工况条件不同,这些都对零件的服役寿命提出了不同的要求。

　　零件表面的服役寿命通常分为:

　　①一次性的寿命,例如为了改善制造和装配条件而进行的工艺性表面处理,它们对零件表面的处理质量要求暂时的可靠性,待制造过程和装配工序结束,其表面性能失去意义。

　　②与零件等寿命,即要求零件表面的服役寿命与所依附的零件服役寿命相等,在零件寿命到期后,或进行修理,或列入报废。

　　③与整机维修期等寿命,零件表面服役寿命与整个设备产品的维修间隔期间相吻合,最能有效地节省维修工时,降低维修成本。每种设备产品迟早都需要维修,可根据维修的难易程度确定维修级别及相应的维修间隔期、零件表面涂、镀层的服役寿命以达到维修的间隔时限为佳。

　　④迁延性寿命,例如表面强化后的模具表面、切削刀具等,这类零部件表面服役的寿命希望越长越好。此外,机械设备中的易损件、消耗件,也是服役寿命越长越好。它能保证零件和整机长期正常运行,降低运行成本,即使整机到达寿命终止,这类零件还可以更换到同类机械上继续使用。

　　⑤可再制造性循环寿命,零件表面出现失效是不可避免的,只是失效期长或短的问题。在零件表面进行防护膜层设计时,既要满足一定期限的性能要求,又要考虑为下一次的修理或再制造创造有利条件,使零件工作表面不断更新,而零件本体尽量较长时间使用。

10.2.2　防护设计原则

(1)适应性原则

在零件表面进行防护设计,首先涉及零件的服役使用环境。所选择的表面涂、镀层是否适合这种环境条件,尤其是零件使用的环境是否处于多变等情况,这对零件表面的防护设计非常重要。另外,还有所选择的表面涂、镀层与零件基体材料的匹配适应等问题需要考虑。

1)服役环境适应原则

用表面防护技术使得零件表面满足要求,实际上就是适应其服役的环境要求。在服役条件下,涂、镀层的受力状态,如冲击、振动、滑动及其载荷大小,摩擦与润滑状态,环境介质(氧化、腐蚀介质的成分),温度、湿度变化等,都有可能导致零件发生失效。因此,表面的涂、镀层应具有的耐磨、耐腐蚀、抗氧化、绝热、绝缘或其他性能,应与涂、镀层的厚度、与基体的结合强度、尺寸精度、表面粗糙度等参数相适应。

如处于摩擦状态的零件表面,必须考虑与对磨零件的匹配性。因为不同材料表面与不同对偶组成摩擦副时,其呈现出的摩擦学特性和润滑效果是不同的,如匹配不合理,摩擦因数就会很大,耐磨性会很差,甚至发生黏着磨损等现象。实际经验表明,在对偶摩擦表面的黏着性倾向方面,塑性材料比脆性材料大;单相金属比多相金属大;互溶性大的材料(相同的金属或晶格类型和电化学性能接近)比互溶性小的材料大;金属中单相固溶体比化合物大;金属-金属组成的摩擦副比金属-非金属的摩擦副大。

因此,对于耐磨损涂、镀层,首先应明确其磨损失效类型,再根据磨损类型对涂、镀层材料性能的要求,设计和选择涂、镀层材料及与其相适应的表面处理技术。

对于耐腐蚀涂、镀层,影响零件耐蚀性的主要是服役的环境因素,如环境介质的成分和浓度、环境温度、pH 值、环境的变化条件等。要考虑涂、镀层是否细密无孔,附着牢固,能将基体有效地与环境隔离。尽可能选择电极电位更负而对基体起到有效牺牲阳极保护作用的涂、镀层。对于热喷涂等有一定孔隙率的覆层,由于孔隙的存在会降低覆层的耐腐蚀性、抗高温氧化性和电绝缘性,因而应进行适当的封闭处理。

对于耐高温的表面涂、镀层,要求覆层材料应有足够高的熔点,其熔点越高可使用的温度也越高。另外还要高温化学稳定性好,在高温下不易分解、升华或有害的晶型转变。由于不同合金材料随温度升高而发生氧化,因此,对高温下使用的覆层,应具有高的抗热疲劳性能,尤其要求其与基体的热膨胀系数、导热性具有良好的匹配性。抗高温涂、镀层中应含有与氧亲和力大的元素,如铬、铝、硅、钛、钇等,这些元素所生成的氧化物致密,化学稳定性高,且氧化物体积大于金属原子的体积,因而能够有效地把金属基体包围起来,防止材料的进一步氧化。

总之,要综合考虑涂、镀层的性能,使其满足服役工况条件,如耐热、耐腐蚀、耐磨损、耐冲击性能等要求。

2)涂、镀层与基材的匹配适应原则

这种适应性主要有涂、镀层与零件的材料、线膨胀系数、热处理状态等物理、化学性能应有好的匹配性和适应性。因为涂、镀层要与基材有足够的结合,保证膜层在服役中不起皱、不鼓泡、不剥落以及不加速相互间的腐蚀和磨损等。

不同的表面处理技术获得的涂、镀层或者表面改性,其结合强度也有不同,如离子注入和表面合金热扩渗得到的零件表面改性没有明显的界面,而堆焊层、熔接层、激光熔覆和激光合金化涂层等都具有较高的结合强度;热喷涂层和黏结涂层的结合强度相对较低。在延展性较好的基材表面涂覆耐磨减摩涂、镀层时,涂层与基材在弹性模量、热膨胀系数、化学和结构上的合理匹配,不仅能使镀层内和界面区的应力减小,而且会增大涂、镀层与基体材料的结合强度。

当带涂、镀层的零件受外力作用时,膜层-基体在弹性模量上的差异将导致其界面应力的不连续。若涂、镀层的弹性模量比基材的大,涂层内将会产生较大的应力,如高速钢基材的弹性模量比 TiC 镀层的小,在加载时会产生较大的应力,而 WC 基材的弹性模量比 TiC 涂层的大,故在加载时涂层中产生的应力就较小。

涂、镀层的热膨胀系数应稍大于基材,以便在环境温度升高时不造成太大的张应力。若基材的热膨胀系数比涂、镀层的大,张应力会随着温度的升高而增大;若基材的热膨胀系数比涂、镀层的小,则随着环境温度的升高压应力会增大。

通过涂、镀层与基材在结构和化学成分上的合理匹配,能得到较低的界面能和较高的结合强度。理论上认为,涂、镀层与基材的结合强度是两者的内聚能与界面能之差,两者的内聚能越大,结合强度也越高。如果涂、镀层与基材在结构上的一致性好,化学亲和力大,则两者结构匹配、界面能低、结合强度就高。如 TiC 与 WC 可以生成无限固溶体,因而 TiC 镀层与 WC 基材间有很强的结合力。TiC 与 Al_2O_3 的化学亲和性也很强,因此通常用 TiC 作为 Al_2O_3 镀层与 WC 基材的中间层。

在复合表面防护技术中应用的梯度涂层、多层涂层和复合涂层能有效改善单一涂、镀层的硬度-韧性的矛盾以及膜-基结合强度不高等缺陷。为解决匹配性差的问题,可选用有互溶性的材料相组合,如 TiN,TiC 及 Al_2O_3;亦可用具有结合界面而使层间得到足够强的键合材料相组合,如 TiC 或 TiN 和 TiB_2。在耐磨多层涂、镀层中最内层应与基材结合良好,中间层应有足够的硬度和强度,表层则起到耐磨和减摩的作用。

由于不同表面防护技术获得的涂、镀层厚度差别大,故要考虑膜层厚度对零件的适应性。如离子注入层的厚度较薄。热喷涂层的膜层较厚,太薄则很难达到,薄的堆焊层也不易实现。而涂、镀层的厚度不仅影响其使用寿命,还影响着膜层的结合力及性能。

3)性能组合适应原则

用复合镀、热喷涂、表面黏涂等方法可制备多种复合材料膜层。例如将纳米微粒、纤维、金属粉末等复合获得高的比强度和比模量,而且具有耐腐蚀、减摩、耐磨和自润滑特性的复合材料涂、镀层就是兼顾了不同材料的特性优点,当然这些材料本身也要满足性能组合的相适应。

高聚物复合材料将硬相分布于软塑料基体中,以通过组成相的性能实现在摩擦工况条件下的性能要求。当复合材料膜层中的硬相为网状脆性组织时,硬相对基体起支撑作用,能阻止软相的变形、犁沟与被切削,使复合材料膜层的耐磨性接近硬相的水平。当硬相为弥散粒子的情况时,正应力小于临界断裂应力,在犁沟宽度小于粒子尺寸时,也会有好的表面耐磨性。

通常纤维强化的表面耐磨性优于颗粒强化,长纤维强化的耐磨性优于短纤维,此时复合材料膜层的耐磨性与组织结构的各相异性有着密切关系。对耐磨性好的基体组元,强化相的作用不大,而对易磨损的基体组元(如 PTFE 等),强化相可使零件的表面磨损率大大降低。

4)协同适应原则

根据零件的服役环境条件和表面功能要求,通常在零件表面设计合适的复合膜层以实现其功能。这就既要考虑膜层材料的协同作用(如改善耐腐蚀、耐磨等性能),同时还要考虑协同的适应性。例如多种粒子强化的耐磨层,虽是某种颗粒起强化作用明显,但若其他复合颗粒比例不当,就不会有好的协同适应性,故零件表面的强化作用反而下降。

人们在研究固体润滑剂的润滑性能与零件磨损寿命时发现,单质固体润滑剂中加入另一种(或几种)固体润滑剂,甚至加入非润滑剂物质后,能明显改善其摩擦学特性,这种增强了的润滑效果称为协同效应。例如,当石墨与 MoS_2 的质量比为 5∶1 时,在零件表面获得膜层的磨损率最低,如果再加入 ZnS 和 CaF_2,则磨损率更低。另外,在石墨系润滑剂中加入 NaF 改性零件表面,可在高温环境下具有良好的耐磨性,也就是说,一些氧化物与氟化物的复合材料膜层具有很好的协同效应。例如 $NiO - CaF_2$ 和 $ZrO_2 - CaF_2$ 的等离子喷涂涂层在 500～930℃的范围内都具有好的摩擦学性能。

此外,协同适应原则还需要考虑所选择的涂覆镀覆的方法与基体材料、零部件的尺寸形状相适应的问题。有的零部件受处理种类的限制,不适合热浸镀、热扩渗、热喷涂等热能成膜技术,因为受热零部件变形或者达不到防护功能的目的。有的零部件受形状复杂和尺寸的限制,采用激光、离子等高能束流无法对微细零部件的内壁进行改性,则可能更适合采用电镀、化学镀等技术。

(2)耐久性原则

零件的耐久性是指其使用寿命。运用不同的表面防护工艺技术对零件的失效进行有针对性的防护,"强化"(含涂覆、处理和改性)过的零件,其使用寿命比未经强化的要高。

零件的使用寿命随其使用目的不同有着不同的评价方法。除断裂、变形等零件失效外,磨损、疲劳、腐蚀、高温氧化等表面失效导致的寿命终结也有其本身的评价方法。对因磨损失效的零件,常用相对耐磨性来评价表面防护技术的效果(即对比其耐久性);对因腐蚀失效的零件,常用其在使用环境下的腐蚀速率来比较其耐久性;而对于因高温氧化失效零件,则常用高温氧化速率来度量其耐高温氧化性能。

零部件的使用寿命可通过多种试验(模拟试验、加速试验、台架试验、装机试验等)、分析计算、经验类比、计算机求解等方法得出。需要注意的是,在不同环境下经表面强化的零件的使用寿命,有时由于环境的变化(温度、湿度、成分)或者环境的复杂(力学、化学、物理作用)需要进一步提高和不断完善。因此,在选择零件表面的防护技术时,力求使零件获得高的耐久性是一个非常重要的原则。

(3)经济性原则

在满足零件的技术要求条件下,还要重视分析拟采用的表面防护技术的经济性。分析技术经济性时要综合考虑表面防护或改性处理的成本,采用表面防护技术所产生的经济效益与资源环境效益等因素。

零件表面涂覆或改性处理的总成本费用应当包括人工费、材料费、性能评价试验测试费、动力费、设备(设施)折旧和维修费、运输与管理费等。表面防护技术用于大批量零件制造时,在满足工件使用性能要求的前提下,应尽可能选用价格低的材料,并采用自动化或半自动化工艺来提高生产效率,即使一次投资较大,但在总体上看,经济性通常是好的。对同一零件不同部位所用的表面防护或者强化方法应尽可能少,以减少零件的周转,缩短工艺流程,降低成本。

采用表面防护技术所产生的效益,除考虑延长零件的使用寿命外,还要考虑提高工程与产品性能、减少故障与维护以及所产生的资源环境效益等因素。对航空航天设备和武器装备的零部件,常要求高可靠性和安全性,为此多选用成本较高的高新表面防护技术与高性能材料;

对于失效零件的修复与表面强化,一般考虑的是其寿命与成本比要高。

实际上,零件表面防护经济性的好坏是个相对概念。一是不同表面防护技术间的比较,即结合具体的表面防护处理技术和材料进行经过表面处理与未经表面处理两种情况的经济性比较和不同表面处理技术、处理材料之间的经济性比较。在进行这种经济性的比较中最基本的原则是首先从全寿命周期费用的观点出发,进行成本与效能分析。其次是衡量选择的性价比优异的表面处理技术,在整个产品零件的成本体系中是否可以接受。

(4)环保性原则

表面防护技术的设计除了满足零件表面服役性能的要求、经济性好之外,要按照绿色设计与绿色制造、清洁生产技术的要求,在对零部件实施表面防护处理时,要减少材料、能源的消耗以及是否有利于环境保护;在零部件投入使用后,要避免对环境和人员产生不利影响;要考虑零部件的可再制造性,在材料和工艺上为其多次修复与表面强化创造条件,当其报废时,要便于回收和进行资源化处理。有些材料是不利于回收再利用的,甚至无法分离回收,这样就造成了材料资源的浪费。

表面防护的本身是一种有利于保护环境、节能、节材的绿色科技,但是一些具体的工艺技术或多或少地对环境存在一定的负面影响。因此,在材料表面防护工程设计中,坚持有利于环境保护的原则,就是在满足性能要求、经济又合理的多种表面防护处理方案中,尽量选用耗能、耗水少和污染小的方案,并在零件表面防护处理工艺中制定完善的安全防护及三废处理措施。

10.3　几种主要的零部件表面防护设计

零部件的表面防护设计是个复杂细致的工作,与通常的零部件产品设计相同的是既要考虑零部件的使用功能,也要考虑这些零部件的使用环境、失效形式(腐蚀、断裂、磨损等)以及对其使用寿命的影响;既要考虑选材、加工问题,又要考虑采用一种或者几种表面处理方法的是否适合的问题。

10.3.1　零部件表面防护设计的基本程序

零部件表面防护的设计的基本程序应当包括:分析零部件的使用环境条件并分析零件的失效形式→提出零件表面性能要求、选择表面防护用材→选择合适的表面防护处理技术(一种或者多种工艺技术)→选择合适的表面涂、镀层材料(单层、多层)→经济、工艺技术、环保性分析→表面防护技术的工艺路线、施工工艺的确定→零部件表面防护处理方案。

一般情况下,在了解分析零部件到使用环境条件并分析零件材料的失效形式后,选择表面防护材料的种类、具体施工工艺等都是非常关键的。在零件表面进行膜层防护所选的表面处理技术是解决制备涂覆层的手段问题,选择表面处理材料则是解决涂、镀层的表面性能问题。例如在防护涂、镀层中添加纳米颗粒,以改善防腐蚀耐磨性能。在选择表面处理材料中,就涉及涂、镀层主体材料(基料)和纳米颗粒的材料种类及添加量等问题,当然还有这两种材料间的相容性问题。在纳米复合电镀和纳米涂装技术中,要将纳米颗粒进行充分的分散处理,然后才添加到镀液或有机树脂涂料中调匀,否则纳米颗粒就会团聚而得不到所需的表面防护功能。

10.3.2　以增强耐磨性为主的表面防护技术

1. 复合材料膜层

如采用电镀或化学镀的方法,使金属和不溶性的硬质固体微粒共沉积,可以获得各种微粒弥散强化的金属基耐磨复合镀层。耐磨复合电镀层多以镍为基质金属,也可用铁、铬、镍合金等为基质金属。使用的固体微粒常用各种氧化物、碳化物、氮化物、硼化物等陶瓷粉末。复合镀层耐磨性提高的主要原因是加入的固体微粒的耐磨性能比基质金属高,且微粒能够弥散强化基质金属镀层,并使镀层能保持一定的延性和韧性。

2. 多层涂、镀层

为提高零件表面的耐磨性能,可通过合理地设计和制备多层涂、镀层使其表面获得高耐磨性。例如 TiC,TiN 和 TiCN 等膜层,这些膜层尽管超硬、摩擦因数低、耐磨抗腐蚀性能好,但同时需要高的韧性和良好的结合特性。因为硬的膜层在外层,底层则需要与基体结合牢固,而且还需要解决多层涂、镀层的界面结合等问题。

设计多层涂、镀层以提高表面耐磨为目的,应注意以下几点:

① 涂、镀层与基体、层与层在结构上的合理匹配能得到低的界面能和高的结合强度,应尽量使涂、镀层间的晶体结构相同或相近,晶格常数相近。

② 涂、镀层与基体元素的亲和力要好,如能相互扩散形成间隙或无限固溶体,可大大提高膜层的结合强度。涂、镀层间如具有优良的互溶性,能使涂、镀层间没有明显的分界面,则层间的结合力提高。

③ 涂、镀层与基体(或涂、镀层)的热膨胀系数值应相近。

④ 对重载工况下的涂、镀层,要求基体有足够的支承强度、足够高的硬度和韧性。例如 TiC 涂层变形量达 2%时即发生破裂,其基体材料的硬度应在 HRC50 以上,含碳量应不小于0.5%(质量分数)。

例如一种用于超高锰钢破碎机锤头(锰的质量分数为 16.5%～18.5%)零件采用"母材＋中间过渡层＋耐磨层"的双层堆焊层,保证了堆焊层在堆焊应力和冲击力作用下不产生剥落,采用超高锰钢过渡层,实现了表面耐磨堆焊层具有的优良抗冲击、抗冲刷、抗磨损综合性能(高硬度、高韧性)。这种双层堆焊处理的超高锰钢破碎机锤头,实际应用表明,其基体、过渡层、耐磨层之间结合良好,并大幅度提高了表面耐磨性能。

在气相沉积中,TiC,TiN 和 TiCN 都是面心立方晶格,具有相近的热膨胀系数、良好的互溶性和化学稳定性。在 CVD 中,TiC 与基体元素在高温下能发生相互扩散,可得到高的结合强度,适于作复合涂层的底层;TiN 具有良好的化学稳定性和抗黏着磨损的能力,是适宜的一种外表层;而 TiCN 的性能介于两者之间,故设计多层复合涂层时,常以 TiC 作底层,TiN 为表层,TiCN 为过渡层。

还有在 $Cr_{12}MoV$ 钢上制备的 7 层复合防护结构,基体/TiC/TiCN/TiC/TiCN/TiC/TiCN/TiN。采用多层是基于 CVD 获得的涂层脆性高,弹性变化范围小,由于钢基体的热膨胀系数比涂层大,在涂层与基体界面上产生剪切应力,而此剪切应力又是膜层厚度的函数,当

涂层厚度在 $6\sim8\mu m$ 内时，此剪切应力可忽略不计。经测试，涂层的显微硬度高达 HV3 100，多层涂层与基体的结合强度比单相 TiC 涂层高 2 倍，耐磨性比单层的涂层好。

3. 含表面热处理的复合强化层

通过表面热处理的方式实现零部件表面的复合强化，实现提高表面耐磨性等目的。通常的表面热处理有硬化、强化、润滑化（渗硫）三类。与表面热处理的复合一般包括：

与一般热处理的复合，如氮化与整体淬火、等温淬火加氮化等；与表面热处理相互复合，如氮化与高频淬火、氮化加氧化等；与电镀、化学镀等复合，如化学镀镍磷非晶态合金镀层后的热处理转化成晶态镀层，硬度值和表面耐磨性能大幅度提高。

与表面热处理有关的复合应是其组成工序的有机组合，它应使各道组成工序的性能优点都能充分保留，以避免后道工序对前道工序有抵消作用。

例如，与氮化有关的复合表面热处理中，调质加氮化可使工件具有高强韧性的高硬度、高耐磨性、高疲劳强度的表层；氮化后淬火，可使工件得到更有效的强化，硬度、强度、旋转弯曲疲劳强度普遍提高；氮化加回火，可以改善硬度分布，提高工件的使用寿命；氮化加蒸气处理，可使氮化层表面形成一层厚约数微米的均匀而致密的 Fe_3O_4 多孔性的膜层，能储油，从而使被处理零件形成硬而能储油的表面，大大提高其使用寿命。氮化加化学磷化处理，可使氮化层表面形成一层磷酸盐膜，具有良好的减摩作用。

渗碳加碳氮共渗是在渗碳后加碳氮共渗的工序，以期在随后的淬火中在零件表层形成大的残留奥氏体，然后通过压延等使表面进一步硬化。这种复合处理能形成很硬而又富有韧性的表层，提高了使用寿命，并能获得很高的疲劳强度。

碳氮共渗加氧化抛光复合处理的工件，其耐磨性能优良，耐腐蚀性也很高，表面乌黑发亮，在适当场合可代替镀铬，解决电镀铬污染的问题。

4. 含激光处理、离子注入的复合强化

金属及合金经激光熔覆处理后，表面硬度、耐磨性等均得到大幅度提高。例如在铸铁表面激光熔覆 FeCrNiSiB 自熔性合金，其耐磨性提高了 $4\sim5$ 倍；在 ZL109 铝合金表面先涂覆 Si，WC，Al_2O_3，MoS_2 等涂层，而后进行激光熔覆就形成了具有高硬度的抗磨或减摩层，其耐磨性可提高 $2\sim6$ 倍。

在 45 钢上制备 $TiC-Al_2O_3-B_4C-Al$ 激光合金化复合涂层，其耐磨性与 CrWMn 钢相比，是后者的 10 倍。在工具钢表面进行 W，WC，TiC 的激光合金化，由于马氏体相变硬化、碳化物沉淀和弥散强化的共同作用，耐磨损性能明显增强；对 Ti 合金利用激光碳硼和碳硅共渗的方法实现了表面合金化，硬度由 $HV299\sim376$ 提高到 $HV1\ 430\sim2\ 290$，耐磨性可提高两个数量级。

有时候，零件先经过电镀再进行激光表面处理。如先电镀 $Ni-ZrO_2$ 复合镀层，而后进行激光合金化处理（激光功率 $P=1\ 000W$，扫描速度 $v=700mm/min$，光斑直径 $D=6mm$），处理后比原复合镀层的硬度提高，磨损量减少 20%。

为了提高零件的硬度和耐磨性，有人在镍、铜和镍-钨合金刷镀层上进行氮离子注入，注氮后的显微硬度均提高数倍，耐磨性也得到提高。

此外，还有喷丸、滚压等表面形变强化与电镀、热处理等技术的复合等都可以提高零部件

的表面耐磨性能以及提高材料的疲劳强度等。

10.3.3　以增强固体润滑性能为主的技术

在一些相对运动的零件表面,由于摩擦导致磨损失效,因此,常采用表面防护技术以达到减摩和耐磨的目的。在进行以增强润滑性能为主的表面防护设计时,应重点考虑材料的承载能力和使用温度,通常可根据接触表面所承受的载荷来计算摩擦副的接触应力,确定基材所应具有的承载能力。一般来说,金属基材的承载能力大于非金属基材,而陶瓷材料在高温下仍有较高的承载能力。通常金属的使用温度范围宽,工作温度(摩擦升温)超过某一临界值后,材料将产生屈服现象;高分子材料的使用温度低,陶瓷材料在高温下的机械性能和摩擦学性能都很好,但不能承受冲击。

在零件表面选择合适的润滑方式,尤其是可以复合固体润滑剂的表面防护技术,通过固体润滑剂在表面的作用,可以有效地减少摩擦导致的磨损失效。选择与基材合理匹配、具有一定化学亲合作用的固体润滑剂,通过“协同效应”使其在摩擦时有效地起到减摩作用。

在复合镀层中的固体润滑剂主要有石墨、MoS_2、聚四氟乙烯(PTFE)、氟化石墨等,基材有镍和铜等。例如 Ni-P-PTFE 复合化学镀层是一种好的抗黏着自润滑涂层,Ni-P-MoS_2复合镀层的摩擦因数随负荷和速度的增大而升高,在高负荷下,复合镀层的摩擦因数随着滑动速度的增加呈下降趋势,其中以 Ni-P-MoS_2 最为明显,表明它的减摩效果最佳。还有,电刷镀Ni-Cu-P/MoS_2 镀层可用于油田钻具(如钻杆、套筒)的螺纹接头上,以代替原来零件表面涂丝扣油的铜镀层。

固体润滑镀层的使用效果十分显著,如 Ni-PTFE 镀层用于增塑聚氯乙烯热压模具内壁,不加脱膜剂就很容易脱模;Au-$(CF)n$ 镀层的摩擦因数为 Au 镀层的 $1/8\sim1/10$,用于电接触表面后,性能良好、寿命高。此外,Cu-$BaSO_4$ 复合镀层具有抗黏着性能,可用于滑动接触场合;Zn-石墨复合镀层用在汽车工业的钢紧固件上,具有非常优良的抗擦伤能力。

在复合表面热处理中,与渗硫相复合的表面热处理也具有好的自润滑效果,如在表面硬化处理后增加一道低温电解渗硫工艺。渗硫后硫在钢铁表面主要以硫化铁形式存在,渗硫层由FeS(或 FeS+FeS_2)组成的化学转化膜构成,是有大量微孔的软质层,有良好的储油能力和减摩性,抗烧伤、咬合效果好。此技术可应用于轴承、轴瓦、轧辊、齿轮、丝杠、滑板等零件的自润滑目的。

硫氮共渗与蒸气处理相结合,可提高钢零件的减摩和耐腐蚀性能。蒸气处理(又称氧化处理)是指在 $500\sim600$℃的温度下,用过热蒸气进行的处理。它可使钢件表面形成一层致密的与基体结合牢固的 Fe_3O_4 薄膜。对高速钢刀具在硫氮共渗前、后可各进行一次蒸气处理。

硫碳氮共渗兼有氮碳共渗和渗硫的特点,能赋予零件表面优良的耐磨、减摩、抗疲劳、抗咬死性能,并改善钢铁件的耐腐蚀性能。在钢铁表面形成的共渗层由硫化物层、弥散相析出层和过渡层组成,硫化物层厚度为 $5\sim20\mu m$,是含有 FeS,FeS_2,Fe_3O_4 等相组成的硫、氮、碳富集区;弥散相析出层由 $Fe_2(N,C),Fe_3(N,C),Fe_4(N,C)$ 等相及含氮的马氏体、残余奥氏体组成;过渡层是含氮量高于基体的固溶强化区。对大多数结构钢和不锈钢,常以(565 ± 5)℃、恒温$1\sim3h$进行盐浴硫氮碳共渗,可获得较好的减摩耐磨效果,如 45,45Cr 钢的轴和齿轮处理后抗磨损寿命可提高 $1\sim3$ 倍。

10.3.4　以增强耐腐蚀性为主的复合表面技术

由于零件表面性能主要取决于它的材料构成及其组织结构特性,因而运用一些复合表面防护技术,几乎均可设计并制备出所需的高耐腐蚀性能的表面。

1. 耐腐蚀复合镀层

将一些高耐腐蚀的固体颗粒与普通镀锌等结合,可以获得含有具有耐腐蚀性能的复合镀锌层。例如复合电镀 $Zn-TiO_2$ 镀层,其耐腐蚀性比纯锌镀层提高 2 倍以上。还可以在锌镀层中复合沉积 Al_2O_3(粒径 $1\sim5\mu m$)获得高耐腐蚀镀层。另外,将铝粉与镀锌复合获得的高耐腐蚀镀层,是利用锌与铝组成腐蚀电池,因铝表面存在氧化膜(为阴极),氧在铝上的扩散速率低,电子转移受阻,致使电极过程减慢,金属锌的阳极溶解速度大幅度下降,因此,锌-铝复合镀层的耐腐蚀性能远高于锌镀层及电镀锌后做扩散处理的镀层。

机械镀是把冲击介质(如玻璃球)、促进剂、光亮剂、金属粉和工件一起放入滚桶中,并通过滚桶滚动时产生的动能,把金属粉冷压到工件表面上而形成镀层的工艺。适合于机械镀的多是软金属,常用的是锌、锡及其合金等。普通机械镀锌不如电镀层平滑、光亮,从而影响镀层的致密性和耐腐蚀性。可以在机械镀锌过程中添加惰性聚合物颗粒(如聚乙烯)的复合机械镀工艺,使镀层表观质量及耐腐蚀性能得到改善。

2. 多层镍-铬镀层

多层镀层提高零部件在严酷环境下的使用性能,包括从单层镍到双层镍、三层镍体系。单层镍体系在铬层缺陷处开始针孔腐蚀,并迅速穿透镍层至基体;双层镍体系腐蚀向横向伸展,腐蚀坑呈"平底"特征;三层镍体系腐蚀点较小,当其中的铬层为微孔铬时,腐蚀呈分散状,延缓了腐蚀向纵深发展。厚度为 $30.5\mu m$ 的双层镍耐腐蚀性能优于厚度为 $51\mu m$ 的单层镍,也优于 $40\mu m$ 铜-镍-铬镀层。

多层镍体系的防腐蚀机理是基于半光亮镍镀层电位较正,耐腐蚀性高,光亮镍电位较负,耐腐蚀性低,因此,将半光亮镍作底层,其上镀光亮镍,则相对半光亮镍,光亮镍是一个阳极牲镀层。若光亮镍镀层中有孔隙并进入水电解质,就形成了以光亮镍镀层为阳极、半光亮镍镀层为阴极的微电池,使腐蚀沿横向在光亮镍镀层中扩展,保护了半光亮镍镀层和镍底层。

利用镍与微粒共沉积形成的防护性复合镀层叫镍封,镍封一般是在光亮镍镀液中加入粒径 $0.01\sim1\mu m$ 的惰性微粒(SiO_2、$BaSO_4$、高岭土等),通过微粒在镀层内的弥散分布,使光亮镍固有的高应力得到松弛;且在其上镀铬时由于铬不能在微粒上沉积,形成大量的微小孔隙,使得作为腐蚀电池中阳极层的光亮镍暴露面积增加,降低了局部腐蚀电流密度。镍封-铬组合镀层可使镍层暴露面积达 $25\%\sim50\%$,这种工艺可成倍提高 $Ni-Cr$ 或 $Cu-Ni-Cr$ 组合镀层的耐腐蚀能力。另外,多层镍-铬镀层不仅可以大大提高零件的防护装饰性,而且可以采用较薄镀层达到原来厚镀层的性能而节约了金属材料。

3. 镍镉扩散镀层

镍镉扩散镀层是先在钢零件表面镀一层镍,再在镍上镀镉,然后在一定温度下进行热扩散处理而获得的。它是结构钢常用的中温防护镀层，在 500℃ 以下的工作环境中能很好地保护钢不被腐蚀和氧化，并具有一定的耐冲蚀能力。扩散层是镍和镉的金属间化合物 $NiCd_4$・$NiCd_3$，其结构、性能与镍镉合金镀层完全不同，因而在使用上不能用镍镉合金镀层来代替，否则在中温下会使钢基体产生脆断（镉脆）。

镍镉扩散镀层的电极电位为 $-0.69V$，对低合金钢、不锈钢均为阳极性防护层。镍镉扩散镀层在常温与中温下的耐蚀性都比锌镀层好，经过 5 448h 的周期浸渍腐蚀试验，该镀层表面附一层黄白色膜层，基体金属没有受到腐蚀。

除镀覆镍镉扩散层以外，还有 Ni-Mg 扩散涂层外加一层很薄的陶瓷涂层，它对钢是一种阳极性保护层，在 3% 的 NaCl 溶液中的电极电位很负，对钢有非常好的保护能力。

4. 金属-非金属复合涂层

一般涂、镀层由于存在孔隙或局部破损，腐蚀介质就容易渗透到金属基体，尽管涂、镀层的牺牲阳极作用能够保护基体金属，但损耗了大量的涂、镀层材料。若以适当涂料覆盖在金属镀层上将孔隙封闭，则可阻止腐蚀介质的渗透，从而保护了钢铁基体。

覆盖在金属镀层上的涂料通常由封孔底层和耐腐蚀面层组成。封孔底层应与金属层有良好的相容性，能填充孔隙并附着良好。为使金属层起到钝化作用，可采用铬酸盐、磷酸盐、锶酸盐等金属盐，或将金属盐加到涂料中构成耐腐蚀底漆。耐腐蚀面层主要要求对腐蚀环境有较好的适应性，能耐腐蚀和抗老化。这种金属镀层-非金属涂层的防护寿命是单一阳极性金属层或单一涂装层的若干倍，因而在同等防护寿命要求下，复合涂层可减少金属层的厚度，并能显著延长涂、镀层的防护寿命。

无机富锌防腐蚀涂层是由金属锌粉、铝粉和无机黏结剂、助剂混合组成的水溶性涂料，在常温下固化获得具有良好防护能力的无机涂层。这类涂层对钢铁是阴极防护层，但由于涂层致密，与基体的结合力较高，因而对钢具有良好的保护作用和长期的使用寿命，在大气、工业大气、海水、淡水、水蒸气和 pH 值 5～9 的氯化钠水溶液中均有良好的耐腐蚀性能，在有机溶剂、多种油类中也不变软、不溶解、不起泡。

无机富锌涂层的耐腐蚀性优于热喷锌层，在 3%NaCl 溶液中全浸，热喷锌层锌的消耗量远高于无机锌涂层。无机富锌涂层可以分为水基无机富锌、溶剂型无机富锌、环氧富锌等类型，其使用寿命也有很大差异，从 25 年的寿命到 3～5 年不等。无机富锌涂层不能在承受动载荷的零件上使用，对钢基体涂覆前必须喷砂预处理。

5. 有机复合涂层

对钢铁零件表面采用有机涂层进行防腐蚀防护是目前最常见的零件防腐蚀方式，而且有机树脂涂层的种类很多，如环氧树脂、聚酯树脂、丙烯酸树脂、聚氨酯树脂、醇酸树脂、聚乙烯树脂等都具有优良的耐腐蚀性能。

当然，有机防腐蚀涂层受环境的影响，也会引起腐蚀破坏，主要表现为化学性破坏和物理性破坏。如失重、变色、氧化分解，还有增重、增厚、鼓泡、分层、剥离、脱黏、开裂等。

另外，在树脂中添加玻璃鳞片的防腐蚀涂料形成的防腐蚀复合涂层，利用了涂层中的扁平状玻璃鳞片在树脂中平行重叠排列，形成致密的防渗层，不仅对环境中腐蚀介质构成一道道屏障，使介质在基体中的渗透必须经过无数条曲折的途径，在客观上相当于增加了防腐蚀层的厚

度,而且使基体材料被分割成许多小区域,使基体内部的微小气泡、微小裂纹及分子空穴相互
分割,从而有效地抑止了介质的扩散,提高了涂层的防腐蚀能力。

6. 耐高温热腐蚀复合涂层

有些零部件除了具有良好的耐腐蚀性能外,还要求具有优良的抗高温氧化及耐高温热腐
蚀性能,因此,要求零件表面涂覆一些抗高温热腐蚀的涂、镀层。例如电站锅炉中管道受热面
就需要承受氧化、硫化、碱金属盐类的热腐蚀和含有硬质颗粒的冲蚀磨损,为提高其运行安全
性,延长其使用寿命,开发耐高温抗冲蚀的涂层材料非常重要。用高速电弧喷涂的方法在 20
钢上制备出 FeCrAl – WC 复合涂层,该涂层具有优良的抗高温氧化及热腐蚀特性,适用于电
厂燃煤锅炉管道的服役环境条件。

为防护发电厂锅炉热交换器管道的冲蚀-腐蚀磨损,一种热喷涂双层复合涂层具有很好的
效果,其表面喷涂的双层中,里层为电弧喷涂的镍铬合金,外层为高速火焰喷涂的
Cr_3C_2 – TiC –25NiCr 层,经高硫、高氯环境的冲蚀磨损,该涂层表面几乎没有硫及氯的腐蚀产
物,也没有发现涂层与管壁界面上有硫化物及氯化物,说明没有明显地从两涂层到界面的扩
散,两涂层的结构保持不变,具有高的抗氧化能力。

习题与思考题

1. 对零部件材料表面的涂、镀层进行综合设计的含义是什么?

2. 零件表面的服役寿命是何含义,通常可分为哪几种情况?

3. 防护设计应该遵循的主要原则包括哪些?

4. 对零部件表面进行防护设计时应遵循哪些基本程序?

5. 举例说明设计提高表面耐磨性能的多层涂、镀层时的注意事项。

6. $Ni – P – MoS_2$ 复合镀层的摩擦因数随着滑动速度的增加会呈下降趋势,为什么? 请对
这类复合镀层的设计原理加以分析。

7. 请简述多层镍体系的防护原理。

参 考 文 献

[1] 徐滨士,等.表面工程的理论与技术.2版.北京:国防工业出版社,2010.

[2] 徐滨士,刘世参.材料表面工程(中国材料工程大典(第16卷、17卷)).北京:化学工业出版社,2006.

[3] 李金桂.防腐蚀表面工程技术.北京:化学工业出版社,2003.

[4] 刘道新.材料的腐蚀与防护.西安:西北工业大学出版社,2006.

[5] 朱立群.功能膜层的电沉积理论与技术.北京:北京航空航天大学出版社,2005.

[6] 徐滨士.纳米表面工程.北京:化学工业出版社,2004.

[7] 徐滨士.表面工程与维修.北京:机械工业出版社,1996.

[8] 徐滨士.刘世参.表面工程新技术.北京:国防工业出版社,2002.

[9] 宣天鹏.材料表面功能镀覆层及其应用.北京:机械工业出版社,2008.

[10] 宋光铃.镁合金腐蚀与防护.北京:化学工业出版社,2006.

[11] 刘仁志.实用电铸技术.北京:化学工业出版社,2006.

[12] 姜晓霞,沈伟.化学镀理论及实践.北京:国防工业出版社,2000.

[13] 胡传忻.表面处理技术手册.北京:北京工业大学出版社,1997.

[14] 山崎澈.电解析出法によるマイクロ部品用高强度材料の开发.金属,1999,69(5):404 - 412.

[15] 姜银方.现代表面工程技术.北京:化学工业出版社,2006.

[16] 王福贞,马文存.气相沉积应用技术.北京:机械工业出版社,2006.

[17] 陈亚.现代实用电镀技术.北京:国防工业出版社,2002.

[18] 李宁.化学镀实用技术.北京:化学工业出版社,2004.

[19] 张胜涛.电镀工程.北京:化学工业出版社,2002.

[20] 陈国华.电化学方法应用.北京:化学工业出版社,2003.

[21] 刘晋春,赵家齐,等.特种加工.北京:机械工业出版社,1997.

[22] 余承业.特种加工新技术.北京:国防工业出版社,1995.

[23] 朱荻.一种精密制造技术——电铸.北京:机械工业出版社,1994.

[24] 黄明志.金属力学性能.西安:西安交通大学出版社,1986.

[25] 钟群鹏,赵子华.断口学.北京:高等教育出版社,2006.

[26] 郭鹤桐,张三元.复合电镀技术.北京:化学工业出版社,2007.

[27] 张允城,胡如南,向荣.电镀手册.3版.北京:国防工业出版社,2007.

[28] 孙茂才.金属力学性能.哈尔滨:哈尔滨工业大学出版社,2003.

[29] 高诚辉.非晶态合金镀层及其镀层性能.北京:科学出版社,2004.

[30] 渡边澈.非晶态电镀方法及应用.于维平,李荻,译.北京:北京航空航天大学出版社,1992.

[31] Zallen R.非晶态固体物理学.黄均,译.北京:北京大学出版社,1988.

[32] 黄胜涛,等.非晶态材料的结构和结构分析.北京:科学出版社,1987.

[33] 章保澄.电镀工艺学.北京:北京航空航天大学出版社,1992.

[34] 渡辺徹. 非晶質めつ墨. 金属表面技术,1987(38):210 - 216.

[35] 陈宝清. 离子镀及溅射技术. 北京:国防工业出版社,1990.

[36] 陈宝清. 离子束材料改性原理及工艺. 北京:国防工业出版社,1995.

[37] 潘应君,周磊,王蕾. 等离子体在材料中的应用. 武汉:湖北科学技术出版社,2003.

[38] 田民波. 薄膜技术与薄膜材料. 北京:清华大学出版社,2006.

[39] 严一心,林鸿海. 薄膜技术. 北京:兵器工业出版社,1994.

[40] 张钧,赵彦辉. 多弧离子镀技术与应用. 北京:冶金工业出版社,2007.

[41] 刘金声. 离子束沉积薄膜技术及应用. 北京:国防工业出版社,2003.

[42] 张通和,吴瑜光. 离子束表面工程技术与应用. 北京:机械工业出版社,2005.

[43] 汪泓宏,田民波. 离子束表面强化. 北京:机械工业出版社,1992.

[44] 黄锡森. 金属真空表面强化的原理与应用. 上海:上海交通大学出版社,1989.

[45] 宋贵宏,杜昊,贺春林. 硬质与超硬涂层. 北京:化学工业出版社,2007.

[46] 戴达煌,周克崧,袁镇海. 现代材料表面技术科学. 北京:冶金工业出版社,2004.

[47] 朱晓东. 薄膜材料基础. 西安:西安交通大学出版社,2007.

[48] 唐伟忠. 薄膜材料制备原理、技术及应用. 北京:冶金工业出版社,1998.

[49] 吕反修. 化学气相沉积金刚石膜的研究与应用进展. 材料热处理学报,2010,31(1): 15 - 28.

[50] 郭洪波,彭立全,宫声凯,等. 电子束物理气相沉积热障涂层技术研究进展. 热喷涂技术, 2009,1(2)7 - 14.

[51] 张晓化,刘道新,高广睿,等. 非平衡磁控溅射 MoS_2/Ti 复合薄膜对 Ti811 合金高温摩擦磨损性能及其微动疲劳行为的影响. 摩擦学学报, 2008, 28(3): 219 - 224.

[52] 奚运涛,刘道新,韩栋. ZrN 单层、多层、梯度层及复合处理层对不锈钢固体粒子冲蚀行为的影响. 摩擦学学报,2008,28(4):293 - 297.

[53] 刘道新,张晓化. 离子辅助沉积 TiN/Ti 复合膜提高 TC17 钛合金高温微动疲劳抗力. 稀有金属材料与工程,2008,37(10):1847 - 1851.

[54] 奚运涛,刘道新,张晓化. 钛合金表面磁控溅射与多弧离子镀 TiN 膜的摩擦学性能比较. 中国表面工程,2007,20(6):14 - 18.

[55] 朱立群,古璟,李卫平,等. 铜镀层复合材料的吸波性能. 复合材料学报,2008(3): 121 - 126.

[56] 朱立群,薛振,吴坤湖. 电镀工艺对 Ni - W 装饰性代铬镀层色泽的影响. 江苏大学学报:自然科学版,2008(1):34 - 38.

[57] 朱立群,李卫平,吕赛男. AZ91D 镁合金阳极氧化与热扩散渗铝复合膜层的研究. 材料科学与工艺, 2007, 15(2):158 - 161.

[58] 小见崇,等. Ni - W 合金めつきの高温特性と加热相变态. 表面技术,1989,40(2):311.

[59] Zhu Liqun, Li Weiping, Shan Dandan. Effects of low temperature thermal treatment on Zinc and/or Tin plated coatings of AZ91D Magnesium Alloy. Surface & Coatings Technology, 2006, 201(6):2768 - 2775.

[60] Zhu Liqun, Guo Yanhong, Li Weiping, et al. Study on composite copper coating with the liquid microcapsules. The International Conference on Advanced Materials, Development

and Performance,2008,10.

[61] Wang Ximei, Zhu Liqun, Li Weiping, et al. Effects of half – wave and full-wave power source on the anodic oxidation process on AZ91D magnesium alloy. Applied Surface Science.

[62] Zhu Liqun, Zhang Hui, Li Weiping, et al. High-scattered growth of Y(OH)₃ microparticles on zinc powder using an ultrasonic immersion method for superior alkaline battery system. Electrochemistry communications, 2008, 10 (5): 770 – 773.

[63] Li Weiping, Zhu Liqun, Li Yihong, et al. Growth characterization of anodic film on AZ91D magnesium alloy in electrolyte of Na_2SiO_3 and KF. Journal of University of Science and Technology Beijing, 2006, 13(5):450 – 455.

[64] Zhu Liqun, Zhang Hui, Li Weiping, et al. Investigation of zinc powder modified by ultrasonic impregnation of rare earth lanthanum. Applied Surface Science, 2007, 253(24): 9443 – 9449.

[65] Zhu Liqun, Zhang Hui, Li Weiping, et al. New modification procedure of zinc powder in neodymium nitrate solution for improving electrochemical properties of alkaline zinc electrodes. Journal of Physics and Chemistry of Solids, 2009, 70(1): 45 – 54.

[66] Staiger M P, Pietak A M, Huadmai J, et al. Magnesium and its alloys as orthopedic biomaterials: A review. Biomaterials, 2006, 27(9): 1728 – 1734.

[67] Wang X, Zeng X, Wu G, et al. Effects of tantalum ion implantation on the corrosion behavior of AZ31 magnesium alloys. Journal of Alloys and Compounds, 2007, 437(1 – 2): 87 – 92.

[68] Zhu X M, Yang H G, Lei M K. Corrosion resistance of Al ion implanted AZ31 magnesium alloy at elevated temperature. Surface and Coatings Technology, 2007, 201(15): 6663 – 6666.

[69] Tian X B, Wei C B, Yang S Q, et al. Corrosion resistance improvement of magnesium alloy using nitrogen plasma ion implantation. Surface and Coatings Technology, 2005, 198(1 – 3): 454 – 458.

[70] Liu Z, Gao W. Electroless nickel plating on AZ91 Mg alloy substrate. Surface and Coatings Technology, 2006, 200(16 – 17): 5087 – 5093.

[71] Jiang Y F, Liu L F, Zhai C Q, et al. Corrosion behavior of pulse-plated Zn-Ni alloy coatings on AZ91 magnesium alloy in alkaline solutions. Thin Solid Films, 2005, 484(1 – 2): 232 – 237.

[72] Jiang Y F, Zhai C Q, Liu L F, et al. Zn-Ni alloy coatings pulse-plated on magnesium alloy. Surface and Coatings Technology, 2005, 191(2 – 3): 393 – 399.

[73] Wu G, Zeng X, Yuan G. Growth and corrosion of aluminum PVD-coating on AZ31 magnesium alloy. Materials Letters, 2008, 62(28): 4325 – 4327.

[74] Christoglou C, Voudouris N, Angelopoulos G N, et al. Deposition of aluminium on magnesium by a CVD process. Surface and Coatings Technology, 2004, 184(2 – 3): 149 – 155.

[75] Pokhmurska H, Wielage B, Lampke T, et al. Post-treatment of thermal spray coatings on magnesium. Surface and Coatings Technology, 2008, 202(18): 4515 – 4524.

[76] Song R G, Zheng X H, Bai S J, et al. Corrosion protection of AM50 magnesium alloy by Nafion/DMSO organic coatings. Journal of Wuhan University of Technology-Materials Science Edition, 2008, 23(2): 204 – 206.

[77] Park D Y, Yoo B Y, Kelcher S, et al. Electrodeposition of low stress high magnetic moment Fe-rich FeCONi thin films . Electrochimica Acta, 2006, 51: 2523 – 2530.

[78] Kim S H, Sohn H J, Joo Y C, et al. Effect of saccharin addition on the microstructure of electrodeposited Fe-36wt% Ni alloy. Surface and Coatings Technology, 2005, 199: 43 – 48.

[79] Mizushima I, Tang P T, Hansen H N, et al. Residual stress in Ni-W electrodeposites . Electrochimica Acta, 2006, 51: 6128 – 6134.

[80] Landolt D. Electrodeposition science and technology in the last quarter of the twentieth century . Journal of the Electrochemical Society, 2002, 149(3): 9 – 20.

[81] Zhu L, Zhang W, Liu F, et al. Electrodeposition of composite copper/liquid-containing microcapsule coatings. Journal of Materials Science, 2004, 39(2): 495 – 499.

[82] Orlovskaya L, Medeliene V. Electrodeposition of multip layer cobalt-silicon carbide composite coatings from single bath . Bull Electrochem, 2001, 17 (8): 371 – 377.

[83] Chang L M, Guo H F, An M Z. Electrodeposition of Ni-Co/Al_2O_3 composite coating by pulse reverse method under ultrasonic condition. Materials Letters, 2008, 62(19): 3313 – 3315.

[84] Touyeras F, Hihn J Y, Delalande S, et al. Ultrasound influence on the activation step before electroless coating. Ultrasonics Sonochemistry, 2003, 10: 363 – 368.

[85] Rao V, Kannan E, Prakash R, et al. Observation of two stage dislocation dynamics from nonlinear ultrasonic response during the plastic deformation of AA7175 – T7351 aluminum alloy. Materials Science and Engineering: A, 2009, 512(1 – 2): 92 – 99.

[86] Touyeras F, Hihn J Y, Bourgoin X, et al. Effects of ultrasonic irradiation on the properties of coatings obtained by electroless plating and electro plating . Ultrasonics Sonochemistry, 2005, 12(1 – 2): 13 – 19.

[87] Rajendran V, Kumaran S M, Jayakumar T, et al. Microstructure and ultrasonic behaviour on thermal heat-treated Al-Li 8090 alloy. Journal of Alloys and Compounds, 2009, 478(1 – 2): 147 – 153.

[88] Kupka R K, Houamrane F, Cremers C, et al. Microfabrication: LIGA-X and applications. Applied Surface Science, 2001, 64: 97 – 110.

[89] Meyer P, EI-Kholi A, Schulz J. Investigations of the development rate of irradiated PMMA microstructures in deep X-ray lithography. Microelectronic Engineering, 2002, 63: 319 – 328.

[90] Low C T J, Walsh F C. Linear sweep voltammetry of the electrodeposition of copper from a methanesulfonic acid bath containing a perfluorinated cationic surfactant . Surface and Coatings Technology, 2008, 202: 3050 – 3057.

[91] Wellmana R G , Deakinb M J, Nichollsa J R. The effect of TBC morphology on the erosion rate of EB PVD TBCs. Wear, 2005, 258:349 – 356.

[92] Zhang Xiaohua, Liu Daoxin, Tan Hongbin. Effect of TiN/Ti composite coating and shot peening on fretting fatigue behavior of TC17 alloy at 350℃. Surface and Coatings Technology, 2009, 203(16):2315 – 2321.

[93] Zhang Xiaohua,Liu Daoxin. Effect of TiN/Ti multilayer on fretting fatigue resistance of Ti-811 alloy at elevated temperature. Transactions of Nonferrous Metals Society of China, 2009, 19(3):557 – 562.

[94] Liu Daoxin, Tang Bin, He Jiawen. Improvement of the fretting fatigue and fretting wear of Ti6Al4V by duplex surface modification. Surface and Coatings Technology, 1999,116(2): 234 – 238.

[95] Chang C H, Chen W H, Tsai P C. Characteristics and performance of TiSiN/TiAlN multilayers coating synthesized by cathodic arc plasma evaporation. Surface and Coatings Technology, 2007, 202(4): 987 – 992.

[96] Yetim A F, Celik A, Alsaran A. Improving tribological properties of Ti6Al4V alloy withduplex surface treatment. Surface and Coatings Technology, 2010, 205(3):320 – 324.

[97] Saleh B, Abu Suilik, Masayuki Ohshima. Preparation of CVD diamond coatings on gamma titanium aluminide using MPECVD with various interlayers. Vacuum, 2008, 82:1325 – 1331.

[98] Stueber M, Holleck H, Leiste H. Concepts for the design of advanced nanoscale PVD multilayer protective thin films. Journal of Alloys and Compounds, 2009, 483:321 – 333.